체크업

정쌤의

3D프린터
운용기능사 필기

+ ▷ 무료강의

정종현 · 이태곤 편저

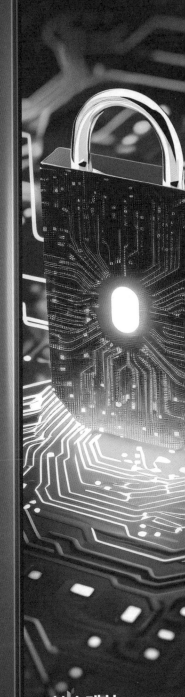

북스케치
합격을 스케치하다

2024 NEW 최근 기출문제 수록

 **Step 1** 새로운 출제기준에 맞춘 **3D프린터 이론 학습**

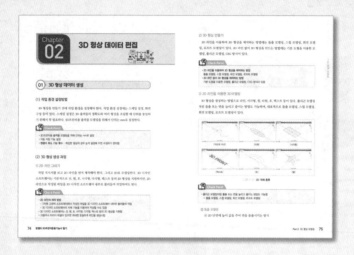

주요 항목, 세부 항목, 세세 항목 등 2024년부터 적용되는 새 출제기준에 맞춰 목차를 구성하였습니다. 출제기준에 부합하는 이론 구성을 통해, 출제과목에 따른 내용을 체계적으로 학습할 수 있습니다.

Step 2 학습의 이해를 돕는 **Check Point & 사진자료**

챕터마다 앞에서 서술한 이론 내용을 요약할 수 있도록 Check Point로 정리하였습니다. 앞서 설명한 개념과 연동되는 보충 내용까지 정리되어 있어, Check Point는 학습의 맥을 짚어주는 길잡이 역할을 합니다. 또한, 3D프린팅의 개념과 세부 내용을 구체적으로 이해하고 기억할 수 있도록, 저자가 **직접 3D프린터로 출력하며 촬영한 사진자료를 풍부하게 수록**하였습니다.

이 책의 4단계 활용법!

 **Step 3** 주제별 핵심내용을 반영한 **출제예상문제**

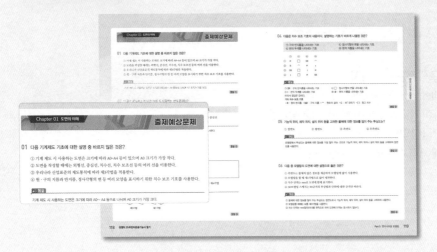

최근 기출 경향과 주요 항목에 맞춘 출제예상문제를 각 챕터마다 수록하였습니다. 주제별 핵심내용을 반영한 출제예상문제 연습을 통해, **출제기준에 따른 내용을 세부적으로 점검**할 수 있습니다.

Step 4 기출문제 & 모의고사로 최종 마무리

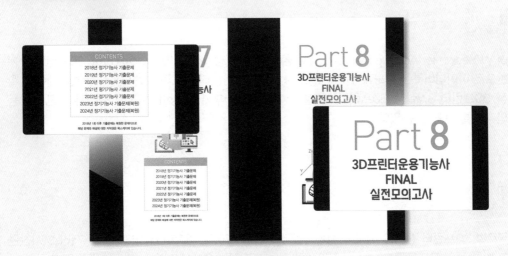

2018~2024년 최다 복원된 7개년도 기출문제와 풍부한 해설, 출제 경향이 반영된 실전모의고사를 수록하였습니다. 총8회 분량의 문제 연습을 통해, 본인의 실력을 점검하고 실전 대비를 탄탄하게 마무리할 수 있습니다.

1 기본 정보

3D프린터운용기능사

① **자격명** : 3D프린터운용기능사
② **영문명** : Craftsman 3D Printer Operation
③ **관련부처** : 과학기술정보통신부, 산업통상자원부
④ **시행기관** : 한국산업인력공단
⑤ **실시기관 홈페이지** : www.q-net.or.kr

개요

기존의 subtractive manufacturing의 한계를 벗어난 additive manufacturing을 대표하는 3D프린터 산업에서 창의적인 아이디어를 실현하기 위해 시장조사, 제품스캐닝, 디자인 및 3D모델링, 적층 시뮬레이션, 3D프린터 설정, 제품 출력, 후가공 등의 기능 업무를 수행할 숙련 기능인력 양성을 위한 자격으로 제정되었다.

수행직무

DfAM(Design for Additive Manufacturing)을 이해하고 창의적인 제품을 설계하며, 3D프린터를 기반으로 아이디어를 실현하기 위해 시장조사, 제품스캐닝, 디자인 및 3D모델링, 출력용 데이터 확정, 3D프린터 SW설정, 3D프린터 HW설정, 제품 출력, 후가공, 장비 관리 및 작업자 안전사항 등의 직무를 수행할 수 있다.

진로 및 전망

글로벌 3D프린터 산업은 해마다 지속적인 성장률을 보이고 있으며, 특히 제품 및 서비스 시장은 그 변화 폭이 크다고 할 수 있다. 최근 4차 산업혁명 관련 SW 대기업 및 제조업체의 3D프린터 시장 진출로 항공우주, 자동차, 의공, 패션 등 다양한 분야에서 시장이 변화하고 있는 추세이므로 3D프린터 운용 직무에 관한 지식과 숙련기능을 갖춘 전문인력에 대한 수요가 증가할 전망이다.

2 시험 정보

 취득방법

① 시행처 : 한국산업인력공단
② 시험과목
- 필기 : 1. 3D스캐너, 2. 3D모델링, 3. 3D프린터설정, 4. 3D프린터 출력 및 후가공, 5. 3D프린터 교정 및 유지보수
- 실기 : 3D프린팅 운용실무
③ 검정방법
- 필기 : 객관식 4지 택일형 60문항(60분)
- 실기 : 작업형(3시간 정도, 100점)
④ 합격기준
- 필기 : 100점을 만점으로 하여 60점 이상
- 실기 : 100점을 만점으로 하여 60점 이상
⑤ 시험 수수료
- 필기 : 14,500원   · 실기 : 27,000원

 출제경향

① 필기시험 : 3D프린터 기반으로 아이디어를 실현하기 위하여 시장조사, 제품스캐닝, 디자인 및 엔지니어링모델링, 출력용데이터확정, 3D프린터 SW설정, 3D프린터 HW설정, 제품출력, 후가공, 장비 관리 및 작업자 안전사항 등의 직무 수행
② 작업형 실기 : 3D모델링 소프트웨어를 활용한 제품 디자인 능력, 슬라이싱 소프트웨어를 활용한 출력 프로그램 작성 능력, 3D프린터 활용능력 평가(공개문제 참조)

 검정현황

종목	연도	필기			실기		
		응시	합격	합격률(%)	응시	합격	합격률(%)
3D 프린터 운용기능사	2023	7,661	4,544	59.3%	4,719	3,430	72.7%
	2022	4,718	3,162	67%	3,613	2,654	73.5%
	2021	5,757	3,960	68.8%	3,858	2,926	75.8%
	2020	3,859	2,802	72.6%	3,179	2,396	75.4%
	2019	3,242	2,316	71.4%	2,706	1,525	56.4%
	2018	2,479	1,949	78.6%	0	0	0%
소계		27,716	18,733	67.6%	18,075	12,931	71.5%

3 CBT 시험정보

 CBT 안내

CBT는 Computer Base Test의 약자로 컴퓨터 기반 시험을 말하며, 한국산업인력공단과 큐넷에서 시행하는 모든 기능사 시험은 CBT로 필기시험을 실시하므로 웹체험을 통해 응시 방법을 알아두도록 한다. 큐넷(www.q-net.or.kr)에서는 실제 컴퓨터 필기 자격시험 환경과 동일한 구성으로 누구나 쉽게 자격검정 CBT를 체험할 수 있도록 가상 체험 서비스를 제공하고 있다.

 CBT 웹체험 안내

큐넷 홈페이지(www.q-net.or.kr) 메인 페이지 우측 아래에 있는 CBT 체험하기 를 누르면 CBT 응시 방법을 알아볼 수 있다. 각 단계별 안내사항을 잘 읽어보고, 실제 시험에서 실수하지 않도록 유의사항을 숙지해두도록 한다.

 CBT 시험 유의사항

① CBT 시험이란 인쇄물 기반 시험인 PBT와 달리 컴퓨터 화면에 시험문제가 표시되어 응시자가 마우스를 통해 문제를 풀어나가는 컴퓨터 기반의 시험이다.
② 입실 전 본인 좌석을 반드시 확인 후 착석하도록 한다.
③ 전산 진행의 안정적 운영을 위해 입실 후 감독위원 안내에 적극 협조하여 응시해야 한다.
④ 최종 답안 제출 시 수정이 절대 불가하므로 충분히 검토 후 제출해야 한다.
⑤ 제출 후 본인 점수 확인완료 후 퇴실한다.
⑥ CBT 필기시험은 시험 당일 종목, 장소, 일정 변경이 불가하므로, 원서 접수 시 접수내역 및 수험표를 확인하도록 한다.
⑦ CBT 시험방식은 문제은행 방식으로 진행됨에 따라 개인별 문제제공 및 사후 열람이 불가하다.

출제기준(필기)

직무 분야	전기 · 전자	중직무 분야	전자	자격 종목	3D프린터운용기능사	적용 기간	2024.01.01.~ 2027.12.31.

- **직무 내용** : 3D프린터 기반으로 제품을 제작하기 위하여 데이터 생성, 3D프린터 설정, 제품출력 및 안전관리를 수행하는 직무이다.

필기검정방법	객관식	문제 수	60	시험 시간	60분

필기과목명	주요 항목	세부 항목	세세 항목
데이터 생성, 3D프린터 설정, 제품출력 및 안전관리	1. 제품 스캐닝	1. 스캐닝 방식	1. 3D프린팅의 개념과 방식 2. 획득 데이터의 유형 및 특징
		2. 스캔데이터	1. 스캔데이터 변환 및 보정
	2. 3D모델링	1. 도면분석 및 2D 스케치	1. 설계사양서 및 관련 도면 파악 2. 투상도법 3. 조립도 및 부품도 파악 4. 스케치 요소 간의 구속 조건 5. 설계 및 제도법
		2. 객체 형성	1. 형상 설계 조건 2. 형상 입체화 3. 형상물 편집
		3. 객체 조립	1. 파트 배치 2. 파트 조립
		4. 출력용 설계 수정	1. 파트 수정 2. 파트 분할
	3. 3D프린터 SW 설정	1. 문제점 파악 및 수정	1. 출력용 파일의 오류 종류 2. 출력용 파일의 오류 검사 3. 출력용 파일의 오류 수정
		2. 출력보조물	1. 출력보조물의 필요성 판별 2. 출력보조물 설정
		3. 슬라이싱	1. 제품의 형상 분석 2. 최적의 적층값 설정 3. 슬라이싱
		4. G코드	1. G코드 생성 2. G코드 분석 및 수정

필기과목명	주요 항목	세부 항목	세세 항목
	4. 3D프린터 SW 설정	1. 소재 준비	1. 소재 선정 2. 소재 적용 3. 소재 정상출력 파악
		1. 장비출력 설정	1. 데이터 출력준비 2. 출력 방식 파악 3. 출력 조건 및 설정 확인
	5. 제품출력	1. 출력 확인 및 오류 대처	1. 출력 상태 확인 2. 출력오류 파악 3. 출력오류 수정 4. 장비 교정 및 개선
		2. 출력물 회수	1. 소재별 출력물 회수 방법 2. 소재별 출력물 회수 절차 수립
		3. 출력물 후가공	1. 후가공 준비 2. 후가공 실행
	6. 3D프린팅 안전관리	1. 안전수칙 확인	1. 작업 안전수칙 준수 2. 안전보호구 취급 3. 응급처치 수행 4. 장비의 위험·위해 요소 5. 소재의 위험·위해 요소
		2. 예방점검 실시	1. 3D프린터 유지관리 2. 작업환경 관리 3. 관련 설비 점검

3D프린터운용기능사 출제 기준

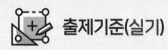
직무 분야	전기 · 전자	중직무 분야	전자	자격 종목	3D프린터운용기능사	적용 기간	2024.01.01.~ 2027.12.31.

• 수행 준거

1. 정형화된 객체를 설계하기 위하여 2D 스케치, 3D객체형성, 객체조립, 출력용 설계 수정하기를 수행할 수 있다.
2. 3차원 형상을 데이터로 생성하기 위하여 스플라인(Spline)에 기초하여 비정형 객체를 생성할 수 있는 넙스 방식의 3D 모델링 프로그램을 사용하여 객체를 생성, 편집, 수정할 수 있다.
3. 3차원 형상을 데이터로 생성하기 위하여 다각형을 기반으로 하여 비정형 객체를 생성할 수 있는 폴리곤 방식의 3D 모델링 프로그램을 사용하여 객체를 생성, 편집, 수정할 수 있다.
4. 오류 없이 3D프린팅 작업을 수행하기 위하여 3D프린팅 출력용 파일의 문제점을 파악하여 데이터를 수정하고 출력용 파일을 재생성할 수 있다.
5. 고품질의 제품을 출력하기 위하여 슬라이서 프로그램에서 지지대를 설정하고 슬라이싱하여 G코드 파일을 생성할 수 있다.
6. 제품출력 전 3D프린터의 최적화 상태로 만들기 위하여 3D프린터에 소재 장착, 데이터 업로드를 실시하고 3D 프린터의 출력설정할 수 있다.
7. 원활한 3D프린팅을 위하여 출력과정 중 출력오류에 대처하고 출력 후 안전하게 제품을 회수할 수 있다.
8. 3D프린터를 사용하는 현장에서 작업자의 안전을 위하여 안전수칙을 확인 및 예방점검을 실시하고, 사고발생 시 사고처리 및 사후대책을 수립할 수 있다.

실기검정방법	작업형	시험 시간	4시간 정도

실기과목명	주요 항목	세부 항목
3D프린팅 운용실무	1. 엔지니어링모델링	1. 2D 스케치하기 2. 3D 엔지니어링 객체형성하기 3. 객체 조립하기 4. 출력용 설계 수정하기
	2. 넙스 모델링	1. 3D 형상 모델링하기 2. 3D 형상데이터 편집하기 3. 출력용 데이터 수정하기
	3. 폴리곤 모델링	1. 3D 형상 모델링하기 2. 3D 형상데이터 편집하기 3. 출력용 데이터 수정하기
	4. 출력용데이터 확정	1. 문제점 파악하기 2. 데이터 수정하기 3. 수정데이터 재생성하기
	5. 3D프린터 SW 설정	1. 출력보조물 설정하기 2. 슬라이싱하기 3. G코드 생성하기
	6. 3D프린터 HW 설정	1. 소재 준비하기 2. 데이터 준비하기 3. 장비출력 설정하기
	7. 제품 출력	1. 출력과정 확인하기 2. 출력오류 대처하기 3. 출력물 회수하기
	8. 3D프린팅 안전관리	1. 안전수칙 확인하기

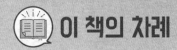 이 책의 차례

Part 1 제품 스캐닝

Part 2 3D 형상 모델링

Part 3 3D프린터 SW 설정

정쌤의 3D 필기

NCS기반

프린터운용기능사

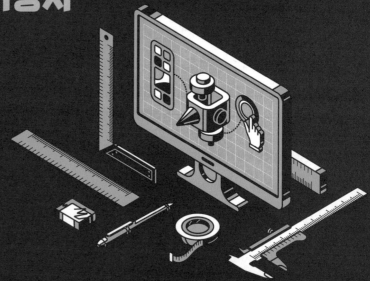

Part 1
제품스캐닝

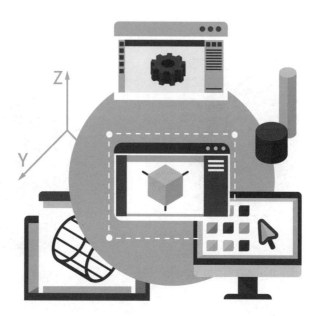

CONTENTS

Chapter 01

출력 방식의 이해

01 3D프린팅의 개념

3D프린팅은 2차원의 물질들을 층층이 쌓아서 3차원 입체로 만들어내는 적층제조(Additive -Manufacturing) 기술의 하나로써 물체의 설계도나 디지털 이미지 정보로부터 직접 3차원 입체를 제작할 수 있는 기술을 말한다.

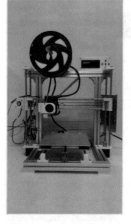

카르테이안 방식(직교형 프린터)

델타형 프린터

(1) 적층 제작의 장점

① 3차원 형상을 2차원상으로 분해하여 적층 제작함으로써 복잡한 형상을 손쉽게 구현할 수 있다.
② 수요자의 설계를 바탕으로 직접 3차원 구조체를 만들 수 있어 맞춤형 제품을 빠르고 쉽게 만들 수 있다.
③ 대량 생산과 IT산업 및 자동화 공정 시대를 가져온 1, 2, 3차 산업혁명과 달리 3D프린팅 기술은 아이디어 기반의 맞춤형 제품 생산이 가능하여 4차 산업혁명을 이끌 기술로 주목받고 있다.

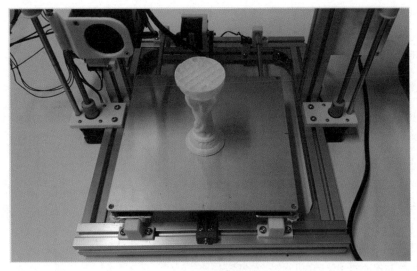

적층방식 출력 중

02 3D프린팅의 방식

(1) 3D프린팅 재료에 따른 방식

3D프린팅 기술은 재료 방식에 따라 크게 액체기반(SLA), 파우더기반(SLS), 고체기반(FDM) 등의 다양한 종류로 개발되고 있으며 각 방식과 형태에 따라 사용하는 소재와 특성이 다르다.

1) 액체기반 SLA(Stereolithography)

광경화성 수지 재료와 왁스 등의 서포트 재료를 동시 분사하여 UV(Ultra-Violet)로 수지를 경화(cure)시켜 제품을 제작하는 방식, DLP(Digital Light Processing) 방식도 액체기반에 포함됨

① 표면처리가 뛰어남
② 조형 속도가 빠르고 정밀도가 높아 미세한 형상 구현 가능
③ 시제품 제작, 의료, 전자제품에 많이 응용됨
④ 고무 및 투명 재질을 사용, 유해물질 발생이 적음
⑤ 소재가 액체이므로 출력 후 후처리 과정이 필요함
⑥ 지지대(서포트) 생성시간이 길고 재료와 장비, 유지보수 비용이 FDM에 비해 비쌈

2) 파우더기반 SLS(Selective Laser Sintering)

파우더 형태의 플라스틱 재료나 메탈 원료에 레이저를 주사하여 재료를 가열하여 응고시키는 방식

① 플라스틱, 나무, 메탈, 세라믹 등 재료 선택의 폭이 넓음
② 금속 재료 등 다양한 재료를 사용할 수 있으며 강도가 높음

③ 지지대(서포트)가 필요 없음

④ 정밀도가 높고 조형 속도가 빨라 조형물, 디자인, 금형 제작에 응용됨

⑤ 후표면처리 공정(후가공)이 필요하고 기계의 가격이 다른 방식에 비해 비쌈

3) 고체기반 FDM(Fused Deposition Modeling)

고체 필라멘트 형태의 플라스틱 재료를 고온의 노즐에서 가열하여 재료를 압출시켜 한 층씩 구조물을 제작하는 방식

① 가장 많이 보급되어 있는 프린팅 방식

② 구조와 프로그램이 다른 방식에 비해 단순함

③ 강도와 내구성이 강하나 정밀도에 따라서 출력 속도가 느림

④ 표면이 거칠음

⑤ 지지대(서포트)가 필요함

⑥ 열수축 현상으로 변형이 발생할 수 있음

⑦ 소재의 제한이 있음

Check Point

FDM 프린터 소재

• ABS 소재(플라스틱 합성수지) : 온도 저항이 높고 유연성과 강도가 높음
　　　　　　　　　　　　　　절삭 시 편리하여 부품 및 시제품 출력에 주로 사용
• PLA 소재(식물추출 원료) : 다양한 색상의 선택이 가능함
　　　　　　　　　　　　　잘 휘지 않아 일상적 출력물에 적합함

---

03 3D프린팅의 출력 방식별 적용 분야

(1) FDM 방식(Material Extrusion)

재료 압출 방식의 3D프린팅 공정은 토출되는 재료를 적층하여 3차원 형상을 제작하는 것이다. 재료 압출 방식 3D프린팅 기술의 시초는 고체상태의 열가소성 수지를 필라멘트 모양으로 만들고 이를 용융 압출 헤드에서 녹이면서 노즐을 통해 압출시켜 모델을 적층 조형하는 Material extrusion(Fused Deposition Modeling) 기술이다.

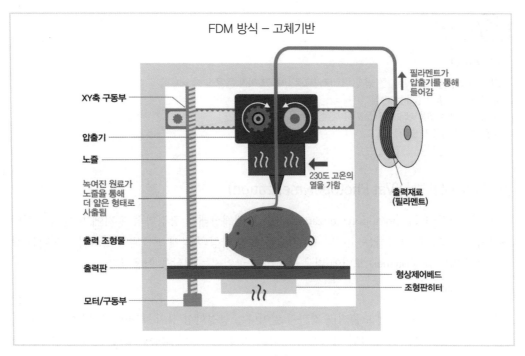

FDM 방식

1) 건설

Material extrusion 시스템을 이용하여 새로운 건축 재료를 이용하여 건물을 제작할 수 있다.

2) 센서 및 엑추에이터

Material extrusion 및 Vat photopolymerization 기술을 이용하여 센서 제작 분야와 엑추에이터 제작 분야에 적용하여 제품을 제작할 수 있다.

3) 전자부품

전자부품의 응용은 전자부품의 사출물과 전자부품과 회로를 포함하는 구조물을 제작할 수 있는 기술이다. 전자제품 사출물의 정밀도는 떨어지지만 회로를 포함하고 있는 구조물을 제작하면 기능 및 성능에 장점이 있다.

4) 식품분야

3D프린터의 식품분야 적용은 식생활 습관의 영양소 불규칙 현상과 같은 영양소 균형 식단의 제품을 사용자가 임의로 제작할 수 있다는 장점이 있다. 그러나 위생 및 관리는 사용자가 고려해야 할 사항이다.

5) 의료분야

3D프린팅 기술을 이용하여 인체에 삽입하는 인공지자체를 제작할 수 있는 기술이다. 생분해성 소재를 사용하여 인체에 삽입하여도 무해하고 세포가 자랄 수 있는 조건을 만족하는 인공지자체를 제작할 수 있다.

Check Point

FDM 방식

고체상태의 열가소성 수지를 필라멘트 모양으로 만들고 이를 용융 압출 헤드에서 녹이면서 노즐을 통해 압출시켜 모델을 적층 조형하는 방식
- 장점 : 작은 제품부터 큰 제품까지 제작할 수 있다.
- 단점 : 정밀도가 떨어진다.

(2) SLA, DLP 방식(Vat Photopolymerization)

광경화 방식인 Vat photopolymerization 기술은 액체상태의 광경화성 수지에 빛을 주사하여 경화시켜 구조물을 제작하는 것이다. 이 기술은 특정 파장의 빛에 노출되면 경화가 일어나는 광경화성 수지(photopolymer) 표면에 빛을 주사하여 굳어지는 현상을 이용한다.

1) 주사 방식

점경화 방식은 자외선에 노출되면 경화가 일어나는 광경화성 수지 표면에 자외선(Ultra Violet, UV) 레이저 빛을 주사하여 단면 형상을 형성하고 이를 반복하여 적층함으로써 3차원 형상을 만드는 방식이다.

2) 전사 방식

면경화 방식은 점경화 방식과 다르게 광원에서 나오는 빛을 성형하고자 하는 단면 형상에 해당하는 모양으로 만들고 이를 한번에 광경화성 수지에 주사하여 성형하는 것이다.

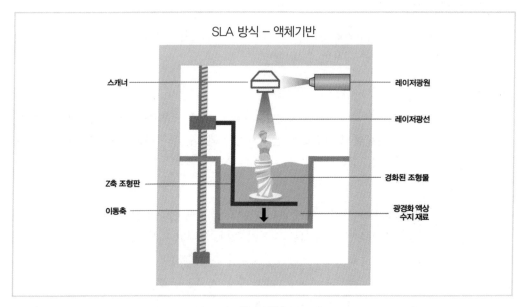

SLA 방식

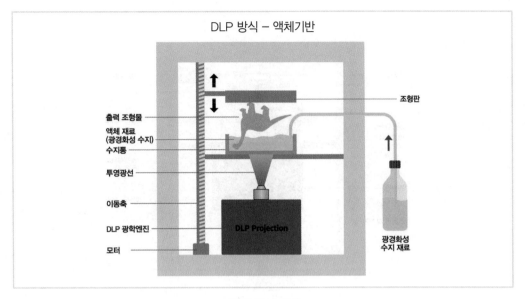

DLP 방식 그림

① 자동차산업 : 대형 Vat photopolymerization 시스템을 이용하여 자동차를 통째로 제작된 예가 있다. 이는 Vat photopolymerization 시스템의 크기에 대한 한계를 극복한 사례이다.

② 비행기 제작 : Vat photopolymerization 프린터를 이용하여 세계에서 가장 빨리 비행기를 제작한 예가 있다. Vat photopolymerization 시스템을 이용하여 부품을 제작한 후 여러 가지 부품을 조립하여 비행기를 제작하였다.

 Check Point

SLA, DLP 방식
특정 파장의 빛에 노출되면 경화가 일어나는 광경화성 수지 표면의 특성을 이용한 것으로 특정 파장의 빛을 주사하여 층을 형성하는 과정을 반복함
• **장점** : 광학적으로 해상도 및 정밀도가 높은 빛을 형성하여 상대적으로 정밀도가 우수함

(3) Powder Bed Fusion(SLS) 방식

압축된 금속 분말에 적절한 열에너지를 가해 입자들의 표면을 녹이고, 표면이 녹은 금속 입자들을 서로 접합시켜 금속 구조물의 강도와 경도를 높이는 공정을 말한다.

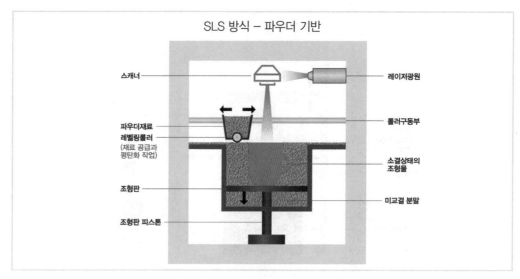

SLS 방식

1) 의수 · 의족

Powder bed fusion 시스템을 이용한 의료분야는 의수 및 의족을 제작할 때 하중에 견딜 수 있는 구조와 환자의 체형 및 구조에 따라 맞춤형으로 제작할 수 있다.

2) 항공 · 우주

항공 · 우주 분야의 부품은 대부분 소량생산이기 때문에 3D프린팅 기술을 이용하여 부품을 제작하는 데 많이 사용되고 있다. 또한, 우주 분야의 3D프린팅 기술 적용은 부품 오류나 작동 이상일 때 CAD 디자인만 있으면 우주에서도 부품을 제작할 수 있기 때문에 유용하다.

3) 산업 금형 제작

산업에 사용하는 금형의 제작비용은 고가이다. 공정이 복잡하기 때문에 많은 비용이 소요된다. 이러한 금형을 3D프린터 기술을 이용하여 제작하면 비용 및 시간이 많이 절약된다.

 Check Point

SLS 방식
- 압축된 금속 분말에 열에너지를 가해 입자들 표면을 녹이고, 녹은 표면을 가진 금속 입자들을 서로 접합시켜 금속 구조물의 강도와 경도를 높이는 공정
- 분말 재료에 압력을 가해 밀도를 높인 후 에너지를 가해 분말 표면을 녹여 결합시키는 공정을 이용, 통칭 소결이라고 함
- **장점** : 금속 외 다른 종류의 분말도 사용이 가능함

(4) Sheet lamination(SL) 방식

Sheet lamination 방식은 다른 프린팅 방식과는 다르게 종이나 판재 재료를 이용하여 제작하는 방식이다.

01 플라스틱 재료나 메탈 원료에 레이저를 주사하여 재료를 가열하고 응고시키는 방식의 3D프린팅 재료로 적합한 것은?

① 액체기반 재료 ② 고체기반 재료
③ 파우더기반 재료 ④ 기체기반 재료

해설

① 액체기반의 재료는 광경화성 수지재료와 왁스 등의 서포트 재료를 동시 분사하여 UV로 수지를 경화시켜 제품을 제작하는 방식이다.
② 고체 필라멘트 형태의 플라스틱 재료를 고온의 노즐에서 가열하여 재료를 압출시켜 한 층씩 구조물을 제작하는 방식이다.

정답 ③

02 3D프린팅 소재로 가장 많이 사용되고 있으며, 고강도 재료를 사용해 강도와 내구성이 강하며 주로 자동차, 기계 산업, 로봇 등에 사용되고 있다. ABS 소재와 PLA 소재로 구분되는 3D프린팅 재료로 적합한 것은?

① 액체기반 재료 ② 고체기반 재료
③ 파우더기반 재료 ④ 기체기반 재료

해설

① 액체기반의 재료는 표면처리가 뛰어나고, 미세 형상의 구현이 가능하다. 다양한 재료 사용으로 시제품 제작, 의료, 전자 제품에 많이 응용된다.
③ 파우더기반은 플라스틱, 나무, 메탈, 세라믹 등 재료 선택의 폭이 넓으며, 조형물이나 금형 제작에 응용되어 사용된다.

정답 ②

03 액체상태의 광경화성 수지에 빛을 주사하여 경화시켜 구조물을 제작하는 방법으로 특정 파장의 빛에 노출되면 경화가 일어나는 광경화성 수지(photopolymer) 표면에 빛을 주사하여 굳어지게 하는 출력 방식은 무엇인가?

① Material Extrusion ② Vat Photopolymerization
③ Powder Bed Fusion ④ Sheet lamination

해설

① Material Extrusion : 재료 압출 방식의 3D프린팅 공정은 토출되는 재료를 적층하여 3차원 형상을 제작하는 방식이다.
③ Powder Bed Fusion : 압축된 금속 분말에 적절한 열에너지를 가해 입자들의 표면을 녹이고, 녹은 표면을 가진 금속 입자들을 접합시켜 금속 구조물의 강도와 경도를 높이는 방식이다.
④ Sheet lamination : 다른 프린팅 방식과는 다르게 종이나 판재 재료를 이용하여 제작하는 방식이다.

정답 ②

04 의료 분야 중 인체에 삽입하는 인공지자체를 제작할 수 있는 기술로서 생분해성 소재를 사용하여 인체에 삽입하여도 무해하고 세포가 자랄 수 있는 조건을 만족하는 인공지자체를 제작하는 출력방식은 무엇인가?

① Material Extrusion
② Vat Photopolymerization
③ Powder Bed Fusion
④ Sheet lamination

해설

Material Extrusion 방식은 건설분야, 센서 및 엑추에이터 분야, 전자부품 분야, 식품분야, 의료 분야에서 사용되는 기술이다.
② Vat Photopolymerization 방식은 자동차산업, 항공분야에 사용되는 기술이다.
③ Powder Bed Fusion 방식은 의료분야, 항공우주, 산업 금형제작에 사용되는 기술이다.

정답 ①

05 산업에 사용하는 금형은 공정이 복잡하기 때문에 많은 비용이 소요되는데, 이러한 금형제작을 3D프린터 기술을 이용하여 제작하면 비용과 시간이 많이 절약된다. 이런 경우 사용되는 3D프린팅의 출력방식으로 옳은 것은?

① Material Extrusion
② Vat Photopolymerization
③ Powder Bed Fusion
④ Sheet lamination

해설

Powder Bed Fusion은 압축된 금속 분말에 열에너지를 가해 입자들 표면을 녹이고 녹은 표면을 가진 금속 입자들을 서로 접합시켜 금속 구조물의 강도와 경도를 높이는 공정으로 다양한 산업의 금형 제작에 용이하다.

정답 ③

06 다음 중 Vat Photopolymerization에 대한 설명으로 틀린 것은?

① 액체상태의 광경화성 수지에 빛을 주사하여 경화시켜 구조물을 제작하는 것이다.
② 정밀도가 우수하다.
③ 내구성이 좋다.
④ 많은 비용이 필요하다.

해설

③ 액체를 사용하는 수조 광경화 방식(Vat photo-polymerization)은 물체 정밀도가 높지만 내구성은 떨어진다.
④ Material Extrusion보다 비싼 가격이고 상대적으로 시스템이 단순하지 않고 빛을 이용하여 구조물을 제작하는 방식이기 때문에 개발하더라도 많은 비용이 필요하다.

정답 ③

07 다음 설명 중 나머지와 성격이 다른 것은?

① 플라스틱, 나무, 메탈, 세라믹 등 재료 선택의 폭이 넓다.
② 시제품 제작, 의료, 전자제품에 많이 응용된다.
③ 표면처리가 뛰어나다.
④ 미세 형상 구현이 가능하다.

해설

① 파우더기반(SLS) 방식에 대한 설명이다. 파우더기반(SLS)은 파우더 형태의 플라스틱 재료나 메탈 원료에 레이저를 주사하여 재료를 가열하여 응고시키는 방식이다.
② · ③ · ④ 액체기반(SLA)에 대한 설명이다.

정답 ①

08 다음 중 고체기반 FDM 방식의 설명으로 옳지 않은 것은?

① 고강도 재료 사용으로 완성된 출력물은 후 변형이 없다.
② ABS 소재는 잘 휘지 않아 일상적인 출력물에 적합하다.
③ ABS 소재는 온도 저항이 높고 유연성과 강도가 높다.
④ PLA 소재는 다양한 색상의 선택이 가능하다.

해설

잘 휘지 않아 일상적 출력물에 적합한 것은 ABS 소재가 아니라 PLA 소재이다.

정답 ②

09 종이나 판재 재료를 이용하여 제작하는 3D프린팅 방식은?

① Material Extrusion
② Vat Photopolymerization
③ Powder Bed Fusion
④ Sheet lamination

해설

Sheet lamination 방식은 다른 프린팅 방식과는 다르게 종이나 판재 재료를 이용하여 제작하는 방식이다.

정답 ④

10 다음 중 3D프린팅에 대한 설명으로 틀린 것은?

① 대량 생산 시대를 이끈 기술로 주목받고 있다.
② 적층 방식에 따라 다양한 종류가 개발되어 각각 사용하는 소재와 특성이 다르다.
③ SLS 방식의 프린터는 금속 재료 사용이 가능하다.
④ SLS 방식은 후가공이 필요하다.

해설

대량 생산 시대를 가져온 1, 2, 3차 산업혁명과 3D달리 3D프린팅 기술은 아이디어 기반의 맞춤형 제품생산이 가능하여 4차 산업혁명을 이끌 기술로 주목받고 있다.

정답 ①

Chapter 02
스캐너 결정

01 3D스캐너의 개념과 원리

(1) 3D스캐닝의 개념

스캐닝의 의미는 측정 대상으로부터 특정 정보(문자, 모양, 크기, 위치 등)를 얻어내는 것으로, 3차원 스캐닝은 측정 대상으로부터 3차원 좌표 즉 X, Y, Z 값을 읽어내는 일련의 과정이며, 기본적으로 측정 대상물의 준비 단계, 3차원 좌표를 다양한 측정 방식으로 추출하여 점군(point cloud)을 생성하는 단계, 3차원 모델로 재구성하는 최종 단계까지를 말한다.

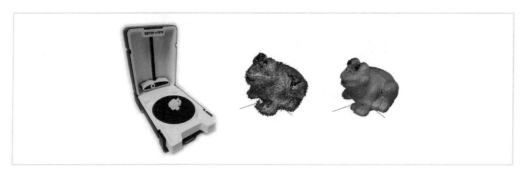

3D스캐닝의 과정

 Check Point

일반적인 스캐닝과 3D스캐닝의 차이
- 일반스캐닝 : 측정 대상으로부터 문자, 모양, 크기, 위치 등의 정보를 얻어내는 것
- 3D스캐닝 : 측정 대상으로부터 3차원 좌표(X, Y, Z 값)를 읽어내는 일련의 과정
- 3D스캐닝 과정
  - 3차원 좌표를 측정하기 위한 피측정물의 측정 준비부터 3차원 데이터의 최종 생성까지 포함
  - 이 과정을 통해 생성된 데이터는 후처리 과정을 거쳐 3D모델링으로 생성될 수 있으며 최종적으로는 3차원 프린팅 혹은 머시닝으로 가공할 수 있게 됨
  - 측정 대상물 준비 단계 → 점군 생성 단계(3차원 좌표를 다양한 특정 방식으로 추출) → 최종 단계(3차원 모델로 재구성하는 최종 단계)

(2) 3D스캐닝의 원리

3차원 스캐닝은 터치 프로브(touch probe)가 직접 측정 대상물과의 접촉을 통해서 좌표를 읽어내는 접촉식 방식과 거리를 두고 측정하는 비접촉식 방식이 있다.

Check Point

3차원 스캐닝은 직접 접촉을 통해 좌표를 획득하는 방법과 비접촉으로 획득하는 방법으로 구분된다.
- **CMM**(Coordinate Measuring Machine)
  접촉식의 대표적 방법으로 터치 프로브(touch probe)가 직접 측정 대상물과의 접촉을 통해 좌표를 읽어내는 방식이다.
- **접촉식 방법으로 측정 가능한 경우**
  측정 대상물이 투명한 경우, 거울과 같은 전반사 또는 난반사가 일어나는 단단한 측정물의 경우
- **대부분의 3차원 스캐닝은 비접촉식 방법을 취함**
  접촉식 방법을 쓸 수 없는 경우, 측정 대상물의 외관이 복잡한 경우, 접촉 시 피측정물이 쉽게 변형되는 경우

1) 접촉식 스캐닝

터치 프로브 방식으로 측정할 대상물과 직접 접촉하여 좌표를 읽어내는 방식으로 정밀도가 매우 높지만 공간상의 한계가 있어서 현재는 대부분 비접촉 3차원 스캐닝을 사용한다.

2) 비접촉 3차원 스캐닝

3차원 프린팅과 관련해서 거의 대부분의 3차원 스캐닝은 광학 방식의 비접촉 3차원 스캐닝 방법을 취하고 있다.

① TOF(Time-Of-Flight) 방식 레이저 3D스캐너

레이저의 펄스가 레이저 헤드를 출발해서 대상물을 맞히고 반사하여 돌아오는 시간을 측정해서 최종적으로 거리를 계산하는 방식이다. (거리 = 속도×시간)

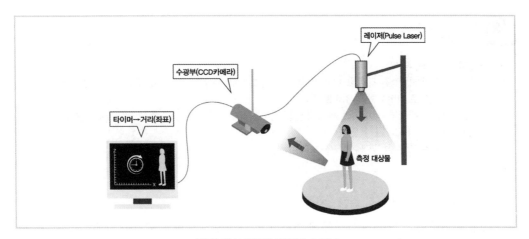

TOF 방식 3차원 레이저 스캐너

② 레이저 기반 삼각 측량 3차원 스캐너

라인 형태의 레이저를 측정 대상물에 주사하여 레이저 발진부, 수광부, 측정 대상물로 이루어진 삼각형에서 한 변과 2개의 각으로부터 나머지 변의 길이를 계산하는 방식이다.

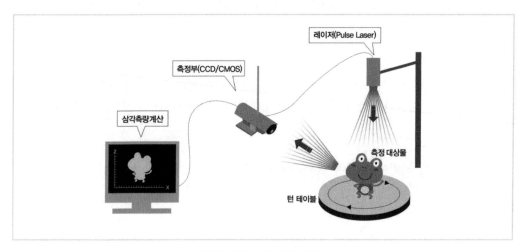

레이저 기반 삼각 측량 방식

③ 패턴 이미지 기반의 삼각 측량 3차원 스캐너

측정된 패턴의 광을 측정 대상물에 조사하고, 대상물에 변형된 패턴을 카메라에서 측정한 후 모서리 부분들에 대한 삼각 측량법으로 3차원 좌표를 계산한다.

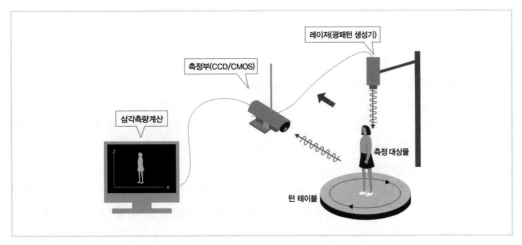

패턴 이미지 기반의 삼각 측량 방식

Check Point

- 이미지 생성이 가능한 장치인 레이저 인터페로미터(Laser Interferometer) 또는 프로젝터 같은 장치가 이미 알고 있는 패턴의 광을 측정 대상물에 조사 → 대상물에 변형된 패턴을 카메라에서 측정 → 모서리 부분들에 대한 삼각 측량법으로 3차원 좌표를 계산하는 방식
- 광 패턴(Structured Light)을 바꾸면서 초점 심도 조절이 가능
- 광 패턴을 이용하기 때문에 한꺼번에 넓은 영역을 빠르게 측정할 수 있음
- 휴대용으로 개발하기가 용이함

④ 핸드헬드(Handheld) 스캐너

핸드헬드 스캐너는 3D 이미지를 얻기 위해 광 삼각법을 주로 이용한다. 점(dot) 또는 선(line) 타입의 레이저를 피사체에 투사하는 레이저 발송자와 반사된 빛을 받는 수신 장치(주로 CCD)와 내부 좌표계를 기준 좌표계와 연결하기 위한 시스템으로 구성되어 있다.

기준 좌표와 연결하기 위한 시스템은 정밀한 인코더가 부착된 이동형 CMM이라고 불리는 접촉식 로봇 팔과 유사한 장치의 끝단에 스캐너가 직접 붙여서 구성되기도 하고, 기준 좌표계를 만들기 위한 마크를 피사체 표면에 붙여서 사용하기도 한다.

Check Point

- 손으로 움직여서 그림이나 문서, 사진 등을 이미지 형태로 입력하는 스캐너
- 핸드 스캐너(Hand Scanner)라고도 부르며, 컴퓨터 마우스처럼 손잡이를 잡고 움직여서 그림이나 문서, 사진 등의 이미지를 훑는 형식으로 입력
- 장점 : 가격이 저렴하고 휴대가 편리함
- 단점 : 이미지가 스캐너보다 크기가 큰 경우, 스캐너의 크기가 작기 때문에 여러 번 훑어야 하며, 스캐너가 움직이는 속도에 따라 모양이 달라질 수 있으므로 정확성이 떨어질 수 있음

⑤ 백색광(White light) 방식의 스캐너

백색광 방식 스캐너는 특정 패턴을 물체에 투영하고 그 패턴의 변형 형태를 파악해 3D 정보를 얻어낸다. 여기에 사용되는 패턴은 여러 가지가 있는데 1차원 패턴 방식은 하나의 라인 패턴을 물체를 죽 훑어 내는 방식인데 반해 2차원 패턴 방식은 그리드(grid) 또는 스트라이프 무늬의 패턴을 이용한다. 스트라이프나 그리드를 사용할 경우 1차원 패턴 방식보다 많은 데이터를 얻을 수 있으나, 물체의 형태에 따라 패턴의 순서가 바뀔 수가 있다는 기술적인 한계가 있었다. 그러나 최근 MLT(Multistripe Laser Triangulation) 방식이 개발되어 이러한 한계가 극복되었다.

백색광 방식의 최대 장점은 측정 속도에 있다. 한 번에 한 점씩 스캔하는 게 아니라, 전체 촬영 영역 전반에 걸려있는 모든 피사체의 3D 좌표를 한 번에 얻어 낼 수 있다. 이점 때문에 모션 장치에 의한 진동으로부터 오는 측정 정확도의 손실을 획기적으로 줄일 수 있으며, 어떤 시스템은 움직이는 물체를 실시간으로 스캔할 수도 있다.

카메라는 프로젝트로부터 적당한 거리를 두고 위치하는데, 패턴에서 라인을 인식하고, 그 라인을 구성하는 모든 화소의 깊이 값은 광 삼각법을 이용해 구한다. 특히 산업계에서 정밀한 스캐닝을 위한 목적으로 널리 사용되고 있다.

Check Point

- 특정 패턴을 물체에 투영시키고, 그 패턴의 변형 형태를 파악·분석하여 3D 정보를 얻음
- 장점 : 측정 속도가 빠름
- 촬영 영역 전반에 걸려 있는 모든 피사체의 3D 좌표를 한 번에 얻을 수 있으므로, 모션장치에 의한 진동으로부터 오는 측정 정확도의 손실을 크게 줄일 수 있음
- 수동 및 자동 애플리케이션 등에서 모두 사용 가능하여 활용도가 높음
- 광범위한 치수 정보를 수집할 수 있음

⑥ 변조광(Structured light) 방식의 3D 스캐너

변조광 방식의 3D 스캐너는 물체 표면에 지속적으로 주파수가 다른 빛을 쏘고 수광부에서 이 빛을 받을 때, 주파수의 차이를 검출해, 거리 값을 구해내는 방식으로 작동한다. 이 방식은 스캐너가 발송하는 레이저 소스 외에 주파수가 다른 빛의 배제가 가능해 간섭에 의한 노이즈를 감쇄시킬 수가 있다.

이런 타입의 스캐너는 TOF 방식의 단점인, 시간 분해능에 대한 제한이 없어 훨씬 고속(약 1M Hz)으로 스캔이 가능한데 비해 레이저의 세기가 약한데, 이는 일정영역의 주파수대를 모두 사용해야 하기 때문이다. 따라서 중거리 영역인 10~30m 영역을 스캔할 때 주로 이용한다.

Check Point

- 물체 표면에 지속적으로 주파수가 다른 빛을 쏘고, 수신 광부에서 이 빛을 받을 때 주파수의 차이를 검출하여 거리 값을 구하는 방식
- 주파수가 다른 빛의 배제가 가능하여, 간섭에 의한 노이즈를 감쇄할 수 있음
- 고속 스캔이 가능하지만, 레이저의 세기는 약함
- 중거리 영역인 10~30m 영역 스캔 시 용이함

⑦ 그 외 3차원 스캐너

ⓐ 반도체 산업 고 정밀용 스캐너 : 백색광 및 광 위상 간섭법이 많이 사용, 나노미터 분해 기능을 가짐

ⓑ 의료분야, CT(Computer Tomography) : 3차원 스캐너의 일종으로 의료 영상을 3차원으로 복원하는 데 많이 사용됨

02 적용 가능 스캐닝 방식 종류

(1) 3D스캐닝의 종류와 특징

3D스캐닝은 성능, 단가, 부대 장비, 이동성(휴대성) 등에 따라 다양하게 나눌 수 있는데, 비접촉 방식을 바탕으로 고정식 3D스캐너와 이동식 3D스캐너로 분류된다.

1) 고정식 3D스캐너

고정식 3D스캐너는 스캔을 하는 도중에 스캐너 혹은 피측정물을 이동할 수 없는 방식의 스캐너를 말한다.

고정식 3D스캐너

① 저가형 3D스캐너

저가형 3D스캐너는 대부분 두 개의 레이저 빔을 사용하여 삼각 측량법으로 좌표를 구하는 방식인데, 두 개의 레이저가 동시에 사용되어 더 정밀하고 빠르게 측정할 수 있으며, 턴테이블이 돌아가기 때문에 360도의 모든 각도에서 측정이 가능하지만 측정 도중에는 움직일 수 없다.

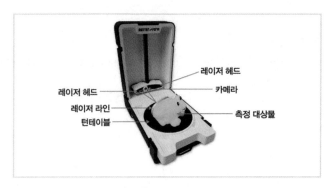

저가형 삼각 측량 방식 레이저 스캐너

 **Check Point**

- 고정식 3D스캐너 중 저가형 스캐너가 가장 상용화되어 있음
  광원 및 이송 장치의 가격이 하락하고 측정 및 보정 소프트웨어가 일반화되었기 때문임
- 보통 두 개의 레이저 빔을 사용함
  측정 대상물의 투사된 레이저 라인빔을 CCD나 CMOS 카메라에서 인식해서 삼각 측량법으로 좌표를 구함
- 두 개의 레이저를 사용하면 정밀하고 빠른 측정이 가능함
- 턴테이블의 회전으로 모든 각도에서 측정이 가능한 장점이 있음
- **고정식 저가형 3D스캐너의 단점**
  a. 고정식으로 측정 도중 움직일 수 없음
  b. 측정이 어려운 경우
    – 레이저의 난반사가 일어나는 표면
    – 거울과 같이 전반사가 일어나는 표면
    – 유리와 같이 레이저가 투과하는 표면
    – 날카로운 표면처럼 레이저가 여러 방향으로 난반사가 일어날 경우
- **측정에 어려움을 겪을 때 해결 방법**
  – 피측정물에 특수 코팅을 수행
  – 레이저 빔이 피측정물 표면에 잘 맞히게 하는 전처리 과정이 필요함
- **측정 정밀도는 보통 50마이크론 내외**
  측정 데이터에 대한 정합(Registration) 및 병합(Merging)을 수행한 후의 정밀도는 수백 마이크론
- **광 패턴 이용 방식**
  – 현재 많이 사용되고 있는 방식
  – 다양한 상용화 제품이 출시되었으며 빔 프로젝터와 카메라를 이용해 간단히 구성할 수 있음
  – 광 패턴 방식 또한 레이저 라인빔을 이용하는 방식처럼 패턴이 표면에 적절하게 형성될 때 측정이 잘 됨
  – 유리, 거울 등과 같은 표면을 가진 피측정물의 측정은 어려움

② 고가형 3D스캐너

고가형 3D스캐너는 제작된 형상에서 3차원 데이터를 획득하고 3D 모델을 생성하는 역설계 분야에서 활성화되었는데, 원리는 저가형의 레이저 삼각 측량법을 이용하는 방식과 동일하다. 단, 그 측정 범위가 수 미터에 이르는 것도 있을 정도로 넓으며, 측정 정밀도도 수 마이크론으로 매우 뛰어나다. 고가형 고정식 스캐너는 보통 고정밀 라인 레이저를 사용하고 정밀도를 높일 수 있는 정반(base), 고 정밀 이송 장치 등을 구비하고 있으며, 주로 산업용으로 많이 사용된다.

Check Point

- 1990년대 중 · 후반부터 역설계(Reverse Engineering) 분야에서 많은 연구가 진행됨
- 역설계는 제작된 형상에서 설계 데이터(3차원 데이터)를 획득하고 3차원 모델을 생성하는 기술로 기존의 설계도에 제품을 가공하는 것과 반대되는 개념
- 측정 범위가 수 미터에 이르기도 하고, 측정 정밀도도 수 마이크론으로 매우 뛰어남
  (1마이크론=1/1,000mm, 0.001mm)
- 고정밀 라인 레이저를 사용
- 정밀도를 높일 수 있는 정반, 고정밀 이송 장치 등을 구비하고 있음
- 주로 산업용으로 쓰임
- 스캔 헤드의 회전이 가능한 장비도 있음
- 정합 및 병합을 위해 측정물이나 고정구(fixture)에 마커(marker)를 부착하기도 함
- 병진 및 회전 이송축의 개수에 따라 측정 방식이 매우 다양함
- 회전 테이블이 없거나 헤드가 회전하지 않을 경우, 하나의 면에 대해 측정 영역을 설정한 후 측정을 수행하고 대상물을 다른 위치로 배치하여 반복 측정해서 모든 면이 측정되도록 함
- **고가형 3D프린터 적용 사례** : 3차원 역설계를 통한 형상 모델링과 가공 제품의 품질 검증을 위한 검사 등
- **다른 고정식 고가형 방식** : 광 패턴 이용 방식, 고해상도의 빔 프로젝터와 고정밀 카메라에 사용

2) 이동식 3D스캐너

이동식 스캐너는 측정 도중 움직이면서 측정할 수 있는 스캐너로 스캐너의 광이 못 미치거나 스캐너를 설치하기 힘든 경우에 매우 유용하다. 또한, 측정 대상물의 크기가 클 경우 혹은 특정 부위만 측정해야 할 경우에 스캐너를 이동하면서 측정 데이터를 획득할 수 있으나, 이동식이기 때문에 통상적으로 정밀도는 고정식에 미치지 못한다.

Check Point

- 측정 도중 움직이면서 측정할 수 있는 스캐너
- 스캐너의 광이 못 미치는 경우, 스캐너를 설치하기 힘든 경우에 유용함
- 고정밀 라인 레이저 및 고속 측정기로 되어 있거나 광 패턴을 이용해 고속 촬영이 가능한 방식
- **장점** : 이동성이 있어 측정 대상물이 클 경우 혹은 특정 부위만 측정해야 할 경우 데이터를 획득할 수 있음
- **단점** : 고정식에 비해 정밀도는 떨어짐

이동식 3D 스캐너

03 최적 스캐닝 방식 및 스캐너 선택

측정 대상물의 표면 재질 및 특성, 복잡도, 크기에 따라서 최적의 스캐닝 방식이 달라진다. 뿐만 아니라 정밀한 데이터가 필요 없는 경우와 산업용과 같이 매우 정밀한 데이터가 필요한 경우에 따라서 스캐닝 방식 및 스캐너를 선택해야 한다.

(1) 최적 스캐닝 방식을 선택하기 위해 유의해야 할 사항

① 최적의 스캐닝 방식은 측정 대상물 및 적용 분야에 따라 달라짐
② 측정 대상물의 표면 재질, 특성, 복잡도, 크기에 따라 접촉식 혹은 비접촉식으로 선택
③ 필요한 데이터의 정밀도, 이용할 3차원 프린터의 정밀도 또한 고려 요소 사항

1) 측정 대상물이 투명한 소재, 표면 코팅이 불가한 경우일 때의 스캐너 사용

① 접촉식 선택이 유리하지만 표면 코팅이 가능하다면 광 기반의 비접촉식 측정 방법을 사용할 수 있음
② 표면 반사가 일어나지 않고 레이저 빔이 잘 맺히게 할 수 있는 코팅 재료 사용
③ 산업용에서 일반적으로 사용하고 있는 방법

2) 측정 대상물이 쉽게 변형되는 경우

비접촉식을 사용

3) 측정 대상물의 내부 측정이 필요한 경우

특수 스캐너(CT 등)를 사용하기도 함

4) 측정 대상물의 크기

① 스캐너 선택에 직접적인 영향을 미치는 요소
② 저가형 스캐너 : 측정 사이즈의 한계가 있음(최대 20~30cm), 측정 대상물의 측정 한계를 미리 확인하여 결정해야 함

5) 원거리에 있는 대상물 측정

TOF 방식을 사용하는 것이 유리함

6) 큰 측정 대상물의 일부를 스캔하는 경우

이동식 스캐너를 사용하는 것이 좋으나 정밀도가 떨어질 수 있음

(2) 적용 분야

1) 산업용 스캐너의 특징

① 매우 고가임
② 우수한 정밀도를 가짐
③ 측정 범위가 큼
④ 머시닝을 통해서 얻어진 가공품의 검사 용도로 많이 사용됨

2) 3D데이터 생성용(일반용) 스캐너의 특징

① 3D프린팅에서 사용할 3D데이터용 스캐너는 정밀도가 많이 높을 필요는 없음
　→ 3차원 프린팅의 가공 정밀도가 스캐너의 정밀도보다 좋으면 되기 때문임
② 프로토 타입용으로는 저가형이 유리함

3) 상황별 스캐너의 선택

① 최종 제품 개발용으로는 고가형 선택이 좋음
② 측정을 몇 번씩 해야 하고 측정시간이 중요하다면 광 패턴 방식의 고속 스캐너 선택이 좋음

출제예상문제

01 3차원 역설계를 통한 형상 모델링 및 가공 제품의 품질 검증을 위한 검사 방법으로 측정 정밀도가 수 마이크론으로 매우 뛰어난 스캐너는?

① 저가형 고정식 3D스캐너
② 고가형 고정식 3D스캐너
③ 고가형 이동식 3D스캐너
④ 저가형 이동식 3D스캐너

해설

① 저가형 3D스캐너는 이동식 3D스캐너에 비해서 정밀도가 우수하지만 보통 50마이크론 내외이며 최대 정밀도가 수백 마이크론 정도이다.
③·④ 이동식 3D스캐너는 고가형과 저가형 모두 측정 도중 움직임이 가능하기 때문에 통상적으로 정밀도가 고정식에 미치지 못한다.

정답 ②

02 다음의 환경에서 사용해야 하는 스캐너는 무엇인가?

측정 대상물의 외관이 단순하고 접촉 시 대상이 쉽게 변형되지 않으며, 측정 대상물이 투명하거나 거울과 같이 전반사 혹은 표면 재질로 인해서 난반사가 일어나는 단단한 피측정물에 대해서 측정이 가능하다.

① CMM 방식 스캐너
② TOF 방식 레이저 3D스캐너
③ 레이저 기반 삼각 측량 3차원 스캐너
④ 패턴 이미지 기반의 삼각 측량 3차원 스캐너

해설

• CMM은 접촉식의 대표적 방법으로 터치 프로브(touch probe)가 직접 측정 대상물과의 접촉을 통해 좌표를 읽어내는 방식이다.
• TOF 방식 레이저 3D스캐너, 레이저 기반 삼각 측량 3차원 스캐너, 패턴 이미지 기반의 삼각 측량 3차원 스캐너는 모두 비접촉식 스캐너이다.

정답 ①

03 3D스캐너에 대한 설명으로 옳은 것은?

① 측정 대상으로부터 문자, 모양, 크기, 위치 등의 정보를 얻어내는 것이다.
② 피측정물의 측정 준비부터 3차원 데이터의 최종 생성까지 3D스캐닝 과정에 포함한다.
③ 전반사 또는 난반사가 일어나는 단단한 측정물의 경우 비접촉식 방법으로 측정한다.
④ 이동식 3D스캐너 중 저가형 스캐너가 가장 상용화되어 있다.

해설

① 일반 스캐닝에 대한 설명으로 3D스캐닝은 측정 대상으로부터 3차원 좌표(X, Y, Z 값)를 읽어내는 일련의 과정이다.
③ 접촉식 방법으로 측정이 가능한 경우이다.
④ 고정식 3D스캐너 중 저가형 스캐너가 가장 상용화되어 있다.

정답 ②

04 비접촉식 3차원 스캐닝이 취하는 방법이 아닌 경우는?

① 접촉식 방법을 쓸 수 없는 경우   ② 측정 대상물이 투명한 경우
③ 측정 대상물의 외관이 복잡한 경우   ④ 접촉 시 피측정물이 쉽게 변형되는 경우

🔍 **해설**

- 대부분의 3차원 스캐닝은 비접촉식 방법을 취한다.
- 접촉식 방법은 측정 대상물이 투명한 경우와 전반사 또는 난반사가 일어나는 단단한 측정물의 경우 사용된다.

정답 ②

05 TOF 방식 레이저 3D스캐너의 설명으로 옳은 것은?

① 먼 거리의 대형 구조물 측정이 가능하다.   ② 일반적으로 가장 많이 사용되는 방식이다.
③ 휴대용으로 개발하기가 용이하다.   ④ 측정 정밀도가 비교적 높은 편이다.

🔍 **해설**

② 레이저 기반 삼각 측량 3차원 스캐너가 일반적으로 가장 많이 사용된다.
③ 패턴 이미지 기반의 삼각 측량 3차원 스캐너의 장점이다.
④ 측정 정밀도가 비교적 낮아 작은 형상이면서 정밀한 측정이 필요한 경우에는 적합하지 않다.

정답 ①

06 원거리에 있는 대상물을 측정할 때 좋은 3D스캐너는?

① 반도체 산업 고정밀용 스캐너   ② 레이저 기반 삼각 측량 3차원 스캐너
③ TOF 방식 레이저 3D스캐너   ④ 패턴 이미지 기반의 삼각 측량 3차원 스캐너

🔍 **해설**

TOF 방식은 먼 거리의 대형 구조물을 측정하는 데 용이하다.

정답 ③

07 다음 중 성격이 다른 하나는?

① 주로 산업용으로 쓰인다.
② 정밀도가 떨어지는 편이다.
③ 날카로운 표면과 같이 레이저가 여러 방향으로 난반사가 일어날 경우에는 측정이 잘 되지 않는다.
④ 두 개의 레이저를 사용하여 빠른 측정이 가능하다.

🔍 **해설**

① 고가형 고정식 3D스캐너는 주로 산업용으로 쓰인다.
② 이동식 3D스캐너에 대한 설명으로 고정식에 비해 정밀도가 떨어진다.
③ 저가형 고정식 3D스캐너는 레이저가 여러 방향으로 난반사가 일어날 경우에는 측정이 잘 되지 않는다.
④ 저가형 고정식 3D스캐너는 두 개의 레이저를 사용하여 정밀하고 빠른 측정이 가능하다.
따라서 ②를 제외한 나머지는 고정식 스캐너에 대한 설명이므로 정답은 ②이다.

정답 ②

08 다음 중 아래 설명에 해당하는 것은?

> 라인 형태의 레이저를 측정 대상물에 주사하여 레이저 발진부, 수광부, 측정 대상물로 이뤄진 삼각형에서 한 변과 두 개의 각으로 나머지 변의 길이를 구함

① TOF 방식 레이저 3D스캐너
② 반도체 산업 고정밀용 스캐너
③ 패턴 이미지 기반의 삼각 측량 3차원 스캐너
④ 레이저 기반 삼각 측량 3차원 스캐너

해설

레이저 기반 삼각 측량 3차원 스캐너는 레이저 발진부와 수광부 사이의 거리가 정해져 있으며, 레이저의 발진 각도도 정해져 있다. 또한 수광부의 측정 셀의 위치를 통해서 측정 대상물로부터 반사되어 오는 레이저의 각도도 알 수 있기 때문에 레이저 발진부, 수광부, 측정 대상물로 이루어진 삼각형에서 한 변과 2개의 각으로부터 나머지 변의 길이를 구할 수 있다.

정답 ④

09 광 패턴을 바꾸면서 초점 심도 조절이 가능한 3D스캐너에 해당하는 것은?

① 주로 펄스 레이저를 사용한다.
② 측정 정밀도가 낮다.
③ 한꺼번에 넓은 영역을 빠르게 측정할 수 있다.
④ 가장 많이 사용하는 방식이다.

해설

③ 패턴 이미지 기반의 삼각 측량 3차원 스캐너로 광 패턴을 이용하기 때문에 한꺼번에 넓은 영역을 빠르게 측정할 수 있다.
①·② TOF 방식은 주로 펄스 레이저(pulse laser)를 사용하며 측정 정밀도가 비교적 낮아 정밀한 측정이 필요한 경우에는 적합하지 않다.
④ 레이저 기반 삼각 측량 3차원 스캐너를 일반적으로 많이 사용한다.

정답 ③

10 다음 중 3D스캐닝에 대한 설명으로 틀린 것은?

① 측정 대상물이 유리와 같은 소재라면 접촉식 스캐닝을 선택하는 것이 좋다.
② 저가형 스캐너의 측정 사이즈는 최대 20~30cm이다.
③ 프로토 타입용으로 사용할 경우 저가형이 유리하다.
④ 측정 대상물이 크지만 일부를 스캔할 경우 고정식 스캐너를 사용한다.

해설

측정 대상물이 크지만 일부를 스캔해야 하는 경우에는 이동식 스캐너를 선택하는 것이 유리하지만, 상대적으로 정밀도가 떨어진다.

정답 ④

11 다음 중 3D스캐닝에 대한 설명으로 틀린 것은?

① 측정 대상으로부터 문자, 모양, 크기, 위치 등의 정보를 얻어내는 것을 말한다.
② 측정 대상물 준비 단계 → 점군 생성 단계 → 최종 단계를 거친다.
③ 생성된 데이터는 후처리 과정을 거쳐 3D모델링으로 생성될 수 있다.
④ 3차원 좌표를 측정하기 위한 피측정물의 측정 준비부터 3차원 데이터의 최종 생성까지를 포함한다.

일반적 스캐닝은 측정 대상으로부터 문자, 모양, 크기, 위치 등의 정보를 얻어내는 것이고, 3D스캐닝은 측정 대상으로부터 3차원 좌표(X, Y, Z 값)를 읽어내는 일련의 과정을 말한다.

정답 ①

12 다음은 3D스캐너로 측정이 어려운 경우의 단점을 정리한 것이다. 아래의 특징을 가지고 있는 3D스캐너는 무엇인가?

- 레이저의 난반사가 일어나는 표면
- 거울과 같이 전반사가 일어나는 표면
- 유리와 같이 레이저가 투과하는 표면
- 날카로운 표면처럼 레이저가 여러 방향으로 난반사가 일어날 경우

① 저가형 고정식 3D스캐너　　② 고가형 고정식 3D스캐너
③ 고가형 이동식 3D스캐너　　④ 저가형 이동식 3D스캐너

해설

제시된 설명은 고정식 3D스캐너 중 저가형 3D스캐너에 대한 설명이며, 이러한 측정의 어려움이 있는 경우에는 다음과 같은 방법으로 해결한다.
- 측정에 어려움을 겪을 때 해결 방법
  피측정물에 특수 코팅을 수행하는데, 레이저 빔이 피측정물 표면에 잘 맺히게 하는 전처리 과정이 필요하다.

정답 ①

13 접촉식 3차원 스캐닝 방법을 취해야 하는 경우는 무엇인가?

① 측정 대상물이 투명한 경우　　② 접촉식 방법을 쓸 수 없는 경우
③ 측정 대상물의 외관이 복잡한 경우　　④ 접촉 시 피측정물이 쉽게 변형되는 경우

해설

- 접촉식 방법으로 측정 가능한 경우
  - 측정 대상물이 투명한 경우
  - 거울과 같은 전반사 또는 난반사가 일어나는 단단한 측정물의 경우

정답 ①

14 다음은 어떤 방식의 스캐너를 말하는 것인가?

- 주로 펄스 레이저(Pulse Laser) 사용
- 레이저 펄스의 시간 측정을 통해 거리를 계산하는 방식 (거리 = 속도 × 시간)
- 점 방식으로 측정하여 피측정물을 둘러싼 외관을 스캔해야 함
- 먼 거리의 대형 구조물 측정이 가능하나 측정 정밀도가 낮음

① CMM 방식 스캐너　　② TOF 방식 레이저 3D스캐너
③ 레이저 기반 삼각 측량 3차원 스캐너　　④ 패턴 이미지 기반의 삼각 측량 3차원 스캐너

TOF 방식 레이저 3D스캐너는 레이저의 펄스가 레이저 헤드를 출발해서 대상물을 맞히고 반사하여 돌아오는 시간을 측정해서 최종적으로 거리를 계산하는 방식이다.

정답 ②

15 다음은 어떤 방식의 스캐너를 말하는 것인가?

> • 가장 많이 사용하는 방식
> • 레이저 발진부, 수광부 사이 거리, 레이저 발진 각도는 정해져 있고 수광부 측정 셀의 위치를 통해 반사되어 오는 레이저 각도도 알 수 있음

① CMM 방식 스캐너   ② TOF 방식 레이저 3D스캐너
③ 레이저 기반 삼각 측량 3차원 스캐너   ④ 패턴 이미지 기반의 삼각 측량 3차원 스캐너

레이저 기반 삼각 측량 3차원 스캐너는 라인 형태의 레이저를 측정 대상물에 주사하여 레이저 발진부, 수광부, 측정 대상물로 이뤄진 삼각형에서 한 변과 두 개의 각으로 나머지 변의 길이를 구하는 방식이다.

정답 ③

16 다음 중 핸드헬드 스캐너에 대한 설명으로 바르지 않은 것은?

① 점이나 선 형태의 레이저를 피사체에 투사하고, 반사된 빛을 받는 수신부와 좌표 연결 시스템 등으로 구성된다.
② 컴퓨터 마우스처럼 손으로 움직여 그림, 사진 등의 이미지를 훑는 형식으로 입력한다.
③ 광 패턴을 이용하므로 한 번에 넓은 영역을 빠르게 측정할 수 있다.
④ 스캐너의 움직임 속도에 따라 측정 모양이 달라질 수 있다는 단점이 있다.

광 패턴을 이용하기 때문에 한꺼번에 넓은 영역을 빠르게 측정할 수 있는 것은 패턴 이미지 기반의 삼각 측량 3차원 스캐너이다. 핸드헬드 스캐너는 광 삼각법을 주로 이용하며 손으로 움직여 이미지 형태로 입력하는 스캐너이다. 가격이 저렴하고 휴대가 편리하다는 장점이 있으나, 이미지가 스캐너보다 큰 경우 여러 번 훑어야 하며 스캐너의 움직임 속도에 따라 모양이 달라질 수 있어 정확성이 떨어질 수 있다는 단점이 있다.

정답 ③

17 다음 중 설명하는 스캐너의 종류가 다른 것을 고르면?

① 전체 촬영 영역 전반의 모든 피사체의 3D 좌표를 한 번에 얻을 수 있다.
② 스캐너가 발송하는 레이저 소스 외 주파수가 다른 빛의 배제가 가능하다.
③ 광범위한 치수 정보를 수집할 수 있어 산업계에서 정밀한 스캐닝을 위해 널리 사용된다.
④ 수동 및 자동 애플리케이션 등에서 모두 사용 가능하여 활용도가 높다.

②는 변조광 방식의 3D 스캐너에 대한 설명이고, 나머지는 백색광 방식의 스캐너에 대한 설명이다. 백색광 방식 스캐너는 특정 패턴을 물체에 투영하여 그 패턴의 변형 형태를 파악해 3D 정보를 얻는 방식의 스캐너이다.

정답 ②

Chapter 03

대상물 스캔

01 스캐닝 준비 단계

스캐닝을 준비하는 과정에서 스캐닝의 방식, 측정 대상물의 크기 및 표면, 적용 분야(고정밀 산업용 혹은 일반용) 등이 고려되어야 한다.

(1) 대상물의 표면 상태별 스캐너

일반적인 라인 레이저 방식에서는 레이저가 측정 대상물의 표면에 잘 주사가 되어야 하는데, 이를 위해서 레이저 스팟이 잘 생성되는 피측정물을 준비한다. 즉 CCD, CMOS 방식 카메라에서 측정 대상물의 표면에 맺힌 레이저 스팟이 잘 읽혀야 한다.

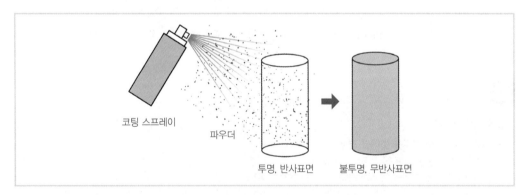

코팅 스프레이　파우더　투명, 반사표면　불투명, 무반사표면

측정 대상물 표면 코팅

 Check Point

측정 대상물의 표면 상태에 따른 준비 과정
• 라인 레이저 방식 : 아래 요소를 고려해서 피측정물을 준비해야 원활한 측정이 진행됨
① 레이저가 측정 대상물의 표면에 잘 주사되고 초점이 잘 맞혀야 함
② CCD, CMOS 방식 카메라에서 측정 대상물의 표면에 맺힌 레이저 스팟이 잘 읽혀야 함

- 레이저가 잘 주사되지 않는 표면을 가진 대상물
  ① 측정 대상물의 표면이 투명할 경우 : 레이저 빔 투과로 표면에 레이저 스팟이 생기지 않음
  ② 측정 대상물에 전반사가 일어날 경우 : 정확한 레이저 스팟 측정이 어려움
  ③ 가시광 레이저 : 레이저 스팟이 측정 대상물에 흡수되어 선명하게 보여야 측정 카메라에서 인식할 수 있음
- 레이저가 잘 주사되지 않는 표면을 가진 대상물을 선택 시
  ① 투명, 난반사, 전반사가 일어날 경우 측정 방식을 바꿈
  ② 측정 방식 변경 방법 외에도 측정 대상물의 표면 처리를 통해 원활한 측정이 가능함
- 표면 처리 코팅재
  ① 코팅재 : 매우 미세한 백색 파우더가 포함된 액체 재료가 많음
  ② 주로 스프레이 방식으로 재료를 피측정물에 도포할 수 있음
  ③ 파우더의 입자가 클 경우 : 측정 오차가 생길 수 있으므로 요구되는 측정 정밀도를 바탕으로 코팅재를 선별
  ④ 고정밀 측정용 코팅재 : 최근 상용화된 코팅재로 마이크론 입자 사이즈를 가짐
- 코팅 시 유의 사항
  ① 모든 면에 균일하게 코팅을 실시해야 함
  ② 측정이 끝난 후 쉽게 제거되어야 피측정물의 본래 표면을 유지할 수 있음
- 전반사, 투명 표면이 아닌 경우의 난반사가 일어나는 경우
  레이저 빔, 카메라 사양에 따라 측정 환경의 주변 밝기를 조절하고 카메라 노출 정도를 조절하여 난측정을 해결할 수 있음

(2) 대상물의 크기별 스캐너

대상물이 측정 범위를 벗어날 경우에는 측정 방식을 바꾸거나 혹은 여러 부분으로 측정해서 데이터의 정합 및 병합 과정을 거쳐야 한다. 이때 여러 번의 측정으로 데이터를 생성 시 원활한 정합 및 병합이 이루어질 수 있도록 어느 정도의 중첩된 표면이 측정되어야 한다.

보통 정합용 마커(registration marker)나 정합용 볼을 포함하는 측정 고정구(fixture)를 사용한다.

 Check Point

피측정물의 크기
- 피측정물이 측정 범위를 벗어날 경우
  ① 측정 방식 변경
  ② 여러 부분으로 측정하여 데이터의 정합과 병합을 검토
    – 여러 번 측정 시, 파트별로 데이터를 측정하여 데이터 간 수정을 통해 원하는 형상을 얻을 수 있음
    – 파트별로 측정된 데이터를 수정할 수 있도록 중첩이 되는 표면을 측정해야 함
    – 표면이 복잡하고 중요할 경우, 측정이 잘 되는 위치에서 측정
- 정합용 마커(Registration Marker)
  ① 산업용 고정밀 라인 레이저 측정에서 많이 사용
  ② 치수 정밀도가 매우 우수한 볼 형태
  ③ 측정 대상물에 미리 고정시킴
  ④ 3개 이상의 볼이 필요, 고정된 볼이 측정 대상물과 같이 스캔됨
  ⑤ 측정이 끝난 후 각 데이터에서 동일한 볼의 중심을 일치시켜 각 측정 데이터는 회전 및 병진을 통해 정합 작업이 완료됨

⑥ 측정 대상물이 큰 경우 여러 개의 볼을 사용, 서로 정합될 측정 데이터 사이에 중첩되는 볼이 최소 3개 이
상 존재해야 함
⑦ 정합용 볼을 포함한 측정 고정구(fixture)를 사용하는 방법도 있음
⑧ 고정구에 측정 대상물을 고정하고 위 과정과 동일하게 측정함
• 자동 정합 기능
① 여러 측정 데이터에서 중복되는 특징 형상을 추출하고 이 부분을 매칭시켜 데이터를 합치는 기능
② 높은 정밀도를 요하지 않는 경우, 광 패턴 방식이나 라인 레이저 방식의 이동식 스캐너는 소프트웨어에 자
동 정합 기능이 포함되어 있음
③ 볼 마커보다 정밀도는 떨어짐
④ 빠른 시간에 정합이 가능해 저가용 스캐너에서 많이 사용함

(3) 적용 분야별 스캐너

적용 분야에 따라 측정 데이터에 요구되는 정밀도가 다르므로 각 분야에 적합한 스캐너 선정
과 준비 과정이 필요하다.

1) 산업용

① 매우 높은 수준의 정밀도를 요함
② 피측정물의 표면 코팅을 통해 난반사를 미리 제거할 수 있음

2) 일반용

① 3차원 프린팅용으로 비교적 낮은 수준의 정밀도가 요구됨
② 난반사를 위한 코팅이 필요하지 않을 수 있음

02 스캐닝 설정

스캐닝 설정에는 스캐너 보정(calibration), 노출 설정, 측정 범위, 측정 위치 선정, 스캐닝 간격
및 속도 등이 포함된다.

(1) 스캐너 보정(Calibration)

① 스캐닝 이전에 스캐너 보정(Calibration)을 수행해야 함
② 주변 조도에 따라 카메라 보정, 이송 장치의 원점 등을 설정함
③ 대개 자동 보정 기능을 포함하지만, 스캐닝 방식마다 차이가 있음

(2) 조도(Illumination)

① 측정 방식에 따라 주변 밝기인 조도를 조절해야 함

② 레이저 방식, 광 패턴 방식 모두 빛이 너무 밝은 경우, 표면에 투사된 레이저가 카메라에 잘 측정되지 않음 → 직사광선을 피해야 함

③ 빛이 너무 어두울 경우, 카메라에 들어오는 빛의 양이 감소하여 측정이 잘 되지 않음 → 주변 밝기 조절로 스캐너에서 요구하는 조도를 맞추고 카메라 설정을 통해 노출 정도를 제어해야 함

(3) 측정 범위 설정

① 측정 대상물이 클 경우 측정 영역을 미리 설정할 필요가 있음 → 측정 시간 단축

② 측정 대상물에 큰 단차가 있을 경우 카메라의 초점이 심도 밖에 위치
→ 측정 방향을 시작과 끝점, 레이저 광 진행 방향으로 초점 심도를 고려

③ 저가형 스캐너의 경우 턴테이블을 사용하여 자동으로 전면 측정이 이뤄짐
→ 턴테이블의 회전축 방향으로 여러 영역을 구분시켜 각 영역에서 360도 방향으로 측정 후 최종적으로 정합 및 병합을 수행

④ 이동식 3D스캐너의 경우 별다른 측정 영역이 필요 없음
→ 원하는 영역을 이동 속도를 고려하여 측정할 수 있음

(4) 스캐닝 간격 및 속도

① 라인 레이저 : 연속된 2개의 레이저 빔 라인에 대한 간격 설정이 가능함

② 직선으로 이송하는 경우 : 이송 방향으로 스캔 간격을 미리 설정 가능

③ 간단한 형상의 면 : 스캐닝 간격 넓게 설정 가능

④ 턴테이블 이용 방식 : 회전량 조절로 측정 간격 조절 가능

⑤ 복잡한 면일 경우 : 스캐닝 간격을 좁게 설정하여 많은 점 데이터를 확보해 원래 형상을 제대로 복원할 수 있음

 Check Point

스캐닝 속도
① 스캐닝 속도는 스캐닝 점의 개수를 줄임으로써 가능
② 라인 스캐너의 경우 : 정지 상태에서 측정, 다음 위치로 이송하여 측정 진행, 연속적으로 이송하면서 측정 수행이 가능함
③ 보통 연속 측정을 하는 경우 측정 정밀도가 떨어짐

출제예상문제

01 다음 중 3D스캐닝 단계에서 틀린 설명은?

① 표면 처리 코팅재는 레이저가 주사되는 표면을 중심으로 코팅을 실시한다.
② 측정 대상물의 표면이 투명할 경우 레이저 빔 투과로 표면에 레이저 스팟이 생기지 않는다.
③ 측정 대상물에 전반사가 일어날 경우 정확한 레이저 스팟 측정이 어렵다.
④ 난반사가 일어나는 경우 주변 밝기를 조절해서 어느 정도 해결이 가능하다.

해설

표면 처리 코팅 시 모든 면에 균일하게 코팅을 실시해야 한다.

정답 ①

02 다음 중 정합용 마커(Registration Marker)에 대한 설명으로 틀린 것은?

① 정합용 볼을 포함하는 측정 고정구를 사용할 수도 있다.
② 스캐닝 대상물이 측정 범위를 벗어날 경우 사용하는 방식이다.
③ 3개 이상의 볼이 필요하며 대상물에 미리 고정시켜야 한다.
④ 빠른 시간 내에 정합이 가능해 저가용에서 많이 사용한다.

해설

정합용 마커는 산업용 고정밀 라인 레이저 측정에서 많이 사용하며 ④는 자동 정합 기능에 대한 내용으로 여러 측정 데이터에서 중복되는 특징 형상을 추출하고 이 부분을 매칭시켜 데이터를 합치는 방식이다. 빠른 시간 내에 정합이 가능해 저가용에서 많이 사용하며 볼 마커보다 정밀도는 떨어진다.

정답 ④

03 다음 중 3D스캐너에 대한 설명으로 옳은 것은?

① 일반적으로 쓰는 스캐너라도 난반사가 있다면 코팅을 해야 한다.
② 산업용의 경우 피측정물의 표면 코팅으로 미리 난반사를 제거할 수 있다.
③ 3차원 프린팅용의 스캐너는 상대적으로 정밀도가 높아야 한다.
④ 적용 분야에 관계없이 스캐너의 정밀도는 높아야 한다.

해설

① 일반 측정의 경우에는 특별한 코팅 과정이 필요하지 않을 수 있다.
③ 일반용은 3차원 프린팅용으로 비교적 낮은 수준의 정밀도가 요구된다.
④ 적용 분야에 따라서 측정 데이터에 요구되는 정밀도가 다르다.

정답 ②

04 3D스캐닝 설정에 대한 설명으로 옳지 않은 것은?

① 측정 위치를 선정할 수 있다.　　　　② 측정 방식에 따라 조도를 조절해주어야 한다.

③ 스캐닝 간격을 조절할 수 있다.　　　④ 측정 시간을 임의로 단축시킬 수 없다.

> **해설**
>
> 측정 경로 설정 등으로 측정 시간을 단축시킬 수 있다.
>
> **정답 ④**

05 3D스캐너 측정 범위에 대한 설명 중 틀린 것은?

① 이동식 3D스캐너의 경우 측정 영역을 정해야 한다.

② 단차가 큰 측정 대상물의 경우 카메라 초점이 심도 밖에 위치할 수도 있다.

③ 측정 대상물이 크면 측정 영역을 설정해 시간을 단축시킬 수 있다.

④ 저가형 스캐너는 턴테이블을 이용해 자동으로 전면 측정이 이루어진다.

> **해설**
>
> 이동식 3D스캐너의 경우 별다른 측정 영역이 필요 없으며, 원하는 영역을 이동 속도를 고려해서 측정할 수 있다
>
> **정답 ①**

06 3D스캐너의 스캐닝 간격에 대한 설명으로 옳은 것은?

① 복잡한 면일 경우 이송 방향으로 스캔 간격을 미리 설정할 수 있다.

② 라인 레이저의 경우 회전량의 조절로 측정 간격을 조절할 수 있다.

③ 간단한 형상의 면은 스캐닝 간격을 넓게 설정할 수 있다.

④ 직선 이송의 경우 많은 점 데이터 확보를 위해 스캐닝 간격을 좁게 한다.

> **해설**
>
> ① 직선으로 이송하는 경우에 이송 방향으로 스캔 간격을 미리 설정할 수 있다.
> ② 턴테이블 이용 방식에서는 회전량 조절로 측정 간격을 조절할 수 있다.
> ④ 복잡한 면일 경우 스캐닝 간격을 좁게 설정하여 많은 점 데이터를 확보해 원래 형상을 제대로 복원할 수 있다.
>
> **정답 ③**

07 3D스캐너 속도에 대한 설명으로 틀린 것은?

① 스캐닝 속도는 스캐닝 점 개수를 줄임으로써 가능하다.

② 라인 스캐너의 경우 연속적으로 이송을 하며 측정이 가능하다.

③ 라인 스캐너는 정지 상태에서 측정한 후 다음 위치로 이송하여 측정할 수 있다.

④ 연속 측정의 경우 측정 정밀도에 영향을 미치지 않는다.

> **해설**
>
> 레이저 및 카메라의 성능에 따라서 다를 수는 있으나, 일반적으로 연속 측정을 하는 경우에는 측정 정밀도가 떨어진다.
>
> **정답 ④**

08 3D스캐너 설정에 대한 설명으로 옳은 것은?

① 광 패턴 방식일 경우 주변 밝기는 영향을 끼치지 않는다.
② 스캐닝 전에 스캐너 보정을 수행해야 한다.
③ 조도는 자동 보정 기능이 있다.
④ 스캐너 보정에는 주변 조도에 따른 카메라 보정만을 포함한다.

해설

① 레이저 방식과 광 패턴 방식 모두 빛이 너무 밝으면 표면에 투사된 레이저가 카메라에서 잘 측정되지 않으므로 직사광을 피해야 한다.
③ 주변 밝기 조절로 스캐너에서 요구하는 조도를 맞추고, 카메라 설정을 통해서 노출 정도를 제어해야 한다.
④ 스캐너 보정에는 주변 조도에 따른 카메라 보정, 이송 장치의 원점 설정 등이 포함된다.

정답 ②

09 다음에서 설명하고 있는 것은 무엇인가?

산업용 고정밀 라인 레이저 측정에서 대상물의 측정 범위가 벗어날 때 많이 사용함

① 자동 정합 기능   ② 스캐너 보정   ③ 정합용 마커   ④ 병합

해설

① 자동 정합 기능은 여러 측정 데이터에서 중복되는 특징 형상을 추출하고 이 부분을 매칭시켜 데이터를 합치는 기능이다.

정답 ③

10 3D스캐너 대상물에 대한 설명으로 틀린 것은?

① 대상물의 표면 처리로 미세한 백색 파우더가 포함된 액체 재료를 많이 사용한다.
② 대상물의 코팅재는 주로 스프레이 방식으로 도포한다.
③ 코팅재가 고르게 도포된다는 전제하에 파우더 입자 크기는 큰 영향이 없다.
④ 고정밀 측정 코팅재는 측정 후 쉽게 제거되어야 한다.

해설

표면 처리 코팅재의 파우더 입자가 클 경우, 측정 오차가 생길 수 있으므로 요구되는 측정 정밀도를 바탕으로 코팅재를 선별해야 한다.

정답 ③

11 표면처리 코팅재에 대한 설명으로 틀린 것은?

① 코팅 재료로 매우 미세한 백색 파우더가 포함된 액체 재료가 많다.
② 주로 스프레이 방식으로 재료를 피측정물에 도포할 수 있다.
③ 파우더의 입자가 클 경우 측정 오차가 생길 수 있다.
④ 측정이 끝난 후에도 코팅이 유지되는 재료를 사용해야 한다.

측정이 끝난 후 쉽게 제거되어야 피측정물의 본래 표면을 유지할 수 있다.

정답 ④

12 다음 중 스캐닝 설정에 포함되지 않는 것은?

① 스캐너 보정(Calibration)
② 조도(Illumination)
③ 자동 정합 기능
④ 스캐닝 간격 및 속도

- 자동 정합 기능은 스캐너 준비 단계에 해당하는 것으로서 여러 측정 데이터에서 중복되는 특징 형상을 추출하고 이 부분을 매칭시켜 데이터를 합치는 기능이다.
- 스캐너 보정, 조도, 스캐닝 간격 및 속도 외에도 측정 범위 설정이 있다.

정답 ③

13 스캐닝 간격에 대한 설명으로 틀린 것은?

① **간단한 형상의 면** : 스캐닝 간격을 좁게 설정하여 많은 점 데이터를 확보한다.
② **직선으로 이송하는 경우** : 이송 방향으로 스캔 간격을 미리 설정 가능하다.
③ **라인 레이저** : 연속된 2개의 레이저 빔 라인에 대한 간격 설정이 가능하다.
④ **턴테이블 이용 방식** : 회전량 조절로 측정 간격 조절이 가능하다.

- **간단한 형상의 면** : 스캐닝 간격 넓게 설정 가능
- **복잡한 면일 경우** : 스캐닝 간격을 좁게 설정하여 많은 점 데이터를 확보해 원래 형상을 제대로 복원할 수 있음

정답 ①

14 스캐닝 조도에 대한 설명 중 틀린 것은?

① 측정 방식에 따라 주변 밝기인 조도를 조절해야 한다.
② 빛이 너무 어두울 경우 빛의 양이 감소하여 측정이 잘 되지 않는다.
③ 빛이 너무 밝은 경우 레이저 방식에서는 카메라에 잘 측정되지 않는다.
④ 광 패턴 방식의 경우 직사광선에서도 잘 측정된다.

레이저 방식, 광 패턴 방식 모두 빛이 너무 밝은 경우, 표면에 투사된 레이저가 카메라에 잘 측정되지 않는다. 그리고 두 방식 모두 직사광선을 피해야 한다.

정답 ④

01 스캐닝 데이터 생성 및 저장

(1) 스캐닝 데이터 생성

아래 그림은 측정 대상물의 형상을 고려한 총 3가지의 자세에서 얻어진 측정 데이터를 나타내고 있는데, 이처럼 스캐닝 데이터 생성은 미리 설정된 자세에서 턴테이블이 돌아가며 이루어진다.

측정자세 1

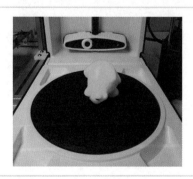

측정자세 2

측정자세 3

Check Point

- 측정자세는 형상의 복잡도, 크기 및 원하는 측정 영역에 따라서 1개 혹은 여러 개로 설정할 수 있다.
- 측정 데이터는 잡음 데이터(noise data)를 포함하고 있으며, 이는 추후 데이터 보정 과정을 통해서 필터링(filtering)된다.

(2) 스캐닝 데이터 저장

각 측정 자세에서 측정된 데이터는 기본적으로 점군의 형태로 저장된다. 이러한 포맷은 기본적으로 각 점에 대한 정보(X, Y, Z 좌표)를 포함하며, 경우에 따라서는 STL 파일과 같이 법선 벡터(normal vector), 색깔 정보, 이웃하는 정점과의 위상(topology) 정보를 포함할 수도 있다.

Check Point

- 기본적으로 점 데이터 형태로 저장됨
- 점군은 다른 소프트웨어에서 사용 가능한 표준 포맷으로 저장할 수 있음
- **포맷에 포함되는 정보** : 점에 대한 정보(X, Y, Z 좌표 포함), 법선 벡터(Normal Vector), 색깔 정보, 이웃하는 정점과의 위상(Topology) 정보

1) 표준 포맷

표준 포맷은 모든 스캔 소프트웨어 혹은 데이터 처리 소프트웨어에서 사용이 가능한 포맷으로 XYZ, IGES와 STEP가 있다.

① XYZ
  ⓐ 가장 단순함
  ⓑ 각 점에 대한 좌표 값 포함
② IGES(Initial Graphics Exchanges Specification)
  ⓐ 최초의 표준 포맷
  ⓑ 형상 데이터를 나타내는 엔터티(entity)로 구성

ⓒ 점, 선, 원, 자유 곡선, 자유 곡면, 트림 곡면, 색상, 글자 등 CAD/CAM 소프트웨어에 3차 원 모델의 모든 정보를 포함할 수 있음

ⓓ 3D스캐너에서는 선택적으로 지원

ⓔ 스캔 데이터는 점으로 형성되어 있어 엔터티 106 또는 116으로 데이터 저장

③ STEP(Standard for Exchange of Product Data)

ⓐ IGES 단점 극복

ⓑ 제품 설계부터 생산에 이르는 모든 데이터를 포함하기 위해 가장 최근에 개발된 표준

ⓒ 대부분의 상용 CAD/CAM 소프트웨어에서 STEP 표준 파일을 지원

ⓓ 3D스캐너에서는 선택적으로 지원

---

02 스캔 데이터 보정

(1) 정합(Registration)

스캔 데이터는 보통 여러 번의 측정에 따른 점군 데이터를 서로 합친 최종 데이터다. 이렇게 개별 스캐닝 작업에서 얻어진 점 데이터들이 합쳐지는 과정을 정합이라고 한다.

1) 정합용 툴을 이용하는 경우

아래 그림은 정합용 볼을 이용한 정합 준비 과정을 나타낸다. 우선 측정 대상물에 최소 3개 이상의 볼을 부착시키고 피측정물과 모든 볼을 동시에 측정한다.

정합용 볼 이용 측정 및 데이터 준비

다음은 정합 과정을 보여 주고 있다. 측정 데이터에서 볼 1, 2, 3의 중심을 각각 매칭함으로써 정합이 이루어지고 모두 매칭되면 이들 볼에 대한 점 데이터를 제거함으로써 최종적으로 정합 데이터를 얻을 수 있다.

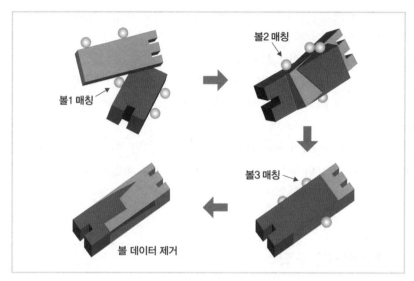

볼을 이용한 정합 과정

 Check Point

- **스캔 데이터**
  여러 번의 측정에 따른 정점 데이터를 서로 합친 최종 데이터
- **정합(Registration)**
  ① 개별 스캐닝 작업에서 얻어진 점 데이터들이 합쳐지는 과정
  ② 정합은 정합용 고정구 및 마커 등을 사용하는 경우와 측정 데이터 자체로 정합을 하는 경우가 있음
- **정합용 마커 사용 시**
  ① 정합용 마커는 최소 3개 이상의 볼의 간격을 모두 측정 되도록 조절하여 부착해야 함
  ② 서로 합쳐야 할 점 데이터에서 동일한 정합용 볼들의 중심을 서로 매칭시켜 측정 데이터들을 합침
  ③ **정합 방법**
    – 측정 대상물에 3개의 정합용 볼을 부착한 후 피측정물과 볼 모두 동시에 측정
    – 측정 이후 정합 소프트웨어에서 데이터를 오픈하여 정합을 준비
    – 최종적으로 3개의 볼을 모두 매칭시키고 난 후 볼에 대한 점 데이터를 제거함으로써 최종적으로 정합 데이터를 얻을 수 있음

2) 점군 데이터를 이용한 정합 과정

먼저 측정된 데이터와 다음 측정 데이터와의 정합을 수행하고, 다음 측정 데이터와 다시 정합을 수행하면서 순차적으로 마지막까지 반복하여 최종 데이터를 생성하는 방법이다. 이 경우 정합용 소프트웨어는 각각 측정된 점 데이터로부터 중첩되는 특징 형상들을 찾아내어 그 부분을 일치시킴으로써 정합을 하게 된다.

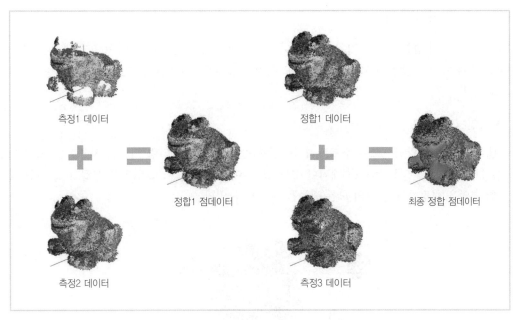

측정1 데이터

정합1 데이터

정합1 점데이터

최종 정합 점데이터

측정2 데이터

측정3 데이터

측정 데이터를 이용한 정합 과정과 최종 정합 데이터

 Check Point

- 정합용 소프트웨어는 각각 측정된 정합 데이터로부터 중첩되는 특징 형상들을 찾아내어 일치시킴
- 정합 전에 점 데이터 보정 및 필터링이 선행되어야 함
- **정합 방법**
  ① 먼저 두 개의 측정 데이터와 정합을 수행
  ② 그다음 측정 데이터와 다시 정합을 수행하면서 마지막 측정 데이터까지 반복해서 최종 데이터를 생성함

(2) 병합(Merging)

병합은 정합을 통해서 중복되는 데이터를 하나의 파일로 통합하는 과정이다. 즉, 두 개의 점 데이터를 모두 포함하는 새로운 점 데이터를 생성함으로써 병합이 이루어진다. 소프트웨어에서 병합하는 경우 점 개수를 줄일 수 있는데 서로 중첩되는 부분에는 상대적으로 불필요한 데이터가 존재하여 최종 데이터 생성 전에 데이터 크기를 줄이는 효과가 있다.

 Check Point

정합과 병합의 차이점
- **정합** : 전체 데이터를 회전 이송시켜서 같은 좌표계로 통일하는 과정
- **병합(Merging)** : 정합을 통해서 중복되는 부분을 서로 합치는 과정
  ① 소프트웨어에서는 병합 과정이 별도로 존재하지 않는 경우가 많음
  ② 정합 데이터를 새 파일로 저장하면서 자동 병합이 수행됨

(3) 스캔 데이터 보정

측정, 정합 및 병합 과정을 거친 스캔 데이터는 측정 환경, 측정 대상물의 표면 상태 및 스캐닝 설정 등에 따라서 많은 노이즈를 포함하고 있어서 불필요한 데이터를 필터링하는 보정과정이 필요하다.

1) 데이터 클리닝(Cleaning)

데이터 클리닝 방법으로는 소프트웨어에서 제공하는 자동 필터링 기능을 사용할 수도 있으며, 수동으로 필요 없는 점들을 제거할 수도 있다. 아래 그림은 Crop 영역을 설정한 것이다. 적당한 영역을 설정하여 원 밖의 모든 점들을 제거할 수 있다.

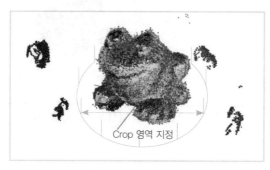

Crop 영역 지정의 예

 Check Point

데이터 클리닝
- 노이즈 제거 방식
① 자동 필터링 기능 사용
② 수동으로 필요 없는 점을 제거
  - 수동기능 사용 시, 적당한 영역을 설정해서 원을 기준으로 대부분의 데이터를 수정할 수 있음
  - 너무 좁은 크롭(Crop) 영역은 보존해야 할 측정 데이터까지 제거할 우려가 있어 유의해야 함

클리닝 전후의 점 데이터

2) 스캔 데이터 보정

데이터 클리닝이 끝나고 정합 전후로 다양한 보정 과정을 거치게 된다.

Check Point

- 필터링
  - 중첩된 점의 개수를 줄여 데이터 처리를 쉽게 할 수 있음
  - 브러시 내에 있는 점들을 한 번에 설정해서 제거 가능
- 스무딩(Smoothing)
  - 측정 오류로 인해 주변 점들에 비해 불규칙적으로 형성된 점들을 매끄럽게 함

(4) 스캔 데이터 페어링(Fairing)

1) 형상수정

스캔 데이터 페어링(fairing)이란 최종적으로 3차원 프린팅을 하기 위해 불필요한 점을 제거하고 삼각형 메쉬(trianglar mesh)를 형성하는 과정을 말한다.

다음은 스캐너의 특성상 측정이 되지 않는 부분의 점 데이터를 삼각형 메쉬로 변환한 모습을 나타낸다.

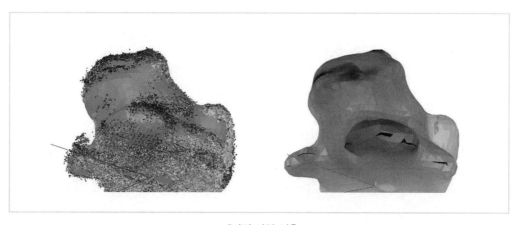

페어링 작업 전후

2) 삼각형 메쉬 생성 법칙

삼각형 메쉬 생성 법칙은 점과 점 사이의 법칙(vertex-to-vertex rule)으로 삼각형들은 꼭짓점을 항상 공유해야 한다.

이 법칙을 위배하는 경우는 아래와 같다.

① 꼭짓점 연결이 안 되는 경우

② 공간 상에서 삼각형이 서로 교차를 하는 경우

③ 삼각형들끼리 서로 겹치는 경우

④ 삼각형이 없는 부분, 즉 구멍이 생길 수 있는 부분

다음은 페어링 작업을 통해서 최종적으로 생성된 삼각형 메쉬 데이터를 나타낸다.

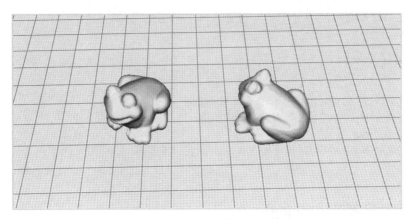

페어링 작업 후의 삼각형 메쉬 데이터

 **Check Point**

- 페어링 과정을 통해서 불필요한 점을 제거하고 다양한 오류를 바로잡아 삼각형 메쉬를 형성하고 3차원 프린 팅이 가능함
- **삼각형 메쉬 작업 시 주의점**
  스캐너 측정이 되지 않는 부분에 삼각형 메쉬 작업을 수행하면 움푹 파인 형상이 생기게 되는데 이 부분은 스캐닝 소프트웨어의 패치(Patch) 툴로 주변 점들을 연결해 수정할 수 있음
- **삼각형 메쉬 생성 법칙**
  – 점과 점 사이의 법칙(Vertex–to–Vertex Rule) : 삼각형들은 꼭짓점을 항상 공유해야 함
  – 삼각형이 겹치는 경우, 구멍이 생기는 경우, 삼각형이 중첩되는 경우 등의 오류는 자동 및 수동으로 제거가 가능
- **그 밖의 페어링 작업**
  – 삼각형의 크기를 균일하게 하는 작업
  – 큰 삼각형에 노드를 추가해서 작은 삼각형으로 만드는 작업
  – 형상을 부드럽게 하는 작업
  – 삼각형의 면 방향으로 바로잡는 작업

출제예상문제

01 3D스캐너 데이터에 대한 설명으로 옳은 것은?

① 측정 자세는 형상 복잡도와 영역에 따라 1개로 설정된다.
② 한 번의 360도 측정으로 모든 면이 측정된다.
③ 측정 데이터는 스캐너마다 다르게 저장되므로 변환해 주어야 한다.
④ 데이터 저장 시 X, Y, Z 좌표도 포함한다.

해설

스캔이 데이터를 저장할 때 기본적으로 X, Y, Z 좌표를 포함하며 STL 파일과 같이 법선 벡터(normal vector), 색깔 정보, 이웃하는 정점과의 위상(topology) 정보를 포함할 수도 있다.

정답 ④

02 다음 설명과 관련이 없는 것은?

모든 스캔 소프트웨어 혹은 데이터 처리 소프트웨어에서 사용이 가능한 포맷

① Calibration ② XYZ 데이터 ③ STEP ④ IGES

해설

• Calibration은 스캐닝 설정의 보정에 해당한다.
• 제시된 설명은 표준 포맷에 대한 내용으로 가장 많이 사용되는 포맷은 XYZ, IGES와 STEP가 있다.

정답 ①

03 최초의 표준 포맷에 대한 설명으로 옳은 것은?

① 가장 단순하며 각 점에 대한 좌표 값을 포함한다.
② CAD/CAM 소프트웨어에 3차원 모델의 모든 정보를 포함할 수 있다.
③ 대부분의 상용 CAD/CAM 소프트웨어에서 STEP 표준 파일을 지원한다.
④ 제품 설계부터 생산에 이르는 모든 데이터를 포함하기 위해 가장 최근에 개발되었다.

해설

IGES(Initial Graphics Exchanges Specification)에 대한 질문으로 ②가 적절하다.
①은 XYZ 데이터에 대한 설명이고, ③ · ④는 STEP에 대한 설명이다.

정답 ②

04 스캐닝 작업에서 얻어진 점 데이터들이 합쳐지는 과정으로 옳은 것은?

① 정합
② 병합
③ 스캔 데이터 보정
④ 스캔 데이터 페어링

해설

스캔 데이터는 보통 여러 번의 측정에 따른 점군 데이터를 서로 합친 최종 데이터를 말하며, 개별 스캐닝 작업에서 얻어진 점 데이터들이 합쳐지는 과정을 정합이라고 한다.

정답 ①

05 다음 중 나머지와 성격이 다른 설명은?

① 정합을 통해 중복되는 부분을 서로 합치는 과정이다.
② 전체 데이터를 회전 이송시켜 같은 좌표계로 통일하는 과정이다.
③ 소프트웨어에는 이 과정이 별도로 존재하지 않는 경우가 많다.
④ 두 개의 점 데이터를 모두 포함하는 새로운 점 데이터로 생성시킴으로 이루어진다.

해설

②는 정합에 대한 설명이며, 나머지는 병합에 대한 설명이다.

정답 ②

06 스캔 데이터 보정에 대한 설명으로 틀린 것은?

① 브러시 툴 기능으로 제거해야 할 점들을 한꺼번에 지울 수 있다.
② 불필요한 데이터를 필터링하는 과정이다.
③ 자동 필터링 기능을 사용할 수 있다.
④ Crop 영역은 좁게 설정하는 것이 좋다.

해설

너무 좁은 Crop 영역은 보존해야 할 측정 데이터까지 제거할 수 있기 때문에 유의해서 영역을 정해야 한다.

정답 ④

07 다음에서 설명하고 있는 용어로 옳은 것은?

측정 오류로 주변 점들에 비해 불규칙적으로 형성된 점을 매끄럽게 함

① 데이터 클리닝　　　　　　　　② 필터링
③ 스무딩　　　　　　　　　　　④ 형상 수정

해설

제시된 설명은 스캔 데이터 보정 중 스무딩에 대한 내용이다.
① 스캔 데이터는 다양한 노이즈를 포함할 수 있으며 이를 여러 방식으로 제거할 수 있다.
② 중첩된 점의 개수를 줄여 데이터 처리를 쉽게 할 수 있다.
④ 형상 수정은 스캔 데이터 페어링에 대한 내용이다.

정답 ③

08 스캔 데이터 페어링에 대한 설명 중 틀린 것은?

① 점과 점 사이의 법칙으로 삼각형들은 꼭짓점을 항상 공유해야 한다.
② 삼각형 메쉬 생성 시 발생한 오류는 자동, 수동으로 모두 제거할 수 있다.
③ 큰 삼각형을 작은 삼각형으로 만드는 작업도 가능하다.
④ 측정이 되지 않는 부분에 생긴 움푹 팬 형상은 수정이 어렵다.

해설

데이터 측정이 되지 않은 부분은 비정상적인 형상을 띠며 이렇게 생긴 움푹 팬 형상은 패치(patch)와 같은 툴로 주변 점들을 연결해서 수정할 수 있다.

정답 ④

09 스캐닝 데이터에 대한 설명으로 옳지 않은 것은?

① 점군은 다른 소프트웨어에서 사용 가능한 표준 포맷으로 저장이 가능하다.
② 직선 이송 방식의 측정 시 대상물의 고정은 필요 없다.
③ 기본적으로 점 데이터 형태로 저장된다.
④ 색깔 정보도 포맷 정보에 포함된다.

해설

직선 이송 방식의 측정에서 측정 대상물은 정반(base)에 고정이 되고 스캐너가 이송을 하면서 데이터를 측정한다. 완전한 데이터를 얻기 위해서는 측정 대상물을 여러 번 측정하게 된다.

정답 ②

10 스캔 데이터 보정 중 정합에 대한 설명으로 틀린 것은?

① 점 데이터 측정 시 먼저 3개 이상의 측정 데이터와 정합을 수행한다.
② 정합용 마커 이용 시 최소 3개 이상의 볼을 부착해야 한다.
③ 정합용 마커 측정 후 매칭한 볼을 제거해야 정합 데이터를 얻을 수 있다.
④ 점군 데이터 이용 시 정합 전에 점 데이터 보정과 필터링이 선행되어야 한다.

해설

점군 데이터를 이용한 정합 과정 시, 정합 전에 점 데이터 보정 및 필터링이 선행되어야 하며 먼저 두 개의 측정 데이터와 정합을 수행한다.

정답 ①

11 스캐닝 데이터를 생성할 때 포맷 정보에 해당되지 않는 것은?

① 점에 대한 정보
② 법선 벡터(Normal Vector)
③ 색깔 정보와 시간 정보
④ 이웃하는 정점과의 위상(Topology) 정보

해설

포맷에 포함되는 정보는 점에 대한 정보(X, Y, Z 좌표 포함), 법선 벡터(Normal Vector), 색깔 정보, 이웃하는 정점과의 위상 (Topology) 정보이다.

정답 ③

12 모든 스캔 소프트웨어 혹은 데이터 처리 소프트웨어에서 사용이 가능한 포맷으로 다음에 해당하는 포맷 방식은 무엇인가?

> • 최초의 표준 포맷
> • 형상 데이터를 나타내는 엔터티(entity)로 구성
> • 점, 선, 원, 자유 곡선, 자유 곡면, 트림 곡면, 색상, 글자 등 CAD/CAM 소프트웨어에 3차원 모델의 모든 정보를 포함할 수 있음
> • 3D스캐너에서는 선택적으로 지원
> • 스캔 데이터는 점으로 형성되어 있어 엔터티 106 또는 116으로 데이터 저장

① XYZ   ② IGES   ③ STEP   ④ 법선 벡터

해설

① XYZ : 가장 단순한 포맷 방식이며 각 점에 대한 좌표 값을 포함한다.
③ STEP(Standard for Exchange of Product Data) : IGES 단점을 극복한 것으로, 제품 설계부터 생산에 이르는 모든 데이터를 포함하기 위해 가장 최근에 개발된 표준이다.
④ 법선 벡터 : 포맷에 포함되는 정보 중 하나이다.

정답 ②

13 스캔 데이터는 보통 여러 번의 측정에 따른 점군 데이터를 서로 합친 최종 데이터를 말하며 이렇게 합쳐지는 과정을 정합이라고 한다. 다음 중 정합에 대한 설명으로 틀린 것은?

① 측정 대상물에 3개의 정합용 볼을 부착 후 피측정물과 볼 모두 동시에 측정한다.
② 최종적으로 3개의 볼을 모두 매칭한 후 볼에 대한 점 데이터를 제거함으로써 정합 데이터를 얻을 수 있다.
③ 정합용 마커는 최소 3개 이상의 볼의 간격이 모두 측정되도록 조절하여 부착해야 한다.
④ 정합 이후에 점 데이터 보정 및 필터링이 이루어진다.

해설

점 데이터 보정 및 필터링은 정합 이전에 이루어져야 한다.

정답 ④

14 정합된 데이터를 하나의 파일로 통합하는 과정으로서 두 개의 점 데이터를 모두 포함하는 새로운 점 데이터를 생성하는 과정을 무엇이라 하는가?

① 병합   ② 클리닝(cleaning)
③ 페어링(fairing)   ④ IGES

해설

② 클리닝(cleaning) : 스캔 데이터의 노이즈를 제거하는 방식이다.
③ 페어링(fairing) : 형상 수정에 필요한 과정으로 불필요한 점을 제거하고 다양한 오류를 바로 잡아 최종적으로 삼각형 메쉬(trianglar mesh)를 형성한다.
④ IGES : 표준 포맷 중 하나이다.

정답 ①

Part 2
3D 모델링

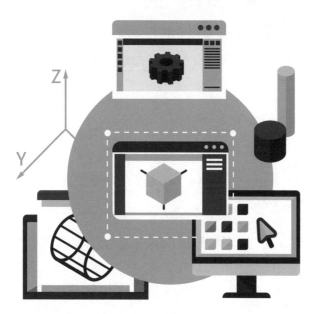

CONTENTS

Chapter 01

도면의 이해

01 기계제도 기초

(1) 도면의 크기(세로×가로, 단위 mm)

A열 크기(단위 : mm)				
호칭	치수 a × b	c	d (최소)	
			접지 않을 때	접을 때
A0	841 × 1189	20	20	25
A1	594 × 841			
A2	420 × 594	10	10	
A3	297 × 420			
A4	210 × 297			

연장 크기 (단위 : mm)				
호칭	치수 a × b	c (최소)	d (최소)	
			접지 않을 때	접을 때
A0 × 2	1189 × 1682	20	20	25
A1 × 3	841 × 1783			
A2 × 3	594 × 1261			
A2 × 4	594 × 1682			
A3 × 3	420 × 891	10	10	
A3 × 4	420 × 1189			
A4 × 3	297 × 630			
A4 × 4	297 × 841			
A4 × 5	297 × 1051			

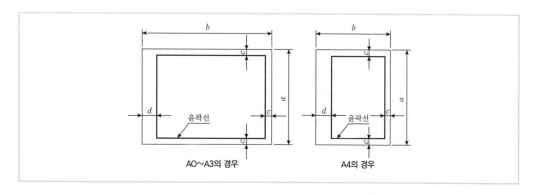

A0~A3의 경우   A4의 경우

(2) 도면 작성 시 사용하는 선의 종류

① 외형선(굵은 실선) : 대상물의 보이는 부분을 나타내는 데 사용한다.

② 중심선(가는 1점 쇄선) : 도형의 중심을 표시하는 데 사용한다.

③ 은선, 숨은선(은선, 파선) : 대상물의 보이지 않는 부분을 표시할 때 사용한다.

④ 치수선, 치수 보조선(가는 실선) : 치수 기입 또는 지시선에 사용한다.

⑤ 가상선, 절단선(가는 2점 쇄선) : 대상물에 필요한 참고 부분을 표시하는 데 사용한다.

⑥ 해칭선(가는 실선) : 단면도의 절단면을 45° 가는 실선으로 표시하는 데 사용한다.

굵기의 비	명칭	선의 종류	
가는 선	수준면선, 치수선, 치수 보조선, 지시선, 회전 단면선, 중심선,	가는 실선	
	숨은선	파선	
	중심선, 기준선, 피치선	1점 쇄선	
	가상선, 무게 중심선	2점 쇄선	
	파단선	가는 실선	
	절단선	1점 쇄선 끝부분과 꺾어지는 부분은 굵은 실선	
	해칭선	가는 실선	
굵은 선	외형선	굵은 실선	
	특수 지정선	굵은 1점 쇄선	
아주 굵은 선	특수한 용도의 선	아주 굵은 실선	

(3) 치수 보조 기호

① ∅ : 원의 지름   ② R : 원의 반지름

③ S∅ : 구의 지름   ④ SR : 구의 반지름

⑤ □ : 정사각형의 변   ⑥ t : 판의 두께

⑦ ⌒ : 원호의 길이   ⑧ C : 45° 모따기

⑨ ( ) : 참고 치수

(4) 도면의 척도

도면에 도형을 그릴 때 대상물과 같은 크기로 그리거나 확대 또는 축소하여 그릴 수 있다.

척도(Scale)는 도면의 표제란에 기입하여야 하며, 같은 도면에 다른 척도를 사용할 경우에는 필요에 따라 그 그림 부근에 기입한다.

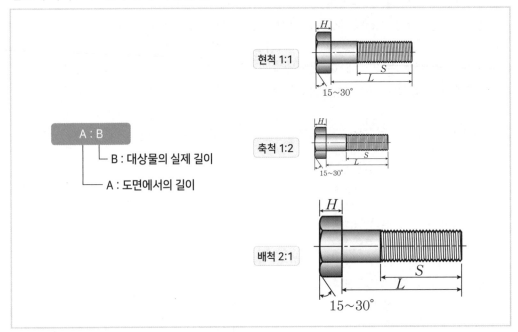

척도의 종류	표제란의 위치
축척	$1:2$, $1:5$, $1:10$, $1:20$, $1:50$, $1:100$, $1:200$
	$1:\sqrt{2}$, $1:2.5$, $1:2\sqrt{2}$, $1:3$, $1:4$, $1:5\sqrt{2}$, $1:25$, $1:250$
현척	$1:1$
배척	$2:1$, $5:1$, $10:1$, $20:1$, $50:1$
	$\sqrt{2}:1$, $2.5\sqrt{2}:1$, $100:1$

(5) 선의 굵기와 비율

가는선 : 굵은선 : 아주 굵은선 = 1 : 2 : 4

(6) 템플릿(Template)

도면에 사용되는 레이어, 문자, 치수 스타일, 회사 로고, 단위 유형, 도면이름 등을 미리 만들어 놓고 필요할 때 파일을 불러서 사용하는 도면 양식을 템플릿이라 한다. 템플릿은 신속한 도면 작업을 위해 산업현장에서 많이 사용하고 있다.

(7) 좌표계의 종류

일반적으로 CAD 시스템에서 사용하는 좌표계는 아래와 같다.

① 직교 좌표계(cartesian coordinate system)

② 극 좌표계(polar coordinate system) : 거리와 각도로 좌표를 표현하는 좌표계

③ 원통 좌표계(cylindrical coordinate system) : 3차원 좌표 공간에서 점 P=(x, y, z)에 대응하는 값 (r, θ, z)로 표현하는 좌표계

④ 구면 좌표계(spherical coordinate system) : 3차원 공간에서 점 P=(x, y, z)에 대응하는 값 (p, Ø, θ)로 표현하는 좌표계

---

02 투상법의 종류

종류	사용하는 그림의 종류	특징	주된 용어
정투상	정투상도	1각법과 3각법이 있다. 모양을 엄밀, 정확하게 표시할 수 있다.	일반 도면
등각투상	등각투상도(30°)	하나의 그림으로 정육면체의 세 면을 같은 정도로 표시할 수 있다.	설명용 도면
사투상	캐비닛도(60°) 카발리에도(45°)	하나의 그림으로 정육면체의 세 면 중의 한 면만을 중심적으로 엄밀, 정확하게 표시할수 있다.	

※ 등각도 · 카발리에도 : 하나의 그림에 의해 대상물을 알기 쉽게 도시하는 설명용 등의 그림에는 등각도 · 카발리에도를 사용한다.

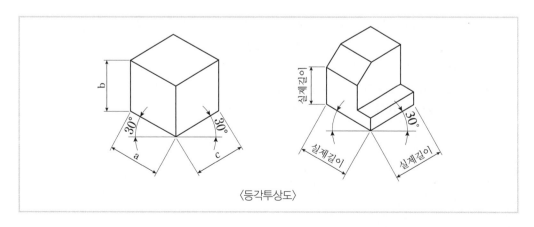

〈등각투상도〉

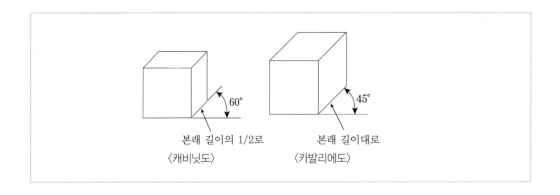

본래 길이의 1/2로
〈캐비닛도〉

본래 길이대로
〈카발리에도〉

1) 정투상법 – 1각법과 3각법의 비교

투상법은 제3각법에 따르는 것을 원칙으로 하며 다만, 필요한 경우 제1각법에 따를 수 도 있다, 또한 투상법은 표제란 혹은 그 근처에 투상법의 기호를 나타낸다.

① 제1각법의 원리 : 물체를 제1면각 내에 놓고 투상하는 방법이다. 즉 사람 눈 → 물체 → 투상면

ⓐ 물체를 제1면 각 공간에 놓고 각 면을 투상면으로 생각한다.

ⓑ 투상면에 직각인 방향으로 본 물체의 모양을 물체의 건너편에 있는 투상면에 그린다.

ⓒ 정면도를 중심으로 하여 아래쪽에 평면도, 왼쪽에 우측면도가 배열된다.

ⓓ 투상도가 물체를 보는 방향과 반대방향에 위치한다(그림자를 그리는 것과 같다).

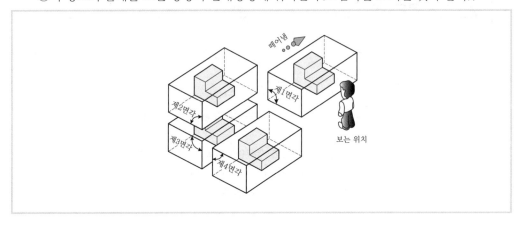

② 제3각법의 원리 : 물체를 제3면각 내에 놓고 투상한다. 즉 사람 눈 → 투상면 → 물체

ⓐ 물체를 제 3면각 공간에 놓고 각 면을 투상면으로 생각한다.

ⓑ 투상면에 직각인 방향을 본 물체의 모양을 각각의 투상면에 그린다.

ⓒ 정면도를 중심으로 하여 위쪽에 평면도, 오른쪽에 우측면도가 배열된다.

ⓓ 물체의 보이는 모양을 그대로 투상면에 나타낸다.

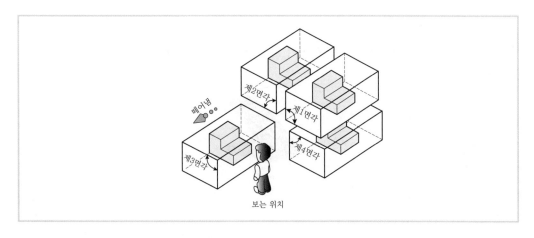

보는 위치

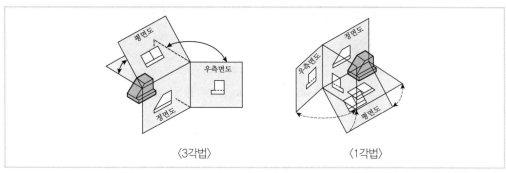

〈3각법〉　　　　〈1각법〉

제3각법	호칭	제1각법
	A : 정면도 B : 평면도 C : 좌측면도 D : 우측면도 E : 저면도 F : 배면도	
	투상법의 기호	

2) 보조투상도

경사면부가 있는 대상물에서 그 경사면의 실형을 표시할 필요가 있는 경우에 보조 투상도로 표시한다.

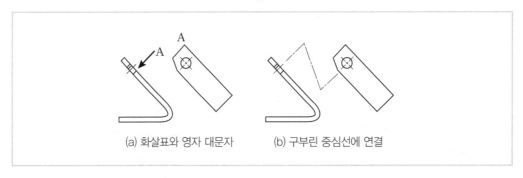

(a) 화살표와 영자 대문자   (b) 구부린 중심선에 연결

3) 회전투상도

투상면이 어느 각도를 가지고 있기 때문에 그 실형을 표시하지 못할 때에는 그 부분을 회전해서 그 실형을 도시할 수 있다. 또한, 잘못 볼 우려가 있을 경우에는 작도에 사용한 선을 남긴다.

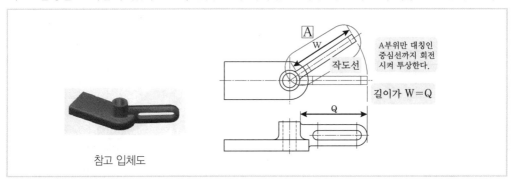

참고 입체도

4) 국부투상도

물품의 수평 또는 수직면의 부분적인 형만으로 만족할 때는 그 필요 부분만을 부분투상도로 하여 나타낸다. 그림에서 a부분만 투상하여 나타내었다.

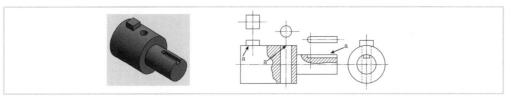

5) 부분투상도 : 투상도의 일부를 나타낸 그림

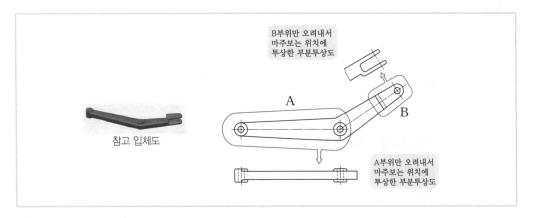

참고 입체도

B부위만 오려내서
마주보는 위치에
투상한 부분투상도

A

B

A부위만 오려내서
마주보는 위치에
투상한 부분투상도

03 도면의 해독

(1) 정투상도 선택 및 드로잉

모델링하려는 물체는 보는 방향에 따라서 모양이 다르다. 그래서 한 평면을 잡고 모델링할 때에는 투상도가 중요하다. 물체에 대한 정보를 가장 많이 주는 투상도에는 기능적 위치, 제작 위치나 설치 위치 등을 고려하여 정면도를 사용한다. 투상법의 종류는 1각법과 3각법이 있는데, 보통 모델링할 때에는 3각법에 의해서 제작한다.

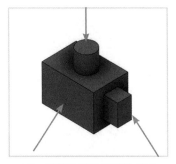

보는 방향에 따라 모양이 다름

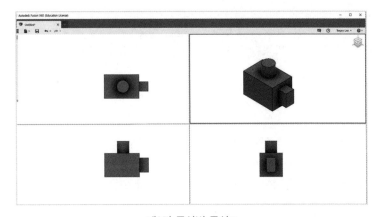

제3각 투상법 투상도

- 모델링하는 물체는 보는 방향마다 모양이 다르기 때문에 한 평면을 잡고 모델링할 때에는 투상도가 중요함
- 물체에 대한 정보를 많이 주는 투상도에는 기능적 위치, 제작 위치, 설치 위치 등을 고려하여 정면도를 사용함
- **투상법의 종류** : 제1각법, 제3각법
  → 모델링할 때에는 보통 제3각법에 의해 제작됨

(2) 제작용 도면을 만들 때의 표준 규격

3D모델링을 위한 스케치는 보통 KS규격의 투상법과 단위(Units)에 대한 규격만 따른다. 또한, 3D 엔지니어링 프로그램의 치수 단위는 mm 단위를 원칙으로 하되, 도면에 단위는 표시하지 않는다. 다만 미터(m)나 킬로미터(km) 등 특정한 단위의 사용이 불가피한 경우 치수 뒤에 단위를 표기할 수 있다(KS F 1541 – 치수의 기입).

(3) 모델링 평면도

기준 평면은 다음과 같이 정투상도에서 정면, 윗면, 우측면 3개의 기준 평면을 제공하고 있다.

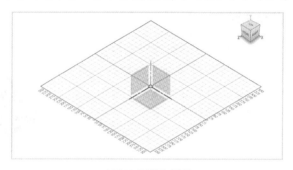

솔리드 모델링 평면

- 3D 엔지니어링 프로그램에서의 평면은 스케치 드로잉을 시작하기 전 기준을 설정하는 것
- 기준 평면은 정면, 윗면, 우측면 3개의 기준 평면을 제공하고 있음
- 사용자는 정투상도법에 준하는 위치를 선택한 후 2D 스케치 영역으로 접근해야 함

(4) 도면배치

투상법에 의해 물체를 도면으로 나타낼 때에는 6면을 모두 그리지 않고 물체의 형상을 나타낼 수 있는 최소한의 투상도로 표현한다. 각각의 방향에서 바라본 물체의 모양은 정면도를 기준으로 배치한다. 제1각법, 제3각법 모두 배면도의 위치는 가장 오른쪽에 배치한다.

제1각법 배치도

제3각법 배치도

04 치수 공차와 끼워 맞춤 공차

(1) 치수 공차

기준 치수에서 큰 쪽과 작은 쪽의 오차 범위를 주어 가공하는 것을 말한다. 일반 공차라고도 한다.

(2) 용어

① 내측 형체 : 대상물의 내측(내부)을 형성하는 부분을 말한다.
② 외측 형체 : 대상물의 외측(외부)을 형성하는 부분을 말한다.
③ 구멍 : 원형 또는 원형이 아닌(예 : 사각) 형체를 포함한 내측 형체를 말한다.
④ 축 : 원형 또는 원형이 아닌(예 : 사각) 형체를 포함한 외측 형체를 말한다.
⑤ 치수 : 형체의 크기를 나타내는 숫자를 말하며, 일반적으로 mm 단위로 표현한다.
⑥ 실 치수 : 두 점 사이의 거리를 실제로 측정한 치수를 말한다.
⑦ 허용 한계 치수 : 형체의 실 치수가 그 사이에 들어가도록 정한 치수이며, 허용할 수 있는 크고, 작은 2개의 치수로 최대 허용 치수와 최소 허용 치수를 말한다.
⑧ 치수 공차 : 최대 허용 한계 치수와 최소 허용 한계 치수를 말하며, 공차라고도 한다.
⑨ 기준 치수 : 위 치수 허용차 및 아래 치수 허용차를 적용하는 데 있어 허용 한계 치수가 주어지는 기준이 되는 치수를 말한다.
⑩ 기준선 : 허용 한계 치수 또는 끼워 맞춤을 표시할 때의 기준 치수를 말하며, 치수 허용차의 기준이 되는 직선을 말한다.

⑪ 치수 허용차 : 허용 한계 치수에서 기준 치수를 뺀 값을 말하며, 위 치수 허용차와 아래 치수 허용차로 구분한다.

⑫ 위 치수 허용차 : 최대 허용 치수에서 기준 치수를 뺀 것을 말한다.

⑬ 아래 치수 허용차 : 최소 허용 치수에서 기준 치수를 뺀 것을 말한다.

⑭ 공차역 : 치수 공차를 도시하였을 때, 치수 공차의 크기와 기준선에 대한 위치에 따라 결정하는 최대 허용 치수와 최소 허용 치수를 나타내는 2개의 직선 사이의 영역을 말한다.

⑮ 공차역 클래스(공차 등급) : 공차역의 위치와 공차 등급의 조합을 말한다.

⑯ 기본 공차 : 치수를 구분하여 공차를 적용하는 것으로 각 구분에 대한 공차의 무리를 공차 계열이라고 한다.

(3) 끼워 맞춤

기계 부품에는 구멍과 축이 결합되는 경우가 많으며, 구멍과 축이 결합될 때 사용 목적과 기능에 따라 헐겁게 조립되는 경우, 딱 맞게 끼워지는 경우, 억지로 조립되는 경우가 있다.

이와 같은 결합 상태는 같은 기준 치수에 구멍과 축에 공차를 어떻게 주느냐에 따라 조립 상태가 결정된다.

1) 끼워 맞춤의 틈새와 죔새

① 틈새 : 구멍의 치수가 축의 치수보다 클 때, 구멍과 축과의 치수의 차이를 말한다.

② 죔새 : 구멍의 치수가 축의 치수보다 작을 때, 조립 전의 구멍과 축과의 치수의 차이를 말한다.

2) 끼워 맞춤의 종류

기계 부품의 조립되는 부분을 가공할 때, 부품 소재의 상태나 가공의 난이도에 의해 구멍을 기준으로 할 것인지 또는 축을 기준으로 할 것인지에 따라 구멍 기준식, 축 기준식으로 나뉜다.

① 구멍 기준식 끼워 맞춤

　아래 치수 허용차가 0인 H 기호 구멍을 기준 구멍으로 하고, 이에 적합한 축을 선정하여 필요로 하는 죔새나 틈새를 얻는 방식으로 H6~H10의 5가지 구멍을 기준 구멍으로 사용한다.

② 축 기준식 끼워 맞춤

　위 치수 허용차가 0인 h 기호 축을 기준으로 하고, 이에 적당한 구멍을 선정하여 필요한 죔새나 틈새를 얻는 끼워 맞춤으로, h5~h9의 다섯 가지 축을 기준으로 사용한다. 축 기준 끼워 맞춤은 주로 핀이나 키와 같은 호환성이 있는 규격품을 사용해야 할 필요가 있는 가공 부위에 사용한다.

3) 끼워 맞춤 상태에 따른 분류

① 헐거운 끼워 맞춤 : 구멍과 축이 결합될 때 구멍 지름보다 축 지름이 작으면 틈새가 생겨서 헐겁게 끼워 맞추어진다. 제품의 기능상 구멍과 축이 결합된 상태에서 헐겁게 결합되는 것을 헐거운 끼워 맞춤이라 하며, 어떤 경우든 틈새가 있다.

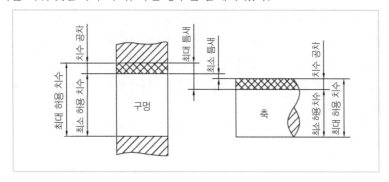

② 중간 끼워 맞춤 : 중간 끼워 맞춤은 구멍과 축의 주어진 공차에 따라 틈새가 생길 수도 있고, 죔새가 생길 수도 있도록 구멍과 축에 공차를 준 것을 말한다.

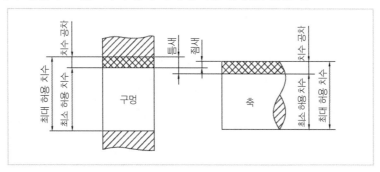

③ 억지 끼워 맞춤 : 구멍과 축이 주어진 허용 한계 치수 범위 내에서 구멍이 최소·축이 최대일 때도 죔새가 생기고, 구멍이 최대·축이 최소일 때도 죔새가 생기는 끼워 맞춤을 억지 끼워 맞춤이라 하며, 어떤 경우든 항상 죔새가 생기는 끼워 맞춤이다.

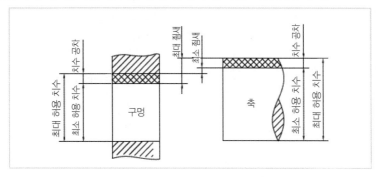

05 기하 공차 기호 표시

(1) 기하 공차의 필요성

기계 부품을 제작하거나 조립할 때 정밀한 제작과 정확한 조립이 되도록 하기 위하여 치수 공차, 끼워 맞춤과 함께 모양 · 자세 · 위치 · 흔들림 등에 대하여 정밀도를 지시할 필요가 있다. 기하 공차는 제품을 가장 경제적이고 효율적으로 생산할 수 있도록 하고, 검사를 용이하게 하는 데 목적이 있으며, 모든 치수에 적용하는 치수 공차와는 다르게 기하학적 정밀도가 요구되는 부분에만 적용한다.

또한, 부품 간 작동 및 호환성이 중요할 때, 제품 제작과 검사의 일관성을 두기 위해 참조 기준이 필요할 때 주로 사용된다.

(2) 기하 공차의 종류와 기호

기하 공차는 모양 공차, 자세 공차, 위치 공차 및 흔들림 공차로 나누며, 종류 및 기호는 다음 표와 같다.

기하 공차의 종류와 기호

용도	공차의 명칭		기호
단독 형체	모양 공차	진직도 공차	—
		평면도 공차	▱
		진원도 공차	○
		원통도 공차	⌭
단독 형체 또는 관련 형체		선의 윤곽도 공차	⌒
		면의 윤곽도 공차	⌓
관련 형체	자세 공차	평행도 공차	∥
		직각도 공차	⊥
		경사도 공차	∠
	위치 공차	위치도 공차	⊕
		동축도 공차 또는 동심도 공차	◎
		대칭도 공차	⌯
	흔들림 공차	원주 흔들림 공차	↗
		온 흔들림 공차	⌰

출제예상문제

01 다음 기계제도 기초에 대한 설명 중 바르지 않은 것은?

① 기계 제도 시 사용하는 도면은 크기에 따라 A0~A4 등이 있으며 A0 크기가 가장 작다.
② 도면을 작성할 때에는 외형선, 중심선, 치수선, 치수 보조선 등의 여러 선을 이용한다.
③ 우리나라 산업표준의 제도통칙에 따라 제3각법을 적용한다.
④ 원·구의 지름과 반지름, 정사각형의 변 등 여러 모양을 표시하기 위한 치수 보조 기호를 사용한다.

해설

기계 제도 시 사용하는 도면은 크기에 따라 A0~ A4 등으로 나뉘며 A0 크기가 가장 크다.

정답 ①

02 다음이 설명하는 2D도면 작성 시 사용하는 선의 종류는?

대상물에 필요한 참고 부분을 표시하는 데 사용하며 가는 2점 쇄선으로 나타낸다.

① 외형선   ② 해칭선   ③ 절단선   ④ 중심선

해설

가상선, 절단선 : 대상물에 필요한 참고 부분을 표시하는 데 사용하며, 가는 2점 쇄선으로 표시한다.
① **외형선** : 대상물의 보이는 부분을 나타내는 데 사용하며, 굵은 실선으로 나타낸다.
② **해칭선** : 단면도의 절단면을 45° 가는 실선으로 표시하는 데 사용한다.
④ **중심선** : 도형의 중심을 표시하는 데 사용하며 가는 1점 쇄선으로 나타낸다.

정답 ③

03 다음 그림 기호에 해당하는 투상도법은?

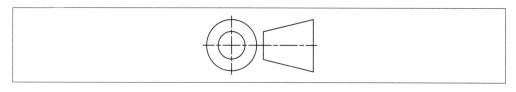

① 제1각법   ② 제2각법   ③ 제3각법   ④ 제4각법

해설

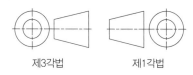

제3각법   제1각법

정답 ③

04 다음은 치수 보조 기호의 내용이다. 설명하는 기호가 바르게 나열된 것은?

⊙ 구의 반지름을 나타내는 기호	ⓒ 정사각형의 변을 나타내는 기호
ⓒ 판의 두께를 나타내는 기호	② 원의 지름을 나타내는 기호

	⊙	ⓒ	ⓒ	②
①	Ø	□	SR	⌒
②	R	⌒	Ø	t
③	SR	□	t	Ø
④	t	□	Ø	SR

📖 해설

⊙ SR : 구의 반지름을 나타내는 기호   ⓒ □ : 정사각형의 변을 나타내는 기호
ⓒ t : 판의 두께를 나타내는 기호   ② Ø : 원의 지름을 나타내는 기호
따라서 정답은 ③이다.
기타 치수 보조 기호
 • R : 원의 반지름 • SØ : 구의 지름 • ⌒ : 원호의 길이 • C : 45° 모따기 • ( ) : 참고 치수

정답 ③

05 기능적 위치, 제작 위치, 설치 위치 등을 고려한 물체에 대한 정보를 많이 주는 투상도는?

① 정면도   ② 평면도   ③ 측면도   ④ 우측면도

📖 해설

모델링에서 투상도는 물체에 대한 정보를 가장 많이 주는 것으로 기능적 위치, 제작 위치나 설치 위치 등을 고려하여 정면도를 사용한다.

정답 ①

06 다음 중 모델링의 도면에 대한 설명으로 옳은 것은?

① 측면도는 물체의 많은 정보를 제공하여 모델링에 많이 사용한다.
② 모델링을 할 때 제1각법으로 많이 제작한다.
③ 치수 단위는 mm로 도면에 함께 표기한다.
④ 3D모델링 스케치는 KS규격의 투상법과 단위에 대한 규격만 따른다.

📖 해설

① 물체에 대한 정보를 많이 주는 투상도는 정면도로서 기능적 위치, 제작 위치, 설치 위치 등을 고려하여 사용한다.
② 모델링할 때에는 보통 제3각법을 사용한다.
③ 치수 단위는 mm(밀리미터)를 원칙으로 하며 도면에 단위는 표시하지 않는다.

정답 ④

07 다음 중 모델링에 대한 설명으로 틀린 것은?

① 기준 평면은 정면, 윗면, 우측면, 좌측면의 기준 평면을 제공하고 있다.
② 3D 엔지니어링 프로그램의 평면은 시작 전 기준을 설정하는 것과 같다.
③ 사용자는 정투상도법에 준하는 위치를 선택한 후 2D 스케치 영역으로 접근해야 한다.
④ 3D모델링 데이터를 도면화하기 위해 한국산업표준이 정한 원칙을 따라야 한다.

해설

기준 평면은 정면, 윗면, 우측면 3개의 기준 평면을 제공하고 있다.

정답 ①

08 다음 중 모델링에서 투상도를 선택할 때 고려하지 않아도 되는 부분으로 옳은 것은?

① 물체의 제작 위치
② 설치 위치
③ 물체의 가격
④ 기능적 위치

해설

3D모델링에서 투상도는 물체에 대한 정보를 가장 많이 주는 것으로 기능적 위치, 제작 위치나 설치 위치 등을 고려하여 정면도를 사용한다.

정답 ③

09 다음이 설명하는 용어의 명칭이 순서대로 바르게 연결된 것은?

> ㉠ 최대 허용 한계 치수와 최소 허용 한계 치수
> ㉡ 최대 허용 치수에서 기준 치수를 뺀 것
> ㉢ 구멍의 치수가 축의 치수보다 작을 때, 조립 전의 구멍과 축과의 치수의 차이

	㉠	㉡	㉢
①	기준 치수	아래 치수허용차	틈새
②	치수 공차	아래 치수 허용차	죔새
③	기준 치수	위 치수 허용차	틈새
④	치수 공차	위 치수 허용차	죔새

해설

㉠ 치수공차, ㉡ 위 치수 허용차, ㉢ 죔새
- **아래 치수 허용차** : 최소 허용 치수에서 기준 치수를 뺀 것
- **기준 치수** : 위 치수 허용차 및 아래 치수 허용차를 적용하는데 있어 허용 한계 치수가 주어지는 기준이 되는 치수
- **틈새** : 구멍의 치수가 축의 치수보다 클 때, 구멍과 축과의 치수의 차이

정답 ④

Chapter 02

2D 스케치

 01 소프트웨어 기능 파악

(1) 3D 엔지니어링 소프트웨어의 선택

1) 기업체, 교육기관의 활용도

① 기업체에서 가장 많이 사용하는 3D 엔지니어링 소프트웨어 : CATiA, UG-NX, Creo, SolidWorks, Inventor, Solid edge, Fusion360 등

② 위 소프트웨어들은 기업에서 요구하는 형상 디자인, 부품 설계, 조립품, 조립 유효성 검사, 시뮬레이션을 통해 디지털 프로토타입의 실현과 제품 오류를 최소화할 수 있는 기능을 갖추고 있다.

2) Parametric 모델링

① Parametric : 매개 변수(Parameter)를 사용해 모델 형상 또는 각 설계 단계에 종속 및 상호관계를 부여하여 설계 작업 동안 언제나 수정이 가능한 가변성을 지닌 것이다.

② Parametric(파라메트릭) 모델링 : 솔리드 모델링의 파라메트릭 요소에 해당하는 매개 변수, 기하학적 현상을 이용해 설계 의도에 의해 수정 가능한 모델링을 하는 것이다.

(2) 3D 엔지니어링 소프트웨어 기능

1) 파트(Part)

파트는 3D 엔지니어링 소프트웨어에서 하나의 부품 형상을 모델링하는 곳으로 형상을 표현하는 가장 중요한 요소이다. 스케치 작성, 솔리드 모델링, 곡면 모델링 기능으로 나눌 수 있다.

 Check Point

- 하나의 부품 형상을 모델링하는 곳
- 3D 엔지니어링 소프트웨어에서 형상을 표현하는 가장 중요한 요소

① 스케치 작성

형상의 완성도를 결정하는 가장 중요한 부분으로 제작할 형상의 가장 기본적인 프로파일 (단면)을 생성하기 위해 스케치라는 영역에서 형상의 레이아웃을 작성하는 단계이다.

Check Point

스케치의 구분
- **2차원 스케치** : 평면을 기준으로, 선, 원, 호 등 작성 명령을 이용하여 형상을 표현하는 것
- **3차원 스케치** : 3차원 공간에서 직접적으로 선을 작성하는 기능
- 일반적으로 2차원 스케치를 통해서 프로파일을 작성함

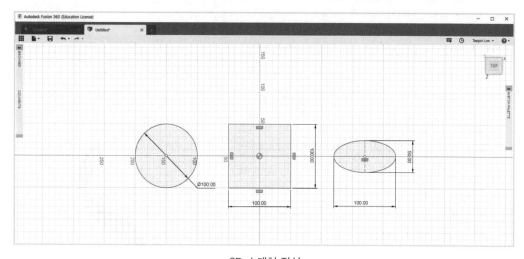

2D 스케치 작성

② 솔리드 모델링

솔리드 모델링은 앞서 스케치에서 생성된 프로파일에 각종 모델링 명령(돌출, 회전, 구멍 작성, 스윕, 로프트) 등을 이용하여 형상을 표현하는 것으로, 3차원 형상의 표면뿐만 아니라 내부에 질량, 체적, 부피 값 등 여러 가지 정보가 존재할 수 있으며, 점, 선, 면의 집합체로 되어 있다.

솔리드 모델링된 형상

- 솔리드 모델링 : 스케치에서 생성된 프로파일에 돌출, 회전, 구멍 작성, 스윕, 로프트 등의 모델링 명령을 이용하여 형상을 표현하는 것
- 모든 3D 엔지니어링 소프트웨어에서 동일한 조건으로 모델링할 수 있음
- 3차원 형상 표면뿐 아니라 내부 질량, 체적, 부피 값 등 여러 정보가 존재할 수 있으며, 점, 선, 면의 집합체로 되어 있음
- 솔리드 모델링 작업 순서
  ㉠ 스케치 생성하기
  ㉡ 대략적인 2D 단면 혹은 외곽선 그리기
  ㉢ 스케치 구속 조건 부여하기
  ㉣ 스케치 요소에 치수 부여하기
  ㉤ 베이스 피처 작성하기
  ㉥ 후속 피처 작성하기
  ㉦ 해석 수행 후 설계 의도에 따라 모델링 수정하기

③ 곡면 모델링

솔리드 모델링으로 표현하기 힘든 기하 곡면을 처리하는 기법을 곡면(서피스) 모델링이라고 한다. 솔리드 모델링과는 다르게 형상의 표면 데이터만 존재하기 때문에 곡면 모델링 후에 솔리드로 이루어진 형상을 3D프린터로 출력해야 정상적으로 출력이 된다.

곡면 모델링된 형상

- 곡면 모델링 : 서피스 모델링이라고도 하며, 솔리드 모델링으로 표현하기 힘든 기하 곡면을 처리하는 기법
- 솔리드 모델링과는 달리 형상의 표면 데이터만 존재하는 모델링 기법
- 곡면 모델링 기법으로 표현된 3차원 형상을 솔리드 형상으로 변경해야 출력 가능
- 산업 디자인에 많이 사용
- 대부분의 3D 엔지니어링 소프트웨어는 솔리드 모델링과 곡면 모델링을 같이 수행할 수 있는 기능을 제공하고 있음(하이브리드 모델링)
- 하이브리드 모델링 : 하나의 프로그램에서 해석과 CAM 기능 등을 통합하여 제공
- 곡면 모델링의 명령어
  ㉠ CREATE(형상 작성 명령) : 돌출, 회전, 스윕, 로프트, 패치, 간격 띄우기
  ㉡ MODIFY(형상 편집) : 자르기, 연장, 스티치, 언스티치, 면 반전
  ㉢ INSPECT(형상 분석) : 측정, 간섭 분석, 곡률 분석, 얼룩줄 분석, 기울기 분석, 곡면 분석, 단면 분석, 부품 색상 순환 표시

2) 조립품 작성

파트 작성을 통해 생성된 부품을 조립하는 곳으로, 3D 엔지니어링 소프트웨어를 통해 부품간 간섭 및 조립 유효성 검사 및 시뮬레이션 등 의도한 디자인대로 동작하는지 체크할 수 있는 요소이다.

3) 도면 작성

작성된 부품 또는 조립품을 도면화시키고, 현장에서 형상을 제작하기 위한 2차원 도면을 작성하는 요소이다.

02 2D 스케치 명령 구성

드로잉은 치수 추출이 가능한 형상의 기본 단면을 표현하기 위한 스케치를 뜻한다. 각종 3D 엔지니어링 프로그램에서는 공통된 드로잉 명령으로 스케치를 작성할 수 있다.

Check Point

- 기본 단면을 표현하기 위한 스케치를 3D 엔지니어링 프로그램에서는 '드로잉'이라고 표현함
- **드로잉** : 치수 추출이 가능한 기하학적 형상을 그리는 행위
- 각종 3D 엔지니어링 프로그램에서 같은 드로잉 명령으로 스케치를 작성할 수 있음

(1) 스케치 드로잉 도구

모델링 시작 전에 모델링의 순서를 정한 후, 전체 모델링 형상을 가장 큰 덩어리부터 나누어 생각해본다.

1) 선

    ① 두 개의 점을 이어 직선을 작성하는 명령
    ② 수평선 그리기, 수직선 그리기, 사선 그리기, 연속 그리기 수행 가능

2) 원

    ① 원형 스케치 요소를 작성하는 명령
    ② 중심점 원, 접선 원 수행 가능

3) 호

    ① 원호 모양의 스케치 요소를 그리는 명령
    ② 3점 호, 탄젠트 호, 중심점 호 작성

4) 사각형

① 사각형 형상의 스케치 요소를 작성하는 명령
② 2점 · 3점 · 두 점 중심 · 세 점 중심 · 중심 대 중심 · 3점 중심 직사각형 등

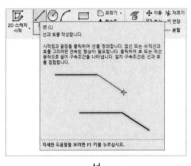
선

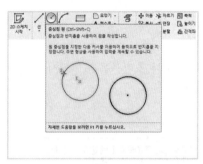
원

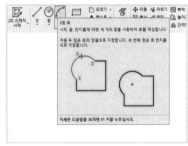
호

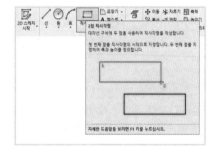
사각형

스케치 드로잉 도구

5) 슬롯

① 장공 모양의 스케치 요소를 그리는 명령
② 중심 대 중심 · 전체 · 중심점 · 3점호 · 중심점호 슬롯

6) 점

① 스케치 점을 작성하는 명령
② 중심점 형식으로 작성된 점은 구멍 명령에서 구멍의 중심으로 인식됨
③ 점은 스케치 요소와의 스냅을 인식하여 다양한 스냅 포인트에 배치할 수 있음

7) 폴리곤

각 변이 같은 길이를 가지는 다양한 개수의 변으로 이루어진 다각형 작성

8) 모깎기

① 스케치 요소의 구석에 라운드를 작성
② 두 개의 선을 선택하거나 꼭짓점을 선택해서 모깎기를 수행할 수 있음

9) 자르기

① 서로 교차하는 개체에 대해 잘라내기 작업
② 교차 영역을 직접 클릭해 잘라내거나 포인트를 드래그하여 걸리는 부분의 요소를 제거함

10) 연장

스케치 요소를 다른 요소까지 연장

(2) 스케치 편집 도구

아이콘	설명
⊕ 이동	이동 메뉴는 말 그대로 객체를 이동시키는 메뉴이다. 이동시키고자 하는 객체를 선택하고 이동하기 위한 기준점을 설정한 후 이동하고자 하는 위치를 지정하여 이동시킨다.
↻ 회전	객체를 회전시키는 메뉴이다. 회전하고자 하는 객체를 지정하고 회전의 기준점 설정 후 회전하고자 하는 위치를 지정하여 회전시킨다.
⧉ 복사	원하는 객체를 복사할 수 있는 메뉴이다. 사용하는 방법은 이동과 똑같으며, 반복해서 복사할 수 있기 때문에 하나의 객체를 여러 개로 복사할 수 있다.
◁▷ 대칭	원하는 객체를 거울처럼 이동하고 복사할 수 있는 메뉴이다. 원하는 객체를 지정하고 대칭이 될 기준을 지정하면 복사된다. 이때 하나의 메뉴가 나타나 기존의 객체를 유지할 것인지 묻는다. 기존 객체를 지우게 되면 대칭된 객체만 남게 되고, 지우지 않게 되면 원본 객체가 그대로 남게 된다.
◱ 모깎기와 모따기	• **모깎기** : 객체의 모서리 부분을 둥글게 라운드 처리하는 방식이다. 반지름을 지정하고 모서리에 맞닿는 선을 각각 지정하면 둥글게 모깎기가 된다. • **모따기** : 객체의 모서리 부분을 지정한 거리만큼 깎는 기능이다. 각각 잘라낼 길이만큼 길이를 지정하고 모깎기를 진행할 변을 선택하면 모따기가 된다.

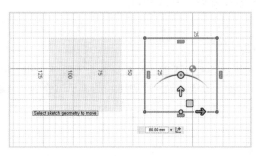

편집 도구 중 이동의 예시

03 스케치요소 구속 조건 부여

(1) 스케치요소 구속 조건

구속 조건이란, 객체들 간의 자세를 흐트러짐 없이 잡아 두고, 차후 디자인 변경이나 수정 시 편리하고 직관적으로 업무를 수행하기 위해서 필요한 가장 중요한 기능을 말한다.

구속 조건에는 크게 형상 구속과 치수 구속 두 가지가 있으며, 이 두 구속 조건을 모두 충족해야만 정상적이고 안전한 형상을 모델링할 수 있다.

1) 구속 조건의 종류

구속 조건은 형상 구속과 치수 구속으로 나눌 수 있다. 형상 구속은 드로잉된 스케치 객체들 간의 자세를 맞추는 구속이며, 치수 구속은 스케치의 값을 정해서 크기를 맞추는 구속이다.

Check Point

- 형상 구속, 치수 구속으로 구분됨
- **형상 구속** : 드로잉 된 스케치 객체들 간의 자세를 맞추는 구속
- **치수 구속** : 스케치의 값을 정해서 크기를 맞추는 구속
- 디자인을 형상화하기 위한 모델링 스케치 시 형상 구속과 치수 구속 조건을 모두 만족해야 함

2) 형상 구속

형상 구속은 설계자가 의도한 대로 스케치 형상을 유지할 수 있도록 설정하는 구속이다. 형상 구속은 스케치 객체들의 자세가 자유롭게 변형되는 것을 막고, 수평, 수직, 직각, 평행, 동일, 동일선상, 일치, 동심, 접점 등 다양한 종류가 있다.

Check Point

- 형상 구속은 수평, 수직, 직각, 평행, 동일, 동일 선상, 일치, 동심, 접점 등 다양한 종류가 있음
- 명칭, 아이콘 모양이 조금 다를 수 있으나 모든 3D 엔지니어링 프로그램에서 기능을 제공하고 있음

(2) 구속 조건의 작성법

1) 수평 구속 조건

① 수평선이 아닌 선을 수평하게 만듦
② 두 개의 점을 서로 수평 상에 있게 할 수 있음

2) 동일 선상 구속 조건

두 개의 선을 동일 선상에 있게 함

3) 동심 구속 조건

두 개의 원의 중심을 서로 같게 만듦

4) 고정 구속 조건

선택 요소를 현재 자리에 고정시킴

5) 동일 구속 조건

두 개 이상의 선의 길이를 서로 같게 만듦

6) 접선 구속 조건

원호와 선 또는 원호와 원호를 서로 접하게 만듦

7) 일치 구속 조건

점과 선을 일치시킴

8) 구속 조건 보이기

화면 빈 곳에 마우스 우클릭 또는 단축키 F8 명령으로 구속 조건 마크가 표시됨

9) 구속 조건 숨기기

화면 빈 곳에 마우스 우클릭 또는 단축키 F9 명령으로 구속 조건 마크가 사라짐

10) 구속 조건 삭제

해당 구속 조건 마크를 선택 후 Delete 버튼을 클릭 또는 해당 구속 조건 마크를 선택 후 마우스 우클릭으로 삭제 버튼을 클릭

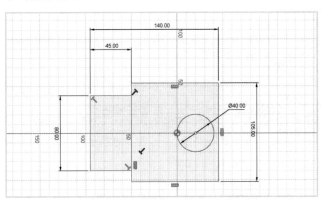

구속 조건 삭제

출제예상문제

01 다음 중 성격이 다른 하나는?

① Fusion360　　　② SolidWorks　　　③ CURA　　　④ CATiA

해설

③은 슬라이서 프로그램이고, ①, ②, ④는 3D 엔지니어링 소프트웨어이다.

정답 ③

02 3D 엔지니어링 소프트웨어에서 지원하는 기능이 아닌 것은?

① 곡면 모델링　　② 2D 스케치 작성　　③ 조립품 작성　　④ 3D스캐닝

해설

3D 엔지니어링 소프트웨어의 주 기능으로는 파트(스케치 작성 및 모델링), 조립품 작성, 도면 작성이 있다.

정답 ④

03 다음에서 설명하고 있는 것은 무엇인가?

솔리드 모델링에서 매개 변수, 기하학적 현상을 이용해 설계 의도에 의해 수정 가능한 모델링을 하는 것

① 하이브리드 모델링　② 파라메트릭 모델링　③ 서피스 모델링　④ 파트 모델링

해설

파라메트릭(Parametric) 모델링이란 솔리드 모델링의 파라메트릭 요소에 해당하는 매개 변수, 기하학적 현상을 이용해 설계 의도에 의해 수정 가능한 모델링을 하는 것이다.

정답 ②

04 다음 중 하나의 부품 형상을 모델링하는 곳으로 옳은 것은?

① 조립품 작성　　② 구속 조건 부여　　③ 도면 작성　　④ 파트

해설

파트(Part)는 3D 엔지니어링 소프트웨어에서 하나의 부품 형상을 모델링하는 곳으로 형상을 표현하는 가장 중요한 요소이다.

정답 ④

05 다음 중 3D 엔지니어링 소프트웨어의 파트의 기능이 아닌 것은?

① 솔리드 모델링　　② 도면 작성　　③ 곡면 모델링　　④ 스케치 작성

해설

도면 작성은 3D 엔지니어링 소프트웨어의 한 기능으로 작성된 부품 또는 조립품을 도면화시키고, 현장에서 형상을 제작하기 위한 2차원 도면을 작성하는 요소이다.

정답 ②

06 다음 중 3D 엔지니어링 소프트웨어의 작성 순서로 옳은 것은?

① 파트 작성 → 조립품 작성 → 도면 작성   ② 조립품 작성 → 파트 작성 → 도면 작성
③ 도면 작성 → 조립품 작성 → 파트 작성   ④ 도면 작성 → 파트 작성 → 조립품 작성

해설

파트 작성을 통해 생성된 부품은 조립품 작성을 통해 조립되며, 마지막 도면 작성으로 작성된 부품 또는 조립품을 도면화시킬 수 있다.

정답 ①

07 다음 중 솔리드 모델링에 대한 설명으로 틀린 것은?

① 모든 3D 엔지니어링 소프트웨어에서 동일한 조건으로 모델링할 수 있다.
② 3차원 형상 표면뿐 아니라 내부 질량, 부피 값 등 여러 정보가 존재할 수 있다.
③ 모델링 작업 시 스케치 요소에 치수를 부여한 후 구속 조건을 부여한다.
④ 점, 선, 면의 집합체로 되어 있다.

해설

솔리드 모델링 작업 순서는 다음과 같다.
스케치 생성하기 → 대략적인 2D 단면 혹은 외곽선 그리기 → 스케치 구속 조건 부여하기 → 스케치 요소에 치수 부여하기 → 베이스 피처 작성하기 → 후속 피처 작성하기 → 해석 수행 후 설계 의도에 따라 모델링 수정하기

정답 ③

08 다음이 설명하는 내용으로 옳지 않은 것은?

서피스 모델링이라고도 하며 기하 곡면을 처리하는 모델링 기법

① 산업 디자인에 많이 사용한다.
② MODIFY(형상 편집) 명령어는 돌출, 회전 등의 작업이 가능하다.
③ 형상의 표면 데이터만 존재하는 모델링 기법이다.
④ 곡면과 단면 분석 및 부품 색상 순환 표시 명령도 가능하다.

해설

곡면 모델링의 명령어인 MODIFY(형상 편집)는 자르기, 연장, 스티치, 언스티치, 면 반전이 가능하고, 돌출, 회전, 스윕, 로프트, 패치, 간격 띄우기가 가능한 것은 CREATE(형상 작성 명령)이다.

정답 ②

09 다음 중 구속 조건에 대한 설명으로 옳은 것은?

① 치수 구속은 드로잉된 스케치 개체들 간의 자세를 맞추는 구속이다.
② 두 개 이상의 선의 길이를 서로 같게 만드는 조건을 동일 선상 구속 조건이라고 한다.
③ 모든 3D 엔지니어링 프로그램에서 형상 구속을 제공하지는 않는다.
④ 형상 구속에는 수평, 수직, 직각, 평행, 동일, 동일 선상, 일치, 동심, 접점 등 다양한 종류가 있다.

> **해설**
>
> ① 치수 구속은 스케치의 값을 정해서 크기를 맞추는 구속이다.
> ② 두 개 이상의 선의 길이를 서로 같게 만드는 조건은 동일 구속 조건이다.
> ③ 명칭, 아이콘 모양이 조금 다를 수 있으나 모든 3D 엔지니어링 프로그램에서 기능을 제공하고 있다.
>
> **정답 ④**

10 다음 중 스케치 드로잉에 대한 설명으로 틀린 것은?

① 각종 3D 엔지니어링 프로그램에서 같은 드로잉 명령으로 스케치를 작성할 수 있다.
② 모따기 명령어는 객체의 모서리 부분을 둥글게 라운드 처리하는 방식이다.
③ 장공 모양의 스케치 요소를 그리는 명령어는 슬롯이다.
④ 드로잉은 치수 추출이 가능한 기하학적 형상을 그리는 행위이다.

> **해설**
>
> 모따기는 객체의 모서리 부분을 지정한 거리만큼 깎는 기능이며, 모깎기는 객체에 모서리 부분을 둥글게 라운드 처리하는 방식이다.
>
> **정답 ②**

11 다음 스케치 편집 도구 아이콘이 나타내는 의미가 바르게 연결된 것은?

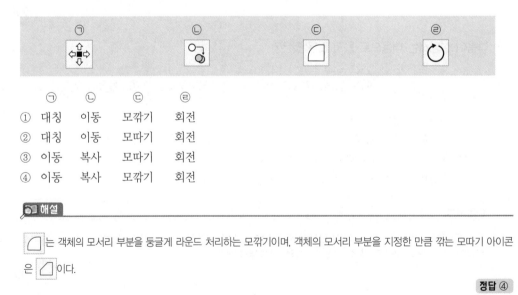

	㉠	㉡	㉢	㉣
①	대칭	이동	모깎기	회전
②	대칭	이동	모따기	회전
③	이동	복사	모따기	회전
④	이동	복사	모깎기	회전

> **해설**
>
> 는 객체의 모서리 부분을 둥글게 라운드 처리하는 모깎기이며, 객체의 모서리 부분을 지정한 만큼 깎는 모따기 아이콘은 이다.
>
> **정답 ④**

12 다음 형상을 작업하는 순서가 알맞게 연결된 것은?

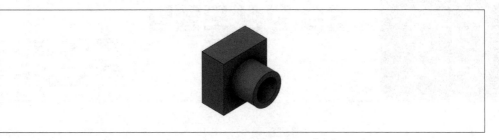

① 스케치 생성 → 스케치 구속 · 치수 조건 부여 → 베이스 피처 작성 → 외곽선 그리기 → 후속 피처 작성
    → 설계에 따라 모델링 수정

② 스케치 생성 → 외곽선 그리기 → 스케치 구속 · 치수 조건 부여 → 베이스 피처 작성 → 후속 피처 작성
    → 설계에 따라 모델링 수정

③ 스케치 구속 · 치수 조건 부여 → 스케치 생성 → 베이스 피처 작성 → 외곽선 그리기 → 후속 피처 작성
    → 설계에 따라 모델링 수정

④ 스케치 구속 · 치수 조건 부여 → 베이스 피처 작성 → 스케치 생성 → 외곽선 그리기 → 후속 피처 작성
    → 설계에 따라 모델링 수정

해설

제시된 그림은 솔리드 모델링된 형상으로 솔리드 모델링은 스케치에서 생성된 프로파일에 돌출, 회전, 구멍 작성, 스윕, 로프트 등의 모델링 명령을 이용하여 형상을 나타낸다.

솔리드 모델링 작업 순서
1. 스케치 생성하기
2. 대략적인 2D 단면 또는 외곽선 그리기
3. 스케치 구속 조건 부여하기
4. 스케치 요소에 치수 부여하기
5. 베이스 피처 작성하기
6. 후속 피처 작성하기
7. 해석 수행 후 설계의도에 따라 모델링 수정하기

따라서 솔리드 모델링 작업 순서가 알맞게 배열된 것은 ②이다.

정답 ②

Chapter 03

3D 형상 모델링

01 3D CAD 프로그램 활용

3D 디자인 소프트웨어는 2차원 X, Y 좌표 공간에 Z 좌표가 추가된 3차원 좌표계를 사용하여 3D 형상을 만든다. 3D 디자인 소프트웨어의 주요 기능으로는 3D 형상 모델링과 편집, 재질 입히기, 렌더링 기능이 있다.

Check Point

- 2차원 좌표 공간에 깊이가 추가된 3차원 좌표계를 사용하여 3D 형상을 생성함
- 3D 디자인 소프트웨어 주요 기능 : 3D 형상 모델링과 편집, 재질 입히기, 렌더링

(1) 뷰포트(Viewport)

3차원 형상을 모델링하기 위해서 3차원 좌표계를 사용하는데, 축의 방향을 설정하는 방법에 따라 가로를 x축, 세로를 y축, 바라보는 시점을 z축으로 구분한다.

3D 형상을 모델링하기 위한 3D 작업 공간을 viewport라고 하며, 대개 4가지 화면으로 작업을 진행한다. 기본 설정은 Top, Front, Right, Perspective로 설정되어 있다.

- Top view : 형상을 위에서 바라본 장면
- Front view : 정면에서 바라본 장면
- Right view : 오른쪽에서 바라본 장면
- Perspective view : 원근감이 있는 입체적인 장면

3차원 형상은 2차원 평면에 투영되어 나타나는데, 투영 방식에 따라 평행 투영과 원근 투영으로 나뉜다. 평행 투영 방식은 거리에 관계없이 형상을 구성하는 각 요소들 간의 상대적인 크기가 보존되어 나타난다. Top view와 Front view, Right view는 원근감 없이 상대적인 크기가 보존되어 나타나므로 평행 투영방식으로 2차원 화면에 보이는 것이다. Perspective view는 거리에 따라 크기가 다른 원근감이 나타나므로, 원근 투영 방식으로 화면에 표시된다.

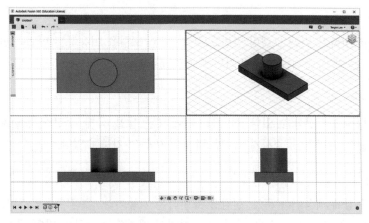

3D viewport

3D모델링할 때 중요한 것

• Viewport : 3D형상을 모델링하기 위한 3D 작업 공간으로, 보통 4가지 화면으로 작업을 진행함. 기본 설정은 Top View, Front View, Right View, Perspective View로 설정되어 있음
 ① Top View : 형상을 위에서 바라본 장면
 ② Front View : 형상을 정면에서 바라본 장면
 ③ Right View : 형상을 오른쪽에서 바라본 장면
 ④ Perspective View : 원근감 있는 입체적 장면
• 3차원 형상은 2차원 평면에 투영되어 나타나며 투영 방식에 따라 나뉨
 ① 평행 투영 방식
  – 거리에 관계없이 형상을 구성하는 각 요소들 간의 상대적인 크기가 보존되어 나타남
  – Top View, Front View, Right View는 원근감 없이 상대적인 크기가 보존되어 나타나 평행 투영 방식으로 2차원 화면에 보이게 됨
 ② 원근 투영 방식
  – 거리에 따라 크기가 다른 원근감이 나타남
  – Perspective View는 원근 투영 방식으로 화면에 표시됨

(2) 3D 소프트웨어 주요 기능

1) 기본 메뉴 기능

　3D 소프트웨어는 3차원 형상을 이동하고 회전시켜 원하는 형상을 만들어주거나 형상 크기를 변화시키기 위해 이용하는데, 형상 모델링 파일을 생성하고 수정 및 저장하는 기능이 있다.

 Check Point

생성된 개체에 대한 이동, 회전, 스케일 조정 기능 제공

• 이동 : 3차원 형상 생성 후 적당한 위치로 이동
• 회전 : 생성된 3차원 형상을 축의 방향으로 회전시켜 원하는 형상을 구현
• 스케일 조정 : 형상의 크기 변화

2) 3D모델링 기능

3D 형상을 생성하기 위한 모델링 방법으로 3D 기본 도형을 이용하는 방법과 2D 라인을 3D 형상으로 만드는 방법, 폴리곤 모델링 기법, CSG(Constructive Solid Geometry) 방식이 있다.

3) 수정(Modify) 기능

생성된 3D 형상을 수정할 수 있다. 점·선·면에 대한 삽입, 삭제, 수정 기능을 제공하고 형상 구부리기, 비틀기, 늘리기, 돌출시키기, 부드럽게 하기 등의 기능이 있다.

4) 재질 입히기

재질은 3D 형상에 색상이나 문양, 질감을 표현하는 기능이다. 유리나 플라스틱, 금속, 천, 나무, 돌 등의 재질을 제작할 수 있게 지원한다. 이미지 매핑도 가능하며 빛의 세기 조절과 반사 굴절 효과도 지원한다.

5) 렌더링(Rendering) 기능

렌더링을 통해 모델링된 결과물을 출력할 수 있다. 렌더링은 3D로 제작된 결과물을 출력하는 계산 과정이다.

(3) 3D모델링 방식의 종류

3D모델링 방식의 종류는 크게 폴리곤 방식과 넙스 방식, 솔리드 방식이 있다.

1) 폴리곤 방식

폴리곤 방식은 평면 다각형을 계속 붙여가며 물체의 형상을 만드는 방식이다. 주로 삼각형과 사각형을 사용하지만, 경우에 따라 오각형 이상의 다각형을 사용하기도 한다. 폴리곤 방식은 평면 다각형을 사용하기 때문에 날카로운 모서리나 꼭짓점을 가진 물체를 모델링하는 데 적합하며, 직관적으로 사용하기 쉬운 장점이 있다.

Check Point

- 삼각형을 기본 단위로 하여 모델링
- 삼각형의 꼭짓점을 연결해서 3D 형상을 생성함
- 기본 삼각형은 평면이며 삼각형의 개수가 많을수록 형상이 부드럽게 표현됨
- 크기가 작은 다각형을 많이 사용하여 형상 구성 시, 표면이 부드럽게 표현되지만 렌더링 속도는 떨어짐
- 다각형의 수가 적은 경우에는, 빠른 속도로 렌더링이 가능하지만 표면이 거칠게 표현됨

2) 넙스 방식

NURBS 방식은 수학적으로 잘 정의된 3D 곡선을 이용하여 모델링하는 방식이다. 연속된 몇 개의 제어점(control point)과 제어점에 대한 가중치로 3D 곡선을 정의하고, 여러 개의 3D 곡선을 이용하여 곡면을 생성한다.

3) 솔리드 방식

정점, 능선, 면 및 질량을 표현한 형상 모델로서 형상만이 아닌 물체의 다양한 성질을 좀 더 정확하게 표현하기 위해 고안된 방법이다. 솔리드 모델은 입체 형상을 표현하는 모든 요소를 갖추고 있어서, 중량이나 무게중심 등의 해석도 가능하다. 솔리드 모델은 설계에서부터 제조공정에 이르기까지 일관하여 이용할 수 있다.

02 작업 지시서 작성

(1) 작업 지시서 개념

작업 지시서란 제품 제작 시에 반영해야 할 정보를 정리한 문서이다. 제작 개요, 디자인 요구 사항, 디자인 정보(전체 영역과 부분의 영역, 각 부분의 길이, 두께, 각도)를 포함하고 있다. 디자인 요구 사항이란 디자인에 대한 기획자의 설명과 입체로 만들어질 때 발생할 상황에 대한 주의 사항과 내용이다. 다음은 작업 지시서에 포함되어야 할 내용이다.

1) 제작 개요

　① 제작 물품명
　② 제작 방법
　③ 제작 기간
　④ 제작 수량

2) 디자인 요구 사항

　① 모델링 방법 : 모델링 방법에 대한 자세한 설명을 표기한다.

② 제작 시 주의 사항과 요구 사항을 작성한다.

③ 출력할 3D프린터의 스펙 및 출력 가능 범위를 정확히 체크하고 그에 맞는 모델링을 수행한다.

3) 정보 도출

전체 영역과 부분의 영역, 각 부분의 길이, 두께, 각도에 대한 정보를 도출한다.

4) 도면 그리기

① Top view, Front view, Right view, Perspective View에 대한 도면을 그린다.

② 각 도면에 대한 정확한 영역과 길이, 두께, 각도 등에 대한 정보를 표기한다.

(2) 작업 지시서 내용

작업 지시서 작성을 위해서는 디자인 요구 사항, 영역, 길이, 각도, 공차, 제작 수량에 대한 정보를 도출해야 한다.

예를 들어, 손잡이 달린 컵을 제작하기 위해 컵의 윗부분 반지름, 아랫부분 반지름, 컵의 두께, 손잡이 두께 및 길이 정보를 도출해야 한다.

손잡이 달린 컵에 대한 작업 지시서 작성

1) 제작 개요

① 제작 물품명 : 손잡이 달린 컵
② 제작 방법
  ⓐ 몸통 : 회전 모델링을 이용하여 제작
  ⓑ 손잡이 : 라인으로 형태를 잡은 뒤 입체로 만듦

2) 디자인 요구 사항

① 회전 모델링 방식을 이용하여 컵의 몸통 부분을 제작
② 컵의 단면과 일치되도록 라인을 그려 회전 모델링을 수행
③ 모델링 수행 후 인접한 점들을 붙여 실제 제작 후에 틈이 생기지 않도록 함
④ 3D프린터의 출력 가능 범위와 해상도를 파악하여 그에 맞는 모델링을 수행함

3) 정보 도출

① 컵 위쪽 반지름, 아래쪽 반지름, 컵의 길이, 두께, 손잡이 두께 등의 정보 도출
② 손잡이 달린 컵 제작을 위해 필요한 정보
③ 컵 전체 가로, 세로, 높이 영역 설정, 몸통과 손잡이로 분리 후 몸 영역과 손잡이 영역 표시
④ 컵의 부분별 반지름을 표시
⑤ 중심축을 기준으로 한 컵의 옆 단면 라인을 표시
⑥ 컵 몸통의 두께 표시
⑦ 손잡이가 부착될 시작 지점과 끝 지점을 표시
⑧ 손잡이 모양 그리기
⑨ 손잡이 두께와 크기를 도출

4) 도면 그리기

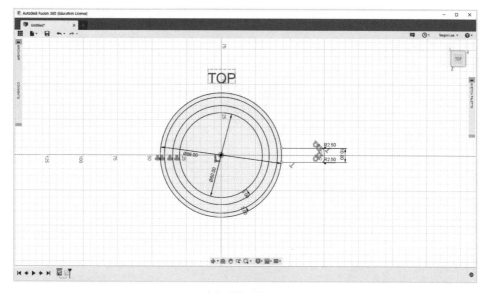

컵에 대한 위쪽 도면

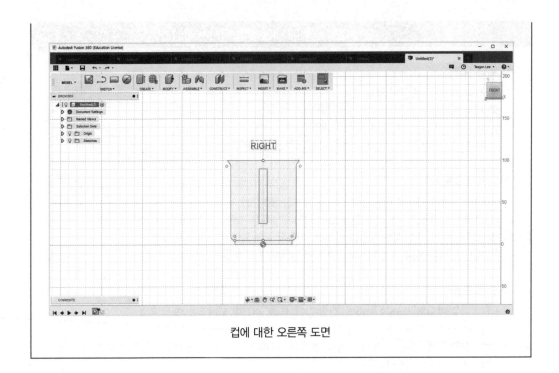

컵에 대한 오른쪽 도면

01 3D 객체를 모델링하기 위한 3D 작업공간, 즉 Viewport의 하나로 원근감이 있는 입체적인 장면을 나타내는 설정 방식은 무엇인가?

① Top view   ② Front view   ③ Right view   ④ Perspective view

해설

Top view는 객체를 위에서 바라본 장면을 나타내고, Front view는 정면에서 바라본 장면, Right view는 오른쪽에서 바라본 장면, Perspective view는 원근감이 있는 입체적인 장면을 나타낸다.

정답 ④

02 Viewport는 3차원 객체를 2차원 평면에 투영시켜 나타내는데, 다음 설명 중 틀린 것은?

① 투영 방식에 따라서 평행 투영 방식과 원근 투영 방식이 있다.
② 평행 투영 방식은 거리에 따라 크기가 다른 원근감이 나타난다.
③ Perspective View는 원근 투영 방식으로 화면에 표시된다.
④ Front view는 원근감 없이 상대적인 크기가 보존되어 나타난다.

해설

원근 투영 방식은 거리에 따라 크기가 다른 원근감이 나타나고, 평행 투영 방식은 거리와 관계없이 객체를 구성하는 각 요소 간의 상대적인 크기가 보존되어 나타난다.

정답 ②

03 수학 함수를 이용하여 곡면의 형태를 만드는 방법으로 자동차나 비행기의 표면과 같은 부드러운 곡면을 설계할 때 효과적인 3D모델링 방식은 무엇인가?

① 폴리곤 방식   ② 넙스 방식
③ 솔리드 방식   ④ 평행 투영 방식

해설

① 폴리곤 방식은 평면 다각형을 사용하기 때문에 날카로운 모서리나 꼭짓점을 가진 물체를 모델링하는 데 적합하다.
③ 솔리드 방식은 정점, 능선, 면 및 질량을 표현하는 요소를 갖추고 있다.
④ 평행 투영 방식은 3차원 형상을 2차원 평면에 투영시키는 방식으로 평행 투영 방식과 원근 투영 방식으로 나뉜다.

정답 ②

04 면이 모여 입체가 만들어지는 상태로 내부가 꽉 찬 물체를 이용해 모델링할 수 있으며 재질의 비중을 계산하여 무게 등을 측정할 수 있는 3D모델링 방식은 무엇인가?

① 폴리곤 방식　　　② 넙스 방식　　　③ 솔리드 방식　　　④ 원근 투영 방식

> **해설**
>
> ① 폴리곤 방식은 평면 다각형을 계속 붙여가며 물체의 형상을 만드는 방식이다.
> ② 넙스(NURBS) 방식은 수학적으로 잘 정의된 3D 곡선을 이용하여 모델링하는 방식이다.
> ④ 원근 투영 방식은 3차원 형상을 2차원 평면에 투영시키는 방식으로 평행 투영 방식과 원근 투영 방식으로 나뉜다.
>
> **정답 ③**

05 2D 라인 없이 3D 형상을 제작하는 방식 중에서 기본 객체들에 집합 연산을 적용하여 새로운 객체를 만드는 방법은 무엇인가?

① 로프트 모델링 방식　　　　　　　② 스윕(Sweep) 모델링 방식
③ 폴리곤 모델링 방식　　　　　　　④ CSG(Constructive Solid Geometry) 방식

> **해설**
>
> ① 로프트 모델링 방식은 2개 이상의 라인을 사용하여 3D 객체를 만드는 방식으로 사용되는 라인 중 하나는 경로(Path)로 사용되며, 다른 하나는 표면(Shape)을 만든다.
> ② 스윕(Sweep) 모델링 방식은 경로를 따라 2D 단면을 돌출시키는 방식으로 경로와 2D 단면이 있어야 모델링이 가능하다.
> ③ 폴리곤 모델링 방식은 삼차원 객체를 구성하는 점, 선, 면을 편집하여 형성하는 방식이다.
>
> **정답 ④**

06 다음 중 3D 디자인 소프트웨어의 주요 기능이 아닌 것은?

① 3D 형상 모델링　　　② 렌더링　　　③ 재질 입히기　　　④ 제품 프린팅

> **해설**
>
> 3D 디자인 소프트웨어의 주요기능으로는 3D 형상 모델링과 편집, 재질 입히기, 렌더링 등이 있다.
>
> **정답 ④**

07 다음 중 3차원 좌표계와 뷰포트(Viewport)에 대한 설명으로 잘못된 것은?

① 모델링을 위한 3D 작업 공간을 뷰포트라고 하며 4가지 화면으로 진행한다.
② Perspective view는 원근감이 있는 입체적 장면을 나타낸다.
③ Top view는 원근 투영 방식으로 화면에 표시된다.
④ 좌표계는 축 방향 설정 방법에 따라 가로를 x축, 세로를 y축, 바라보는 시점을 z축으로 구분한다.

> **해설**
>
> - Top view와 Front view, Right view는 원근감 없이 상대적인 크기가 보존되어 평행 투영방식으로 2차원 화면에 보인다.
> - Perspective view는 원근감이 있는 입체적인 장면을 나타내며, 거리에 따라 크기가 다른 원근감이 나타나므로 원근 투영 방식으로 화면에 표시된다.
>
> **정답 ③**

08 다음에서 설명하고 있는 3D모델링 방식의 종류는 무엇인가?

> 삼각형을 기본 단위로 하여 모델링하며 삼각형 꼭짓점을 연결하여 3D 형상을 생성함

① 폴리곤 방식　　　② 넙스 방식　　　③ 솔리드 방식　　　④ 패치 방식

> **해설**
>
> 폴리곤 방식은 평면 다각형을 계속 붙여가며 물체의 형상을 만드는 방식으로 주로 삼각형과 사각형을 사용하지만, 경우에 따라 오각형 이상의 다각형을 사용하기도 한다. 삼각형을 기본 단위로 하여 모델링하며 각 꼭짓점을 연결하여 3D 형상을 생성한다.
>
> **정답 ①**

09 다음 중 넙스 방식에 대한 설명으로 옳은 것은?

① 재질의 비중을 계산하여 무게 등을 측정할 수 있다.
② 수학 함수를 이용하여 곡면 표현이 가능하다.
③ 입체 형상을 표현하는 모든 요소를 갖추고 있어 중량이나 무게중심 등의 해석도 가능하다.
④ 기본 삼각형은 평면이며 삼각형의 개수가 많을수록 형상이 부드럽게 표현된다.

> **해설**
>
> 넙스 방식은 수학적으로 잘 정의된 3D 곡선을 이용하여 모델링하는 방식으로 폴리곤 방식으로 표현하기 힘든 부드러운 곡면을 모델링할 수 있다.
> ① · ③ 솔리드 방식에 대한 설명이다.
> ④ 폴리곤 방식에 대한 설명이다
>
> **정답 ②**

10 다음 중 3D모델링 방식에 대한 설명으로 틀린 것은?

① 넙스 방식은 폴리곤 방식에 비해 많은 계산이 필요하다.
② 넙스 방식은 상대적으로 정확한 모델링이 가능해 부드러운 곡면 설계 시 효과적이다.
③ 솔리드 방식은 면이 모여 입체가 만들어지는 상태로 내부가 꽉 찬 물체를 이용해 모델링하는 방식이다.
④ 넙스 방식은 입체 형상을 표현하는 요소를 갖춰 무게 등의 측정이 가능하다.

> **해설**
>
> 솔리드 방식은 정점, 능선, 면 및 질량을 표현한 형상 모델로서 형상만이 아닌 물체의 다양한 성질을 좀 더 정확하게 표현하기 위해 고안된 방법으로, 재질의 비중을 계산하여 무게 등을 측정할 수 있다.
>
> **정답 ④**

Chapter 04

3D 형상 데이터 편집

---

01 3D 형상 데이터 생성

(1) 작업 환경 설정방법

3D 형상을 만들기 전에 작업 환경을 설정해야 한다. 작업 환경 설정에는 스케일 설정, 화면 구성 등이 있다. 스케일 설정은 3D 출력물의 정확도와 여러 형상을 조립할 때 단위를 통일하기 위해서 꼭 필요하다. 3D프린터용 출력물 모델링을 위해서 단위는 mm로 설정한다.

 Check Point

- 3D프린터용 출력물 모델링을 위해 단위는 mm로 설정
- 자동 저장 기능 설정
- **명령어 취소 기능 횟수** : 복잡한 형상의 경우 높게 설정해 두면 수정하기 편리함

(2) 3D 형상 생성 과정

1) 2D 라인 그리기

작업 지시서를 보고 2D 라인을 먼저 제작해야 한다. 그리고 3D로 모델링한다. 3D 디자인 소프트웨어는 기본적으로 선, 원, 호, 사각형, 다각형, 텍스트 등의 2D 형상을 지원하지만, 2D 라인으로 작성된 파일을 3D 디자인 소프트웨어 내부로 불러들여 작업하여도 된다.

 Check Point

- **2D 라인의 제작 방법**
  - 2차원 그래픽 소프트웨어에서 작성된 파일을 3D 디자인 소프트웨어 내부로 불러들여 작업
  - 3D 디자인 소프트웨어의 자체 기능을 이용하여 작성할 수도 있음
- 3D 디자인 소프트웨어는 선, 원, 호, 사각형, 다각형, 텍스트 등의 2D 형상을 지원함
- 그림이나 이미지 파일이 있으면 최대한 동일하게 라인을 생성시킴

2) 3D 형상 만들기

2D 라인을 이용하여 3D 형상을 제작하는 방법에는 돌출 모델링, 스윕 모델링, 회전 모델링, 로프트 모델링이 있다. 2D 라인 없이 3D 형상을 만드는 방법에는 기본 도형을 이용한 모델링, 폴리곤 모델링, CSG 방식이 있다.

Check Point

- 2D 라인을 이용하여 3D 형상을 제작하는 방법
  돌출 모델링, 스윕 모델링, 회전 모델링, 로프트 모델링
- 2D 라인 없이 3D 형상을 제작하는 방법
  기본 도형을 이용한 모델링, 폴리곤 모델링, CSG 방식이 있음

3) 2D 라인을 이용한 3D모델링

3D 형상을 생성하는 방법으로 라인, 사각형, 원, 타원, 호, 텍스트 등이 있다. 폴리곤 모델링처럼 돌출 또는 면을 늘리고 줄이는 방법도 가능하며, 대표적으로 돌출 모델링, 스윕 모델링, 회전 모델링, 로프트 모델링이 있다.

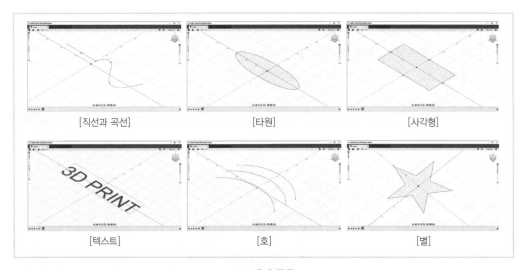

[직선과 곡선]   [타원]   [사각형]

[텍스트]   [호]   [별]

2D 객체 종류

Check Point

- 폴리곤 모델링처럼 돌출 또는 면을 늘리고 줄이는 방법도 가능함
  → 돌출 모델링, 스윕 모델링, 회전 모델링, 로프트 모델링

① 돌출 모델링
  ⓐ 2D 단면에 높이 값을 주어 면을 돌출시키는 방식
  ⓑ 선택한 면에 높이 값을 주어 돌출시킴

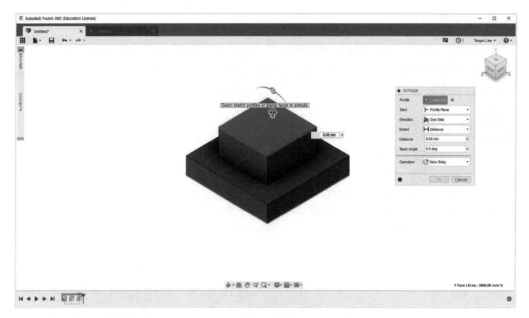

돌출 모델링

② 스윕(Sweep) 모델링

ⓐ 경로를 따라 2D 단면을 돌출시키는 방식

ⓑ 경로와 2D 단면이 있어야 모델링이 가능함

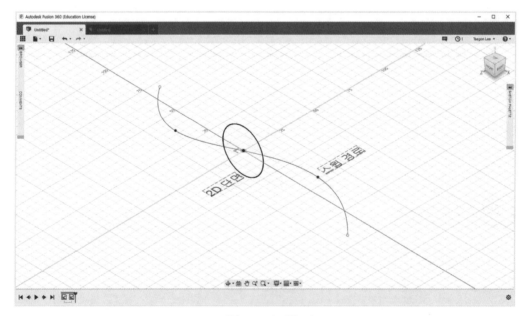

스윕(Sweep) 적용 전

스윕(Sweep) 적용 후

③ 회전 모델링

    ⓐ 축을 기준으로 2D 라인을 회전하여 3D 객체로 만드는 방식

    ⓑ 단면이 대칭을 이루면서 360도 회전되는 물체를 만들 때 사용함(와인 잔, 병 등)

    ⓒ 회전 모델링을 제작하는 방법

      - 먼저 기준 축 정하기

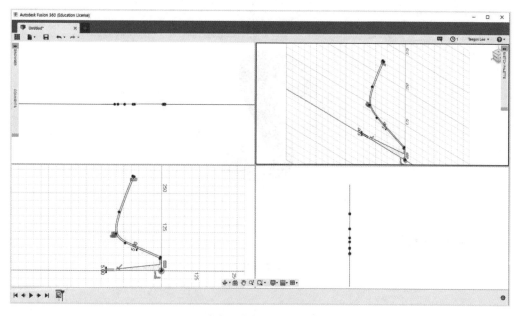

회전 모델링 – 라인그리기

- 축을 중심으로 회전시킬 회전체 형태의 라인 그리기
- 라인이 만들어지면 두께를 주고 다듬기
- 회전 명령 적용

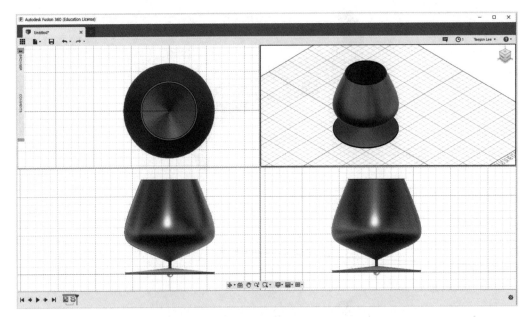

회전 모델링

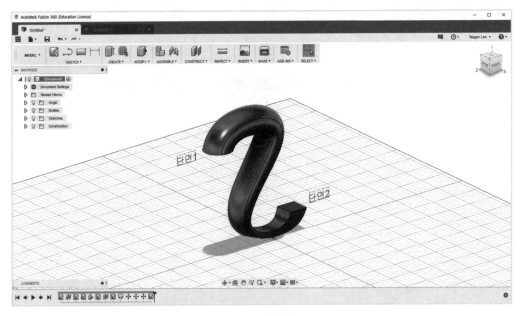

로프트 모델링

④ 로프트 모델링

    ⓐ 1개 이상의 면과 라인, 2개 이상의 면을 사용하여 3D 객체를 만드는 방식

    ⓑ 사용되는 라인은 경로(Path)로 사용

    ⓒ 2개 이상의 면과 라인을 적용하여 다양한 형태를 만들 수 있으며 복잡한 형태의 객체도 만들 수 있음

4) 2D 라인 없이 3D 형상 제작 방법

① 3D 기본 도형 모델링

    ⓐ 3D 기본 도형은 가장 기본이 되는 간단한 도형(박스, 콘, 구, 실린더, 튜브 등)을 의미

    ⓑ 3차원 도형은 길이, 너비, 높이 정보를 가짐

    ⓒ 제공하는 3D 도형의 종류 : Box, Cone, Sphere, Cylinder, Tube, Pyramid 등

    ⓓ 기본 도형 변형 : 기본 도형을 합치거나 변형하여 단순하고 기본적인 3D 객체를 생성할 수 있음

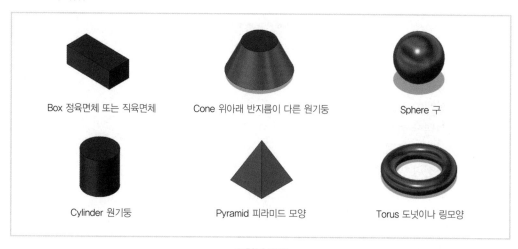

도형의 종류

② 폴리곤 모델링

    ⓐ 삼각형을 기본 면으로 3D 객체를 모델링하는 방법

    ⓑ 삼차원 객체를 구성하는 점, 선, 면을 편집하여 형성

    ⓒ 폴리곤 서브 오브젝트인 점, 선, 면에 대한 편집 명령 : 삭제, 분할, 연결, 높이 변경, 모서리 깎기 등

       ⊙ 점(Vertex)

         - 점 삭제 기능

         - 선택한 점에 새로운 점을 만들어 분리시키는 기능

         - 선택한 점에 높이를 주는 기능

         - 지정된 범위 안에 점을 합치는 기능

         - 점과 점을 이어 주는 기능 등

폴리곤 모델링

ⓛ 선(Edge)
- 선택한 선을 삭제하는 기능
- 선택한 선을 분리시키는 기능
- 선택한 선에 높이를 주는 기능
- 지정한 범위 안에 선을 합치는 기능
- 선택한 선을 다른 선과 연결하는 기능
- 선택한 선에 수직이 되는 방향으로 면을 분할하는 기능
- 선택한 선을 새로운 모양으로 만들어주는 기능 등

ⓒ 면(Polygon)
- 면에 높이를 주는 기능
- 선택한 면의 넓이를 늘리거나 줄이는 기능
- 면과 면을 연결하는 기능
- 선을 따라 선택한 면을 돌출시키는 기능 등

③ CSG(Constructive Solid Geometry) 방식

ⓐ 기본 객체들에 집합 연산을 적용하여 새로운 객체를 만드는 방법

ⓑ 집합 연산은 합집합, 교집합, 차집합이 있음
- 합집합은 두 객체를 합쳐서 하나의 객체로 만드는 것
- 교집합은 두 객체의 겹치는 부분만 남기는 방식
- 차집합은 한 객체에서 다른 한 객체의 부분을 빼는 것

ⓒ 피연산자의 순서가 바뀌면 합집합과 교집합은 동일한 결과를 나타내지만, 차집합의 경우는 다른 객체가 만들어짐

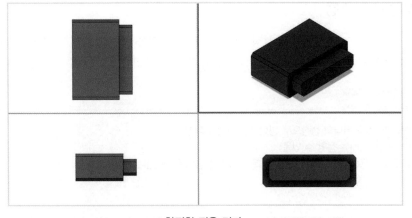

합집합 적용 결과

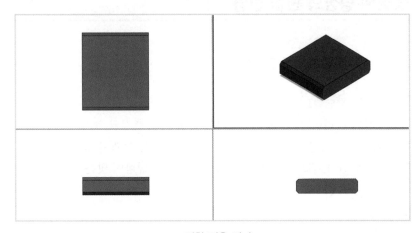

교집합 적용 결과

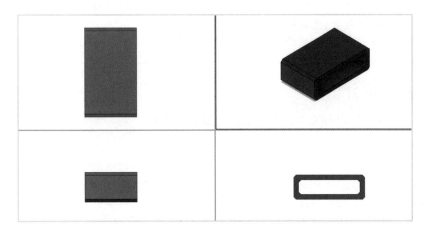

차집합 적용 결과

(3) 형상 병합 및 수정

개별 형상이 만들어지면 하나의 형상으로 병합하는 과정을 거치고 폴리곤 편집을 통해 수정할 수 있다. 수정 도구를 이용하여 크기, 각도, 위치, 두께, 부드러움 정도를 수정할 수 있다.

Check Point

- 개별 형상 제작 후 하나의 형상으로 병합하는 과정을 거침
- 폴리곤 편집을 통해 수정할 수 있음
- 수정 도구를 이용해 크기, 각도, 위치, 두께, 부드러움 정도를 수정할 수 있음

---

02 생성된 형상의 편집 변형

(1) 3D 디자인 소프트웨어의 수정 기능

1) 크기, 두께, 각도 수정하기

크기 측정 도구를 이용하여 각 뷰에서의 크기를 측정하고, 측정된 크기가 도면과 다르다면 스케일 기능이나 형상의 속성 값 설정을 통해 크기를 수정한다. 이때 수정하고자 하는 축이 바르게 선택되었는지 확인한다. 각도의 경우도 수정하고자 하는 방향이 맞는지 확인 후 각도를 수정한다.

Check Point

- 3D 디자인 소프트웨어의 크기 측정 도구를 이용해 각 뷰에서 크기를 측정한 후 도면과 크기가 다르다면 스케일 기능 또는 형상 속성 값 설정을 통해 크기를 수정함
- 각도의 경우도 수정하고자 하는 방향이 맞는지 확인 후 수정 작업 수행

2) 2D 라인 수정하기

2D 형상을 구성하는 하위 요소인 점과 선을 수정할 수 있다.

Check Point

- 3D 디자인 소프트웨어는 각 작업을 스택 또는 레이어 형태로 기록하고 있어 3D 작업을 했더라도 2D 형상을 구성하는 하위 요소(점, 선)의 수정이 가능함
- 작업 완료 전까지는 작업을 하나로 병합하지 말고 수정할 수 있도록 유지해야 함
  - **점 수정 기능** : 점 삽입, 점 삭제, 점 분리, 점 병합, 점을 기준으로 곡률 조절 등
  - **선 수정 기능** : 선 삽입, 선 삭제, 선분할, 선 연결 등
  - **2D 도형 수정 기능** : 2D 도형 합치기, 도형 집합 연산, 모서리 둥글게 만들기 등

3) 폴리곤 수정하기

폴리곤을 구성하는 하위 형상인 점, 선, 면의 수정을 통해 폴리곤 수정을 할 수 있다.

4) 정렬하기

형상 조립을 위해 정렬 기능을 이용하면, 기준점을 중심으로 정확한 위치에 형상 배치가 가능하다.

5) 부드럽게 처리하기

최종 결과물의 연결 부위나 전반적으로 부드럽게 처리할 부분에 대해 면 분할 기능을 이용해 출력물을 부드럽게 처리할 수 있다.

(2) 데이터 수정 방법

1) 차이 나는 부분 분석하기

작업 지시서의 도면과 모델링된 3D 데이터의 차이점을 분석한다.

2) 수정 방법 선택하기

크기나 두께, 위치 이동, 각도의 수정은 기본 도구를 이용하여 수정 가능하다.

3) 수정하기

선택한 수정 방법과 도구를 이용하여 도면과 일치하도록 수정한다.

4) 수정 확인하기

수정이 제대로 되었는지 확인한다.

03 ▶ 통합 형상 생성

복잡한 형상을 가진 3D 형상의 경우에는 부분을 따로 제작한 뒤 하나의 형상으로 통합해야 한다.

(1) 부분 형상 제작

하나의 형상으로 조립할 부분 형상들을 제작할 때에는 모두 동일한 작업 환경을 이용해야 한다. 동일한 좌표계와 동일한 스케일 환경에서 작업해야 조립이 용이하다. 특히 형상 조립 부위의 크기와 두께가 일치하도록 주의해야 한다.

 Check Point

- 우선적으로 부분 형상 제작이 먼저 이루어져야 함
- **주의해야 할 점** : 모두 동일한 작업 환경을 이용해야 함
- 동일한 좌표계와 동일한 스케일 환경에서 부분 형상을 제작해야 조립이 용이함
- 형상 조립 부위 크기와 두께가 일치해야 함

(2) 형상 조립

부분 형상을 조립해 나가는 과정으로 부분 형상이 준비되면 형상들을 하나의 공간으로 불러들여 조립한다. 3D 디자인 소프트웨어의 병합 기능(다른 파일에 존재하는 형상들을 불러옴)을 이용하여 형상을 하나의 공간으로 불러 모을수 있고, 부분 형상들을 병합할 위치에 배치하고 병합 기능을 이용하여 형상을 하나로 조립할 수 있다.

1) 부분 형상 확인하기

부분 형상을 병합하기 전에 각각의 형상이 3D프린터로 출력이 가능한지 확인한다.

2) 형상 병합 기능

① 형상 병합 기능을 이용하여 부분 형상을 하나의 형상으로 합칠 수 있다.
② 병합 기능은 여러 개의 형상을 하나로 합쳐서 하나의 형상으로 만들어 준다.

3) 폴리곤 연결

① 연결할 두 면을 선택한 뒤 폴리곤 연결 기능을 적용하면 두 면을 자연스럽게 이어 준다.
② 연결할 두 면의 크기가 동일하면 연결된 부분의 크기도 일정하다.

출제예상문제

01 2D 라인 없이 3D 형상을 제작하는 방식 중에서 기본 객체들에 집합 연산을 적용하여 새로운 객체를 만드는 방법은 무엇인가?

① 로프트 모델링 방식   ② 스윕 모델링 방식

③ 폴리곤 모델링 방식   ④ CSG 방식

해설

① **로프트 모델링 방식** : 2D 라인을 이용한 3D모델링 방식으로 2개 이상의 라인을 사용하여 3D 객체를 만드는 방식이다. 사용되는 라인 중 하나는 경로(Path)로 사용되며, 다른 하나는 표면(Shape)을 만든다.

② **스윕(Sweep) 모델링 방식** : 2D 라인을 이용한 3D모델링 방식으로 경로를 따라 2D 단면을 돌출시키는 방식이다. 경로와 2D 단면이 있어야 모델링이 가능하다.

③ **폴리곤 모델링 방식** : 삼각형을 기본 면으로 3D 객체를 모델링하는 방법이다. 삼차원 객체를 구성하는 점, 선, 면을 편집하여 형성하는 방식이다.

정답 ④

02 다음 중 성격이 다른 모델링 방식은 무엇인가?

① 스윕 모델링   ② CSG 방식

③ 로프트 모델링   ④ 돌출 모델링

해설

CSG 방식은 2D 라인 없이 3D 형상을 만드는 방법이고, 돌출 모델링·스윕 모델링·회전 모델링·로프트 모델링 방식은 2D 라인을 이용하여 3D 형상을 제작하는 방법이다. 따라서 성격이 다른 모델링 방식은 ②이다.

정답 ②

03 다음에서 설명하는 모델링 방식은?

경로와 2D 단면이 있어야 모델링이 가능하며 경로를 따라 2D 단면을 돌출시키는 방식

① 스윕 모델링   ② 돌출 모델링

③ 회전 모델링   ④ 로프트 모델링

해설

스윕(Sweep) 모델링은 경로를 따라 2D 단면을 돌출시키는 방식으로 경로와 2D 단면이 있어야 모델링이 가능하다.

② **돌출 모델링** : 2D 단면에 높이 값을 주어 면을 돌출시키는 방식으로 선택한 면에 높이 값을 주어 돌출시키는 방식이다.

③ **회전 모델링** : 축을 기준으로 2D 라인을 회전하여 3D 객체로 만드는 방식이다.

④ **로프트 모델링** : 2개 이상의 라인을 사용하여 3D 객체를 만드는 방식으로 사용되는 라인 중 하나는 경로(Path)로 사용되며, 다른 하나는 표면(Shape)을 만든다.

정답 ①

04 다음 중 CSG 방식에 대한 설명으로 잘못된 것은?

① 기본 객체들에 집합 연산을 적용하여 새로운 객체를 만드는 방법이다.
② 집합 연산 중 교집합은 두 객체의 겹치는 부분만 남기는 방식이다.
③ 피연산자의 순서가 바뀌면 교집합은 다른 객체가 만들어진다.
④ 2D 라인 없이 3D 형상을 제작하는 방법이다.

> **해설**
>
> 피연산자의 순서가 바뀌면 합집합과 교집합은 동일한 결과를 나타내지만, 차집합의 경우는 다른 객체가 만들어진다.
>
> **정답** ③

05 다음 중 3D 디자인 소프트웨어 기능에 대한 설명으로 틀린 것은?

① 3D 디자인 소프트웨어는 3D 작업을 했더라도 2D 형상을 구성하는 하위 요소의 수정이 가능하다.
② 정렬 기능을 사용하면 기준점을 중심으로 정확한 위치에 형상 배치가 가능하다.
③ 수정 도구를 이용하여 3D데이터의 크기, 두께, 각도 수정이 가능하다.
④ 뷰에서 측정한 크기가 도면과 다르면 수정할 수 없다.

> **해설**
>
> 크기 측정 도구를 이용하여 각 뷰에서의 크기를 측정하고, 측정된 크기가 도면과 다르다면 스케일 기능이나 형상의 속성 값 설정을 통해 크기를 수정한다. 이때 수정하고자 하는 축이 바르게 선택되었는지 확인한다.
>
> **정답** ④

06 데이터 수정 방법에 대한 설명으로 틀린 것은?

① 크기, 두께, 위치 이동, 각도의 수정 모두 기본 도구로 수정이 가능하다.
② 3D 디자인 소프트웨어에는 구부리기, 비틀기, 늘리기 등 다양한 수정 도구가 있다.
③ 돌출 모델링의 돌출 정도는 2D 라인 편집을 통해서 수정할 수 있다.
④ 폴리곤 모양을 변경해야 할 경우에는 폴리곤의 점, 선, 면 편집을 통해 수정할 수 있다.

> **해설**
>
> • 돌출 모델링의 돌출의 정도는 폴리곤 편집을 통해 가능하다.
> • 회전 모델링, 스윕 모델링, 로프트 모델링의 경우는 2D 라인 편집을 통해 수정할 수 있다.
>
> **정답** ③

07 3D 형상 데이터 생성에 대한 설명으로 옳은 것은?

① 복잡한 형상도 통합한 후에 부분 제작에 들어간다.
② 3D 디자인 소프트웨어의 병합 기능으로 다른 파일에 존재해도 하나의 공간에 형상을 불러 모을 수 있다.
③ 하나의 형상으로 조립할 부분 형상들은 각 작업 환경에 맞게 달리해야 한다.
④ 연결할 두 면을 선택한 뒤 형상 병합으로 두 면이 이어지도록 한다.

해설

① 복잡한 형상을 가진 3D 형상의 경우에는 부분을 따로 제작한 뒤 하나의 형상으로 통합해야 한다.
③ 하나의 형상으로 조립할 부분 형상들을 제작할 때에는 모두 동일한 작업 환경을 이용해야 한다.
④ 연결할 두 면을 선택한 뒤 폴리곤 연결 기능을 적용하여 두 면을 자연스럽게 이어줄 수 있다.

정답 ②

08 폴리곤 수정 시 지원되지 않는 기능은?

① 점 위치 이동   ② 선 분할
③ 선택 면 넓이 줄이기   ④ 2D 도형 합치기

해설

2D도형 합치기는 2D 도형 수정 기능에 속하는 기능이다.

정답 ④

09 3D 형상 데이터 작업에 대한 설명으로 틀린 것은?

① 2D 라인 제작은 2차원 그래픽 소프트웨어에서 작성된 파일을 3D 디자인 소프트웨어 내부로 불러들일 수 없다.
② 스케일 설정은 3D 출력물의 정확도와 여러 형상을 조립할 때 단위를 통일하기 위해 필요하다.
③ 3D프린터용 출력물 모델링을 위해 단위는 mm로 설정한다.
④ 2D 라인 없이 3D 형상을 만드는 방법에는 기본 도형을 이용한 모델링, 폴리곤 모델링, CSG 방식이 있다.

해설

• 2D 라인의 제작은 2차원 그래픽 소프트웨어에서 작성된 파일을 3D 디자인 소프트웨어 내부로 불러들여 작업하여도 된다.
• 3D 디자인 소프트웨어는 선, 원, 호, 사각형, 다각형, 텍스트 등의 2D 형상을 지원한다.

정답 ①

10 3D 기본 도형 모델링에 대한 설명으로 틀린 것은?

① Box, Cone, Sphere, Cylinder, Tube, Pyramid 등의 도형이 제공된다.
② 3차원 도형은 길이, 너비, 높이 정보를 가진다.
③ 분할, 연결의 편집 명령이 있다.
④ 기본 도형을 합치거나 변형할 수 있다.

해설

폴리곤 서브 오브젝트인 점, 선, 면에 대한 편집 명령으로 삭제, 분할, 연결, 높이 변경, 모서리 깎기 등이 가능하다.

정답 ③

출력용 데이터 수정

01 편집된 형상의 수정

(1) 3D프린터에 따른 형상 데이터 변경

3D프린터에 따라 출력 가능 해상도가 다르므로 처음부터 출력 해상도를 고려하여 제작하는 것이 좋다. 하지만 출력할 3D프린터의 특성을 고려하지 않고 모델링된 데이터의 경우에는 3D 디자인 소프트웨어의 스케일 기능을 이용하여 두께와 크기를 변경할 수 있다.

Check Point

- 3D프린터에 따른 형상 데이터 변경
  - 각각의 3D프린터는 출력 가능 해상도가 다름
  - 특정 3D프린터의 출력 해상도를 고려하여 제작한 경우가 아니라면 3D모델링 데이터를 출력할 프린터 해상도에 맞춰 데이터를 변경해야 함
- 프린터 특성을 고려하지 않고 정밀하게 모델링한 경우
  - 3D프린터의 특성을 고려하지 않고 정밀하게 모델링된 데이터의 경우, 가장 작은 부분 크기가 0.1mm
  - 3D프린터의 출력 가능 해상도가 0.4mm인 경우, 3D모델링 데이터를 최소 0.4mm 이상으로 변경해야 함
  - 3D 디자인 소프트웨어의 스케일 기능을 이용하여 두께와 크기를 변경함

(2) 슬라이서 프로그램에서 형상 데이터 변경

슬라이서 프로그램은 3D프린팅이 가능하도록 데이터를 층별로 분류하여 저장해 준다. 뿐만 아니라 저장하는 과정에서 출력물의 정밀도나 내부 채움 방식, 속도와 온도 및 재료에 대한 설정도 가능하다.

1) 출력 시 적층 높이 및 벽 두께 설정

① 높이 값이 작을수록 해상도가 좋아지나 프린팅 출력 속도는 느려짐
② 벽 두께 설정 시 노즐 구경보다 작은 값을 설정할 수 없음

2) 출력물 내부 밀도(%)

① 출력물 내부를 채우기 위해 밀도를 설정함

② 출력물 내부 값이 높을수록 내부 재료를 많이 채워서 밀도가 높아짐

③ ABS는 밀도가 높을수록 재료 수축률이 높아져 갈라짐이 발생할 수 있음

3) 출력 속도

각 축의 모터 이동 속도가 너무 높으면 표면의 결속 상태가 좋지 않게 됨

4) 출력 재료 설정

① 프린팅 재료 직경과 압출되는 재료의 양을 설정

② 노즐에서의 분사량이 많으면 흐름 현상이 생기고 너무 적으면 출력물이 갈라지거나 그물 같은 구멍이 뚫릴 수 있음

③ 1을 기준으로 출력 테스트를 먼저 해보는 것이 좋음

Check Point

- 3D프린팅에서 모든 출력은 폴리곤 모델링으로 전환하여 출력하게 되므로 메쉬의 갈라짐에 유의해야 함
- 정확한 치수에 따른 모델링을 해야 함
- 재료 수축에 따른 오차에 대비해야 함
- 보통 0.2~0.3mm 간격으로 적층 높이를 설정하면 거칠지만 상대적으로 빠른 속도로 결과를 얻을 수 있음
- 기본 채움 정도는 20%로 재료 온도 변화에 따른 수축률, 속도, 강도를 테스트한 경험에서 나온 수치로 기본 값으로 프린팅해 본 후 필요에 따라 Infill(채움) 정도를 변경하는 것이 좋음

02 데이터 분할 출력

　분할 출력이란 하나의 3D 형상 데이터를 나누어 출력하는 것으로, 3D프린터는 기기마다 최대 출력 사이즈가 정해져 있기 때문에 최대 출력 크기보다 큰 모델링 데이터는 분할 출력의 과정을 거쳐야 한다. 이 경우에는 분할 출력 후 다시 하나의 형태로 만들어지는 것을 고려하여 분할해야 한다.

Check Point

- 분할 출력 : 하나의 3D 형상 데이터를 나누어 출력하는 것
- 최대 출력 크기보다 큰 모델링 데이터는 분할 출력 과정을 거쳐야 함
- 분할 출력 후에는 다시 하나의 형태로 만들어지는 것을 고려하여 분할해야 함
- 분할된 개체를 다시 연결시켜 줄 때 주로 접착제를 사용하지만, 모델링 수정을 통해 접착제 없이 결합될 수 있는 구조로 수정할 수도 있음

출력 범위를 벗어난 모델링

- 캐릭터 모델링 분할 출력 방법
  - 서 있는 형태의 캐릭터를 출력 시 많은 서포트가 필요함
    : 어깨에서 이어지는 팔, 손가락은 반드시 서포트가 필요
  - 이 경우 큰 덩어리로 나누어 분할 출력하는 것이 효율적
    : 서포트를 설치한 후 출력을 했을 때 서포트 제거 과정에서 출력물이 손상될 수 있기 때문

① 큰 사이즈 모델링 데이터 분할
② 출력하고자 하는 3D프린터의 해상도 확인
③ 출력하고자 하는 3D프린터의 해상도, 큰 사이즈 모델링 데이터의 크기를 비교하여 어떻게 분할할 지 결정
  - 3D 디자인 소프트웨어에서 결정한 내용에 따라 큰 사이즈 모델링 데이터를 분할
  - 높이 부분, 세로 부분의 사이즈가 범위를 벗어나므로 전체 사이즈를 20% 정도 줄인 후 분할

출력 데이터 분할

④ 분할된 형상을 슬라이서 프로그램에서 열어 출력이 가능한지 확인

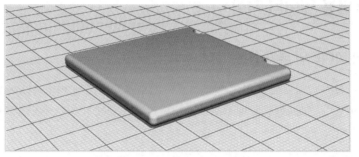

분할 형상 크기 확인(앉는 부분)

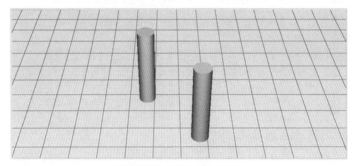

분할 형상 크기 확인(다리)

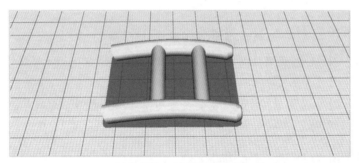

분할 형상 크기 확인(등받이)

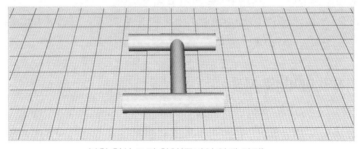

분할 형상 크기 확인(등받이 아래 다리)

- 서포트를 많이 사용하지 않으려면, 세워진 형상은 눕혀서 출력할 것
- 출력할 3D프린터의 해상도를 고려하여 디자인하는 것이 효율적

03 출력용 데이터 저장

(1) 3D 형상 데이터의 부가 요소

3D프린터는 적층 방식으로 출력이 이루어지므로 모델의 구조에 따라 서포트와 같은 부가요소를 추가해야 한다. 3D프린팅에서 서포트는 바닥면과 모델에서 지지대가 필요한 부분을 이어 주는 역할을 한다.

Check Point

- 3D프린터는 적층 방식으로 출력되므로 모델 구조에 따라 부가 요소를 추가해야 함
- **서포트의 역할**
  적층은 바닥면부터 레이어가 차례로 쌓이는데 바닥면과 떨어져 있는 레이어는 허공에 뜨게 되어 출력이 제대로 이루어지지 않음. 이때 바닥면과 모델에 지지대가 필요한 부분을 이어 주는 역할을 함

1) FDM 방식에 따른 서포트 실행 방법

FDM 방식을 지원하는 출력 소프트웨어 큐라(Cura), 메이커봇(Makerbot), 메쉬믹서(Meshmixer) 등에서 자동 서포트가 실행된다.

2) DLP 방식에 따른 서포트 실행 방법

① DLP 방식을 지원하는 출력 소프트웨어 Meshmixer, B9Creator, Stick+ 등에서 자동 서포트를 지원하거나 직접 서포트를 설치할 수 있다.
② 서포트를 모델에 직접 설치하면 자동 설치에 비해 소재 비용이 절감되며 높은 품질의 출력물을 얻을 수 있다.

3) SLA 방식에 따른 서포트 실행 방법

① 자동 서포트를 지원하고 직접 서포트 설치도 가능하다.
② 광원이 다른 점 외에는 DLP와 비슷하여 DLP 출력 보조 소프트웨어 B9Creator, Stick+ 등에서 서포트를 설치할 수 있다.

(2) 출력용 디자인 데이터로 저장

작업한 형상을 3D프린터용 데이터로 저장하려면 기본적으로 슬라이서 프로그램에서 호환 가능한 *.stl, *.obj 파일로 변환해야 한다. 이것은 슬라이서 프로그램에서 STL 파일의 레이어 분할 및 출력 환경을 설정할 수 있기 때문이다.

Check Point

- 3D프린터용 데이터로 저장하려면 3D프린터 표준 파일로 저장해야 함
- 3D 설계 툴은 설계 목적에 따라 다양한 툴들이 있음
- 슬라이서 프로그램에서 호환 가능한 *.stl, *.obj 파일로 변환이 된다면 툴은 상관없음
- 슬라이서 프로그램에서 STL 파일의 레이어 분할 및 출력 환경을 설정할 수 있음
- 레이어 및 출력 환경이 결정되면 G코드로 변환함

(3) 슬라이서 프로그램으로 출력용 데이터 저장

슬라이서 프로그램은 입체 모델링을 단면별로 나누어 레이어 및 출력 환경을 설정하고 프린팅 소프트웨어에서 동작할 수 있게 G코드를 생성하는 프로그램이다. 대표적으로 슬라이서 프로그램은 출력물이 똑바로 서서 형태를 유지하기 위해 필요한 서포트의 설치를 지원한다.

Check Point

- 슬라이서 프로그램
  입체 모델링을 단면별로 나누어 프린팅 소프트웨어에서 동작할 수 있도록 G코드를 생성하는 프로그램
- 슬라이서 프로그램은 출력물의 형태를 유지하기 위한 서포트 설치를 지원함

출제예상문제

01 3D프린터 출력용 데이터에 대한 설명으로 옳지 않은 것은?

① 3D프린터는 출력 가능 해상도가 다 다르다.
② 3D프린터 특성을 고려하지 않고 정밀하게 모델링된 데이터의 경우 가장 작은 부분 크기는 0.1mm 정도이다.
③ 슬라이서 프로그램은 3D프린팅이 가능하도록 데이터를 층별로 분류하여 저장해 준다.
④ 3D프린터의 출력 해상도를 고려하여 제작한 경우가 아니라면 데이터 변경이 어렵다.

해설

프린터 특성을 고려하지 않고 정밀하게 모델링 해버린 경우, 3D 디자인 소프트웨어의 스케일 기능을 이용하여 두께와 크기를 변경할 수 있다.

정답 ④

02 다음 중 슬라이서 프로그램에 대한 설명으로 알맞은 것은?

① ABS는 밀도가 높을수록 재료 수축률이 높아져 갈라짐이 발생할 수 있다.
② 출력물 내부 값이 작을수록 밀도가 높아진다.
③ 적층 높이 값과 속도는 관계없다.
④ 벽 두께 설정 시 노즐 구경보다 작은 값을 설정이 가능하다.

해설

② 출력물 내부 밀도(%) 값이 높을수록 내부 재료를 많이 채워서 밀도가 높아진다.
③ 출력 시 적층 높이 값이 작을수록 해상도가 좋아지나 프린팅 출력 속도는 느려진다.
④ 벽 두께 설정 시 노즐 구경보다 작은 값을 설정할 수 없다.

정답 ①

03 다음 중 3D프린터 분할 출력에 대한 설명으로 잘못된 것은?

① 분할 출력 후 개체를 연결시킬 때 접착제를 사용한다.
② 모델링 수정만으로는 접착제 없이 결합할 수 있는 구조로 수정할 수 없다.
③ 최대 출력 크기보다 큰 모델링 데이터는 분할 출력 과정을 거쳐야 한다.
④ 분할 출력 후에 다시 하나의 형태로 만들어지는 것을 고려하여 분할해야 한다.

해설

분할된 개체를 다시 하나로 연결시켜 줄 때 주로 접착제를 사용하지만 모델링의 수정을 통해 접착제 없이도 결합될 수 있는 구조로 수정할 수 있다.

정답 ②

04 다음 중 서포트에 대한 설명으로 틀린 것은?

① 큐라, 메이커봇, 메쉬믹서 등에서 FDM 방식에 따른 서포트 실행이 가능하다.
② 서포트는 바닥면과 모델에서 지지대가 필요한 부분을 이어주는 역할을 한다.
③ 서포트를 모델에 직접 설치하면 자동 설치에 비해 소재 비용이 절감된다.
④ SLA 방식에서는 자동 서포트만 지원한다.

해설

SLA 방식에 따른 서포트 실행 방법
자동 서포트를 지원하고 직접 서포트 설치도 가능하며, 광원이 다른 점 외에는 DLP와 비슷하여 DLP 출력 보조 소프트웨어 B9Creator, Stick+ 등에서 서포트를 설치할 수 있다.

정답 ④

05 다음 중 형상 데이터 변경에 대한 설명으로 옳은 것은?

① 3D프린터용 데이터로 저장하려면 프로그램에서 지원하는 어떤 파일도 관계없다.
② 슬라이서 프로그램에서 *.stl, *.obj 파일로 변환되어야 하며 지정된 툴을 사용해야 한다.
③ 슬라이서 프로그램에서 레이어 및 출력 환경이 결정되면 G코드로 변환한다.
④ 슬라이서 프로그램에서 STL 파일의 레이어 분할 및 출력 환경은 설정할 수 없다.

해설

① 3D프린터용 데이터로 저장하려면 3D프린터 표준 파일로 저장해야 한다.
② 슬라이서 프로그램에서 호환 가능한 *.stl, *.obj 파일로 변환이 가능하다면 어떠한 툴도 상관없다.
④ 슬라이서 프로그램에서 STL 파일의 레이어 분할 및 출력 환경을 설정할 수 있다.

정답 ③

06 슬라이서 프로그램 설정에 대한 내용으로 옳지 않은 것은?

① 각 축의 모터 이동 속도가 너무 높으면 표면의 결속 상태가 좋지 않게 된다.
② 노즐의 분사량이 많아야 출력 속도가 빨라지며 고품질의 결과물을 얻을 수 있다.
③ 대부분의 슬라이서 프로그램은 유사한 설정과 인터페이스를 가진다.
④ 출력물 내부 채움을 위해서는 밀도를 설정해야 한다.

해설

노즐에서의 분사량이 많으면 흐름 현상이 생기고 너무 적으면 출력물이 갈라지거나 그물 같은 구멍이 뚫릴 수 있다.

정답 ②

07 다음에서 설명하는 것이 아닌 것은?

> 입체 모델링을 단면별로 나누어 프린팅 소프트웨어에서 동작할 수 있도록 G코드를 생성하는 프로그램

① 라이노
② 큐라
③ Slic3r
④ Repsnapper

📖 해설

입체 모델링을 단면별로 나누어 프린팅 소프트웨어에서 동작할 수 있도록 G코드를 생성하는 프로그램은 슬라이서 프로그램으로 대표적으로 큐라, Slic3r(슬라이스 쓰리알), Repsnapper(렙스내퍼) 등이 있다.

정답 ①

08 3D 디자인의 형상 조립과 수정에 대한 내용으로 옳지 않은 것은?

① 3D프린팅에서 모든 출력은 폴리곤 모델링으로 전환하여 출력하므로 메쉬 갈라짐에 유의해야 한다.
② 재료 수축에 따른 오차에 대비해야 한다.
③ 보통 0.2~0.3mm 간격으로 적층 높이를 설정하면 품질도 좋고 빠른 속도로 결과를 얻을 수 있다.
④ 정확한 치수에 따른 모델링을 해야 한다.

📖 해설

보통 0.2~0.3mm 간격으로 적층 높이를 설정하면 상대적으로 빠른 속도로 결과를 얻을 수 있으나 결과물은 거칠다.

정답 ③

09 다음 중 데이터 분할 출력과 저장에 대한 내용으로 틀린 설명은?

① 하나의 3D 형상 데이터를 나누어 출력하는 것을 말한다.
② 출력 가능 범위는 3D프린터의 최대 출력 사이즈를 통해서만 알 수 있다.
③ 출력용 데이터로 저장하기 전에 프린터의 출력 범위와 해상도에 맞게 제작되었는지 확인한다.
④ 서포트를 많이 사용하지 않으려면 세워진 형상은 눕혀서 출력하는 것이 좋다.

📖 해설

슬라이서 프로그램을 통해 열어 보면 출력 범위를 벗어남을 알 수 있다.

정답 ②

10 다음 내용과 관련이 있는 설명으로 옳은 것은?

> 바닥면부터 레이어가 적층될 때, 바닥면과 떨어져 있는 레이어가 허공에 뜨지 않고 제대로 출력될 수 있도록 바닥면과 모델을 이어주는 역할을 한다.

① SLA 방식은 자동 및 직접적으로 설치가 가능하다.
② SLA 방식을 지원하는 출력 소프트웨어는 Meshmixer, B9Creator, Stick+ 등이다.
③ DLP 방식을 지원하는 출력 소프트웨어 큐라(Cura), 메이커봇(Makerbot), 메쉬믹서 등이다.
④ 생성 개수와 출력 시간은 관계없다.

해설

제시된 내용은 서포트의 개념을 설명한 것으로, SLA 방식은 자동 서포트를 지원하고 직접 서포트 설치도 가능하다.
② DLP 방식을 지원하는 출력 소프트웨어로는 Meshmixer, B9Creator, Stick+ 등이 있으며 자동 서포트를 지원하거나 직접 서포트를 설치 할 수 있다.
③ FDM 방식을 지원하는 출력 소프트웨어 큐라(Cura), 메이커봇(Makerbot), 메쉬믹서 (Meshmixer) 등에서 자동 서포트가 실행된다.
④ 출력할 때 서포트가 적게 생성되도록 모델의 방향을 수정해야 출력 시간을 최소화할 수 있다.

정답 ①

11 다음 중 3D프린터에 따른 형상 데이터에 대한 내용으로 옳지 않은 것은?

① 슬라이서 프로그램은 편집된 데이터를 나누어서 저장한다.
② 3D프린터의 특성을 고려하지 않고 모델링한 데이터는 슬라이서 프로그램을 통해 수정할 수 있다.
③ 편집된 형상의 데이터를 출력할 때 적층 높이가 작을수록 해상도가 좋다.
④ 슬라이서 프로그램으로 형상 데이터 출력 재료를 설정할 때 1을 기준으로 출력 테스트를 먼저 해보는 것이 좋다.

해설

3D프린터에 따라 출력 가능한 해상도가 다르므로, 출력용 데이터는 출력 해상도를 고려하여 제작하는 것이 좋다. 그러나 3D프린터의 특성을 고려하지 않고 모델링한 데이터는 3D 디자인 소프트웨어의 스케일 기능을 이용하여 두께와 크기를 변경할 수 있다.
① 슬라이서 프로그램은 3D프린팅이 가능하도록 데이터를 층별로 분류하여 저장한다.
③ 편집된 형상의 데이터 출력 시 적층 높이 값이 작을수록 해상도가 좋다. 그러나 프린팅 출력 속도는 느려진다.

정답 ②

3D 엔지니어링 객체 형성

01 형상 입체화

(1) 3차원 형상화 기능 명령

1) 돌출(Extrude) 명령

돌출 기능은 2D로 제작된 스케치에 돌출 높이를 지정하여 단순히 그 모양 그대로 입체화시키는 기능이다.

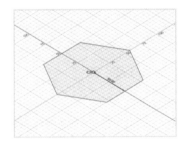 

돌출

Check Point

- 3D 엔지니어링 프로그램에서 가장 많이 사용되는 명령
- 2D 스케치의 단순 입체화 기능
- 2D 스케치 후 돌출을 이용하면 입체화된 도형이 나타나며 돌출 높이를 지정하여 형상을 완성시킴

2) 회전(Revolve) 명령

회전 명령은 축과 같이 전체가 회전 형태를 띠고 있는 객체를 주로 생성할 때 사용하며 작성된 2D 스케치의 단면과 작성한 중심축을 기준으로 회전시켜 형상을 완성한다.

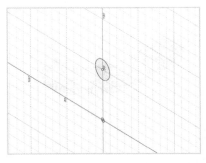

회전

 Check Point

- 돌출 다음으로 많이 사용되는 명령
- 2D 스케치 단면과 작성한 중심축을 기준으로 회전하여 형상을 완성함
- 주로 전체가 회전 형태인 객체를 생성함

3) 구멍(Hole) 명령

구멍은 규격에 따른 구멍 생성을 목적으로 하는 경우 이 명령을 이용하여 구멍을 작성한다. 일반적으로 돌출 또는 회전 명령으로 작업이 가능하며, 별도의 스케치를 작성하지 않고 생성된 3차원 형상에 직접 작업을 수행한다.

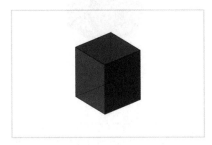

구멍

 Check Point

- 돌출 또는 회전 명령으로 작업이 가능하지만, 규격에 따른 구멍을 생성할 때 사용함
- 별도의 스케치를 작성하지 않고 3차원 형상에 직접 작업을 수행함

4) 스윕(Sweep) 명령

스윕은 돌출이나 회전으로 작성하기 힘든 자유 곡선이나 하나 이상의 스케치 경로를 따라가는 형상을 모델링한다. 스윕은 경로 스케치와 별도로 단면 스케치를 각각 작성하여 형상을 완성한다.

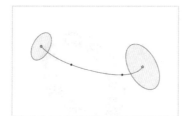

스윕

Check Point

- 돌출이나 회전으로 작성하기 힘든 자유 곡선이나 한 개 이상의 스케치 경로를 따르는 형상을 모델링함
- 스윕은 경로 스케치와 별도로 단면 스케치를 각각 작성하여 형상을 완성함

5) 쉘(Shell) 명령

쉘은 생성된 3차원 객체의 면 일부분을 제거한 후, 남아 있는 면에 일정한 두께를 부여하여 속을 만드는 기능이다.

쉘

Check Point

- 생성된 3차원 객체의 면 일부를 제거한 후 남아 있는 면에 일정한 두께를 부여하여 속을 만드는 기능

6) 모깎기(Fillet) 및 모따기(Chamfer) 명령

스케치에서도 모깎기를 수행할 수 있지만 일반적으로 작성된 3차원 형상의 모서리에 모깎기를 적용하여 차후 유지 보수를 편리하게 할 수 있다.

모따기, 모깎기

02 파트 부품명과 속성 부여

(1) 3D프린팅 부품 파일 저장

일반적인 저장 기능은 해당 프로그램의 작업 원본 파일을 저장하는 기능으로, 3D프린팅을 위한 슬라이싱 프로그램과는 파일이 호환되지 않는다. 그러므로 저장된 원본 부품을 3D프린터로 출력하기 위해서는 부품의 파일 형식을 슬라이싱 프로그램에서 받을 수 있도록 변경해 주어야 한다.

1) 저장 명령의 종류

① 저장 : 처음 한 번 저장된 상태에서 계속 작업 후 현재의 작업물을 보관할 때 선택하면 처음 저장한 파일명으로 바로 저장되는 기능
② 다른 이름으로 저장 : 이미 저장된 내용이 있을 경우 현재 파일명이 아닌 다른 파일명이나 다른 속성의 포맷으로 저장할 때 사용하는 기능
③ 모두 저장 : 현재 프로그램 작업 창에 열려 있는 모든 도큐먼트를 저장하는 것으로 거의 모든 프로그램에서 하나 이상의 부품, 조립품, 도면을 작성할 수 있기 때문에 일괄 저장으로 쉽게 파일을 저장할 수 있음

(2) 파트 부품명 저장 시 주의사항

3D 엔지니어링 프로그램에서의 파일은 부품 하나에 하나의 파일로 이루어져 있으며, 두 개 이상의 부품을 하나의 파일로 저장할 수 없다. 또한, 부품에 대한 속성이 정의되지 않으면 파일명이 부품명으로 사용되므로, 저장할 때 적용하고자 하는 부품명으로 파일명을 지정하여 저장한다.

Check Point

- 파일은 부품 하나에 하나의 파일로 이루어지며, 두 개 이상 부품을 하나의 파일로 저장할 수 없음
- 부품 하나가 완성되면 반드시 프로그램에서 제공하는 저장 기능으로 저장해야 함
- 부품에 대한 속성이 정의되지 않으면 파일명이 부품명으로 사용되므로, 저장할 때 적용하려는 부품명으로 파일명을 지정 및 저장해야 함

1) *.STL 파일로 다른 이름 저장하기

3D 엔지니어링 프로그램에서 제공하는 '다른 이름으로 저장' 기능을 이용하여 슬라이싱 프로그램에서 받을 수 있는 *.STL 파일 형식으로 변경하고, 사용자가 원하는 파일 이름을 작성하여 저장한다.

Check Point

- 3D프린팅의 슬라이싱 프로그램과는 파일이 호환되지 않으므로, 출력을 위해서는 파일 형식을 슬라이싱 프로그램에서 받을 수 있도록 변경해야 함
- '다른 이름으로 저장' 기능을 이용하여 *.stl 파일 형식으로 변경하여 저장함

01 다음 중 형상 입체화에 대한 설명으로 틀린 것은?

① 3D프린터 출력을 위한 3D 모델이 필요하므로 드로잉한 형상을 입체화시켜야 한다.

② 객체 제작 시 순서가 중요하므로 설계 시작 전에 어디서부터 제작할 것인지 구체화해둔다.

③ 드로잉 형상의 입체화를 위해 피처 명령을 해야 한다.

④ 3차원 형상화 기능과 프로그램마다의 명령 이름은 같다.

해설

3차원 형상화 기능은 같지만 프로그램마다 명령 이름은 조금씩 다르다.

정답 ④

02 다음 중 자유 곡선이나 한 개 이상의 스케치 경로를 따르는 형상을 모델링하는 명령어로 옳은 것은?

① 회전(Revolve)　　　　　　　　　　② 구멍(Hole)

③ 모따기(Chamfer)　　　　　　　　　④ 스윕(Sweep)

해설

스윕(Sweep) 명령어는 돌출이나 회전으로 작성하기 힘든 자유 곡선이나 한 개 이상의 스케치 경로를 따르는 형상을 모델링한 것이다.

정답 ④

03 다음 중 3차원 형상화 명령에 대한 설명으로 맞는 것을 모두 고르면?

> ㉠ 돌출 명령 – 2D 스케치의 단순 입체화 기능
> ㉡ 쉘 명령 – 주로 전체가 회전 형태인 객체를 생성함
> ㉢ 구멍 명령 – 별도의 스케치 작성 없이 3차원 형상에 직접 작업을 수행함
> ㉣ 회전 명령 – 경로 스케치와 단면 스케치를 각각 작성해서 형상을 완성함

① ㉠, ㉡　　　　　② ㉠, ㉢　　　　　③ ㉢, ㉣　　　　　④ ㉠, ㉢, ㉣

해설

㉡ 주로 전체가 회전 형태인 객체를 생성하는 것은 회전 명령에 대한 설명이다.

㉣ 경로 스케치와 단면 스케치를 각각 작성해서 형상을 완성하는 것은 스윕 명령에 대한 설명이다.

따라서 옳은 것을 모두 고르면 ㉠, ㉢이다.

정답 ②

04 다음 중 3D프린팅을 위한 슬라이싱 프로그램과의 호환을 위해 파일 형식을 변경할 수 있는 작업은?

① 렌더링　　　　　　　　　　　　　② 저장 명령
③ 편집 명령　　　　　　　　　　　　④ 모델링

🔍 해설

일반적인 저장 기능은 해당 프로그램의 작업 원본 파일을 저장하는 기능으로, 3D프린팅을 위한 슬라이싱 프로그램과는 파일이 호환되지 않으므로, 저장된 원본 부품의 출력을 위해 파일 형식을 슬라이싱 프로그램의 저장 명령을 통해 변경해야 한다.

정답 ②

05 다음 중 3D프린터 출력 시 호환을 위해 변경해야 하는 파일 확장자로 옳은 것은?

① *.stl　　　　　　　　　　　　　　② *.amf
③ *.obj　　　　　　　　　　　　　　④ *.gcode

🔍 해설

3D프린터로 출력하기 위해서는 슬라이싱 프로그램에서 *.gcode 파일로 변경해야 한다.

정답 ④

06 다음 중 3D 엔지니어링 프로그램에서 저장 시 유의할 점으로 옳은 것은?

① 프로그램에서 파일은 부품 하나 하나의 파일로 이루어지며 두 개 이상의 부품을 하나의 파일로 저장한다.
② 프로그램 작업 창의 도큐먼트들은 하나씩 따로 저장을 해야 한다.
③ 부품에 대한 속성이 정의되지 않으면 파일명이 부품명으로 저장된다.
④ 원본 작업 파일은 3D프린터 슬라이싱 프로그램과 자동적으로 호환이 가능하다.

🔍 해설

① 3D 엔지니어링 프로그램에서의 파일은 부품 하나에 하나의 파일로 이루어져 있으며, 두 개 이상의 부품을 하나의 파일로 저장할 수 없다.
② 프로그램 작업 창에 열려 있는 모든 도큐먼트는 모두 저장 명령으로 일괄적으로 저장이 가능하다.
④ 원본 작업 파일은 3D프린팅을 위한 슬라이싱 프로그램과는 파일이 호환되지 않으므로 출력을 위해서는 슬라이싱 프로그램에서 *.STL 파일로 변경해야 한다.

정답 ③

07 다음 ⑦~ⓒ에 해당하는 저장 명령어가 순서대로 바르게 짝지어진 것은?

> ⑦ 현재 파일명이 아닌 다른 파일명이나 다른 속성의 포맷으로 저장할 때 사용
> ⓒ 현재 프로그램 작업 창에 열려 있는 모든 도큐먼트를 저장하는 것
> ⓒ 처음 저장 후 현재의 작업물을 보관할 때 처음 저장한 파일명으로 바로 저장되는 기능

① 저장 - 모두 저장 - 다른 이름으로 저장
② 모두 저장 - 다른 이름으로 저장 - 저장
③ 다른 이름으로 저장 - 저장 - 모두 저장
④ 다른 이름으로 저장 - 모두 저장 - 저장

해설

저장 명령의 종류
⑦ **다른 이름으로 저장** : 이미 저장된 내용이 있을 경우 현재 파일명이 아닌 다른 파일명이나 다른 속성의 포맷으로 저장할 때 사용한다.
ⓒ **모두 저장** : 현재 프로그램 작업 창에 열려 있는 모든 도큐먼트를 저장하는 것으로 거의 모든 프로그램에서 하나 이상의 부품, 조립품, 도면을 작성할 수 있기 때문에 일괄 저장으로 쉽게 파일을 저장할 수 있다.
ⓒ **저장** : 처음 한 번 저장된 상태에서 계속 작업 후 현재의 작업물을 보관할 때 선택하면 처음 저장한 파일명으로 바로 저장되는 기능이다.

정답 ④

08 다음 빈칸 ⑦~ⓒ 안에 들어갈 단어를 순서대로 바르게 짝지은 것은?

> 회전 명령은 전체가 (⑦) 형태를 띠고 있는 객체를 생성할 때 사용하며, 작성된 2D 스케치의 단면과 작성한 (ⓒ)을/를 기준으로 (ⓒ)하여 형상을 완성한다.

	⑦	ⓒ	ⓒ
①	원	중심축	회전
②	원	길이	스윕
③	회전	길이	스윕
④	회전	중심축	회전

해설

회전 명령은 축과 같이 전체가 (⑦ 회전) 형태를 띠고 있는 객체를 생성할 때 사용하며, 작성된 2D 스케치의 단면과 작성한 (ⓒ 중심축)을 기준으로 (ⓒ 회전)하여 형상을 완성한다.

정답 ④

09 다음 빈칸 ㉠~㉢ 안에 들어갈 단어로 옳은 것은?

구멍 명령은 규격에 따른 (㉠) 생성을 목적으로 작성하며 (㉡) 또는 (㉢) 명령으로 작업이 가능하다.

	㉠	㉡	㉢
①	구멍	돌출	회전
②	쉘	회전	돌출
③	구멍	스윕	쉘
④	구멍	회전	대칭

해설

구멍은 규격에 따른 (㉠ 구멍) 생성을 목적으로 하는 경우 이 명령을 이용하며 일반적으로 (㉡ 돌출) 또는 (㉢ 회전) 명령으로 작업이 가능하며, 별도의 스케치를 작성하지 않고 생성된 3차원 형상에 직접 작업을 수행한다.

정답 ①

10 다음 중 형상 입체화에 대한 설명으로 옳지 않은 것은?

① 스윕 명령은 경로 스케치와 단면 스케치를 한 번에 작성하여 형상을 완성한다.
② 3D 엔지니어링 프로그램의 돌출 또는 회전 명령이 프로그램에 따라 패드나 샤프트 등의 다른 이름으로 불리기도 한다.
③ 입체화 파일 저장 시 부품 하나에 하나의 파일로 이루어진다.
④ 3차원 형상의 모서리에 모깎기를 적용하여 유지 보수를 편리하게 할 수 있다.

해설

스윕은 경로 스케치와 별도로 단면 스케치를 각각 작성하여 형상을 완성한다.
② 프로그램마다 3차원 형상화 기능은 같지만 명령 이름은 조금씩 다르다.
③ 부품 하나에 하나의 파일로 이뤄지며 저장할 때는 적용하고자 하는 부품명으로 파일명을 지정하여 저장해야 한다.

정답 ①

Chapter 07 객체 조립

01 파트 배치

(1) 조립품 구성의 시작

① [기계 디자인]의 [Part Design], [어셈블리 디자인], [도면] 등의 기능을 사용한다.

② 3D 엔지니어링 프로그램에서 조립품을 생성하는 이유

ⓐ 단품으로 모델링된 부품에 대한 설계 정확도, 부품 간 문제점을 분석하여 형상을 제작했을 때 나타날 수 있는 오류를 최소화하기 위함

ⓑ 디자인된 형상의 동작, 해석 시뮬레이션 등 다양한 설계 분석을 목적으로 사용됨

(2) 조립을 위한 부품 배치 형식

조립품은 상향식 방식과 하향식 방식으로 크게 나누어진다. 상향식 방식은 파트를 모델링해놓은 상태에서 조립품을 구성하는 방식이고, 하향식 방식은 조립품에서 부품을 조립하면서 모델링하는 방식이다.

Check Point

상향식 방식과 하향식 방식으로 크게 나누어짐
- **상향식 방식** : 파트를 모델링해 놓은 상태에서 조립품을 구성하는 것
- **하향식 방식** : 조립품에서 부품을 조립하면서 모델링하는 방식
- 상향식 방식으로 조립하려면 모델링된 부품을 현재 조립품 상태로 배치해야 함

1) 기준 부품 배치

조립품에서 기준이 되는 부품을 제일 먼저 배치하는 것을 말하며, 이 기준 부품은 조립품 상에서 자유롭게 움직이지 않도록 자동으로 고정되어 있다.

2) 기타 부품 배치

조립 순서 또는 부품에 대한 내용을 숙지하고 있는 상태라면 부품을 하나씩 가지고 와서 배치

를 하는 동시에 조립을 수행하는 것이 수월하며, 그렇지 못한 경우에는 필요한 부품을 전부 가져와 대략적으로 화면에 배치한 후 조립품을 만드는 것이 편리하다.

Check Point

- **상향식 조립품(Bottom-up)**
  ① 각각의 부품들을 개별적으로 작성한 다음 새로운 조립품 파일을 열어 부품요소들을 불러와 조립하는 방식
  ② 인벤터를 처음 접하는 초보자들도 쉽게 접근이 가능함

- **하향식 조립품(Top-down)**
  ① 전체 조립도(레이아웃)에서부터 세분화되어 내려오는 방향으로 작성
  ② **인벤터에서 자주 사용하는 Top-down 방식** : 레이아웃 방식, 매개 변수를 이용한 방식, 솔리드 바디를 이용한 방식, 스케치 블록을 이용한 방식 등
    ⓐ **레이아웃 방식**
      − 레이아웃에 해당하는 요소를 스케치에서 작성함
      − 스케치는 레이아웃에 해당하는 모든 설비에 적용되며 레이아웃에 해당하는 스케치 요소 중 하나로 전체 공정을 제어하게 됨
    ⓑ **매개 변수를 이용한 방식** : 인벤터의 모든 요소를 이루는 매개 변수를 제어하는 환경에서 각각의 요소들을 매개 변수와 관계를 지어 작성함
    ⓒ **솔리드 바디를 이용한 방식** : 하나의 부품 환경에서 나뉜 여러 개의 솔리드 바디를 이용하여 파트를 분산시키는 방식으로 진행
    ⓓ **스케치 블록을 이용한 방식** : 하나의 스케치 환경에서 서로 맞물려 있는 스케치 블록의 연동 관계를 이용하여 작성

02 파트 조립

(1) 제약 조건의 종류

3D 엔지니어링 프로그램에서 제약 조건은 디자인 변경 및 수정 시 발생하는 문제를 최소화할 수 있다. 제약 조건은 부품과 부품의 위치 구속을 필요로 할 때 사용하는 기능으로 부품의 면과 면, 선(축)과 선(축), 점과 점, 면과 선(축), 면과 점, 선(축)과 점 등 조건에 맞는 제약 조건을 부여할 수 있다.

(2) 제약 조건 적용

일반적으로 일치 제약 조건, 접촉 제약 조건, 오프셋 제약 조건을 가장 많이 사용한다. 부품의 조립과 동작의 조건에 따라 제약 조건이 두 개 이상 적용될 수 있으며, 부품과 부품 사이에 제약 조건이 과도하게 걸리면 오류가 생길 수 있다.

1) 일치 제약 조건

일치시키고자 하는 면과 면, 선과 선 등을 선택하면 일치시켜 주는 제약 조건

2) 접촉 제약 조건

선택한 면과 면, 선과 선을 접촉하도록 하는 제약 조건

3) 오프셋 제약 조건

선택한 면과 면, 선과 선 사이에 오프셋으로 거리를 주는 제약 조건

4) 각도 제약 조건

면과 면, 선과 선을 선택해 각도로 제약을 주는 조건

5) 고정 컴포넌트

선택한 파트를 고정시켜 주는 기능

 Check Point

- 일치 제약 조건, 접촉 제약 조건, 오프셋 제약 조건이 많이 사용됨
- 부품의 조립, 동작의 조건에 따라 제약 조건이 두 개 이상 적용될 수 있으나 과도하게 부품 간 제약 조건을 걸면 오류가 발생함
- 제약 조건은 디자인 변경, 수정 시에 발생하는 문제를 최소화할 수 있으며 부품 간 동작을 확인해 볼 수 있는 역할을 함

출제예상문제

01 다음 중 조립품 구성 시 기계 디자인에서 사용하는 기능이 아닌 것은?

① 파트 디자인 ② 스케치 작성
③ 어셈블리 디자인 ④ 도면

> **해설**
>
> 조립품 구성은 기계 디자인의 파트 디자인, 어셈블리 디자인, 도면 등의 기능을 사용한다.
>
> **정답 ②**

02 다음 중 기계 디자인에서 단일 파트와 어셈블리 결합을 위한 기능으로 옳은 것은?

① 어셈블리 디자인 ② 도면
③ 파트 디자인 ④ 스케치 작성

> **해설**
>
> • **어셈블리 디자인** : 단일 파트와 어셈블리 결합
> • **도면** : 파트나 어셈블리의 설계 도면
> • **파트 디자인** : 단일 설계 파트 생성
>
> **정답 ①**

03 다음 중 객체 조립의 부품 배치 방식에 대한 설명으로 옳은 것은?

① 상향식 방식은 파트를 모델링해 놓은 상태에서 조립품을 구성하는 것이다.
② 상향식 조립품은 전체 조립도에서부터 세분화되어 내려오는 방향으로 작성한다.
③ 하향식 조립품은 인벤터를 처음 접하는 초보자들도 쉽게 접근이 가능하다.
④ 하향식 방식으로 조립하려면 모델링된 부품을 현재 조립품 상태로 배치해야 한다.

> **해설**
>
> ② 전체 조립도(레이아웃)에서부터 세분화되어 내려오는 방향으로 작성하는 것은 하향식 조립품이다.
> ③ 인벤터를 처음 접하는 초보자들도 쉽게 접근이 가능한 것은 상향식 조립품이다.
> ④ 상향식 방식으로 조립하기 위해서는 모델링된 부품을 현재 조립품 상태로 배치해야 한다.
>
> **정답 ①**

04 다음 중 인벤터에서 자주 사용하는 하향식 조립품(Top-down) 방식에 해당 하지 않는 것은?

① 인벤터의 모든 요소를 이루는 매개 변수를 제어하는 환경에서 각각의 요소들을 매개 변수로 관계를 지어 작성하는 방식

② 하나의 스케치 환경에서 서로 맞물려 있는 스케치 블록의 연동 관계를 이용하여 작성하는 방식

③ 하나의 부품 환경에서 나뉜 여러 개의 솔리드 바디를 이용하여 파트를 분산시키는 방식

④ 각각의 부품들을 개별적으로 작성한 다음 새로운 조립품 파일을 열어 부품 요소들을 불러와 조립하는 방식

해설

각각의 부품들을 개별적으로 작성한 다음 새로운 조립품 파일을 열어 부품요소들을 불러와 조립하는 방식은 상향식 조립품 방식이다. 인벤터에서 자주 사용하는 하향식 조립품(Top-down) 방식은 레이아웃 방식, 매개 변수를 이용한 방식, 솔리드 바디를 이용한 방식, 스케치 블록을 이용한 방식 등이 있다.
① 매개 변수를 이용한 방식이다.
② 스케치 블록을 이용한 방식이다.
③ 솔리드 바디를 이용한 방식이다.

정답 ④

05 다음 중 3D 엔지니어링 프로그램에서 조립품을 생성하는 이유로 옳은 것을 모두 고르면?

㉠ 지지대 없이 성형되기 어려운 부분을 찾기 위함이다.
㉡ 형상 제작 시 오류를 최소화하기 위함이다.
㉢ 디자인 동작이나 해석 시뮬레이션 등 다양한 설계 분석을 목적으로 한다.
㉣ 단품으로 모델링된 부품의 설계 정확도를 분석한다.
㉤ 표면에 남은 레이어를 제거하기 위함이다.

① ㉠, ㉡   ② ㉡, ㉤   ③ ㉡, ㉢, ㉣   ④ ㉢, ㉣, ㉤

해설

3D 엔지니어링 프로그램에서 조립품을 생성하는 이유는 단품으로 모델링된 부품에 대한 설계 정확도, 부품 간 문제점을 분석하여 형상을 제작했을 때 나타날 수 있는 오류를 최소화하기 위함이며 다양한 설계 분석을 목적으로 사용된다.
㉠ 형상 분석이 필요한 이유에 해당한다.
㉤ 후가공이 필요한 이유에 해당한다.

정답 ③

06 다음 중 밑줄 친 '이것'으로 알맞은 것은?

3D 엔지니어링 프로그램에서 이것은 디자인 변경 및 수정 시 발생하는 문제를 최소화시킬 수 있다.

① 제약 조건   ② 구속 조건
③ 위치 구속   ④ 부품 배치

3D 엔지니어링 프로그램에서 제약 조건은 디자인 변경 및 수정 시 발생하는 문제를 최소화시킬 수 있으며 부품 간의 위치 구속을 필요로 할 때 사용하는 기능이다.

07 다음 중 파트 조립에 관한 설명으로 틀린 것은?

① 부품의 조립과 동작의 조건에 따라 제약 조건이 두 개 이상 적용될 수 있다.
② 일치 제약 조건, 접촉 제약 조건, 오프셋 제약 조건을 가장 많이 사용한다.
③ 접촉 제약 조건은 선택한 면과 면, 선과 선을 접촉하도록 한다.
④ 오프셋 제약 조건은 선택한 파트를 고정시켜 주는 기능이다.

파트 조립 제약 조건에 대한 내용으로 오프셋 제약 조건은 선택한 면과 면, 선과 선 사이에 오프셋으로 거리를 주는 제약 조건이다.
④ 선택한 파트를 고정시켜 주는 기능은 고정 컴포넌트에 대한 설명이다.

08 다음 중 일치시키고자 하는 면과 면, 선과 선 등을 선택하면 적용시켜 주는 제약 조건으로 알맞은 것은?

① 각도 제약 조건
② 일치 제약 조건
③ 접촉 제약 조건
④ 오프셋 제약 조건

① **각도 제약 조건** : 면과 면, 선과 선을 선택해 각도로 제약을 주는 조건
③ **접촉 제약 조건** : 선택한 면과 면, 선과 선을 접촉하도록 하는 제약 조건
④ **오프셋 제약 조건** : 선택한 면과 면, 선과 선 사이에 오프셋으로 거리를 주는 제약 조건

09 다음 중 객체 조립에 대한 내용으로 틀린 것은?

① 단일 파트와 어셈블리를 결합하려면 어셈블리 디자인 기능을 사용한다.
② 제약 조건은 점과 점, 선과 선, 면과 면, 축과 축의 조건에서만 부여가 가능하다.
③ 선택한 파트를 고정시켜 주는 기능은 고정 컴포넌트를 통해 가능하다.
④ 제약 조건은 부품 간 동작을 확인해 볼 수 있는 역할을 한다.

제약 조건은 부품과 부품의 위치 구속을 필요로 할 때 사용하는 기능으로 부품의 면과 면, 선(축)과 선(축), 점과 점, 면과 선(축), 면과 점, 선(축)과 점 등 조건에 맞는 제약 조건을 부여할 수 있다.

Chapter 08

출력물 설계 수정

01 파트 수정

(1) 조립 분석

조립된 부품은 컴퓨터 시뮬레이션에서 부품 크기가 맞지 않아도 조립이 이루어지지만 실제 조립 시에는 해당 오류로 조립이 되지 않기 때문에 수정 작업 및 재출력이 불가피하다. 따라서 3D 엔지니어링 프로그램은 설계상 발생하는 오류를 분석하고 찾아내어 수정할 수 있는 기능을 제공하고 있다.

(2) 간섭 분석

① 3D 엔지니어링 프로그램에서 제공하는 간섭 분석 명령으로 잘못된 부분을 확인하여 해당 부품을 수정할 수 있음
② 간섭 분석 명령 실행 시 간섭 결과를 통해 어떤 부품 사이에, 어떤 방향으로, 얼마나 간섭이 일어났는지 확인할 수 있음

간섭 분석

(3) 부품 수정

① 오류가 발생한 부품을 수정할 때 직접 프로그램으로 부품을 열거나 파트 하나를 지정하여 조립 상태에서도 수정할 수 있음

② 부품을 직접 열어 수정하는 경우 도면 치수가 명확히 존재하고 실수에 의해 발생한 부분이라면 원본 부품 파일을 열어 수정할 수 있음
③ 하향식으로 진행하는 경우 정확한 도면과 값이 임의적인 경우 조립품에서 부품을 수정하는 것이 수월함
④ 간섭이 발생하지 않은 부품은 화면의 복잡성을 최소화하기 위해 불필요한 부품은 숨겨놓고 수정하면 편리함

간섭 수정

(4) 공차, 크기, 두께 변경

1) 출력 공차 적용

3D 엔지니어링 프로그램에서의 모델링은 기본적으로 공차가 발생하지 않는다. 작성된 모델링을 토대로 실제 가공에서는 가공 공차를 부여하며, 제품을 제작하는 사람이 부여된 공차를 토대로 가공하여 제품을 만드는 것이 일반적이다. 반면 3D프린터 같은 경우 모델링된 형상 데이터를 그대로 읽어 들여 출력하기 때문에 가공자에 의한 출력 공차를 부여할 수 없다. 그러므로 3D프린터의 최소, 최대 출력 공차를 분석 후 그 값에 맞게 부품을 수정해야 한다.

Check Point

- 3D프린터의 경우 모델링된 형상 데이터를 그대로 읽어 들여 출력하기 때문에 가공자가 스스로 출력 공차를 부여할 수 없음
- 모델링하는 사람이 직접 3D프린터의 출력 공차를 이해하고 사용 중인 3D프린터의 최소, 최대 출력 공차를 분석한 후 그 값에 맞도록 부품을 수정해야 함
- 3D프린터 장비마다 다르게 적용되지만, 보통 3D프린터 출력 공차는 0.05mm~0.4mm 사이에서 공차가 발생하고 평균적으로 0.2mm~0.3mm 정도의 출력 공차를 부여하는 것이 좋음

2) 출력 공차 적용 대상

부품과 부품이 조립되는 부분에 대해서 출력 공차를 부여할 수 있다. 또한, 부품 간 유격이 발생한 경우라도 출력 공차 범위 내에 들어오는 조립 부품들은 출력 공차를 적용하여 부품 파일을 수정할 수 있다.

Check Point

- 부품 간 조립되는 부분에 출력 공차를 부여함
- 부품 간 유격이 발생한 경우 출력 공차 범위 내에 들어오는 조립 부품도 출력 공차를 적용하여 부품 파일을 수정해야 함
- 조립 부품은 두 모델링 지름이 작은 축과 구멍으로 조립이 되는 경우 구멍을 조금 더 키워 출력
- 구멍의 벽이 얇은 형태와 축의 경우는 축을 조금 줄이는 공차를 적용하는 것이 바람직함
- 부품 중에서 하나에만 공차를 적용하는 것이 바람직함

3) 크기 및 두께 변경

① 크기 변경

FDM 방식의 3D프린터 특성상 아주 작은 구멍이나 간격이 좁은 부품은 제대로 출력되지 않는 경우가 발생한다.

Check Point

- FDM 방식 특성 상 아주 작은 구멍이나 간격이 좁은 부품 요소는 제대로 출력되지 않는 경우가 발생하여 부품 요소 크기를 변경해야 함
- FDM의 경우 구멍이 지름 1mm 이하면 출력되지 않을 수 있으며 축은 지름 1mm 이하에서 출력되지 않음
- 형상과 형상 사이 간격은 최소 0.5mm 떨어져야 하며 1mm 이상 간격을 유지하는 것이 좋음

② 두께 변경

모델링으로 디자인된 3D 형상의 외벽 두께가 노즐 크기보다 작은 벽면 두께로 모델링된 경우 출력이 되지 않는 경우가 발생할 수 있으며, 출력이 된다 하더라도 품질을 신뢰할 수 없는 결과물이 나올 수 있다.

Check Point

- FDM 방식 3D프린터 출력 노즐은 0.2mm 또는 0.4mm를 사용
- 출력 시간을 고려하여 대다수 0.4mm 노즐을 사용
- 모델링 형상 외벽 두께가 노즐 크기보다 작으면 출력되지 않을 수 있으므로 부품 수정을 통해 외벽 두께를 최소 1mm 이상으로 변경해야 함
- 아주 작은 구멍이나 간격이 좁은 부품 요소들의 경우, 제대로 출력이 되지 않는 경우가 발생함

(1) 파트 분할의 이해

3D프린터의 특수성으로 인해 출력할 모델링 형상을 분할하여 출력하고, 출력 된 2개 이상의 파트 조각을 붙여서 하나의 완성된 형태로 만드는 경우가 있다.

 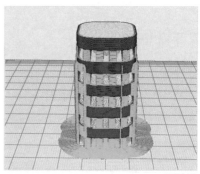

파트 분할의 이해

위 그림의 경우 형상 전반에 걸쳐 생성된 지지대를 제거해야하므로 좋은 결과물을 얻을 수 없다.

 Check Point

모델링 형상을 분할하여 출력하는 경우
- 적층 방식의 3D프린터는 제대로 된 형상 출력을 위해 지지대를 생성하며 이 지지대를 제대로 제거할 수 없는 형상의 경우에 파트를 분할하여 출력함
- 파트 분할 출력의 장점
  - 하나의 파트를 그대로 출력했을 때 지지대 생성을 최소화할 수 있음
  - 지지대의 제거가 쉬워짐
  - 출력 형상의 표면을 깨끗하게 유지한 상태로 출력할 수 있음
- 모델링 내부에 공간이 있고 그 모델링 공간에서 조립이나 동작 등이 이루어져야 하는 경우

(2) 파트 분할 적용

파트를 분할하기 위해서는 분할하는 지점에 기준 평면(사용자 평면) 또는 서피스(곡면)로 이루어진 분할 객체가 존재해야 하며, 단순 분할인 경우 기준 평면(사용자 평면)을 이용하고 특수 분할인 경우 서피스(곡면)를 생성하여 분할할 수 있다.

부품 분할

 Check Point

- 기준 평면 분할 – 단순 분할
  - 처음 모델링의 스케치 드로잉 시 사용한 평면을 기준으로 파트를 분할할 때 위치한 기준 평면으로 파트 분할
  - 원하는 위치에 기준 평면이 존재하지 않을 경우, 사용자 평면을 이용해 분할할 파트 위치에 평면 생성 및 분할
- 서피스(곡면) 분할 – 특수 분할

1) 분할된 파트 저장 및 3D프린터 슬라이싱

① 분할 파트 저장 기능을 이용하여 분할된 파트 조각을 각각의 부품 파일로 별도 저장
② 저장된 부품 조각을 3D프린터 슬라이싱 프로그램에서 사용할 수 있는 *.STL 파일 형식으로 저장함

부품 분할

03 모델링 데이터 저장

(1) 3D프린팅을 위한 모델링 데이터 변환

3D프린터에서의 출력은 일반 2D프린터처럼 바로 출력할 수 있는 것이 아니라, 3D프린터가 인식할 수 있는 G코드(3D프린터가 인식할 수 있는 동작 코드, 좌표가 있는 파일)로 변환해서 3D프린터로 전송해야 출력이 된다.

3D프린터가 인식할 수 있는 G코드로 변경해 주는 프로그램을 슬라이싱 프로그램이라고 하며 모델링된 파일을 슬라이싱 프로그램에서 인식할 수 있는 형식으로 변경하여 저장해야 한다.

 Check Point

- 슬라이싱 프로그램을 통해 G코드를 생성할 수 있음
- 3D프린터 슬라이싱 프로그램은 3D 엔지니어링 프로그램에서 모델링된 파일을 가져올 수 없으므로 3D 엔지니어링 프로그램에서 부품 파일을 슬라이싱 프로그램에서 인식할 수 있는 형식으로 변경하여 저장해야 한다.

(2) 모델링 데이터 변환 저장하기

3D 엔지니어링 프로그램들은 대부분 저장(Save) 기능을 통해 파일 형식을 변경해서 저장하거나, 내보내기(Export)를 통해서 파일을 다른 형식으로 저장하는 방식으로 사용되고 있다.

1) 파일 변환 저장 명령

파일 형식 변환을 위해서 저장 또는 내보내기 기능에 있는 파일 형식을 통해 3D프린터 슬라이싱 프로그램에서 불러올 수 있는 파일을 변경할 수 있다.

 Check Point

STL 방식으로 저장 시 파일명
- 파일 형식을 STL로 변환할 뿐만 아니라 3D프린터 출력 시 확인하기 쉬운 이름으로 변환하여 저장
- 파일명은 영문, 숫자를 권장함 (3D프린터나 슬라이싱 프로그램에 따라 한글 지원이 안 되는 경우가 있음)

2) 파일 형식 변환

3D프린터 슬라이싱 프로그램 방식에서 불러올 수 있는 파일 형식은 *.STL 형식과 *.OBJ 형식으로 나눌 수 있다. *.STL형식은 주로 3D CAD 프로그램에서 제공하며, *.OBJ형식은 3D 그래픽 프로그램에서 많이 사용된다.

- 3D프린팅을 위한 모델링 데이터는 G코드 파일로 변환해야 출력이 가능함
- 3D프린터 슬라이싱 프로그램에서 불러올 수 있는 파일 형식은 *.STL과 *.OBJ 형식으로 주로 *.STL 파일 형식을 선택함

3) STL 파일 옵션 변경

① STL 파일 형식에 대한 옵션 내용을 확인하고 필요한 부분을 수정하여 저장해야 한다.

② 3D 엔지니어링 프로그램에서 STL 파일 형식을 선택했을 경우 옵션 설정이 있으며 옵션내용에서 맞춰야 하는 내용은 단위와 해상도 부분 설정이다.

4) STL 파일 옵션 변경 방식

모든 3D 엔지니어링 프로그램에서 STL 파일 형식을 선택했을 경우 옵션을 설정하여야 한다. 일반적으로 옵션에서 맞춰야 하는 내용은 단위와 해상도 부분이다. 이러한 옵션 변경은 STL 파일의 용량에 변화가 생기는 것이지 3D프린터에서의 출력 속도를 결정하는 것은 아니다.

 Check Point

- 3D 엔지니어링 프로그램에서의 부품 모델링의 단위는 mm로, 변환 파일의 단위도 mm로 설정이 되어 있어야 함
- 해상도는 기본 설정된 내용으로 거칠음, 보통, 부드러움 정도로 표시되고 3D프린터의 출력 속도와는 관계가 없음
  - **거침 옵션** : STL로 변환했을 때 곡면의 부드러움이 많이 없어진 상태로 곡면에 다각형처럼 각으로 이루어진 상태로 출력됨
  - **양호/부드러움** : 출력되는 형상의 곡면이 매끄러움을 유지하면서 출력됨

출제예상문제

01 다음 중 출력물 설계 수정에 대한 설명으로 옳지 않은 것은?

① 3D 엔지니어링 프로그램에서 제공하는 간섭 분석 명령으로 잘못된 부분의 부품을 수정할 수 있다.

② 부품 크기가 맞지 않으면 컴퓨터 시뮬레이션과 실제 조립 시 오류로 조립이 되지 않는다.

③ 오류가 발생한 부품 수정 시 프로그램으로 직접 열거나 파트 하나를 지정해 조립 상태에서도 수정할 수 있다.

④ 간섭 분석 명령을 실행하면 어떤 부품 사이에 얼마나 간섭이 일어났는지 간섭 결과를 통해 알 수 있다.

해설

컴퓨터 시뮬레이션에서는 부품 크기가 맞지 않아도 조립이 이루어지지만 실제 조립 시에는 해당 오류로 조립이 되지 않기 때문에 수정 작업이 필요하다.

정답 ②

02 다음 중 조립 분석의 부품 수정에 대한 내용으로 틀린 것은?

① 부품을 직접 열어서 수정하는 경우 도면 치수가 명확히 존재하며 실수로 발생한 부분은 원본 파일을 열어 수정할 수 있다.

② 간섭이 발생하지 않은 부품은 화면에서 불필요한 부품을 숨기고 수정할 수 있다.

③ 오류가 있는 부품을 수정하려면 직접 프로그램으로 부품을 열어야만 가능하다.

④ 하향식 방식으로 진행할 때는 정확한 도면과 값이 임의적인 경우 조립품에서 부품을 수정하는 것이 수월하다.

해설

오류가 발생한 부품을 수정할 때 직접 프로그램으로 부품을 열거나 파트 하나를 지정하여 조립 상태에서도 수정할 수 있다.

정답 ③

03 다음 중 출력 공차에 대한 설명으로 옳은 것은?

① 3D프린터의 최소, 최대 출력 공차를 임의로 변경할 수 없다.

② 3D프린터의 경우 가공자가 스스로 출력 공차를 부여할 수 없다.

③ 부품 간 유격이 발생한 경우에는 부품 파일 수정이 어렵다.

④ 조립 부품은 두 부품에 공차를 적용해야 한다.

해설

① 모델링하는 사람이 직접 3D프린터의 출력 공차를 이해하고 사용 중인 3D프린터의 최소, 최대 출력 공차를 분석한 후 그 값에 맞도록 부품을 수정해야 한다.

③ 부품 간 유격이 발생한 경우라도 출력 공차 범위 내에 들어오는 조립 부품들은 출력 공차를 적용하여 부품 파일을 수정할 수 있다.

④ 조립 부품은 두 부품 중에서 하나에만 공차를 적용하는 것이 바람직하다.

정답 ②

04 다음 중 FDM 방식의 파트 크기 및 두께 변경 시에 대한 설명으로 틀린 것은?

① 아주 작은 구멍, 간격이 좁은 부품 요소는 반드시 부품 요소 크기를 변경해야 한다.
② 출력 시간을 고려하여 대다수 0.4mm 노즐을 사용한다.
③ 형상과 형상 사이 간격은 최소 1mm 떨어져야 한다.
④ 구멍이 지름 1mm 이하면 출력되지 않을 수 있다.

해설

형상과 형상 사이 간격은 최소 0.5mm 떨어져야 하며, 1mm 이상 간격을 유지하는 것이 좋다.
① FDM 방식 특성 상 아주 작은 구멍이나 간격이 좁은 부품 요소는 제대로 출력되지 않는 경우가 있어 부품 요소 크기를 변경해야 한다.
② 3D프린터 출력 노즐은 0.2mm 또는 0.4mm를 사용하며, 출력 시간을 고려하여 대다수 0.4mm 노즐을 사용한다.
④ 구멍이 지름 1mm 이하면 출력되지 않을 수 있다.

정답 ③

05 다음 중 파트 분할 출력에 대한 설명으로 옳지 않은 것은?

① 지지대를 제대로 제거할 수 없는 형상의 경우 분할하여 출력한다.
② 파트 분할 출력 시 표면을 깨끗하게 유지한 상태로 출력할 수 있다.
③ 모델링 내부 공간이 있고 그 공간에서 조립, 동작이 이루어질 때 분할 출력을 한다.
④ 특수 분할일 경우 기준 평면을 이용한다.

해설

단순 분할인 경우 기준 평면(사용자 평면)을 이용하고, 특수 분할인 경우 서피스(곡면)를 생성하여 분할할 수 있다.

정답 ④

06 다음 중 파트 분할 적용에 대한 설명으로 옳지 않은 것은?

① 분할 파트 저장 시 *STL 파일 형식으로 일괄 저장이 가능하다.
② 원하는 위치에 기준 평면이 존재하지 않을 때는 사용자 평면을 이용해 분할할 파트 위치에 평면 생성 및 분할을 한다.
③ 파트 분할을 위해서 분할 지점에 기준 평면이나 서피스로 이루어진 분할 객체가 있어야 한다.
④ 단순 분할이면 기준 평면을 이용한다.

해설

분할 파트 저장 기능을 이용하여 분할된 파트 조각을 각각의 부품 파일로 별도 저장한다.

정답 ①

07 다음 빈칸 ㈀~㈐에 들어갈 용어를 순서대로 바르게 짝지은 것은?

> 3D프린터는 2D프린터와 다르게 바로 출력이 불가능하며 인식할 수 있는 (㈀)로 변환해서 전송해야 출력이 된다. (㈀)로 변경해 주는 것을 (㈁)이라고 하며 주로 (㈂) 파일 형식을 선택한다.

㈀	㈁	㈂
① G코드	3D CAD 프로그램	*OBJ
② M코드	3D CAD 프로그램	*STL
③ G코드	슬라이싱 프로그램	*STL
④ M코드	슬라이싱 프로그램	*OBJ

🔲 해설

3D프린팅을 위한 모델링 데이터는 (㈀ G코드) 파일로 변환해야 출력이 가능하며 (㈁ 슬라이싱 프로그램)에서 불러올 수 있는 파일 형식은 *.STL과 *.OBJ 형식으로 주로 (㈂ *.STL) 파일 형식을 선택한다.

정답 ③

08 다음 중 모델링 데이터 변환 저장에 대한 설명으로 옳은 것은?

① STL 파일 형식 선택 시 옵션 내용에서 해상도 부분의 설정만 맞추면 된다.
② STL 파일 옵션 변경 방식 선택 시 용량과 출력 속도에는 영향이 없다.
③ 3D 엔지니어링 프로그램에서 부품 모델링과 변환 파일의 단위 모두 mm로 설정이 되어야 한다.
④ STL 파일 옵션에서 보통(양호) 선택 시 곡면이 부드러움이 많이 없어진 상태로 곡면에 다각형처럼 각으로 이루어진 상태로 출력이 된다.

🔲 해설

① 3D 엔지니어링 프로그램에서 STL 파일 형식을 선택했을 경우, 옵션 내용에서 맞춰야 하는 내용은 단위와 해상도 부분이다.
② 옵션 변경은 STL 파일의 용량에 변화가 생기며, 3D프린터에서의 출력 속도를 결정하지는 않는다.
④ 양호와 부드러움 선택 시 출력되는 형상의 곡면이 매끄러움을 유지하면서 출력된다.

정답 ③

09 다음은 출력 공차 적용 시 평균적으로 적용되는 수치에 대한 설명이다. 빈칸에 들어갈 수치를 순서대로 바르게 배열한 것은?

> 3D프린터 장비마다 다르게 적용되나 보통 출력 공차는 (   )mm~(   )mm 사이에서 발생하며 평균적으로 (   )mm~(   )mm 정도의 출력 공차를 부여하는 것이 좋다.

① 0.02 − 0.4 − 0.1 − 0.2   ② 0.03 − 0.2 − 0.2 − 0.3
③ 0.04 − 0.4 − 0.2 − 0.3   ④ 0.05 − 0.4 − 0.2 − 0.3

3D프린터의 출력 공차를 이해하고 사용 중인 3D프린터의 최소, 최대 출력 공차를 분석한 후 그 값에 맞도록 부품을 수정해야 하며 보통 3D프린터 출력 공차는 (0.05)mm~(0.4)mm 사이에서 공차가 발생하고 평균적으로 (0.2)mm~(0.3)mm 정도의 출력 공차를 부여하는 것이 좋다.

정답 ④

10 다음 중 출력물 설계 수정에 대한 설명으로 옳지 않은 것은?

① 3D 엔지니어링 프로그램 모델링과 실제 가공 시 공차를 부여하여 만들어야 한다.

② 모델링 형상 외벽 두께가 노즐 크기보다 작을 시 외벽 두께를 최소 1mm 이상으로 수정 변경해야 한다.

③ 조립 부품은 두 모델링 지름이 작은 축과 구멍으로 조립이 되는 경우 구멍을 조금 더 키워 출력해야 한다.

④ 모델링 데이터를 STL파일로 변환 시 파일명도 변경이 가능하며 한글보다 영문, 숫자를 권장한다.

3D 엔지니어링 프로그램에서의 모델링은 기본적으로 공차가 발생하지 않으며 실제 가공에서는 가공 공차를 부여하여 제품을 만들어야 한다.

② 모델링 형상 외벽 두께가 노즐 크기보다 작으면 출력되지 않을 수 있기 때문에 부품 수정을 통해 외벽 두께를 최소 1mm 이상으로 변경해야 한다.

④ 파일 형식을 STL로 변환 시 확인이 쉬운 이름으로 변환 · 저장하며 3D프린터나 슬라이싱 프로그램에 따라 한글 지원이 안 되는 경우가 있으므로 영문이나 숫자를 권장한다.

정답 ①

11 다음 중 출력물 설계 수정에 대한 설명으로 옳지 않은 것은?

① 3D 엔지니어링 프로그램에서 제공하는 간섭 분석 명령으로 잘못된 부분을 확인하여 해당 부품을 수정할 수 있다.

② 오류가 발생한 부품을 수정할 때 직접 프로그램으로 부품을 열거나 파트 하나를 지정하여 조립 상태에서도 수정할 수 있다.

③ 3D 엔지니어링 프로그램에서의 모델링은 기본적으로 공차가 발생한다.

④ 3D프린터는 해당 프린터의 최소, 최대 출력 공차를 분석한 후 그 값에 맞게 부품을 수정해야 한다.

3D 엔지니어링 프로그램에서의 모델링은 기본적으로 공차가 발생하지 않는다. 작성된 모델링을 토대로 실제 가공에서는 가공 공차를 부여하며, 제품을 제작하는 사람이 부여된 공차를 토대로 가공하여 제품을 만드는 것이 일반적이다.

정답 ③

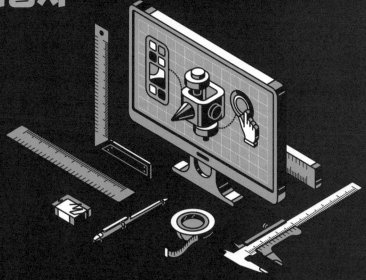

정쌤의

3D 필기

NCS기반

프린터운용기능사

Part 3

3D프린터
SW 설정

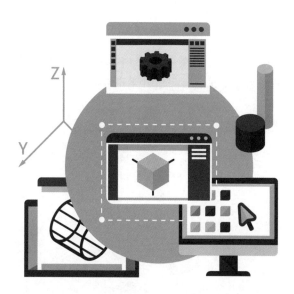

CONTENTS

문제점 파악

01 오류 검출 프로그램 선정

(1) 오류 검출 프로그램 종류

오류 검출 프로그램은 크게 Netfabb(넷팹), Meshmixer(메쉬믹서), MeshLab(메쉬랩) 등으로 나눌 수 있다.

1) Netfabb 주요 기능

① 대다수의 CAD 포맷을 IMPORT할 수 있고 다른 포맷으로 변환해 EXPORT가 가능하다.

② 자동 복구 도구를 이용해 모델의 구멍이나 교차점 및 기타 결함을 제거할 수 있다.

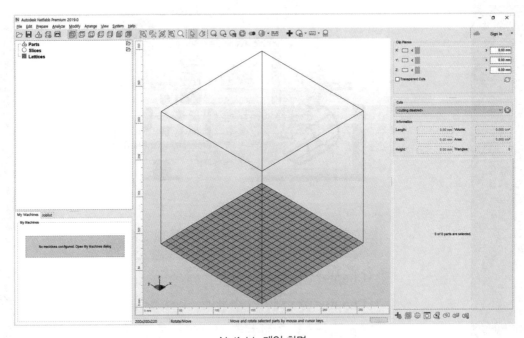

Netfabb 메인 화면

③ 수동 복구 도구와 사용자 정의 복구 스크립트를 사용하여 오류를 잘라 메쉬를 편집하고 원본 파일과 수정된 메쉬를 비교할 수 있다.

④ 구멍을 만들어 별도 부품을 병합하거나 기능을 추출할 수 있다.

⑤ 그림, 텍스처에 텍스트를 추가할 수 있다.

⑥ 모델 형상에 오프셋, 벽 두께 조정, 날카로운 모서리 줄이기, 메쉬 단순화 등 메쉬를 조정하여 메쉬 수를 줄여 파일 크기를 크게 줄일 수 있다.

⑦ 레이저 기반의 3D프린터는 온도 조정으로 계산 속도, 처리 시간을 감소시키고 패턴을 정의할 수 있다.

Check Point

• Netfabb로 오류 파일 불러오기
  ① [project] 메뉴 – [add part] 메뉴 클릭
  ② Import parts창에서 정보를 확인
     예 Quality 부분의 느낌표 표시 : 파일에 오류가 있다는 뜻
        Size 아래 [no viably volume] : 오류가 있어 부피 측정을 할 수 없다는 뜻
  ③ Import parts 메뉴에서 모델을 불러온 후 netfabb 오류 확인
     → 느낌표가 있는 파일은 오류가 있는 부분으로 확인 필요

• Netfabb 오류 보기
  ① 상단 Repair 클릭 또는 [Extra]–[Repair Part] 클릭
  ② 오류 확인
     – netfabb에서는 체크를 하지 않으면 구멍만 표현시키므로 나머지 오류를 보려면 설정해 주어야 함
     – 불필요한 면을 보고 싶으면 [status]–[show degenerated faces]에 체크
       : 주황색으로 표현됨
     – 교차된 메쉬를 보려면 [Actions]–[Self–intersections]–[Detect]를 클릭
       : 붉은색으로 표현됨
     – 오류가 모델에 가린다면 [status]–[Highlight Errors]에 체크
       : 가려진 오류가 보임

2) Meshmixer 주요 기능

① 메쉬를 부드럽게 한다.

② 구멍이나 브릿지, 일그러진 경계면 등의 오류를 알려주고 자동 복구시켜 준다.

③ 메쉬를 단순화하거나 감소시키는 툴을 제공한다.

④ 모델의 표면에 형상을 만들거나 3D프린팅을 위한 서포트를 조절할 수 있다.

⑤ 자동으로 3D프린터 베드에 알맞게 방향을 최적화해준다.

⑥ 평면을 자르거나 미러링할 수 있다.

⑦ 분석 도구도 있어 3D 측정이나 안정성 및 두께 분석 등이 가능하다.

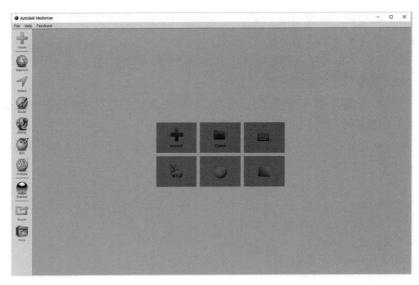

Meshmixer 메인 화면

Check Point

- **Meshmixer 오류 파일 불러오기**
  ① [File]–[Import] 또는 화면 중간의 [Import] 버튼 클릭
  ② 처음 파일을 불러오면 메쉬가 표현되어 있지 않아 모델 구분이 힘들기 때문에 상단의 [View]–[Show Wireframe]을 체크하면 메쉬가 보이게 됨
- 오류 검출 프로그램은 Netfabb, Meshmixer, MeshLab으로 나뉨
- 자동 복구 도구를 이용해 모델 구멍, 교차점, 기타 결함을 제거하고, 수동 복구 도구와 사용자 정의 복구 스크립트를 사용하면 오류를 잘라 메쉬를 편집하고 원본 파일과 수정된 메쉬를 비교할 수 있음

3) MeshLab 주요 기능

① ISTI-CNR 연구 센터에서 개발된 오픈소스 소프트웨어이다.

② 구조화되지 않은 큰 메쉬를 관리 및 처리하는 것이 목적이다.

③ healing, cleaning, editing, inspecting, rendering 도구를 제공한다.

④ VCG 라이브러리를 기반으로 윈도우, 맥, 리눅스에서 사용 가능하다.

⑤ 오토매틱 메쉬 클리닝 필터는 중복 제거, 참조되지 않은 정점, 아무 가치 없는 면, 다양하지 않은 모서리 등을 걸러준다.

⑥ 메쉬 도구의 역할
   ⓐ 메쉬 도구는 2차 에러 측정, 많은 종류의 세분화된 면, 두 표면 재구성 알고리즘에 기초하여 높은 품질을 단순화함
   ⓑ 표면에 일반적으로 존재하는 노이즈를 제거하는 역할을 함
   ⓒ 곡률 분석, 시각화를 위한 많은 종류의 필터와 도구를 제공

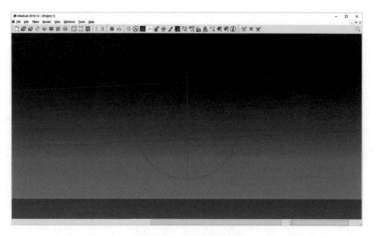

MeshLab 메인 화면

(2) 모델링한 파일과 출력 후 오류

1) 클로즈 메쉬와 오픈 메쉬

아래와 같이 메쉬 사이에 한 면이 비어 있는 형상으로 출력용 파일이 변환된 경우

① 클로즈 메쉬 : 메쉬의 삼각형 면의 한 모서리가 두 개의 면과 공유하는 것

② 오픈 메쉬 : 메쉬의 삼각형 면의 한 모서리가 한 면에만 포함되는 경우

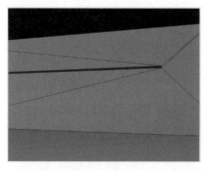

구멍이 있는 메쉬

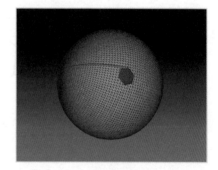

오픈 메쉬

 Check Point

안이 비워져 있지 않은 원을 출력용 파일로 변환시켰을 때, 오픈 메쉬가 없는 클로즈 메쉬 파일을 출력하면 그 대로 출력되지만 구멍이 있는 메쉬는 오픈 메쉬가 되어 출력하는 데 오류가 발생할 수 있다.

2) 반전 면

오른손 법칙에 의해 생긴 normal vector가 반대(시계 방향)로 입력되어 인접된 면과 normal vector의 방향이 반대 방향일 경우 생기게 된다.

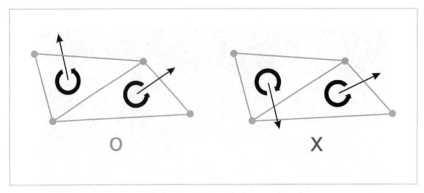

노말 벡터 방향 차이로 생긴 반전 면

3) 비(非)매니폴드 형상

비매니폴드 형상은 3D프린팅, 부울 작업, 유체 분석 등에 오류가 생길 수 있는 것으로 실제 존재할 수 없는 구조이다.

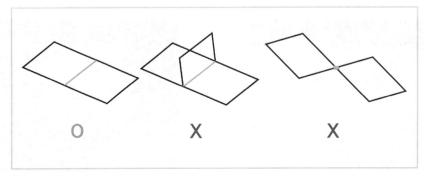

매니폴드 형상과 비매니폴드 형상

4) 메쉬가 떨어져 있는 경우

메쉬와 메쉬 사이의 거리가 실제 눈으로 구분하기 어려울 정도로 작게 떨어져 있는 경우가 있는데, 이를 수정하지 않고 3D프린팅할 경우 큰 오류가 발생할 수 있다.

02 ▶ 문제점 리스트 작성 및 출력용 파일 형태 저장

(1) 3D프린팅 할 때의 문제점들

출력용 파일의 오류가 없어도 크기, 서포트, 공차, 채우기 등의 다른 요소들을 미리 생각하고 오류들과 함께 문제점 리스트에 작성해 놓고 하나씩 수정해가면 출력하는 모델을 수정 없이 한 번에 출력할 수 있다.

1) 크기

① 모델의 크기가 3D프린터의 플랫폼보다 크면 출력할 수 없음
② 출력할 모델의 비율을 줄여서 출력하거나 3D 프로그램과 오류 검출 프로그램을 이용해 분할시켜 출력해야 함
③ 크기가 너무 작은 경우에는 비율을 원하는 크기로 키워서 출력함

2) 서포트

출력할 때 가장 서포트가 적게 생성되도록 모델의 방향을 수정해야 출력 시간을 최소화할 수 있으며 서포트가 없도록 하는 경우가 가장 좋음

3) 공차

① 출력물이 다른 부품이나 다른 출력물과 결합 또는 조립을 필요로 할 때는 공차를 고려해야 함
② FDM 형식의 출력 전후 수치가 달라질 경우
  ⓐ 결합 부분의 치수대로 만들어도 과정에서 수축과 팽창으로 치수가 달라질 수 있음
  ⓑ 같은 3D프린터로 출력할 경우, 수치가 달라지는 값이 일정하므로 평소 출력물의 수치를 측정해서 달라지는 값을 확인할 수 있음
③ 출력 전에 미리 늘어나는 값을 확인하고 수정해서 출력함으로써 재수정하고 출력하는 일이 없도록 해야 함

4) 채우기

① 출력물의 강도를 높이려면 출력물 내부를 많이 채우고, 출력물의 강도가 약해도 된다면 출력물 내부 채우기를 줄여서 출력 시간을 줄일 수 있음
② 채우기를 많이 하면 출력 시간이 오래 걸리게 됨

(2) 문제점 리스트 작성법

문제점 리스트를 크기, 공차, 서포트, 채우기 순으로 먼저 설정하면 나중에 오류가 생겼을 때 설정값을 제거하고 재설정해야 하는 경우가 생기므로 가장 먼저 출력 모델에 오류가 있는지 확인해야 한다.

① 오류가 있는 모델을 이용해 문제점 리스트를 작성
    ⓐ 오류 검사 후 오류가 있다면 문제점 리스트의 오류 부분에 체크함
    ⓑ 오류가 있는 부분은 빨강, 파랑, 보라색으로 표현되어 있음
    ⓒ 빨간색 : 비매니폴드 형상이 있는 영역
    ⓓ 파란색 : 구멍이 있는 영역
    ⓔ 보라색 : 단절된 메쉬가 있는 영역
    ⓕ 대략 어느 부분에 어떤 오류가 몇 개 있는지를 알 수 있고, 리스트에 작성오류가 없다면 다음 확인 사항으로 넘어감
② 크기 확인 : 크기가 너무 작아 플랫폼 위에서 점처럼 보이는 경우 스케일 비율을 높여 출력한 모델의 비율을 키움
③ 공차 확인
④ 서포트 확인
⑤ 채우기 확인
    ⓐ 속을 너무 비우면 작은 충격에도 부서짐
    ⓑ 속을 너무 채우면 재료와 시간 소요가 큼
⑥ 문제점 리스트 작성 완료
    ⓐ 오류 종류, 공차 부위, 서포트 부분의 리스트는 수정해서 사용할 수 있음
    ⓑ 오류 수정 후 확인 사항을 적어야 함
    ⓒ 오류가 없는 파일은 출력용 데이터 파일 형태로 저장

문제점 리스트				
오류	오류 여부		O	X	
			∨		
	오류 종류	구멍			5개
		비매니폴드 형상			6개
		단절된 메쉬			20개
	수정		O	X	
확인사항	크기(%)				200%
	공차부위(mm)	구멍			mm
		연결부			mm
		핀			mm
	서포트	회전축			축
		방향			쪽
		각도			°
		바닥과 닿는 면			윗면
	채우기				20%

[작성된 문제점 리스트]

(3) 출력용 파일 저장

STL 파일을 지원하지 않는 프로그램이 없으나 AMF, OBJ 또는 원하는 파일 포맷이 아닐 경우 많은 출력용 모델링 파일 포맷으로 변환을 지원한다.

① 3MF 포맷
    ⓐ STL 포맷은 3D프린팅 표준 포맷으로 단순하고 쉽지만 여러 가지 정보가 결여된 단점이 있어, 기술이 발전될수록 쓸 수 없는 포맷이 될 가능성이 높음
    ⓑ 3MF는 색상, 재질, 재료, 메쉬 등의 여러 정보를 한 파일에 담을 수 있음
    ⓒ 매우 유연한 형식으로 필요한 데이터를 추가할 수 있음
    ⓓ STL 포맷을 대체하기 위해 만든 포맷
    ⓔ 3D프린팅의 표준 포맷으로 만들기 위해 거대 3D프린팅 기업들과 CAD 프로그램 기업인 3D SYSTEMS, AUTODESK, DASSAUL SYSTEMES, HP, Materialise, Stratasys, Ultimaker 등의 기업과 공동으로 개발하고 있음

② PLY 포맷
    ⓐ PLY 포맷은 OBJ 포맷의 부족한 확장성으로 인한 성질과 요소에 개념을 종합하기 위해 고안됨
    ⓑ 90년대 중반 스탠포드 그래픽 연구소의 Greg turk에 의해 개발
    ⓒ 스탠포드 삼각형 형식 또는 다각형 파일 형식
    ⓓ 3D스캐너를 이용해 물건, 인물 등을 3D 스캔한 스캔데이터를 저장하기 위해 설계됨
    ⓔ 표면의 법선 색상, 투명도 좌표와 데이터를 포함하고 STL 포맷과 비슷하게 ASCII 형식, binary 형식이 있음

(4) 출력용 파일의 종류와 특성

1) STL 파일

STL 파일은 3D Systems사가 Albert Consulting Group에 의뢰하여 쉽게 사용할 수 있도록 만든 3D 프린터 출력용 파일 포맷이다.

① 물체의 표면을 분할된 삼각형 형태로 표현하는 파일 형식으로, 실제 출력물로 제작하기 위해 3차원 기하 정보를 형성하는 데 사용한다.

② 표준 기관에 의해 정식 표준으로 인정된 적은 없다.

③ 원래 STL 파일 형식은 광 조형(Stereolithography) 장치용 CAD 패키지의 일부로 개발되었으므로 그 공정을 지칭한다.

④ 모든 CAD 시스템에서 쉽게 생성되도록 매우 단순하게 설계한다.

⑤ STL 파일은 여러 단점에도 불구하고 단순함과 호환성으로 인해 많이 사용된다.

⑥ 꼭짓점 규칙

　　ⓐ STL 포맷은 삼각형의 세 꼭짓점이 나열된 순서에 따른 오른손 법칙을 사용한다.

　　ⓑ Normal Vector를 축으로 반시계 방향으로 꼭짓점을 입력해야 하고, 각 꼭짓점은 인접한 모든 삼각형의 꼭짓점이어야 한다는 꼭짓점 규칙을 만족해야 한다.

⑦ 유한 요소를 이용한 MESH GENERATION 방식을 사용하여 3D 모델을 2차원 유한 요소인 삼각형들로 분할한다. 그 후 분할한 각각의 삼각형 데이터를 기준으로 근사시켜 가면 쉽게 STL 파일로 생성할 수 있기 때문에 특별한 해석 없이 사용할 수 있다.

⑧ STL 포맷의 꼭짓점 수와 모서리 수를 구하는 방법

　　ⓐ 꼭짓점 수 = (총 삼각형의 수 / 2) + 2

　　ⓑ 모서리 수 = (꼭짓점 수 × 3) − 6

⑨ STL 파일의 문제점

　　ⓐ STL은 최소 3번의 중복된 꼭짓점의 좌표 정의가 필요하고, 기하학적 위상 정보가 부족하며, 곡면으로 구성된 모델의 경우 곡면을 삼각형만으로 표현하기 위해 아주 많은 삼각형을 필요로 한다. 그래서 STL 포맷은 동일한 Vertex가 반복된 법칙으로 인해 파일의 크기가 매우 커져서 전송 시간이 길고 저장 공간을 많이 차지한다.

　　ⓑ 삼각형과 삼각형 사이 구멍이나 면의 연결 존재 등 위상 정보가 없고 관계에 대한 정보가 없어, 특정 모양의 정보 처리가 매우 느리고 비효율적이다.

　　ⓒ STL 파일은 표면 메시만을 정의하기 때문에 제작물의 색상, 텍스처, 재료, 하부 구조 및 기타 특성을 나타내는 규정이 없다.

　　ⓓ STL 파일은 3차원 CAD 시스템에서는 쉽게 생성되지만, 생성된 STL 파일로 제품을 제작하기 힘들 정도의 오류를 가진 경우도 있다.

　　ⓔ 3차원 CAD 시스템에서는 생성된 표면 형상 데이터에 오차가 없도록 표면을 가능한 많은 삼각형으로 채우려고 하는데 이 과정에서 오류가 생길 수 있기 때문이다.

2) AMF(Additive Manufacturing File)

AMF 포맷은 ISO/ASTM 52915에 의하여 규정된 적층 가공 파일 형식이다.

① AMF 포맷은 STL의 단점을 다소 보완한 파일 포맷이다. STL 포맷은 표면 메시에 대한 정보만을 포함하지만 AMF 포맷은 색상, 질감과 표면 윤곽이 반영된 면을 포함해 STL 포맷에 비해 곡면을 잘 표현할 수 있다.

② 색상 단계를 포함하여 각 재료 최적의 색과 메시의 각 삼각형 색상을 지정할 수 있다.

③ AMF 포맷은 하방 호환성을 갖고 있다. 기존의 STL 파일을 간단히 변환할 수 있으며 3D

CAD 모델링을 할 때 모델의 단위를 계산할 필요가 없다. 같은 모델을 STL과 AMF로 변환했을 때 AMF의 용량이 매우 작다.

④ ASTM에서 ASTM F2915-12로 표준 승인되었지만 아직 많은 3차원 CAD 시스템에서 지원하지 않아 널리 사용되지 않고 있다.

3) OBJ(Object의 준말)

OBJ 포맷은 3D 모델 데이터의 한 형식으로 기하학적 장점, 텍스처 좌표, 정점 법선과 다각형 면들을 포함한다. 거의 모든 3D 프로그램에 호환이 잘 되어 많이 사용한다. 하지만 매 프레임에 하나의 파일이 필요하고 많은 용량이 필요하며, OBJ 파일로 내보내고 불러오는 데 시간이 오래 걸린다는 단점이 있다.

4) 3MF

현재 STL 포맷은 3D 프린팅 표준 포맷으로 단순하고 쉽게 사용할 수 있다는 장점이 있지만 단순하기 때문에 여러 가지 정보가 결여되어 있다는 단점이 있다. 이러한 단점으로 인해 기술이 발전할 수록 쓸 수 없는 포맷이 될 가능성이 많다.

3MF는 색상, 재질, 재료, 메시 등의 정보를 한 파일에 담을 수 있도록 하였고 매우 유연한 형식으로 필요한 데이터를 추가할 수 있다. 마이크로소프트 주도로 STL 포맷을 대체하기 위해 만든 포맷이다.

5) PLY

PLY 포맷은 OBJ 포맷의 부족한 확장성으로 인한 성질과 요소에 개념을 종합하기 위해 고안되었으며, 1990년대 중반 스탠포드 그래픽 연구소의 GREG TURK에 의해 개발되었다.

스탠포드 삼각형 형식 또는 다각형 파일 형식으로 주로 3D 스캐너를 이용해 물건이나 인물 등을 3D 스캔한 데이터를 저장하기 위해 설계되었다. PLY 포맷은 표면의 법선 색상 · 투명도 · 좌표 및 데이터를 포함하고 있으며, STL 포맷과 비슷하게 ASCⅡ 형식과 BINARY 형식이 있다.

01 다음과 같은 기능을 가지고 있는 프로그램은 무엇인가?

- 구멍이나 브릿지 등의 오류를 알려주고 자동 복구시켜 준다.
- 분석 도구가 있어 3D 측정, 안정성, 두께 분석이 가능하다.

① MeshLab   ② Meshmixer

③ 3D CAD   ④ Netfabb

해설

오류 검출 프로그램 중 하나인 Meshmixer의 주요 기능에 대한 설명이다. Meshmixer의 주요 기능으로는 메쉬를 부드럽게 해주고, 구멍이나 브릿지, 일그러진 경계면 등의 오류를 알려주며 자동 복구시켜 준다. 또한 메쉬를 단순화하거나 감소시키는 툴을 제공하고 모델의 표면에 형상을 만들거나 3D프린팅을 위한 서포트를 조절해 준다.

정답 ②

02 MeshLab의 메쉬 도구의 역할에 해당하지 않는 것은?

① 시각화를 위한 많은 종류의 필터와 도구를 제공한다.
② 표면에 일반적으로 존재하는 노이즈를 제거하는 역할을 한다.
③ 2차 에러 측정, 두 표면 재구성 알고리즘 등에 기초하여 높은 품질을 단순화한다.
④ 중복 제거, 참조되지 않은 정점, 다양하지 않은 모서리 등을 걸러준다.

해설

④는 오토매틱 메쉬 클리닝 필터에 대한 설명으로 중복 제거, 참조되지 않은 정점, 아무 가치 없는 면, 다양하지 않은 모서리 등을 걸러준다.

정답 ④

03 메쉬의 삼각형 면의 한 모서리가 한 면에만 포함되는 경우의 오류를 무엇이라고 하는가?

① 오픈 메쉬   ② 비매니폴드 형상

③ 반전 면   ④ 클로즈 메쉬

해설

② 비매니폴드 형상은 3D프린팅, 부울 작업, 유체 분석 등에 오류가 생길 수 있는 것으로 실제 존재할 수 없는 구조이다.
③ 오른손 법칙에 의해 생긴 normal vector가 반대(시계 방향)로 입력되어 인접된 면과 normal vector의 방향이 반대 방향일 경우 생기게 된다.
④ 클로즈 메쉬는 메쉬의 삼각형 면의 한 모서리가 두 개의 면과 공유하는 것을 말한다.

정답 ①

04 다음 빈칸 ㉠~㉣ 안에 들어갈 말을 순서대로 바르게 나열한 것은?

> 문제점 리스트는 출력할 모델에 어떤 오류가 얼마나 있는지를 작성한 후 수정한 다음 (㉠)-(㉡)-(㉢)-(㉣) 순으로 설정한다.

	㉠	㉡	㉢	㉣
①	크기	서포트	공차	채우기
②	서포트	크기	공차	채우기
③	크기	공차	서포트	채우기
④	공차	서포트	크기	채우기

해설

문제점 리스트를 크기, 공차, 서포트, 채우기 순으로 먼저 설정하면 나중에 오류가 생겼을 때 설정값을 제거하고 재설정해야 하는 경우가 생기므로 가장 먼저 출력 모델에 오류가 있는지부터 확인해야 한다.

정답 ③

05 다음 중 출력용 파일에 대한 설명으로 옳은 것은?

① PLY 포맷은 색상, 재질, 재료, 메쉬 등의 여러 정보를 한 파일에 담을 수 있다.
② STL 포맷은 단순하고 쉬우나 여러 가지 정보가 결여되어 있다.
③ 3MF 포맷은 스탠포드 삼각형 형식 또는 다각형 파일 형식이다.
④ Meshmixer는 STL, AMF, OBJ, Slice를 지원한다.

해설

STL 포맷은 3D프린팅 표준 포맷으로 단순하고 쉽지만 여러 가지 정보가 결여된 단점이 있다.
① 3MF 포맷에 대한 설명이다.
③ PLY 포맷에 대한 설명이다.
④ Netfabb에서 지원하는 파일 포맷은 3MF, STL, GTS, AMF, X3D, X3D8, 3DS, Compressed Mesh, OBJ, PLY, VRML, Slice 등이 있다. Meshmixer에서 지원하는 파일 포맷은 OBJ, PLY, STL, AMF, WRL, SMESH 등이 있다.

정답 ②

06 다음 중 Netfabb에 대한 설명으로 옳지 않은 것은?

① 구조화되지 않은 큰 메쉬를 관리 및 처리하는 것이 목적이다.
② 오류를 잘라 메쉬를 편집하고 원본 파일과 수정된 메쉬를 비교할 수 있다.
③ 자동 복구 도구를 이용해 구멍이나 교차점 등의 결함을 제거할 수 있다.
④ 대다수의 CAD 포맷을 IMPORT할 수 있고 다른 포맷으로 변환해 EXPORT가 가능하다.

해설

구조화되지 않은 큰 메쉬를 관리 및 처리하는 것이 목적인 프로그램은 MeshLab이다.
② 수동 복구 도구와 사용자 정의 복구 스크립트를 사용하여 오류를 잘라 메쉬를 편집하고 원본 파일과 수정된 메쉬를 비교할 수 있다.

정답 ①

07 다음 중 3D프린팅 출력 시 유의해야 할 내용으로 옳지 않은 것은?

① 출력 시 모델 방향을 수정해서 서포트 생성을 최소화하는 것이 좋다.

② 출력 후 결합이나 조립을 할 경우 공차를 고려해서 출력해야 한다.

③ 출력물의 강도를 높이려면 채우기를 많이 해야 하고 출력 시간이 오래 걸린다.

④ 모델 크기가 플랫폼보다 크면 출력이 될 수 없으며 분할 출력으로만 가능하다.

해설

출력할 모델의 비율을 줄여서 출력하거나 3D프로그램과 오류 검출 프로그램을 이용해 분할시켜 출력할 수 있다.

① 출력할 때 가장 서포트가 적게 생성되도록 모델의 방향을 수정해야 출력 시간을 최소화할 수 있으며 서포트가 없도록 하는 경우가 가장 좋다.

② 출력물이 다른 부품이나 다른 출력물과 결합 또는 조립을 필요로 할 때는 공차를 고려해야 한다.

③ 출력물의 강도를 높이려면 출력물 내부를 많이 채우고, 출력물의 강도가 약해도 된다면 출력물 내부 채우기를 줄여서 출력 시간을 줄일 수 있다. 채우기를 많이 하면 출력 시간이 오래 걸리게 된다.

정답 ④

08 다음 중 Netfabb에서의 오류 확인 방법으로 틀린 것은?

① [Repair]를 클릭하거나 [Extra]의 [Repair Part]를 클릭한다.

② 오류가 모델에 가리면 [status]의 [Highlight Errors]를 체크한다.

③ 교차된 메쉬는 주황색으로 표현된다.

④ 불필요한 면을 보고 싶으면 [status]의 [show degenerated faces]에 체크한다.

해설

교차된 메쉬는 붉은색으로 표현되고, [Actions] – [Self-intersections] – [Detect]를 클릭해서 교차된 메쉬를 볼 수 있다.

정답 ③

09 다음 중 Netfabb에서 오류 파일을 불러오는 방법으로 옳지 않은 것은?

① 오류가 있는 파일은 [Netfabb]의 [View] 메뉴에서 불러온다.

② 느낌표가 있는 파일은 오류가 있는 부분이다.

③ [Import parts] 메뉴에서 netfabb 오류를 확인한다.

④ [Size]에서 [no viably volume]은 오류로 부피 측정이 불가능함을 뜻한다.

해설

Netfabb의 [project] – [add part] 메뉴를 클릭해서 불러온다.

② 느낌표가 있는 파일은 오류가 있는 부분으로 확인이 필요하다.

③ [Import parts] 메뉴에서 모델을 불러온 후 netfabb 오류를 확인한다.

④ [Size]에서 [no viably volume]은 오류가 있어 부피 측정을 할 수 없다는 뜻이다.

정답 ①

10 MeshMixer에서 오류 파일을 불러오는 방법으로 ㉠~㉣에 들어갈 용어를 순서대로 나열한 것은?

> (1) [㉠]–[㉡] 또는 화면 중간의 [㉡] 버튼을 클릭한다.
> (2) 처음 파일을 불러오면 메쉬가 표현되어 있지 않아 모델 구분이 힘들기 때문에 상단의 [㉢]–[㉣]을 체크하면 메쉬가 보이게 된다.

	㉠	㉡	㉢	㉣
①	File	Export	View	Toggle Visibility
②	File	Import	View	Show Wireframe
③	File	Import	Action	Show Wireframe
④	View	Export	Action	Toggle Printer Bed

해설

(1) [㉠ File]–[㉡ Import] 또는 화면 중간의 [㉡ Import] 버튼을 클릭한다.
(2) 처음 파일을 불러오면 메쉬가 표현되어 있지 않아 모델 구분이 힘들기 때문에 상단의 [㉢ View]–[㉣ Show Wireframe]을 체크하면 메쉬가 보이게 된다.

정답 ②

11 다음 중 오류 검출 프로그램에 해당하지 않는 것은?

① Meshmixer
② Cura
③ MeshLab
④ Netfabb

해설

Cura는 슬라이서 프로그램 중 하나이다.

정답 ②

12 다음에서 설명하고 있는 프로그램은 무엇인가?

> • ISTI–CNR 연구 센터에서 개발된 오픈소스 소프트웨어
> • 목적은 구조화되지 않은 큰 메쉬를 관리 및 처리하는 것

① Meshmixe
② Cura
③ MeshLab
④ Netfabb

해설

MeshLab은 ISTI–CNR 연구 센터에서 개발된 오픈소스 소프트웨어로 구조화되지 않은 큰 메쉬를 관리 및 처리하는 것이 목적이다.

정답 ③

13 다음 중 MeshLab에 대한 설명으로 옳지 않은 것은?

① VCG 라이브러리를 기반으로 윈도우, 맥, 리눅스에서 모두 사용이 가능하다.
② healing, cleaning 도구를 제공한다.
③ 중복 제거, 아무 가치 없는 면 등을 걸러주는 필터가 있다.
④ 모델 형상에 메쉬를 조정하여 메쉬 수를 줄여 파일 크기를 크게 줄일 수 있다.

해설

④는 Netfabb의 주요 기능 중 하나이다. 모델 형상에 오프셋, 벽 두께 조정, 날카로운 모서리 줄이기, 메쉬 단순화 등 메쉬를 조정하여 메쉬 수를 줄여 파일 크기를 크게 줄일 수 있다.
① VCG 라이브러리를 기반으로 윈도우, 맥, 리눅스에서 사용 가능하다.
② healing, cleaning, editing, inspecting, rendering 도구를 제공한다.
③ 오토매틱 메쉬 클리닝 필터는 중복 제거, 참조되지 않은 정점, 아무 가치 없는 면, 다양하지 않은 모서리 등을 걸러준다.

정답 ④

14 다음 중 출력용 데이터에서 나타나는 문제점에 대한 설명으로 잘못된 것은?

① 크기, 공차, 서포트 등을 설정하고 나중에 오류가 생기면 설정값 제거가 안 되기 때문에 가장 먼저 출력 모델의 오류를 확인해야 한다.
② Meshmixer에서 파란색으로 표시되는 곳은 구멍이 있는 영역이다.
③ Meshmixer에서 빨간색으로 표시되는 곳은 비매니폴드 형상이 있는 영역이다.
④ 오류를 수정했다면 문제점 리스트에 확인 사항을 적어야 한다.

해설

나중에 크기, 공차, 서포트, 채우기 등의 오류가 생겼을 때 설정값을 제거하고 재설정을 하는 방법을 거치면 수정이 가능하지만 재설정하는 번거로움과 시간을 단축하기 위해 가장 먼저 출력 모델에 오류가 있는지부터 확인해야 한다.

정답 ①

15 3D스캐너를 이용해 물건이나 인물 등을 3D스캔한 스캔데이터를 저장하기 위해 설계된 포맷은 무엇인가?

① 3MF 포맷
② OBJ 포맷
③ STL 포맷
④ PLY 포맷

해설

PLY 포맷은 OBJ 포맷의 부족한 확장성으로 인한 성질과 요소에 개념을 종합하기 위해 고안되었으며, 스탠포드 삼각형 형식 또는 다각형 파일 형식이다. 3D스캐너를 이용해 물건, 인물 등을 3D 스캔한 스캔데이터를 저장하기 위해 설계되었다.

정답 ④

16 매우 유연한 형식으로 필요한 데이터를 추가할 수 있으며, STL 포맷을 대체하기 위해 만들어진 포맷은 무엇인가?

① 3MF 포맷
② OBJ 포맷
③ AMF 포맷
④ PLY 포맷

해설

STL 포맷은 3D프린팅 표준 포맷으로 단순하고 쉽지만 여러 가지 정보가 결여된 단점이 있어, 기술이 발전될수록 쓸 수 없는 포맷이 될 가능성이 많다. 반면에 3MF 포맷은 STL 포맷을 대체하기 위해 만든 포맷으로서 매우 유연한 형식이기 때문에 필요한 데이터를 추가할 수 있고 색상, 재질, 재료, 메쉬 등의 여러 정보를 한 파일에 담을 수 있다.

정답 ①

17 출력물이 다른 부품이나 다른 출력물과 결합 또는 조립을 필요로 할 때 고려해야 하는 부분은 무엇인가?

① 서포트
② 공차
③ 크기
④ 채우기

해설

FDM 형식의 경우, 결합 부분의 치수대로 만들어도 과정 중 수축과 팽창으로 인해 치수가 달라질 수 있으므로 출력 전에 미리 늘어나는 값을 확인하고 수정해서 출력해야 한다.

정답 ②

18 다음 중 Netfabb의 기능에 대한 설명으로 옳지 않은 것은?

① 그림 및 텍스처에 텍스트를 추가할 수 있다.
② 구멍을 만들어 별도 부품을 병합하거나 기능을 추출할 수 있다.
③ 자동으로 3D프린터 베드에 알맞게 방향을 최적화해준다.
④ 메쉬를 조정하고 메쉬 수를 줄여 파일 크기를 크게 줄일 수 있다.

해설

③은 Meshmixer의 주요 기능이다.
④ Netfabb은 모델 형상에 오프셋, 벽 두께 조정, 날카로운 모서리 줄이기, 메시 단순화 등 메쉬를 조정하여 메쉬 수를 줄여 파일 크기를 크게 줄일 수 있다.

정답 ③

19 다음 중 Meshmixer의 주요 기능에 해당하지 않는 것은?

① 평면을 자르거나 미러링할 수 있다.

② 표면에 일반적으로 존재하는 노이즈를 제거한다.

③ 메쉬를 단순화하거나 감소시키는 툴을 제공한다.

④ 모델의 표면에 형상을 만들거나 3D프린팅을 위한 서포트를 조절할 수 있다.

해설

②는 MeshLab의 주요 기능 중 메쉬 도구의 역할에 해당하는 내용이다. 메싱 도구는 2차 에러 측정, 많은 종류의 세분화된 면, 두 표면 재구성 알고리즘에 기초하여 높은 품질을 단순화하며, 표면에 일반적으로 존재하는 노이즈를 제거하는 역할을 한다.

정답 ②

20 다음이 설명하는 용어를 순서대로 바르게 나열한 것은?

㉠ 메쉬의 삼각형 면의 한 모서리가 한 면에만 포함되는 경우
㉡ 3D프린팅, 부울 작업, 유체 분석 등에 오류가 생길 수 있는 것
㉢ 인접된 면과 normal vector의 방향이 반대일 경우 생기는 것
㉣ 메쉬의 삼각형 면의 한 모서리가 2개의 면과 공유하는 것

	㉠	㉡	㉢	㉣
①	클로즈 메쉬	오픈 메쉬	반전 면	비(非)매니폴드 형상
②	비(非)매니폴드 형상	반전 면	클로즈 메쉬	오픈 메쉬
③	반전 면	오픈 메쉬	비(非)매니폴드 형상	클로즈 메쉬
④	오픈 메쉬	비(非)매니폴드 형상	반전 면	클로즈 메쉬

해설

㉠ **오픈 메쉬** : 메쉬의 삼각형 면의 한 모서리가 한 면에만 포함되는 경우
㉡ **비(非)매니폴드 형상** : 3D프린팅, 부울 작업, 유체 분석 등에 오류가 생길 수 있는 것으로 실제 존재할 수 없는 구조
㉢ **반전 면** : 오른손 법칙에 의해 생긴 normal vector가 반대로(시계 방향)로 입력되어 인접된 면과 normal vector의 방향이 반대 방향일 경우 생김
㉣ **클로즈 메쉬** : 메쉬의 삼각형 면의 한 모서리가 2개의 면과 공유하는 것
따라서 순서대로 바르게 나열한 것은 ④이다.

정답 ④

Chapter 02 데이터 수정

01 자동 수정 기능

(1) 자동 오류 수정 방법

1) Netfabb 오류 수정 프로그램

① 오류 확인

    ⓐ 상단의 [Repair] 클릭 또는 [Extra]-[Repair Part] 메뉴 클릭

    ⓑ [Status]-[Show Degenerated Faces]

    ⓒ [Actions]-[Self-intersections]-[Detect]

       [Status]-[Highlight Errors]에 체크해 오류를 보이게 함

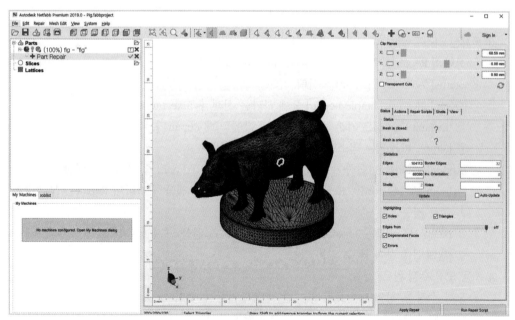

자동 오류 검사의 예시

② 체크해야 할 문제점 리스트 항목 작성

예 구멍이 6개인 오류를 가진 파일

문제점 리스트					
오류	오류 여부		O	X	
			v		
	오류 종류	구멍			6개
		비 매니폴드 형상			0개
		단절된 메쉬			0개
	수정		O	X	
확인사항	크기(%)				%
	공차부위(mm)	구멍			mm
		연결부			mm
		핀			mm
	서포트	회전축			축
		방향			쪽
		각도			°
		바닥과 닿는 면			윗면
	채우기				%

③ 문제점 리스트 확인 후 자동 오류 수정 방법

ⓐ 상단의 Repair 클릭 또는 [Extra]-[Repair Part] 메뉴 클릭

ⓑ [Status]-[Automatic Repair]를 선택

ⓒ [Default Repair], [Simple Repair] 중에 하나를 선택 후 [Execute] 클릭

㉠ [Default Repair]는 기본적으로 설정된 값에 의해 Repair되는 것

㉡ [Simple Repair]는 최소한의 오류만을 Repair해주는 것

ⓓ [Apply Repair]를 선택하여 [Remove old part], [keep old part] 중 하나를 선택함

㉠ [Remove old part]는 Repair하기 전 오류가 있는 모델을 제거하여 Repair한 모델만 남기는 기능

㉡ [keep old part]는 Repair하기 전 오류가 있는 모델을 남겨 오류가 있는 모델과 Repair한 모델을 같이 볼 수 있는 기능

④ 자동 오류 수정 완료

ⓐ 오류 수정 후 창의 느낌표가 없어진 것을 확인할 수 있음

ⓑ 수정 완료 후에는 문제점 리스트의 수정 항목의 O에 체크

2) Meshmixer

① 오류 보기

메뉴에서 [Analysis]-[Inspector]를 클릭하면, 자동으로 오류가 보임

예 단절된 메쉬 1개, 구멍 2개가 있는 오류 파일

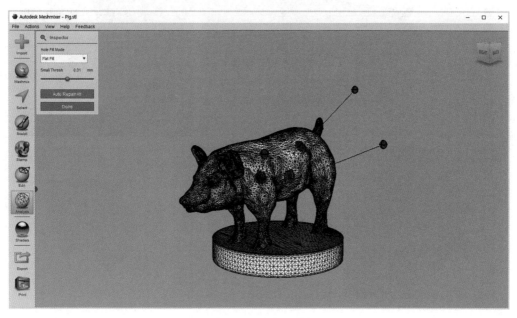

자동 오류 검사의 예시

② 문제점 리스트 작성

모델은 구멍 2개와 단절된 면 1개의 오류를 가진 파일로 문제점 리스트에서 구멍 항목에 2개, 단절된 면 1개로 작성

③ 자동 오류 수정 설정

ⓐ [Inspector] 설정 창에는 [Hole fill mode]와 [Small Thresh]가 있음

ⓑ [Hole fill mode]는 구멍이 있는 곳을 어떻게 채울 것인지 설정하는 기능

ⓒ [Minimal Fill]로 최소한의 메쉬로 구멍을 채움

ⓓ [Flat Fill]은 많은 삼각형으로 채우지만, 구멍을 평평하게 채워줌

ⓔ [Smooth Fill]은 모델 곡면을 따라서 부드럽게 메쉬로 채워 줄 수 있음

ⓕ [Small Thresh]의 값을 조정하면 허용 오차의 개념으로 어떤 값 미만, 이하의 오차는 구멍인 오류로 어떤 값 초과, 이상의 오차는 단절된 메쉬인 오류로 나타내어 줌

④ 자동 오류 수정 시 주의사항

ⓐ 단절된 메쉬를 [Small Thresh] 값을 바꿔 오류를 구멍으로 바꾼 뒤 자동 오류 수정을 하면 단절된 메쉬에서 구멍으로 바뀐 메쉬는 원래 모델과 이어지지 않고 혼자 남음

ⓑ 이 경우 꼭 필요 부분이 아니라면 단절된 메쉬로 놔두고 자동 오류 수정을 해야 함

ⓒ 설정을 끝내고 [Auto Repair All]을 눌러 주면 오류 수정이 자동으로 됨

⑤ 자동 오류 수정

설정을 끝내고 [Auto Repair All]을 눌러 주면 오류 수정이 됨

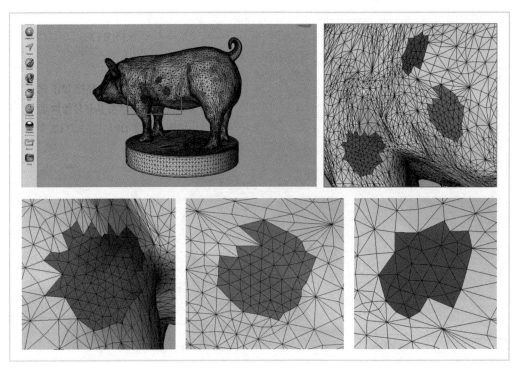

자동 오류 수정 옵션에 따른 수정 결과

02 수동 수정 기능

(1) 수동 오류 수정 방법

1) 수동 오류 수정 가능

① 자동 오류 수정을 했지만 일부분 수정되지 않은 것이 있는 경우
② 일부분의 오류로 인해 수정되지 않은 부분은 수동 오류 수정 기능을 사용해 대부분의 모델을 수정할 수 있음

2) 수동 오류 수정 불가능

① 다른 출력물과 결합이 필요한 모델은 수정이 불가능함
② 결합 부분이 자동 오류 수정으로 수정되지 않아서 수동으로 오류 수정을 할 경우, 정확한 치수를 줄 수 없기 때문에, 비슷한 모양으로 가능해도 결합은 어려움

3) 치명적인 오류 발생 시 수정

모델 자체에 치명적인 오류가 있을 경우 수동으로 수정이 불가능하고, 이런 오류가 있는 경우에는 모델링 프로그램에서 다시 수정하거나 모델링해야 함

03 수정 데이터 재생성

(1) 모델링 데이터 수정 및 자동 검사

① 문제점 리스트를 통해 파악된 치명적인 오류, 결합 부위의 오류, 수동 오류 수정으로 수정되지 않는 오류들은 모델링 소프트웨어를 통해 재수정해야 함
② 모델링 소프트웨어의 수정이 필요한 오류 항목에 작성된 오류로 수정 부분을 파악
③ 출력용 모델링 파일을 수정하려면, 출력용 모델링 파일로 저장했던 원본 모델링 파일이 필요함
④ 출력용 모델링 파일(STL, OBJ)은 메쉬로 이루어져 있어 모델링 프로그램에서는 수정이 불가능함

(2) 자동 오류 검사 후 파일 저장할 때 유의점

① 자동 오류 검사를 통해 오류가 있다면 문제점 리스트를 작성하며 사용했던 알고리즘을 바탕으로 오류 검사, 오류 종류와 수정 방법을 오류가 없어질 때까지 계속해서 반복 수행함
② 오류가 없을 경우 오류 검출 프로그램에서 최종 출력용 모델링 파일의 형태로 저장할 때와 같이 원하는 모델링 파일 확장자로 저장하면 됨

Check Point

• 모델에 치명적인 오류가 있을 경우 전체가 단절된 메쉬로 인식됨
  − 자동 오류 수정을 하게 되면 메쉬가 전부 사라져 버리기 때문에 수동 오류 수정의 경우에도 수정 방법이 없음
  − 이런 경우에는 모델링 소프트웨어를 사용해서 수정해야 하므로 원본 모델링 파일이 필요함

출제예상문제

01 다음 중 Netfabb의 자동 오류 수정에 관한 내용이 아닌 것은?

① 오류 확인 후 문제점 리스트 항목을 작성한다.
② [Repair] 또는 [Repair Part]를 통해 오류를 확인한다.
③ [Remove old part]는 Repair하기 전 오류가 있는 모델을 제거하고 Repair한 모델만 남기는 기능이다.
④ [Default Repair]은 최소한의 오류만을 Repair해주는 기능이다.

해설

[Default Repair]은 기본적으로 설정된 값에 의해 Repair되는 것이다. 최소한의 오류만을 Repair해주는 것은 [Simple Repair]이다.

정답 ④

02 다음 중 Meshmixer의 자동 오류 수정에 대한 내용이 아닌 것은?

① [Inspector] 설정에는 [Hole fill mode]와 [Small Thresh]가 있다.
② [Inspector]를 통해 자동으로 오류를 볼 수 있다.
③ [Small Thresh]로 모델 곡면을 따라 부드럽게 메쉬를 채워 줄 수 있다.
④ 설정을 끝내면 [Auto Repair All]을 통해 오류 수정을 진행한다.

해설

모델 곡면을 따라서 부드럽게 메쉬로 채워주는 것은 [Smooth Fill]이다. [Small Thresh]의 값을 조정하면 허용 오차의 개념으로 어떤 값 미만, 이하의 오차는 구멍인 오류로 어떤 값 초과, 이상의 오차는 단절된 메쉬인 오류로 나타내어 준다.
② 메뉴에서 [Analysis]–[Inspector]를 클릭하면 자동으로 오류가 보인다.

정답 ③

03 다음 중 수동으로 오류 수정이 가능한 경우는?

① 다른 출력물과 결합이 필요한 모델
② 일부분의 오류로 인해 수정되지 않은 부분이 있는 경우
③ 결합 부분이 자동 오류 수정으로 되지 않아 수동으로 수정할 경우
④ 모델 자체에 치명적인 오류가 있는 경우

해설

자동 오류 수정을 했으나 일부 수정되지 않은 것이 있는 경우, 일부분의 오류로 인해 수정되지 않은 부분은 수동 오류 수정 기능을 사용해 대부분의 모델을 수정할 수 있다.

정답 ②

04 다음 중 Meshmix에서 선택한 메쉬를 변형시키는 기능이 있는 도구는?

① Deform   ② Modify   ③ Edit   ④ Convert to

🖳 해설

팽창. 수축 기능인 [Deform]은 선택한 메쉬를 변형시키는 기능으로 표면이 굴곡진 메쉬를 부드럽게 팽창시키거나 수축시킬 수 있고 휘거나 굽힐 수 있다.

정답 ①

05 다음 중 수동 오류 수정 기능의 편집 기능에 대한 설명으로 옳지 않은 것은?

① 기본 기능들로 대부분의 오류를 수동으로 수정할 수 있다.
② [Smooth MVC]는 [Refine], [Smooth], [Scale], [Bugle]의 모든 옵션으로 조정할 수 있다.
③ [Extrud]의 [Offset]은 오프셋 되는 메쉬의 방향을 정한다.
④ [Tude Handle]은 서로 떨어져 있는 메쉬를 연결시켜 주는 기능을 한다.

🖳 해설

[Extrud]의 [offset] 옵션은 선택한 메쉬와 거리를 조절하는 옵션으로, 오프셋 되는 메쉬의 방향을 정하는 옵션은 [Extrud]의 [Direction]이다.
② [Smooth MVC]는 모델 곡면을 따라 구멍을 곡면으로 채워 주는 기능으로 [Refine], [Smooth], [Scale], [Bugle]의 모든 옵션으로 조정이 가능하다.
④ [Tude Handle]은 서로 떨어져 있는 메쉬를 선택하면 선택한 메쉬를 연결시켜 준다.

정답 ③

06 수동 오류 수정에서 선택한 메쉬를 다른 메쉬 그룹으로 바꾸거나 메쉬 그룹을 삭제할 수 있는 기능은 어떤 것인가?

① Deform   ② Modify   ③ Edit   ④ Convert to

🖳 해설

'Modify'는 선택한 메쉬를 다른 메쉬 그룹으로 바꿔 주거나 메쉬 그룹을 삭제할 수 있다.

정답 ②

07 다음 중 수동 오류 수정 기능의 Select에 대한 설명으로 옳지 않은 것은?

① 모델 전체의 메쉬 선택을 취소하려면 [Ctrl+더블클릭]으로 가능하다.
② 수정하려는 메쉬를 지정해서 수동으로 수정할 수 있는 기능이다.
③ [Sphere Brush]는 구체에 닿는 모든 메쉬가 선택되는 모드이다.
④ [Brush]는 마우스 드래그로 선을 그어 선 안쪽 메쉬를 선택해 주는 기능이다.

🖳 해설

마우스 드래그로 선을 그어 선 안쪽 메쉬를 선택해 주는 기능은 [Lasso]이다. [brush]는 마우스 드래그를 이용해 메쉬를 선택하는 방법이다.

정답 ④

08 다음은 Netfabb의 자동 오류 수정 프로그램으로 오류를 확인하는 방법이다. 빈칸 ㉠~㉣에 들어갈 단어가 바르게 짝지어진 것은?

(1) 상단의 (㉠) 클릭
(2) (㉡) → [Show Degenerated Faces]
(3) (㉢) → [Self-intersections] → [Detect]
(4) (㉡) → (㉣   )에 체크해 오류를 보이게 함

	㉠	㉡	㉢	㉣
①	Repair	Status	Actions	Highlight Errors
②	Repair	Action	Status	Highlight Errors
③	Repair	Extra	View	Repair Part
④	View	Status	Repair	Automatic Repair

해설

(1) 상단의 (㉠ Repair) 또는 [Extra]-[Repair Part] 메뉴를 클릭
(2) (㉡ Status) → [Show Degenerated Faces]
(3) (㉢ Actions) → [Self-intersections] → [Detect]
(4) (㉡ Status) → (㉣ Highlight Errors)

정답 ①

09 Meshmixer 자동 오류 수정 시, 단절된 메쉬의 오류를 구멍으로 바꾸기 위해 바꿔주는 값은 무엇인가?

① Hole fill mode   ② Minimal Fill   ③ Small Thresh   ④ Smooth Fill

해설

단절된 메쉬를 [Small Thresh] 값을 바꿔 오류를 구멍으로 바꿀 수 있다.
① [Hole fill mode]는 구멍이 있는 곳을 어떻게 채울지 설정하는 기능이다.
② [Minimal Fill]는 최소한의 메쉬로 구멍을 채우는 기능이다.
④ [Smooth Fill]은 모델 곡면을 따라 메쉬로 부드럽게 채워 줄 수 있는 기능이다.

정답 ③

10 다음 중 Meshmixer에서 모델에 합성할 수 있는 기능을 가진 것은 무엇인가?

① Convert to   ② Edit   ③ Meshmix   ④ Modify

해설

Meshmix는 저장된 [Open Part], [Solid Part]를 이용해 모델에 합성할 수 있는 기능이 있다.

정답 ③

11 다음 중 Meshmixer의 Reduce 기능에 대해 옳게 설명한 것을 모두 고르면?

> ㉠ [Triangle Budget]은 [Tri count] 옵션을 이용해 삼각형의 크기를 조절하여 메쉬를 줄여준다.
> ㉡ [Reduce Type]에서 [Uniform]은 메쉬의 수를 줄일 때 전체 메쉬가 균일하게 줄어들도록 만들어 준다.
> ㉢ [Reduce]는 선택한 메쉬 크기를 줄여주는 기능이다.
> ㉣ [Max Deviation] 옵션을 통해 최대 편차 이하의 메쉬로 만들어 메쉬를 줄여준다.

① ㉠, ㉣   ② ㉠, ㉢   ③ ㉡, ㉢   ④ ㉡, ㉣

해설

㉠ [Triangle Budget]은 [Tri count] 옵션을 이용해 삼각형의 개수를 조절하여 메쉬를 줄여준다.
㉢ [Reduce]는 선택한 메쉬의 수를 줄여 주는 기능이다.

정답 ④

12 다음 중 수동 오류 수정의 편집 기능 중 Remesh에 대한 설명으로 틀린 것은?

① 내부 옵션을 조절해서 메쉬를 재배치시키는 기능을 가진다.
② [Edge Length]는 [Regularity], [Transation] 등의 옵션을 조절하여 메쉬를 재배치시킨다.
③ [Regularity] 옵션은 재배치된 메쉬가 한 곳에만 촘촘하지 않도록 규칙적으로 바꿔 준다.
④ [Iterations]는 옵션 값에 따라 재배치를 반복시켜 더 촘촘하게 만들어준다.

해설

②에서 설명하고 있는 기능은 [Target Edge Length]로 [Edge Length]는 이 기능의 옵션으로 포함되며 메쉬의 모서리 길이를 조절한다.

정답 ②

13 수동 오류 수정 기능 중 [Offset] 옵션에서 이것을 설정하면 [Extrud]의 [Direction]–[Normal] 옵션을 설정한 것과 같은 기능을 한다. 이것은 무엇인가?

① Connected   ② Soft Transition   ③ Accuracy   ④ Regularity

해설

② Soft Transition : 구멍이 있는 부분으로 갈수록 오프셋이 줄어들도록 하는 기능이다.
③ Accuracy : 오프셋 된 메쉬를 모델 곡면을 따라가도록 메쉬 밀도를 높여주는 기능이다.
④ Regularity : 오프셋 된 메쉬를 규칙적으로 만들어 주는 기능이다.

정답 ①

14 위치와 각도를 변경시킬 수 있는 평면의 위와 아래쪽 방향에 선택된 메쉬만 제거하는 기능에 대한 설명으로 옳지 않은 것은?

① [Minimal Fill]은 선택된 메쉬 영역만이 평면에 의해 잘렸을 때 생성된다.

② [Plane Cut] 기능에 해당한다.

③ [Fill Type]의 [No Fill] 옵션은 선택된 메쉬가 잘려 구멍이 생길 때 구멍을 채우지 않는다.

④ [Slice Groups]은 원래 연결되어 있던 메쉬와의 연결을 끊는다.

📖 해설

[Slice Groups]는 연결은 되어 있지만 서로 다른 영역으로 만드는 것이다. 원래 연결되어 있던 메쉬와의 연결을 끊는 것은 [Slice(Keep Both)]이다.

정답 ④

15 수동 오류 수정 기능 중 Warp 옵션의 기능에 해당하지 않는 것은?

① 구체를 여러 곳에 만들 수 있다.

② 선택한 메쉬를 휘거나 굽힐 수 있는 기능을 한다.

③ 구체를 마우스로 클릭하고 드래그하면 빨간색 구체를 생성하거나 제거할 수 있다.

④ 여러 개의 빨간색 구체가 생성된 상태에서 하나의 구체를 선택해 변경하면 다른 구체가 생성된 메쉬 부분은 고정된다.

📖 해설

[Warp]은 [Deform]의 옵션으로 구체를 마우스로 클릭하고 드래그하면 변경된다. 선택된 메쉬 중 변형시키고 싶은 위치의 메쉬에 마우스 왼쪽 버튼을 더블클릭해서 빨간색 구체를 생성 또는 제거할 수 있다.

정답 ③

16 수동 오류 수정 기능 중 Modify에 대한 옵션과 설명이 제대로 연결되지 않은 것은?

① Expand Ring - 선택한 메쉬의 선택 영역을 원 형식으로 넓혀 주는 기능

② Select Visible - 불러낸 모델의 모든 메쉬를 선택하는 기능

③ Invert - 선택한 메쉬 외의 모든 메쉬를 선택해 주는 기능

④ Contact Ring - 선택한 메쉬의 선택 영역을 원 형식으로 좁혀 주는 기능

📖 해설

[Select Visible]은 화면에 보이는 메쉬만을 선택하는 기능으로 오브젝트가 다르면 선택되지 않는다. 불러낸 모델의 모든 메쉬를 선택하는 기능은 [Select All]이다.

정답 ②

17 수동 오류 수정 기능 중 Deform의 옵션에 해당하지 않는 것은?

① Smooth Boundary   ② Soft Transform

③ Transform   ④ Smooth

해설

[Smooth Boundary]는 [Modify] 기능에 해당하는 옵션이다.
② [Soft Transform]은 선택한 메쉬와 경계의 메쉬가 함께 오프셋 되어 부드러운 형상을 가지도록 하는 기능이다.
③ [Transform]은 선택한 메쉬를 모델과 오프셋 시키거나 축을 회전, 팽창, 수축시키는 기능이다.
④ [Smooth]는 선택한 메쉬의 굴곡진 표면을 부드럽게 하거나 더욱 굴곡지도록 만드는 기능이다.

정답 ①

18 다음 중 모델링 데이터의 파일 저장에 대한 내용으로 옳은 것은?

① 출력용 모델링 파일은 모델링 프로그램에서 수정이 불가능하다.
② 자동 오류 검사로 수정 후 남은 오류는 수동으로 수정한다.
③ 모델에 치명적인 오류가 있을 경우에는 수동으로만 수정이 가능하다.
④ 출력용 모델링 파일의 자동 오류 검사 후 오류가 없다면 지정된 파일 확장자로 저장한다.

해설

출력용 모델링 파일(STL, OBJ)은 메쉬로 이루어져 있어 모델링 프로그램에서 수정이 불가능하다.
② 자동 오류 검사를 통해 오류가 있다면 문제점 리스트를 작성하며 사용했던 알고리즘을 바탕으로 오류가 없어질 때까지
   계속해서 반복 수행해야 한다.
③ 모델에 치명적인 오류가 있을 경우 전체가 단절된 메쉬로 인식되어 자동으로 수정할 경우 메쉬가 사라지기 때문에 수동
   오류 수정의 경우에도 수정 방법이 없다. 원본 모델링 파일로 모델링 소프트웨어에서 수정해야 한다.
④ 오류 검출 프로그램에서 최종 출력용 모델링 파일의 형태로 저장할 때와 같이 원하는 모델링 파일 확장자로 저장하면 된다.

정답 ①

19 다음 중 모델링 파일 저장 시 유의해야 하는 내용으로 틀린 것은?

① 출력용 모델링 파일 자동 오류 검사에서 오류가 있다면 오류 검사와 수정 방법을 오류가 없어질 때까
   지 계속 반복한다.
② 모델링 소프트웨어의 수정이 필요한 부분은 자동 오류 검사로 파악한다.
③ 출력용 모델링 파일의 오류가 없을 시 원하는 모델링 파일 확장자로 저장한다.
④ 모델에 치명적 오류가 있는 경우 원본 모델링 파일이 필요하다.

해설

모델링 소프트웨어의 수정이 필요한 오류 항목에 작성된 오류로 수정 부분을 파악한다.

정답 ②

Chapter 03 출력 보조물(지지대) 설정하기

01 출력 보조물의 필요성 판별

(1) 지지대의 개념

3D프린터로 제품을 출력할 때 필요한 바닥 받침대와 형상 보조물을 말하는 것으로 '서포트 (Support)'라고도 한다.

1) 형상 보조물

제품을 출력할 때 적층되는 바닥과 제품이 떨어져 있을 경우 이를 보조해 주는 지지대

2) 바닥 받침대(브림)

제품의 출력 시 적층되는 바닥과 제품을 견고하게 유지시켜 주는 지지대

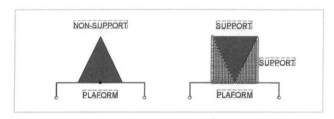

지지대

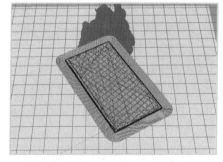

바닥 받침대(브림)

- 3D프린터는 바닥에서부터 출력물을 차곡차곡 쌓아 올리는 방식으로 출력물이 바닥에 닿는 면적이 다른 부분에 비해 넓을수록 안정감이 있음
- 디자인에 따라 아래쪽이 좁고 위쪽이 넓은 출력물이라면, 서포트 설정을 통한 지지대가 필요함

(2) 지지대가 필요한 이유

3D프린팅은 제작 방식에 따라 제작의 오차 및 오류가 존재하는데, 이러한 오류를 제거하기 위해 지지대를 이용한다. 아래에서 보는 것과 같이 FDM 방식에서 구조물을 제작할 때 제품의 아래쪽이 좁고 위쪽이 넓은 출력물은 지지대를 이용하여 제품을 제작하면 제품의 뒤틀림과 오차를 줄일 수 있다. 그리고 SLA 방식으로 제품을 제작할 때 지지대를 제작하느냐 안 하느냐에 따라 형상의 오차 및 처짐 등이 발생할 수 있다.

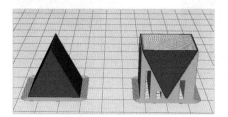
지지대를 이용한 원리

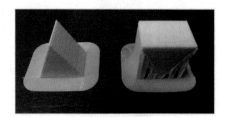
지지대를 이용한 출력

지지대가 필요한 이유
- 3D프린팅은 제작 방식에 따라 제작의 오차 및 오류가 존재하므로 지지대를 이용하면 형상 제작의 오차를 줄일 수 있음
- 제품을 제작할 때 윗면이 크면 제품 형상의 뒤틀림이 존재하기 때문임
  ① FDM 방식에서 제작할 때, 제품 윗면이 크거나 뒤틀림이 존재할 때는 지지대를 이용하여 제품의 뒤틀림과 오차를 최소화할 수 있음
  ② SLA 방식으로 제작할 때, 지지대 유무에 따라 형상의 오차 및 처짐 등이 발생할 수 있음
- 지지대가 있으면 제품의 품질이 올라가게 됨

(1) 지지대 구조물의 종류

3D프린팅 모델링에서 지지대는 필요로 하는 형상과 기능에 따라 아래와 같이 (a) Overhang, (b) Ceiling, (c) Island, (d) Unstable, (e) Base, (f) Raft로 나눌 수 있다.

지지대와 관련된 성형 결함으로는 제작 중 하중으로 인해 아래로 처지는 현상을 'Sagging'이라 하며, 소재가 경화화면서 수축에 의해 뒤틀림이 발생하게 되는데 이러한 현상을 'Warping'이라고 한다.

1) 지지대의 형상과 기능

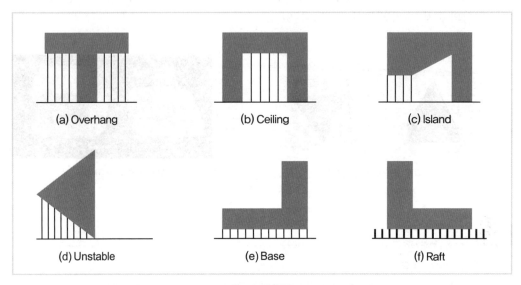

서포트의 분류

① Overhang : 외팔보와 같이 새로 생성하는 층이 받쳐지지 않아 아래로 휘게 되는 경우임
② Ceiling : 양단이 지지되는 경우에도 받치는 기둥의 간격이 크면 가운데 부분에서 처짐이 과도하게 발생함
③ Island : 이전의 단면과는 연결되지 않는 새로운 단면이 등장하는 경우로, 지지대가 받쳐주지 않으면 허공에 떠 있는 상태가 됨
④ Unstable : 특별히 지지대가 필요한 면은 없으나 성형 도중 자중에 의해 스스로 붕괴하는 경우임
⑤ Base : 기초 지지대로 성형 중에 진동, 충격에 의한 성형품의 이동이나 붕괴를 방지하기 위한 지지대임
⑥ Raft : 성형 플랫폼에 처음으로 만들어지는 구조물로 성형 중에는 플랫폼에 대한 접착력을 제공하고 성형 후에는 부품에 손상 없이 분리하기 위한 지지대의 일종임

Check Point

- 액체 상태의 광경화성 수지를 사용하는 광조형법이나 녹인 재료를 주사하여 형상을 제작하는 경우, 조형물이 완성되어 분리될 때까지 조형물의 고정, 파손, 지붕 형상, 돌출 부분의 처짐 현상을 방지하기 위해 지지대가 필요함
- 지지대가 꼭 필요한 경우의 예
  ① Sagging : 성형 결함으로 제작 중 하중으로 인해 아래로 처지는 현상 발생
  ② Warping : 소재가 경화되면서 수축에 의해 뒤틀림이 발생하는 현상 발생
- 지지대를 과도하게 형성할 경우 조형물과의 충돌로 인하여 제품 품질이 하락하고 후공정에 있어서 작업과정을 복잡하고 어렵게 만듦

03 출력 보조물의 제거(후가공)

3D프린터는 적층 성형 방식이므로 표면에 레이어가 남는다. 3D프린터 출력 후 생기는 지지대를 제거하는 것을 후가공이라고 한다.

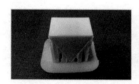

지지대 제거

FDM 방식에서는 강도가 강한 경화된 플라스틱을 제거하므로, 표면이 거칠어지거나 손상이 갈 수 있다. SLA 방식의 경우 광경화성 수지를 사용하기 때문에 모델 재료와 지지대 재료가 같고, 가는 기둥형으로 쉽게 떨어지게 되어 있다. 3DP 방식이나 SLS 방식과 같은 적층기술은 따로 지지대를 사용하지 않기 때문에 파우더만 털어주면 깨끗한 출력물을 얻을 수 있다.

Check Point

- 3D프린터는 적층 성형 방식으로 표면에 레이어가 남게 되고 출력 후에 생긴 지지대를 제거하는 후가공이 필요함
- 대부분의 3D프린터 제작물은 기본적인 후가공으로 지지대가 제거되어야 하며, 그 다음으로 염색이나 코팅 등이 가능함
- 출력물의 완성도를 높이려면 후가공 과정은 필수적임
- 조형 방식과 재료에 따른 지지대 제거 방식
  ① 액상 기반의 재료를 사용하는 SLA, DLP 방식의 경우 광경화성 수지를 사용하므로 모델 재료와 지지대 재료가 똑같고, 가는 기둥형으로 쉽게 떨어지게 되어 있음
  ② 지지대는 자동생성되지만 소프트웨어를 통해 지지대 생성을 하지 않을 수도 있음
  ③ 분말 기반의 재료를 사용하는 3DP, SLS 방식과 같은 적층 기술은 지지대를 사용하지 않기 때문에 분말만 털어주면 출력물을 얻을 수 있음
- **서포트** : 아래가 좁은 형상을 출력하기 위한 지지대
- **베드** : 출력물이 쌓이는 바닥 조형판
- **래프트** : 베드와의 접착력을 높이기 위한 바닥 구조물

(1) 지지대 설정

지지대는 Infill, Support type으로 설정할 수 있다. Infill은 내부 채우기 정도를 말하며, Support Type은 전체 서포트, 부분 서포트, 서포트 없음 세 가지로 나뉜다. 전체 서포트는 형상물 전체에 서포트를 설정해주는 방식이고, 부분 서포트는 지지대를 필요로 하는 부분을 슬라이서 프로그램이 자동으로 설정해주는 방식으로 효율적으로 사용할 수 있다.

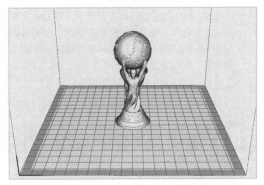

지지대를 필요로 하지 않는 형상물

 Check Point

지지대 설정 방식
지지대 설정은 Infill, Support type 방식으로 크게 설정할 수 있음
- Infill
  ① 내부 채우기 정도를 뜻함
  ② 0%~100%까지 채우기가 가능함
  ③ 채우기 정도가 높아질수록 출력시간이 길어지고 출력물 무게가 무거워지는 단점이 있음
- Support Type
  ① 전체 서포트
    – 형상물 전체에 지지대가 필요한 부분에 슬라이서 프로그램으로 서포트를 설정하는 방식
    – 시간이 오래 소모되지만 형상물의 모양을 최대한 유지하여 출력됨
    – 서포트를 제거하는 데 어려움이 있어 출력물의 품질을 기대하기 어려움
  ② 부분 서포트
    – 지지대가 필요한 부분을 슬라이서 프로그램이 자동으로 설정해주는 방식
    – 효율적임
  ③ 지지대 없음
    지지대를 필요로 하지 않는 형상물을 출력할 때 사용

01 새로 생성하는 층이 받쳐지지 않아 아래로 휘게 되는 경우의 지지대를 무엇이라고 하는가?

① Unstable ② Island

③ Raft ④ Overhang

해설

① Unstable : 특별히 지지대가 필요한 면은 없으나 성형 도중 자중에 의해 스스로 붕괴되는 경우이다.

② Island : 이전 단면과는 연결되지 않는 새로운 단면이 등장하는 경우로, 지지대가 받쳐주지 않으면 허공에 떠 있는 상태가 된다.

③ Raft : 성형 플랫폼에 처음으로 만들어지는 구조물로 성형 중에는 플랫폼에 대한 접착력을 제공하고, 성형 후에는 부품에 손상 없이 분리하기 위한 지지대이다.

정답 ④

02 다음 중 지지대 구조물에 대한 설명으로 옳은 것은?

① 광조형법으로 제작하는 경우 반드시 지지대가 필요하다.

② 베드와의 접착력을 높이기 위한 바닥 구조물을 스커트라고 한다.

③ 지지대를 많이 생성할수록 품질과 안정성이 향상된다.

④ 소재가 경화되면서 수축에 의해 뒤틀림이 발생하는 경우를 Sagging이라고 한다.

해설

액체 상태의 광경화성 수지를 사용하는 광조형법이나 녹인 재료를 주사하여 형상을 제작하는 경우, 조형물이 완성되어 분리될 때까지 조형물의 고정, 파손, 지붕 형상, 돌출 부분의 처짐 현상을 방지하기 위해 지지대가 반드시 필요하다.

② 베드와의 접착력을 높이기 위한 바닥 구조물은 Raft라고 한다.

③ 프린터 출력 후 후가공을 거쳐야 하므로 필요 이상의 지지대는 출력물 품질 향상에 도움이 되지 않는다.

④ 지지대 관련 성형 결함으로 제작 중 하중으로 인해 아래로 처지는 현상을 Sagging이라 하고 소재가 경화되면서 수축에 의해 뒤틀림이 발생하게 되는 현상을 Warping이라고 한다.

정답 ①

03 다음 중 출력 보조물의 제거에 대한 설명으로 옳지 않은 것은?

① 후가공 후에 염색과 코팅 과정을 거친다.

② SLS 방식 지지대는 가느다란 기둥형으로 쉽게 떨어진다.

③ 지지대는 자동으로 생성될 수 있고 소프트웨어로 생성을 하지 않을 수도 있다.

④ DLP 방식은 모델 재료와 지지대 재료가 같다.

SLS 방식은 분말 기반 재료를 사용하여 지지대를 사용하지 않아 분말만 털어주면 된다.

① 대부분 3D프린터 제작물은 지지대를 제거해야 하기 때문에 기본적인 후가공으로 지지대가 제거되어야 하며, 그 다음으로 염색이나 코팅 등이 가능하다.

④ 액상 기반의 재료를 사용하는 DLP 방식은 광경화성 수지를 사용하므로 모델 재료와 지지대 재료가 똑같다.

정답 ②

04 다음 중 지지대 제거에 대한 방법으로 옳지 않은 것은?

① 조형물과 z 띄움간격은 0.15mm~0.18mm 정도로 크게 주지 않아야 한다.

② 서포트 제거가 쉽지 않은 모델링에 조형물과 xy 또는 y 띄움 간격을 조절해준다.

③ 조형물과 xy 띄움 값의 변화는 육안으로 차이를 확인할 수 없으나 서포트 제거가 비교적 쉽다.

④ 지지대가 xy축 상에서 모델링과 떨어져 있는 거리는 기본 값으로 0.7mm로 설정되어 있다.

③ xy 띄움 값의 변화는 육안으로 차이가 보이지만, z값은 미세하게 조정하여 큰 차이를 확인할 수는 없으나 비교적 서포트가 잘 제거된다.

① 잘못 건드릴 경우 서포트의 역할을 제대로 하지 못하게 되므로 변경 값을 크게 주면 서포트의 역할을 잃게 된다.

정답 ③

05 (ㄱ)~(ㄹ)이 설명하는 지지대 구조물에 해당하는 것을 순차적으로 알맞게 나열한 것은?

(ㄱ) 양단이 지지되는 경우에도 받치는 기둥의 간격이 크면 가운데 부분에 처짐이 과도하게 발생하게 됨
(ㄴ) 특별히 지지대가 필요한 면은 없으나 성형 도중 자중에 의해 스스로 붕괴되는 경우
(ㄷ) 성형 중에 진동, 충격에 의한 성형품의 이동이나 붕괴를 방지하기 위한 지지대
(ㄹ) 이전의 단면과는 연결되지 않는 새로운 단면이 등장하는 경우

① Ceiling - Unstable - Base - Island
② Island - Base - Unstable - Ceiling
③ Island - Ceiling - Base - Unstable
④ Ceiling - Base - Unstable - Island

(ㄱ) Ceiling : 양단이 지지되는 경우에도 받치는 기둥의 간격이 크면 가운데 부분에서 처짐이 과도하게 발생한다.

(ㄴ) Unstable : 특별히 지지대가 필요한 면은 없으나 성형 도중 자중에 의해 스스로 붕괴되는 경우이다.

(ㄷ) Base : 기초 지지대로서 충격 등에 의한 성형품의 이동이나 붕괴를 방지하기 위한 지지대이다.

(ㄹ) Island : 이전의 단면과는 연결되지 않는 새로운 단면이 등장하는 경우, 지지대가 받쳐주지 않으면 허공에 떠 있는 상태가 된다.

정답 ①

06 다음 중 지지대 설정에 대한 내용으로 옳은 것은?

① 지지대의 Infill 값을 높이면 출력물 무게에 변화가 생기며 출력시간은 관계 없다.

② 부분 서포트는 지지대가 필요한 부분을 슬라이서 프로그램이 자동으로 설정해주는 방식이다.

③ 지지대의 Infill 값은 자동으로 설정된다.

④ 전체 서포트는 형상물의 모양을 최대한 유지하며 출력되므로 Support type 중 가장 좋은 방식이다.

해설

① Infill 채우기 정도가 높아질수록 출력시간이 길어지고 출력물 무게가 무거워진다.

③ Infill 값은 0%~100%까지 설정이 가능하다.

④ 전체 서포트는 시간이 오래 걸리며 서포트를 제거하는 데 어려움이 있어 출력물 품질을 기대하기 어렵다.

정답 ②

07 다음 중 지지대의 내부 채우기 정도를 말하는 것은?

① Retraction

② Support type

③ Infill

④ Raft

해설

지지대 설정은 Infill, Support type으로 설정할 수 있으며 Infill은 0%~100%로 내부 채우기 정도를 조절할 수 있다.

① 프린트 설정 창에 있는 항목으로 출력 중 녹은 필라멘트가 흐르지 않도록 필라멘트를 뒤로 빼주는 기능을 한다.

④ Raft는 베드와의 접착력을 높이기 위한 바닥 구조물이다.

정답 ③

Chapter 04

슬라이싱

01 제품의 형상 분석

(1) 형상 설계

3D 설계 프로그램을 이용하여 3차원 형상물을 설계하는 것을 형상 설계라고 한다. 이러한 형상을 설계할 때 고려해야 할 사항들이 있다.

첫 번째, 사용자가 어떤 방식으로 설계함에 따라서 3D프린팅 제품의 품질이 결정된다.

두 번째, 3D프린터의 종류, 방식에 따라 나타나는 오차 및 제품의 치수 오류가 나타나기 때문에 사용자는 사용하는 3D프린터의 특징 및 오차 범위를 알아야 한다.

Check Point

- 형상 설계
  ① 형상 분석을 위해 생각이나 디자인을 3차원 형상으로 한 설계가 필요함
  ② 3D 설계 프로그램을 이용하여 3차원 형상물을 설계하는 것을 형상 설계라고 함
- 형상 설계 시 고려 사항
  ① 어떤 방식으로 설계할지에 따라 3D프린팅 제품 품질이 결정됨
  ② 3D프린터에 대한 이해는 필수적이며, 3D프린터 종류와 방식에 따라 나타나는 오차와 제품의 치수 오류가 생길 수 있으므로 사용하는 3D프린터의 특징 및 오차 범위를 숙지하고 있어야 함

1) 3D프린터에 따른 형상 설계 오류

3D프린터로 제품을 제작할 때 프린팅 방식에 따라 형상 설계 오류를 고려해야 한다. FDM 방식의 프린터는 최대 정밀도가 0.1mm 정도로 정밀도가 좋지 않다. 그러므로 설계할 때 정밀도보다 작은 치수를 표현할 수 없다.

SLA 방식은 광경화 방식으로 정밀도가 최대 1~5㎛로 아주 좋은 정밀도를 가진다. 하지만 광경화성 수지의 특징 및 성질을 이해하지 않고 제품의 형상 설계를 하면 제품의 뒤틀림 오차 등이 생길 수 있다.

Check Point

- 3D프린터로 제품 제작할 때 3D프린터에 따른 형상 설계 오류를 고려해야 함
- FDM 방식 3D프린터는 최대 정밀도가 0.1mm 정도로 정밀도가 좋지 않음
- FDM 방식으로 설계 시 정밀도보다 작은 치수 표현은 불가능함
- SLA, DLP 방식의 3D프린터는 정밀도가 최대 1~5μm로 매우 좋은 정밀도를 가짐
- SLA, DLP 방식은 광경화 조형 방식으로 제품을 아주 디테일하게 만들 수 있지만, 광경화성 수지의 성질을 이해하지 못하고 형상 설계를 하면 차후 출력 시 제품의 뒤틀림 오차 등이 발생하게 됨

2) 베이스 면 선택에 따른 특성

3D프린팅 기술은 적층하는 기술로 아래층이 크고 위의 층이 작은 것이 좋기 때문에 제품 형상을 설계할 때 베이스 면에 따른 제품의 특징을 고려해야 뒤틀림과 오차를 최소화할 수 있다.

Check Point

원뿔 모양의 제품을 제작한다고 할 때 아랫면을 베이스로 선택하고 제품을 제작하면 가공면과 치수 정밀도가 좋지만, 옆면을 베이스로 선택하고 제품을 제작할 때에는 별도의 지지대가 필요하고 가공 경로 역시 복잡하다.

(2) 형상 분석

형상 분석은 형상의 확대, 축소, 회전, 이동을 통하여 지지대 사용 없이 성형되기 어려운 부분을 찾는 역할을 한다.

1) 형상물의 회전

① 형상물 회전은 형상물에 3개의 원모양을 조작하여 이뤄짐
② 3개의 원모양은 각 X, Y, Z축을 의미하며 원하는 방향으로 회전하여 형상을 분석할 수 있음

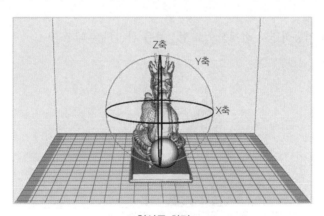

형상물 회전

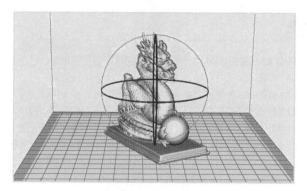

X축으로 45도 회전

2) 확대 및 축소 기능

확대 및 축소 기능은 설계한 형상물을 자세히 관찰하여 지지대 사용 없이 출력하기 어려운 부분을 찾아내며, 출력 시 오류 부분을 찾는 데 쓰임

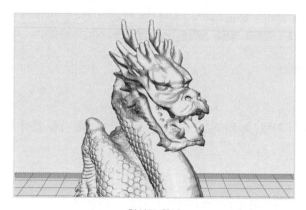

형상물 확대

3) 이동 기능

좌, 우, 앞, 뒤를 이동하면서 전체적으로 형상물을 관찰하는 데 쓰임

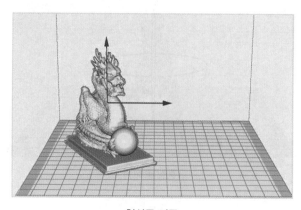

형상물 이동

최적의 적층 값 설정

(1) 적층 값

적층 값이란 레이어 해상도, 레이어 두께라고도 표현하며 3D프린터가 형상물을 출력하는데 적층하는 기본 설정 값을 뜻함

Check Point

- 적층 값은 3D프린터가 형상물을 출력하는 데 적층하는 수치
- 적층 값은 3D프린터마다 다르며 적층 값이 높을수록 정밀도가 떨어짐

(2) 적층 값의 범위

1) Surface 출력 두께

3차원 구조물 면이 두껍지 않으면 3D프린터에서 출력되지 않는다. 즉 모델의 벽 두께는 0.5mm보다 얇으면 출력되지 않는다.

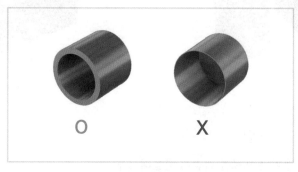

Surface 출력 두께

Check Point

- 3차원 모델의 벽 두께가 0.5mm보다 얇으면 출력이 원활하지 않음
- 기본적인 적층 값의 범위 : 0.06mm~0.1mm

2) Model 면 Open 및 Close

① 3차원 모델의 면 사이가 전부 막혀있어야 출력이 됨
② 면이 오픈되어 있으면 하나의 Solid로 인식되어 오류 메시지가 발생함

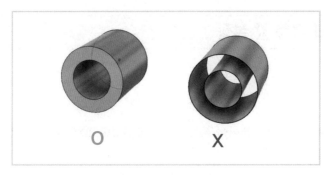

Model 면 Open 및 Close

3) 모서리

① 1개 이상의 출력물을 한 번에 출력할 때는 구조물 간 간격 조정이 필요함

② 출력물이 접촉되어 있으면 구조물 제작이 어려움

③ 모서리나 한쪽 면이 접촉되어 있으면 하나의 구조물로 제작되며, 모델 간 0.1mm 이상 간격을 두어야 함

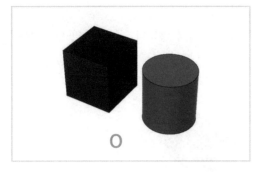 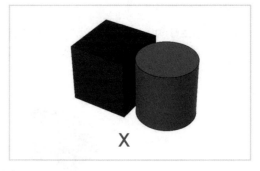

모서리

4) Model의 재료 및 스케일

① 모델 제작 용도에 따라 재료를 적절히 사용해야 함

② 3차원 모델 스케일을 조정하여 프린터 재료 및 작동 시간을 조정할 수 있음

모델 제작의 쓰임과 목적에 따른 재료 선택

5) 3D프린터의 출력 범위

① 프린터 출력 범위에 맞게 구조물을 설계해야 함

② 출력 범위를 벗어나면 프린팅이 되지 않음

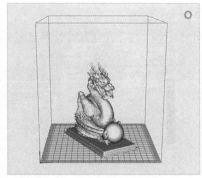

3D프린터의 출력 범위

6) 구조물의 안정성

힘이나 하중을 받는 모델을 설계할 때 구조물 품질 향상을 위해서는 안정적인 설계가 무엇보다 중요함

구조물의 안정성

03 슬라이싱

(1) 슬라이싱(Slicing) 개념 및 종류

3D프린터 구동을 위한 G-code 생성 프로그램을 슬라이서 프로그램이라고 한다. 대표적인 슬라이싱 프로그램은 CURA, 메이커 봇 데스크톱 소프트웨어, SIMPLIFY 3D가 있다.

G코드란 모터의 움직임을 제어하기 위한 좌푯값이 기입되어 있는 코드로서 3D프린터 외에도 CNC, Laser 커팅기 등 다양한 장비들에서도 사용된다.

 Check Point

> • G코드
> 모터의 움직임을 제어하기 위한 좌푯값이 기입되어 있는 코드
> 예 '첫 줄의 x, y 좌표에서 그다음 줄 x, y 좌표로 이동하면서 재료를 몇 mm 그램을 사출하면서 지나가라'
> • G코드 생성을 위한 프로그램
> ① 3D프린터 구동을 위한 G-code 생성 프로그램을 슬라이서 프로그램이라고 함
> ② CNC 등에서는 CAM 프로그램으로 부르기도 함

1) CURA

얼티메이커사에서 제작한 대표적인 무료 슬라이서 프로그램

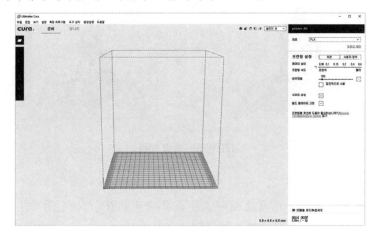

CURA 메인 화면

2) 메이커 봇 데스크톱 소프트웨어

대표적인 기능으로 싱기버스 홈페이지와 연동되어 디자인한 3D모델링을 찾아볼 수 있음

3) SIMPLIFY 3D

① 대표적인 유료 슬라이서 프로그램으로 무료 버전보다 많은 기능을 지원함
② 대표적인 특징
    ⓐ 지지 물질의 위치, 크기, 각도를 사용자가 지정할 수 있음
    ⓑ 최적화된 듀얼 압출로 듀얼 컬러 부품을 제작할 수 있으며 이중 압출 인쇄 작업 설정의
       간소화가 특징
    ⓒ 멀티 파트 인쇄 기능, 효율성을 높이기 위하여 인쇄 부분을 나눠 인쇄할 수 있음

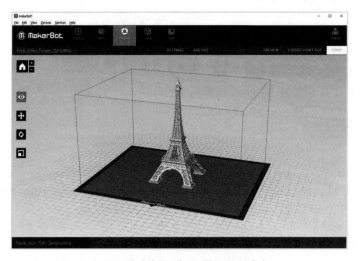

CURA 메이커 봇 데스크톱 소프트웨어

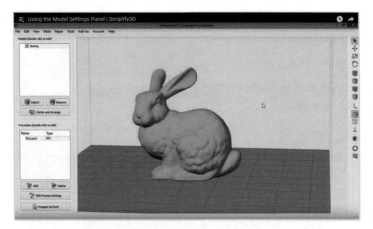

SIMPLIFY 3D

(2) 슬라이서 프로그램 운용

출력 품질, 내부 채움, 출력 속도, 출력 온도, 출력 보조물의 사용 여부, 장비 설정을 통해 출력물의 품질을 우수하게 할 수 있다.

1) Quality

- 출력 품질을 좌우함
- 레이어 두께 또는 레이어 높이
- 높이나 두께 설정 시 사용

① Layer height

ⓐ 3D프린터 출력 시 한 층의 높이를 설정하는 옵션
ⓑ 사용할 프린터의 최대 높이와 최저 높이 사이의 값으로 설정
ⓒ 높이가 낮을수록 출력물의 품질이 좋아짐

② Shell thickness

ⓐ 벽 두께로 출력물의 두께를 설정하는 옵션
ⓑ 내부를 가득 채운다면 설정할 필요가 없음
ⓒ 내부 채우기를 적게 하면서 출력물을 단단하게 하고 싶다면 Shell thickness 옵션 값을 높여서 두께를 두껍게 하면 됨

③ Enable retraction

서로 떨어져 있는 모델을 출력하면 헤드가 모델 사이를 이동하면서 모델 간 떨어져 있는 부분에 헤드에서 녹아 나온 필라멘트가 실처럼 생기게 됨. 이때의 필라멘트를 줄여주는 기능을 함

2) Fill

- 속을 채우는 기능

- 내부 채움 기능 : 출력물 위·아래의 두께를 늘려주는 기능과 출력물의 속을 채워주는 내부 밀도 기능으로 구성됨

① Bottom / Top thickness (mm)

출력물의 위/아래 두께를 늘려주는 기능

② Fill density (%)

ⓐ 출력물 속을 채우는 기능

ⓑ 100%로 출력하면 단단하지만 출력 시간과 재료 소모가 커지고, 너무 채우지 않으면 출력물이 약해서 쉽게 파손됨

3) Speed and Temperature

속도 조절을 위해서 속도, 온도 옵션을 사용

① Print speed (mm/s)

ⓐ 출력 속도는 프린팅하는 속도를 조절하는 옵션

ⓑ 빠를수록 품질이 저하됨

ⓒ 일반 품질은 50 정도, 고품질은 20~30으로 설정하는 것이 좋음

4) Machine

① Nozzle size : 노즐 사이즈를 설정하는 옵션

5) Support

① Support Type : None, Touching buildplate, Everywhere의 옵션 기능을 가짐

ⓐ None : 서포트가 없도록 설정

ⓑ Touching buildplate : 출력물과 플레이트 사이에만 서포트가 생성되고 출력물과 출력물 사이에는 생성되지 않게 하는 옵션

ⓒ Everywhere : 서포트가 필요한 모든 곳에 서포트를 생성하는 옵션

② Platform adhesion type [베드 고정 타입] 옵션

ⓐ None(사용 안 함) : 베드 부착을 하지 않음

ⓑ Brim(브림)

㉠ 첫 번째 레이어를 확장시켜 플레이트에 베드 면을 깔아주는 옵션

㉡ 출력할 때 플레이트와 출력물이 잘 붙지 않을 때 사용함

ⓒ Raft(래프트)

㉠ 출력물 아래에 베드 면을 깔아주는 옵션

㉡ 출력 후 때어낼 수 있게 되어 있음

6) 기타 설정 값

래프트 옵션, 압출량, 출력부의 온도 설정, 출력부의 이송 속도, 재료의 채움 정도 등

Check Point

- 고체 기반의 소재를 사용하는 3D프린팅 방식의 경우
  - 3D프린터의 출력 사이즈는 300mm 미만인 경우가 많음
  - 적층 두께는 0.1~0.5mm 정도
- 분말 기반의 소재를 사용하는 3D프린팅 방식의 경우
  - 레이저 파워 50와트
  - 최소 적층 두께 10μm

01 다음 중 3차원 형상물 설계에 대한 설명으로 옳은 것은?

① FDM 방식의 제품 제작 시 정밀도보다 작은 치수 표현이 가능하다.

② SLA 방식은 최대 1~5μm의 좋은 정밀도를 가진다.

③ DLP 방식은 높은 정밀도로 디테일한 제품 제작이 가능하며 제품 뒤틀림은 없다.

④ 원뿔 모양 제품 제작 시 아랫면보다 옆면을 베이스로 선택하는 것이 좋다.

해설

① FDM 방식의 프린터는 최대 정밀도가 0.1mm 정도로 정밀도가 좋지 않아 설계할 때 정밀도보다 작은 치수를 표현할 수 없다.

③ SLA, DLP 방식은 광경화 조형 방식으로 제품을 디테일하게 만들 수 있지만 광경화성 수지의 성질을 이해하지 못하고 형상 설계를 하면 차후 출력 시 제품의 뒤틀림 오차 등이 발생하게 된다.

④ 3D프린팅 기술은 적층하는 기술로 아래층이 크고 위의 층이 작은 것이 좋으며 원뿔 모양의 경우 옆면을 베이스로 하면 별도의 지지대가 필요하고 가공 경로도 복잡해진다.

정답 ②

02 형상의 확대, 축소, 회전 등을 통하여 지지대 없이 성형되기 어려운 부분을 찾는 역할을 하는 것은 무엇인가?

① 형상 분석   ② 형상 설계   ③ 스캐닝   ④ 페어링

해설

형상 분석은 형상의 확대, 축소, 회전, 이동을 통하여 지지대 사용 없이 성형되기 어려운 부분을 찾는 역할을 한다.

② 3D 설계 프로그램을 이용하여 3차원 형상물을 설계하는 것이다.

④ 페어링은 스캔 데이터 보정의 과정이다.

정답 ①

03 다음 중 적층 값에 대한 설명으로 틀린 것은?

① 레이어 해상도 또는 레이어 두께라고도 표현한다.

② 3D프린터마다 적층 값이 다르다.

③ 3차원 구조물의 벽 두께는 0.1mm보다 두꺼우면 출력에는 문제가 없다.

④ 적층 값이 높으면 정밀도가 떨어진다.

해설

3차원 모델의 벽 두께가 0.5mm보다 얇으면 출력이 원활하지 않다.

기본적인 적층 값의 범위 : 0.06mm~0.1mm

적층 값은 레이어 해상도, 레이어 두께라고도 표현하며 3D프린터마다 값이 다르고, 적층 값이 높을수록 정밀도가 떨어진다.

정답 ③

04 최적의 제품 출력을 위해 확인해야 할 사항으로 옳은 것은?

① 프린터 출력 범위를 벗어나면 출력 범위 내에 모델링만 출력된다.
② 모서리나 한쪽 면이 접촉되어 있으면 모델 간 0.1mm 이상 간격을 두어야 한다.
③ 3차원 모델 스케일을 조정하여 프린터 재료를 조정할 수 있으나 작동 시간을 조정할 수는 없다.
④ 하중을 받는 모델의 설계 시 품질 향상을 위해 재질을 가장 우선으로 따져봐야 한다.

해설

① 3D프린터 출력 범위를 벗어나면 프린팅되지 않는다.
③ 3차원 모델 스케일을 조정하여 프린터 재료 및 작동 시간을 조정할 수 있다.
④ 힘이나 하중을 받는 모델을 설계할 때 구조물 품질 향상을 위해서는 안정적인 설계가 무엇보다 중요하다.

정답 ②

05 노즐 사이즈를 설정할 수 있는 옵션의 프로그램 설정은?

① Quality
② Fill
③ Machine
④ Support

해설

Machine의 Nozzle size를 통해 노즐 사이즈를 설정할 수 있다.
① Quality : 출력 품질을 좌우하고 레이어 두께 또는 레이어 높이를 설정할 때 사용한다.
② Fill : 출력물의 위·아래 두께를 늘려주는 기능과 출력물의 속을 채워주는 내부 밀도 기능으로 구성되어 있다.

정답 ③

06 슬라이서 프로그램에 대한 설명으로 옳지 않은 것은?

① CAM 프로그램으로 불리기도 한다.
② 프린터의 속도 조절이 가능하다.
③ 대표적인 슬라이서 프로그램은 모두 무료로 사용이 가능하다.
④ 3D프린터 구동을 위한 G코드 생성 프로그램이다.

해설

SIMPLIFY 3D의 경우 대표적인 유료 슬라이서 프로그램으로 무료 버전보다 많은 기능을 지원한다.

정답 ③

07 슬라이서 프로그램의 기능에 대해 옳은 것은?

① Layer height는 높이가 높을수록 출력물 품질이 좋아진다.

② Print speed는 고품질 출력물의 경우 수치를 높여준다.

③ Brim(브림)은 출력물 아래에 베드 면을 깔아주는 옵션이다.

④ 내부를 가득 채운다면 Shell thickness은 설정할 필요가 없다.

해설

Shell thickness는 출력물의 벽 두께를 설정하는 옵션으로 내부를 가득 채운다면 설정할 필요가 없다. 내부 채우기를 적게 하면서 출력물을 단단하게 하고 싶다면 Shell thickness 옵션 값을 높여서 두께를 두껍게 하면 된다.

① Layer height의 높이가 낮을수록 출력물의 품질이 좋아진다.

② Print speed는 일반 품질은 50 정도, 고품질은30~20으로 설정하는 것이 좋다.

③ Brim(브림)은 첫 번째 레이어를 확장시켜 플레이트에 베드 면을 깔아주는 옵션이고, Raft(래프트)는 출력물 아래에 베드 면을 깔아주는 옵션이다.

정답 ④

08 SIMPLIFY 3D에 대한 설명으로 틀린 것은?

① 지지 물질의 위치와 크기는 사용자가 지정할 수 있지만 각도는 지정할 수 없다.

② 대표적인 유료 슬라이서 프로그램으로 무료 버전보다 많은 기능을 지원한다.

③ 효율성을 높이기 위하여 인쇄 부분을 나눠서 인쇄할 수 있다.

④ 이중 압출 인쇄 작업 설정의 간소화가 특징이다.

해설

SIMPLIFY 3D는 대표적인 유료 슬라이서 프로그램으로 무료 버전보다 많은 기능을 지원한다. 지지물질의 위치, 크기, 각도를 사용자가 지정할 수 있고, 효율성을 높이기 위하여 인쇄 부분을 나눠 인쇄할 수 있다. 최적화된 듀얼 압출로 듀얼 컬러 부품을 제작할 수 있으며 이중 압출 인쇄 작업 설정의 간소화가 특징이다.

① 지지 물질의 위치와 크기, 각도를 사용자가 지정할 수 있다.

정답 ①

Chapter 05

G코드 생성

01 슬라이싱 상태 파악

(1) 가상 적층

가상 적층이란 실제로 재료를 적층하기 전에 슬라이싱 소프트웨어를 통해 출력될 모델을 미리 볼 수 있는 기능으로 서포트 종류와 브림이나 래프트 등의 모양을 미리 알 수 있다.

Check Point

- 3D프린터에서 실제로 재료를 적층하기 전 슬라이싱 소프트웨어를 통해 출력될 모델을 볼 수 있음
- 가상 적층을 실시하게 되면 서포트 종류, 브림, 래프트 등의 모양을 미리 알 수 있음
- 실제로 출력 후 원하는 대로 모델이 나오지 않아서 재출력할 일이 줄어듦

(2) 가상 적층 보는 법

가상 적층 시 경로, 서포트, 플랫폼을 확인해야 함

1) 경로

① 3D프린터의 헤드가 움직이는 경로를 나타냄
② 시작 시 보통 모델 외부에서 들어와서 출력 후에는 상부로 나감

2) 서포트

형상이 흘러내리지 않도록 함

3) 플랫폼

플랫폼을 통해 래프트와 브림을 살펴볼 수 있음

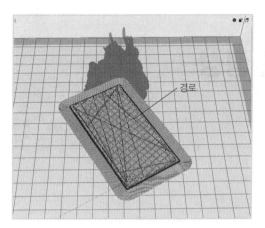

경로를 나타내는 파란 선

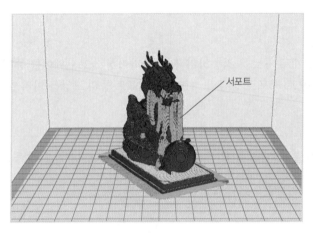

서포트

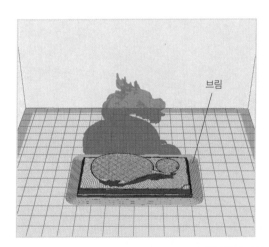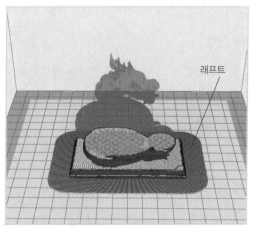

브림(Brim)과 래프트(Raft)

슬라이싱 적층 단계 보기

슬라이싱된 파일을 활용하여 실제 적층을 하기 전 가상 적층을 실시하여 슬라이싱의 상태를 파악할 수 있다.

1. 슬라이서(Slicer) 프로그램을 통하여 실행 및 파일을 불러올 수 있다.

2. 우측 상단의 View Mode를 클릭한 후 Layers 메뉴를 클릭할 수 있다. View Mode를 클릭하면 아래 우측 그림과 같은 메뉴가 뜬다.

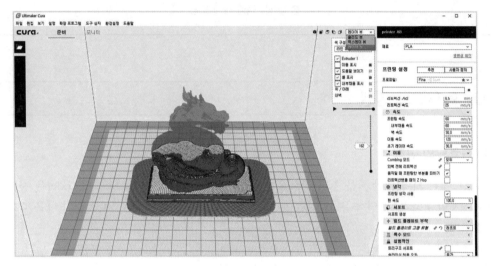

View 메뉴 화면

3. 우측 하단에 보이는 스크롤을 드래그하여 슬라이싱 상태를 확인할 수 있다.

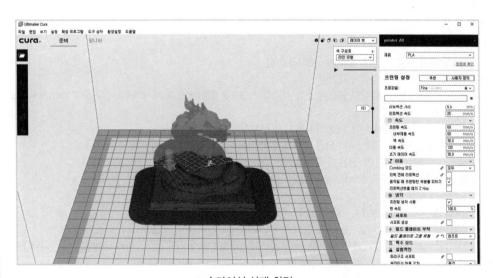

슬라이싱 상태 화면

4. 슬라이싱 단계적 모습을 아래 표를 통하여 확인할 수 있다.

적층 88단계	적층 250단계	적층 완료
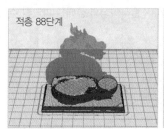	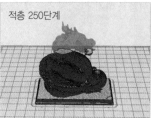	

슬라이싱 적층 단계 모습

02 G코드 생성

(1) G코드의 규칙

G코드에서 지령의 한 줄을 블록(block)이라 하고 1회 유효 지령(One Shot G Code)은 지시된 블록에서만 유효하다. 연속 유효 지령(Modal G Code)은 같은 그룹의 다른 G코드가 나올 때까지 유효하다.

블록의 해석에서 주석은 제거되고 주석으로는 세미콜론 ';'과 괄호 '( )'가 사용된다. 남은 문자열은 다시 워드(word)로 분리된다. 어드레스는 준비기능 'G', 보조기능 'M', 기타 기능으로 'F', 'S', 'T', 그리고 좌표어로 'X', 'Y', 'Z', 'I', 'J', 'K', 'A', 'B', 'C', 'D', 'E', 'R', 'C', 'P' 등이 있다.

 Check Point

G코드의 규칙
- G-code에서 지령 한 줄을 블록(block)이라고 함
- 블록의 해석에서 우선 주석이 제거됨
- 주석은 기계에 대한 직접적인 명령은 없고 사용자가 코드를 읽기 쉽도록 해석해주는 문장으로 세미콜론 ';'과 괄호 '( )'가 사용됨
- 세미콜론은 해당 블록에서 이 기호 이후의 모든 문자가 주석임을 뜻함
- 괄호는 괄호를 포함한 괄호 내의 모든 문자가 주석임을 뜻함
- 블록에서 주석을 제거한 후 남은 문자가 없으면 다음 블록이 실행됨
- 남은 문자열은 다시 워드(word)로 분리됨
- 어드레스의 분류
  - 준비기능 'G', 보조기능 'M', 기타 기능 'F', 'S', 'T'
  - 좌표어로 'X', 'Y', 'Z', 'I', 'J', 'K', 'A', 'B', 'C', 'D', 'E', 'R', 'C', 'P' 등이 있음
  - 데이터는 숫자인데 정수 또는 실수가 사용되며, 정수와 실수를 동시에 줄 수 있는 경우에는 소수점의 유무에 따라 단위가 달라지므로 주의가 필요함

G코드	그룹	기능	용도
G00	01	위치결정	공구의 급속 이송
G01		직선 보간	직선 가공
G02		원호 보간	시계 방향으로 원호를 가공
G03		원호 보간	반시계 방향으로 원호를 가공
G04	00	드웰	지령 시간 동안 절삭 이송을 일시정지
G09		정위치 정지	블록 종점에서 정위치 정지
G10		데이터 설정	L_에 따라 다양한 데이터 등록
G11		데이터 설정 취소	다양한 데이터 프로그램 입력 취소
G15	17	극좌표 지령 취소	G16 기능 취소
G16		극좌표 지령	각도 값의 극좌표 지령
G17	02	X–Y 평면	작업평면 지정 X–Y
G18		Z–X 평면	작업평면 지정 Z–X
G19		Y–Z 평면	작업평면 지정 Y–Z
G20	06	인치 데이터 입력	단위를 인치로 지정
G21		mm 단위로 데이터 입력	mm로 좌푯값의 단위를 지정
G22	09	행정제한 영역 설정	안전을 위해 일정 영역 금지
G23		행정제한 영역 Off	G22 기능 취소
G27	00	원점 복귀 점검	원점으로 복귀 후 점검
G28		자동 원점 복귀	원점으로 복귀
G30		제2 원점 복귀	제2 원점 복귀
G31		스킵(Skip) 기능	블록의 가공 중 다음 블록으로 넘어간 후 실행
G33	01	나사 가공	헬리컬 절삭으로 나사 가공
G37	00	자동 공구 길이 측정	자동으로 공구 길이 측정
G40	07	공구경 보정 취소	공구경 보정 해제
G41		공구경 좌측 보정	좌측 방향으로 공구 진행 방향 보정
G42		공구경 우측 보정	우측 방향으로 공구 진행 방향 보정
G43	08	공구 길이 보정 +	공구 길이 보정이 z축 방향으로 +
G44		공구 길이 보정 −	공구 길이 보정이 z축 방향으로 −
G45	00	공구 위치 오프셋 신장	이동 지령을 정량만큼 신장
G46		공구 위치 오프셋 축소	이동 지령을 정량만큼 축소
G47		공구 위치 2배 신장	이동 지령을 정량의 2배 신장
G48		공구 위치 2배 축소	이동 지령을 정량의 2배 축소
G49	08	공구 길이 보정 취소	공구 길이 보정 모드 취소
G50	11	스케일링 취소	크기 확대, 축소
G51		스케일링	스케일링 및 미러 이미지 지령
G52	00	로컬 좌표계 설정	절대 좌표계에서 다른 좌표계 설정
G53		기계 좌표계 설정	기계 원점을 기준으로 좌표계 선택

G코드	그룹	기능	용도
G54	14	공작물 좌표계 1 선택	원점으로 공작물 기준을 설정하여 좌표계를 6개까지 설정 가능
G55		공작물 좌표계 2 선택	
G56		공작물 좌표계 3 선택	
G57		공작물 좌표계 4 선택	
G58		공작물 좌표계 5 선택	
G59		공작물 좌표계 6 선택	
G60	00	한 방향 위치 결정	공정밀도 위한 한 방향 위치 결정
G61	15	정위치 정지 모드	정위치에 정지 확인 후 다음 가공
G62		자동 코너 오버라이드	공구 원주부의 이송속도 차이 보정
G63		tapping 모드	이송속도 고정, tapping 가공
G64		연속 절삭 모드	연결된 교점 부분을 가공
G65	00	매크로 호출	지령된 블록에서만 단순 호출
G66	12	매크로 모달 호출	각 블록에서 호출
G67		매크로 모달 취소	매크로 해제
G68	16	좌표 회전	기울어진 형상을 회전
G69		좌표 회전 취소	좌표 회전 기능 취소
G73	09	고속 심공 드릴 사이클	고속 드릴링 사이클
G74		왼나사 태핑 사이클	왼나사 가공
G76		정밀 보링 사이클	구멍이 있는 바닥에서 공구 시프트하는 사이클
G80		고정 사이클 취소	고정 사이클 해제
G81		드릴링 사이클	드릴 또는 센터드릴 가공의 사이클
G82		카운터 보링 사이클	구멍 바닥에서 공구 시프트하는 사이클
G83		심공 드릴 사이클	가공 고정 사이클
G84		태핑 사이클	탭 나사 가공 고정 사이클
G85		보링 사이클	절입 및 복귀 시 왕복 절삭 가능
G86		보링 사이클	황삭 보링 작업용 고정 사이클
G87		백 보링 사이클	구멍 바닥면을 보링할 때 사용
G88		보링 사이클	수동 이송이 가능한 보링 사이클
G89		보링 사이클	구멍이 난 바닥에서 드웰을 하는 보링 사이클
G90	03	절대 지령	절대 지령 선택
G91		증분 지령	증분 지령 선택
G92	00	공작물 좌표계 설정	공작물 좌표계 설정
G94	05	분당 이송	1분 동안 공구 이송량 지정
G95		회전당 이송	회전당 공구 이송량 지정
G96	13	주속 일정 제어	공구와 공작물의 운동속도를 일정하게 제어
G97		주축 회전수 일정 제어	분당 RPM 일정
G98	10	고정 사이클 초기점 복귀	종료 후 초기점으로 복귀
G99		고정 사이클 R점 복귀	종료 후 R점으로 복귀

(2) 준비기능 G코드(G : preparation function)

준비기능(G : preparation function)은 로마자 G 다음에 2자리 숫자(G00~G99)를 붙여 지령한다. 준비 기능들은 17개의 모달 그룹(modal group)으로 분류되어 있다. 이들 중 0번으로 분류된 명령들은 한 번만 유효한 명령이며 1번부터의 모달(modal) 그룹의 명령은 같은 그룹의 명령이 다시 실행되지 않는 한 지속적으로 유효하다.

Check Point

- 준비기능은 로마자 G 다음에 2자리 숫자(G00~G99)를 붙여 지령함
- 제어장치의 기능을 동작하기 전 준비하는 기능
- 준비기능(G코드)이라고 부름
- 총 17개의 모달 그룹(modal group)으로 분류되어 있음
  - 0번으로 분류된 명령들은 한 번만 유효한 원샷(one-shot) 명령으로 이후의 코드에 전혀 영향을 미치지 않는다. 그래서 좌표계의 설정이나 기계원점으로의 복귀 등 주로 기계 장치의 초기 설정에 관한 것이다.
  - 1번부터의 모달(modal) 그룹의 명령은 같은 그룹의 명령이 다시 실행되지 않는 한 지속적으로 유효함

(3) G코드 명령

1) 좌표 지령의 방법

좌표 지령의 방법에는 절대(absolute) 지령과 증분(incremental) 지령으로 구분된다. 두 지령은 모두 모달 그룹 3에 해당되며, 절대 지령은 'G90'을 사용하고 증분 지령은 'G91'을 사용한다. 절대 지령은 좌표를 지정된 원점으로부터의 거리로 나타내는 방식이다. 증분지령은 현재 헤드가 있는 위치를 기준으로 해당 축 방향으로의 이동량으로 위치를 나타낸다.

다음은 같은 목표점의 좌표를 절대 지령과 증분 지령으로 보여준다.

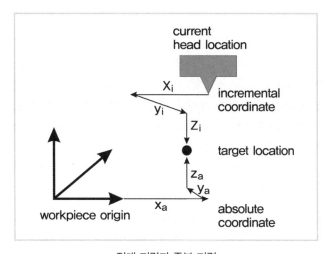

절대 지령과 증분 지령

2) 헤드 이송 명령(보간 기능)

전체 G-code 중 가장 많은 부분을 차지하는 명령으로 헤드를 직접 이송하는 모달 그룹 1에 해당한다. 이 명령은 현 위치에서 X축, Y축, Z축 등의 좌표어로 주어진 목표 위치까지 이송하는 것을 목표로 한다.

3) 기타 준비기능

① G04 대기(Dwell) 지령

ⓐ 아무 변화 없이 특정 시간 동안 기계가 기다려야 할 경우 사용할 수 있는 명령

ⓑ 대기 지령은 같은 블록에 X나 P로 대기 시간을 지정해야 하며, X는 소수점이 있는 실수로 초 단위로 정지 시간을 지령함

ⓒ P는 소수점이 없는 정수로 밀리초(millisecond) 단위로 정지 시간을 지령함

② G28 원점복귀를 위한 명령

ⓐ 대부분의 3D프린터는 헤드의 현재 위치를 기억하는 기능이 없어 이러한 경우 전원을 투입하고 최초 한 번은 반드시 기계 원점으로 복귀를 해야 정확한 위치로 이동할 수가 있음

ⓑ 대부분의 프린터는 G-code를 직접 입력하는 것이 아니라 장치 운용기능으로 원점 복귀가 가능하도록 설계되어 있음

ⓒ 대부분의 경우 급속 이송으로 기계원점까지 자동 복귀됨

③ G92 공작물 좌표계(workpiece coordinate) 설정 명령

해당 블록에 존재하는 좌표어의 좌표를 주어진 데이터로 설정해 줌

㉘ 만일 'G92 X10 Z0'라는 블록이 있다면 현재 헤드가 위치한 장소의 좌표 X는 10, Z는 0이 되도록 원점을 이동시키며, 언급되지 않은 Y나 E 등의 방향으로는 원점의 위치가 이동하지 않는다.

4) 보조기능 M코드

준비기능은 헤드 움직임과 관계된 지령이지만, 보조기능은 헤드 이외의 장치 제어와 관련된 기능들로 구성되어 있으며 M코드는 장치별로 다른 경우가 많다.

① 3D프린팅에서 자주 사용되는 M코드들

ⓐ M190

㉠ 조형을 하는 플랫폼을 가열하는 기능

㉡ 동일 블록에 'S' 어드레스를 이용한 가열 최소 온도 지정, 'R' 어드레스를 이용한 피드백 제어에 의해 정확한 온도가 유지되도록 설정할 수 있음

ⓑ M109

㉠ ME 방식(소재 압출 방식)의 헤드에서 소재를 녹이는 열선의 온도를 지정, 해당 조건에 도달할 때까지 가열 혹은 냉각을 하면서 대기하는 명령

㉡ 동일한 블록에 어드레스로 'S'는 열선의 최소 온도, 'R'은 최대 온도를 설정할 수 있음

ⓒ M73

㉠ 장치의 제작 진행률 표시창에 현재까지 제작이 진행된 정도를 백분율로 표시

㉡ 동일한 블록에 어드레스로 P를 사용하여 진행률 값을 지정할 수 있음

ⓓ M135

㉠ 헤드의 온도 조작을 위한 PID 제어의 온도 측정 및 출력 값 설정 시간간격을 지정하는 명령

㉡ 'S' 어드레스로 밀리초 단위의 시간 값을 줄 수 있음

㉢ 'T' 어드레스와 사용된다면 사용할 헤드를 데이터로 주어진 정수를 변경하라는 의미

㉘ 'M135 T0'라는 예가 있다면, 이 블록 이후에는 0번 헤드를 사용한다는 의미이다.

ⓔ M104

㉠ 헤드의 온도를 지정하는 명령

㉡ 어드레스로 온도 'S'와 헤드번호 'T'가 이용 가능함

ⓕ M133

㉠ 특정 헤드를 'M109'로 설정한 온도로 재가열하도록 하는 기능

㉡ 헤드 번호를 나타내는 'T' 어드레스와 함께 사용할 수 있음

ⓖ M126, M127

㉠ 헤드에 부착된 부가 장치 등을 켜고 끄는 기능

㉡ 어드레스로 'T'는 해당하는 헤드의 번호

01 슬라이싱 상태를 미리 파악할 수 있는 기능을 무엇이라고 하는가?

① 데이터 클리닝   ② 스캐너 보정
③ 가상 적층   ④ 렌더링 기능

해설

① 데이터 클리닝은 스캔 데이터 보정 기능이다.
② 스캐너 보정은 스캐닝 이전에 수행하는 과정이다.
④ 렌더링은 3D로 제작된 결과물을 출력하는 계산 과정이다.

정답 ③

02 3D프린터를 실제 적층하기 전 슬라이싱 소프트웨어를 통해 출력 모델을 미리 볼 수 있는 기능에 대한 설명으로 옳지 않은 것은?

① 적층되는 모습의 결과물을 확인할 수 있으며 단계적인 모습을 임의로 확인할 수 없다.
② 플랫폼을 통해 브림을 살펴볼 수 있다.
③ 서포트의 종류와 모양을 미리 알 수 있다.
④ 경로는 3D프린터의 헤드가 움직이는 경로를 나타낸다.

해설

• 슬라이서 프로그램의 View 메뉴 등을 통해 적층 단계별 모습을 확인할 수 있다.
• 문제의 내용은 가상 적층을 말하는 것으로 가상 적층 시에는 경로, 서포트, 플랫폼을 확인해야 한다.

정답 ①

03 다음 중 G코드에 대한 설명으로 옳은 것은?

① 준비기능 G코드는 17개의 모달 그룹으로 분류되며 1번부터의 모달 그룹 명령은 동일 그룹 명령이 재실행되지 않으면 계속 유효하다.
② 좌표 지령은 절대 지령과 증분 지령이 있으며 모두 모달 그룹 1에 해당한다.
③ 어드레스는 준비기능 G, 보조기능 M, 좌표어로 F, S, T가 있다.
④ 절대 지령은 기계가 해석하기에 유리한 방식으로 코드를 통해 현재 위치를 알기가 어려운 단점이 있다.

해설

② 두 지령은 모두 모달 그룹 3에 해당된다.
③ 좌표어로 'X, Y, Z, I, J, K, A, B, C, D, E, R, C, P' 등이 있으며 기타 기능으로 'F, S, T'가 있다.
④ 절대 지령은 현재 가공할 위치가 어디인지 직관적으로 알 수 있어 사람이 코드를 읽기 쉬운 장점이 있으며, 증분 지령은 기계가 해석하기에는 유리한 방식이지만 코드를 보고 현재 어떤 위치인지 알기가 어려운 단점이 있다.

정답 ①

04 헤드 이송 명령에 대한 설명으로 옳지 않은 것은?

① 모달 그룹 1에 해당한다.

② 해당 블록에 존재하는 좌표어의 좌표를 주어진 데이터로 설정해 준다.

③ 계단, 램프, S자의 속도 분포의 이송 속도를 갖는 명령은 'G01 명령'이다.

④ 현 위치에서 좌표어로 주어진 목표 위치까지 이송하는 것을 목표로 한다.

해설

②는 'G92 공작물좌표계(workpiece coordinate)' 설정 명령이다.

정답 ②

05 다음 중 M코드에 대한 설명으로 옳은 것은?

① 'M109'는 동일한 블록에 어드레스로 S는 열선의 최대 온도, R은 최소 온도를 설정할 수 있다.

② 헤드 움직임과 관계된 지령이다.

③ 'M109'는 헤드의 온도를 지정하는 명령이다.

④ 장치별로 다른 경우가 있다.

해설

M코드는 장치별로 다른 경우가 많다.

① M109는 동일한 블록에 어드레스로 S는 열선의 최소 온도, R은 최대 온도를 설정할 수 있다.

② 헤드 움직임과 관련된 지령은 준비기능이다.

③ 헤드의 온도를 지정하는 명령어는 'M104'이다.

정답 ④

06 기계에 대한 직접적인 명령은 없고 코드를 읽기 쉽도록 해석해 주는 것에 대한 내용으로 알맞은 것은?

(ㄱ) 이것이 제거되면 다음 블록이 바로 실행된다.

(ㄴ) 괄호는 괄호를 제외한 괄호 내의 문자가 이것을 뜻한다.

(ㄷ) 세미콜론이 이에 해당한다.

(ㄹ) 블록 해석에서 우선 제거된다.

① (ㄱ), (ㄷ)   ② (ㄴ), (ㄷ)   ③ (ㄷ), (ㄹ)   ④ (ㄴ), (ㄹ)

해설

문제의 설명은 주석을 말하는 것으로 세미콜론과 괄호가 사용된다.

(ㄱ) 블록에서 주석을 제거한 후 남은 문자가 없어야 다음 블록이 실행된다.

(ㄴ) 괄호는, 괄호를 포함한 괄호 내의 모든 문자가 주석임을 뜻한다.

정답 ③

07 다음 중 준비기능에 대한 설명으로 틀린 것은?

① 'G04'는 대기 지령으로 동일 블록에 X와 P로 대기시간을 지정할 수 있다.
② 모달 그룹 0번으로 분류된 명령들은 한 번만 유효한 원샷 명령이다.
③ 'G04'는 아무 변화 없이 특정 시간 동안 기계가 기다려야 할 경우 사용할 수 있는 명령이다.
④ 'G28'은 원점복귀를 위한 명령으로 처음 실행 시 정확한 위치로 이동된다.

해설

대부분의 3D프린터는 헤드의 현재 위치를 기억하는 기능이 없어, 전원을 투입하고 최초 한 번은 반드시 기계 원점으로 복귀를 해야 정확한 위치로 이동할 수 있다.

정답 ④

08 다음 설명 중 옳지 않은 것은?

① 증분 지령이란 현재 헤드가 있는 위치를 기준으로 해당 축 방향으로의 이동량으로 위치를 나타내는 것이다.
② 증분 지령은 기계가 해석하기에 유리한 방식이지만 코드를 보고 현재 어떤 위치인지 알기가 어렵다.
③ 절대 지령은 좌표를 지정된 원점으로부터의 거리로 나타내는 방식이다.
④ 절대 지령은 현재 가공할 위치가 어디인지 직관적으로 알 수 없어 사람이 코드를 읽기 어려운 특징이 있다.

해설

절대 지령은 좌표를 지정된 원점으로부터의 거리로 나타내는 방식으로 현재 가공할 위치가 어디인지 직관적으로 알 수 있기 때문에 사람이 코드를 읽기 쉽다는 장점이 있다.

정답 ④

09 다음 G코드 규칙에 대한 설명 중 옳은 것을 모두 고르면?

> (ㄱ) 1회 유효 지령(One Shot G Code)은 지시된 블록에서만 유효하다.
> (ㄴ) 연속 유효 지령(Modal G Code)은 같은 그룹의 다른 G코드가 나올 때까지 유효하다.
> (ㄷ) G코드에서 지령의 한 줄을 블록(block)이라 한다.
> (ㄹ) 블록 해석에서 제거되고 남은 문자열은 워드(word)로 분리된다.
> (ㅁ) 어드레스의 데이터는 정수만 사용하므로 소수점 이하는 절삭함에 유의한다.

① (ㄱ), (ㄴ), (ㄹ)
② (ㄱ), (ㄴ), (ㄷ), (ㅁ)
③ (ㄴ), (ㄷ), (ㄹ)
④ (ㄱ), (ㄴ), (ㄷ), (ㄹ)

해설

(ㅁ) 어드레스의 데이터는 정수 또는 실수를 사용하며, 정수와 실수를 동시에 줄 수 있는 경우에는 소수점의 유무에 따라 단위가 달라지므로 주의가 필요하다.
따라서 옳은 것을 모두 고르면 (ㄱ), (ㄴ), (ㄷ), (ㄹ)이다.

정답 ④

10 다음 중 G코드에 대한 설명으로 옳지 않은 것은?

① 전체 G코드 중 가장 많은 부분을 차지하는 명령은 헤드 이송 명령으로 보간기능이라고도 한다.

② 대기 지령은 같은 블록에 X나 F로 대기 시간을 지정해야 하며, X는 소수점이 없는 정수로 정지 시간을 지령한다.

③ G00 명령은 급속이송으로 최대 속도로 첨가 가공 없이 헤드를 이동시키는 명령이다.

④ G01 명령은 F 어드레스로 설정된 이송속도에 따라 좌표어로 주어지는 위치까지 소재를 첨가하면서 직선으로 이동시키는 명령이다.

📖 해설

대기 지령은 같은 블록에 X나 P로 대기 시간을 지정해야 하며, X는 소수점이 있는 실수로 초 단위로 정지 시간을 지령하고, P는 소수점이 없는 정수로 밀리초 단위로 정지 시간을 지령한다.

정답 ②

11 다음 설명 중 옳지 않은 것은?

① 대부분의 3D프린터는 G코드를 직접 입력하는 것이 아니라 장치 운용기능으로 원점 복귀하도록 설계되어 있다.

② 보조기능은 헤드 이외의 장치 제어와 관련된 기능들로 구성되어 있다.

③ 'M135 T5'는 이 블록 이후에는 5번 헤드를 사용한다는 뜻이다.

④ 'M73'은 해당 조건에 도달할 때까지 가열이나 냉각을 하면서 대기하는 명령이다.

📖 해설

'M73'은 장치의 제작 진행률 표시창에 현재까지 제작이 진행된 정도를 백분율로 표시하는 코드이다. ④에서 설명하는 코드는 M109로, 헤드에서 소재를 녹이는 열선의 온도를 지정하고 해당 조건에 도달할 때까지 가열 혹은 냉각하면서 대기하는 명령이다.

정답 ④

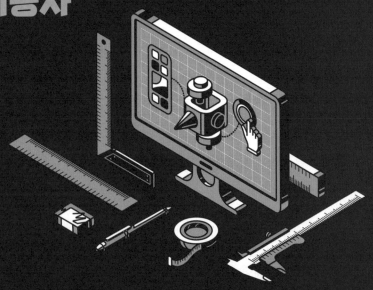

정쌤의
3D
필기

NCS기반

프린터운용기능사

Part 4

3D프린터 HW 설정

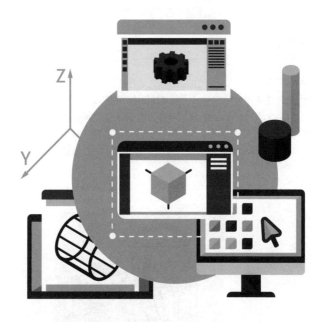

CONTENTS

소재 준비

01 3D프린터 사용 소재

(1) FDM 방식 3D프린터 소개 및 재료

FDM 방식의 3D프린터는 열가소성 플라스틱 수지를 얇은 실처럼 뽑아 만든 플라스틱 필라멘트를 재료로 사용하는 방식으로 보급형 FFF 방식의 저가형을 많이 사용한다.

Check Point

렙랩(RepRap) 프로젝트

- 렙랩 프로젝트는 영국에서 시작된 오픈 소스를 지향하는 프로젝트 단체
- 주로 FDM(Fused Deposition Modeling) 방식을 사용하며 렙랩에서는 FFF(Fused Filament Fabrication)라 부름 → 용어(FDM)에 대한 상표 문제를 방지하기 위해서 변경함
- 렙랩에서는 3D프린터 제작에 필요한 도면, 소프트웨어 정보들을 모두 오픈소스로 공개하여 국내외 저가형 3D프린터가 다수 등장할 수 있게 됨

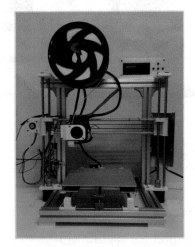

렙랩(RepRap) 프로젝트로 개발된 3D프린터

(2) FFF 방식에서 주로 사용하는 재료 소재

재료를 압출하여 사용하므로 열가소성 수지가 필라멘트 형태로 압출되어야 하며 제품 강도, 내구성 등이 적절해야 한다. PLA, ABS 소재 등 다양한 재료를 혼합하여 필라멘트 소재로 사용한다.

1) PLA 소재 플라스틱

① PLA(Poly Lactic Acid) : 친환경 수지, 옥수수 전분을 이용해 만든 재료로서 무독성 친환경 재료

② 장점

    ⓐ 열 변형에 의한 수축이 적어 다른 FFF 방식 재료에 비해 정밀한 출력이 가능함

    ⓑ 경도가 다른 플라스틱 소재에 비해 강하기 때문에 쉽게 부서지지 않음

    ⓒ 표면에 광택이 있고 히팅베드 없이도 출력이 가능함

    ⓓ 출력 시 유해 물질 발생이 적은 편

③ 단점 : 서포트 발생 시 서포트 제거가 어렵고 표면이 거칠음

2) ABS 소재 플라스틱

① 유독 가스를 제거한 석유 추출물을 이용해 만든 재료

② 장점

    ⓐ 충격에 강하고 오래 가면서 열에도 상대적으로 강한 편

    ⓑ 일상적으로 사용하는 플라스틱의 소재로 가전제품, 자동차 부품, 장난감 등 사용 범위가 넓음

    ⓒ 가격이 PLA 소재 플라스틱에 비해 저렴한 편

③ 단점

    ⓐ 출력 시 휨 현상이 있어 설계 시에는 유의해서 사용해야 함

    ⓑ 가열 할 때 냄새가 나기 때문에 3D프린터 출력 시 환기가 필요함

3) 나일론 소재

① PLA, ABS보다 강도가 높은 재질로 강도와 마모도가 높은 특성의 제품을 제작할 때 주로 사용됨

② 특징

    ⓐ 원래 옷을 만들 때 쓰이는 재료로 강도가 높으며 충격 내구성이 강하고 특유의 유연성과 질긴 소재의 특징 때문에 의류, 신발 등을 출력하는 데 유용한 소재

    ⓑ 출력했을 때 표면이 깔끔하고 수축률이 낮음

4) PC(Polycarbonate) 소재

① 전기 절연성, 치수 안정성이 좋고 내충격성도 뛰어난 편이라 전기 부품 제작에 가장 많이 사용되는 재료

② 특징

    ⓐ 일회성으로 강한 충격을 받는 제품에 주로 쓰임

    ⓑ 연속적인 힘이 가해지는 부품에는 부적절함

    ⓒ 인쇄 시 냄새를 맡을 경우 해로울 수 있으므로 출력 시 실내 환기는 필수

    ⓓ 출력 속도에 따라 압출 온도 설정을 다르게 해야 하므로 다소 까다로운 편

5) PVA(Polyvinyl Alcohol) 소재

① 고분자 화합물로 폴리아세트산비닐을 가수 분해하여 얻어지는 무색 가루

② 물에는 녹고 일반 유기 용매에는 녹지 않는 특성을 가져 주로 서포트에 이용됨

③ 서포트로 사용 시 FDM, FFF 방식 프린터에는 노즐이 두 개인 듀얼 방식을 사용함

④ 실제 모델링에 제작될 소재의 필라멘트와 서포트 소재인 PVA 소재의 필라멘트를 장착하여
출력하면 서포트는 PVA 소재, 실제 형상은 원하는 소재로 출력됨

⑤ 출력 후 물에 담그면 서포트는 녹고 원하는 형상만 남아 다양한 형상 제작이 용이함

6) HIPS(High-Impact Polystyrene) 소재

① ABS와 PLA의 중간 정도의 강도를 지님

② 신장률이 뛰어나 3D프린터로 출력할 때 쉽게 끊어지지 않고 적층이 잘 됨

③ 고유의 접착성을 가지고 있어 히팅베드 면에 접착이 우수함

④ 리모넨(limonene)이라는 용액에 녹기 때문에 서포트 용도로 많이 씀

7) 나무(Wood) 소재

① 나무(톱밥)와 수지의 혼합물로 나무와 비슷한 냄새와 촉감을 가짐

② 출력물이 목재 느낌을 주기 때문에 인테리어 분야에 주로 사용됨

③ 소재 특성상 노즐의 직경이 작으면 출력 도중 막히게 되므로 노즐 직경이 0.5mm 이상
인 3D프린터에서 사용하는 것이 좋음

8) TPU(Thermoplastic polyurethane) 소재

① 열가소성 폴리우레탄 탄성체 수지로 내마모성이 우수한 고무와 플라스틱의 특징을 가져
탄성과 투과성이 우수하고 마모에 강함

② 탄성이 뛰어나 휘어짐이 필요한 부품 제작에 주로 사용되지만 가격이 비싼 편

9) 기타 소재

① 초콜릿, Bendlay, Soft-PLA, PVC 등이 있음

② 건물을 짓는 데 사용되는 FDM 방식 3D프린터에서는 시멘트를, 푸드 프린터에서는 각종
원료나 소스들을 소재로 사용함

소재에 따른 노즐 온도

- 소재에 따라 녹는점이 다르기 때문에 노즐 온도를 다르게 설정해야 함
- 적정 온도에 맞지 않으면 노즐 막힘, 필라멘트 끊김 현상이 있어날 수 있음
  - PLA 소재 : 180~230℃   - ABS 소재 : 220~250℃
  - 나일론 소재 : 240~260℃   - PC 소재 : 250~305℃
  - PVA 소재 : 220~230℃   - HIPS 소재 : 215~250℃
  - 나무 소재 : 175~250℃   - TPU 소재 : 210~230℃

(3) FFF 방식 외 다른 방식의 3D프린터

액상 소재를 기반으로 한 SLA, DLP 방식과 분말 소재를 사용하는 SLS 방식 등이 있다.

1) SLA(Stereolithography Apparatus) 방식

① 액체 상태의 광경화성 수지를 빛으로 경화시켜 출력물을 만드는 방식

② 제작 방식 : 주사 방식, 전사 방식

   ⓐ 주사 방식 : 일정한 빛을 한 점에 집광시켜 구동기가 움직이며 구조물을 제작하는 방식

      ㉠ 장점 : 한 점이 움직이면서 구조물이 제작되기 때문에 가공이 쉬움

      ㉡ 단점 : 가공 속도가 느림

   ⓑ 전사 방식 : 한 점이 아니라 한 면을 광경화성 레진에 전사하여 구조물을 제작하는 방식, 가공 속도(적층 속도)가 빠름

③ 광경화성 재료

   ⓐ 반응성에 대한 고유의 물성 값을 가짐

   ⓑ 모노머라는 고분자와 일정한 파장에 반응하는 물질인 광 개시제와 합쳐져 일정한 체인을 형성하는데 광 개시제의 반응에 따라 UV 광경화성 레진과 가시광선 광경화성 레진으로 구별됨

④ 모노머(Monomer)

   ⓐ 일정한 성질을 가지고 있는 고분자

   ⓑ 체인이 형성될 때 고유의 성질을 가지게 됨

⑤ 고유의 물성 값들은 3D프린팅 시스템의 정밀도, 성형 속도, 성능에 대해 영향을 줌

⑥ 구조물을 제작할 때 투과 깊이와 임계 노광은 광경화성 수지의 특징을 나타내는 중요한 값으로 실험을 통해서 구할 수 있음

⑦ SLA 방식의 특징

   ⓐ 빛을 이용하기 때문에 정밀도가 높음

   ⓑ 가격이 FDM 방식 재료에 비해 비싼 편

   ⓒ 빛에 굳는 물질이기 때문에 소재 관리상 주의가 필요함

   ⓓ 폐기 시 별도의 절차가 필요

㉠ UV 레진
- SLA 방식 3D프린터에서 가장 많이 사용되는 재료
- UV 광선을 쏘이게 되면 경화가 됨
- 약 355~365nm의 빛의 파장대에 경화
- 구조물 제작 시 실내 빛에 노출되어도 경화되지 않음
- 강도가 낮은 편이라 시제품을 생산하는 데 주로 사용됨
- FDM 방식 재료에 비해 비싸지만 SLA 방식 중에서는 저렴하고 정밀도가 높은 편
㉡ 가시광선 레진
- UV 파장대를 제외한 빛의 파장에 경화
- 구조물을 제작할 때 별도의 암막이나 빛 차단 장치가 있어야 제작이 원활함
- UV 레진보다 3D프린터 재료로 이용하기 쉬움

2) SLS(Selective Laser Sintering) 방식

① 고체 분말을 재료로 제작하는 방식
② 작은 입자의 분말들을 레이저로 녹여 한 층씩 적층시켜 조형하는 방식
③ 플라스틱 분말뿐 아니라 금속, 세라믹 분말을 이용하는 3D프린터도 있음
④ SLS 방식은 분말 속에서 출력물을 제작하기 때문에 서포트가 필요하지 않지만 후처리
과정이 번거롭고 소재 가격이 비싼 편임
ⓐ 소결(sintering)
㉠ 압축된 금속 분말에 열에너지를 가해 입자들의 표면을 녹이고 금속 입자를 접합시
켜 금속 구조물의 강도와 경도를 높이는 공정
㉡ 압력이 가해지면 분말 사이의 간격이 좁아져 밀도가 높아지고 여기에 금속 용융점
보다 낮은 열을 가하면 금속 입자들의 표면이 달라붙어 소결이 이루어짐
ⓑ 분말 융접 3D프린팅 공정 : 분말 융접을 이용하는 프린팅의 또 다른 방법은 용융 온
도가 다른 분말들이 고르게 혼합된 분말에 압력을 가한 후 열에너지를 가해 상대적으
로 용융 온도가 낮은 분말을 녹여 결합시키는 방법을 사용하기도 함
ⓒ 각 분말의 특징
㉠ 플라스틱 분말
- SLS 방식에서 가장 흔히 사용되는 소재
- 세라믹 분말과 금속 분말에 비해 가격이 저렴함
- 나일론 계열의 폴리아미드가 주로 사용됨
- 염색성이 좋아서 다양한 색의 표현이 가능함
- 직접 만들어 착용하거나 사용이 가능한 제품을 출력할 수 있음
㉡ 금속 분말
- 철, 알루미늄, 구리 등 하나 이상의 금속 원소로 구성된 재료의 조합
- 소량의 비금속 원소(탄소, 질소) 등이 첨가되는 경우도 있음
- 합금(alloy) : 금속 원소에 소량의 비금속 원소가 첨가되거나, 두 개 이상의 금속
원소에 의해 구성된 금속 물질

- 3D프린터에서는 주로 알루미늄, 티타늄, 스테인리스 등의 금속 분말로 사용함
- 금속 분말은 기계 부품 제작에 많이 사용됨
- SLS 방식은 서포트가 필요 없지만 금속 분말의 경우 소결되거나 용융된 금속에서 빠르게 열을 분산시키고 열에 의한 뒤틀림을 방지하기 위해 서포트가 필요함

ⓒ 세라믹 분말
- 금속과 비금속 원소의 조합으로 이루어져 있음
- 보통 산소와 금속이 결합된 산화물, 질소와 금속이 결합된 질화물, 탄화물 등이 있음
- 알루미나(Al_2O_3), 실리카(SiO_2) 등이 대표적
- 점토, 시멘트, 유리 등도 세라믹
- 플라스틱에 비해 강도가 높으며, 내열성이나 내화성이 탁월함
- 세라믹을 용융시키기 위해선 고온의 열이 필요하다는 단점이 있음

(4) MJ 방식 3D프린터

① 정밀도가 매우 높아 많이 사용되는 방식으로 MJ 방식 또는 Polyjet 방식으로 불림
② 사용하는 재료는 액체 상태의 광경화성 수지를 이용함
③ 재료 분사 방식
   ⓐ 잉크젯 프린터와 비슷한 형태로 노즐을 통해 단면 형상으로 도포된 액체 상태의 광경화성 수지를 자외선 램프로 경화시키며 형상을 제작하는 방식
   ⓑ 노즐과 자외선 램프가 플랫폼과 평행한 평면에서 이송되는 헤드에 함께 부착되어 있는 경우가 대부분임
   ⓒ 한 층 적층 후 플랫폼이 부착된 Z축이 층 높이만큼 아래로 이송되어 다음 층을 성형
   ⓓ 노즐을 통해서 형상 재료와 서포트 재료가 선택적으로 분사되는 방식으로 제작됨
   ⓔ 출력이 완료되면 플랫폼에 출력물이 붙어 있으므로 날이 얇은 도구(주걱, 스크랩퍼 등)로 출력물을 떼어 냄
   ⓕ FDM 방식은 베드가 쉽게 손상되어 날이 얇은 도구를 쓰지 못하지만, MJ 방식은 철판 형식의 플랫폼이므로 도구 사용이 가능하고 매뉴얼에도 도구 사용을 권장함
   ⓖ 온도와 습도에 민감해 3D프린터가 위치한 장소에는 에어컨 시설이 필요하며 온도는 보통 20℃~25℃, 실내 습도는 약 50% 이하를 권장함
   ⓗ 광경화성 수지(아크릴 계열 플라스틱)
      ㉠ 광경화성 수지가 플랫폼에 압출되면 액상을 굳혀 주는 자외선으로 경화시키며 한 층씩 적층 성형하는 방식으로 자외선에 경화가 잘 되는 재료를 사용해야 함
      ㉡ 경화되면 아크릴 계열의 플라스틱 재질이 됨
      ㉢ 재료는 용기에 담겨져 있으나 빛에 노출되면 굳어버리므로 용기 안에 들어 있어도 박스 안에 보관하여 빛을 차단해야 함

(1) FDM(FFF) 방식 3D프린터

① 고체 형식 필라멘트 사용

② 보통 3D프린터 옆, 뒤쪽에 위치하여 필라멘트의 선을 튜브에 삽입하여 장착하는 방식

③ 재료를 프린팅 헤드에 직접 장착하는 방식으로 압출 헤드의 구동 모터에 의해 재료가 노즐에 도달해 일정 온도에 용융되어 재료가 압출되는 방식

④ 특성

    ⓐ FDM 방식의 재료는 보관이 용이하고 상온에서 보관할 수 있다는 장점이 있음

    ⓑ FDM 방식의 필라멘트 재료는 다른 첨가물을 삽입하기 용이함

    ⓒ 필라멘트 재료의 성질에 따라 노즐 온도, 재료 투입 속도 등을 고려해 구조물을 제작해야 좋은 품질의 구조물을 제작할 수 있음

    ⓓ 온도와 속도 등이 맞지 않으면 출력물이 중간에 끊기거나 중단될 수 있음

FDM 방식 3D프린터 필라멘트

(2) SLA 방식 3D프린터

① 팩으로 포장된 재료를 프린터에 삽입하여 구조물 제작

② 광경화성 수지는 빛의 영향을 많이 받으므로 암막 또는 빛 차단 장치를 가지고 있는 팩이나 케이스에 장착되어 공급되는 것이 일반적임

③ 광경화성 재료는 빛 차단 장치가 있거나 광 개시제와 혼합하지 않고 보관해야 하며 온도 유지 장치에 보관하는 것이 좋음

④ SLA 방식 재료는 팩, 케이스에 재료 공급 투입구를 통해 재료를 투입하고 프린터의 Vat(수조)에 나오면 수조에 담긴 재료에 광을 주사하여 구조물을 제작함

⑤ 광경화성 수지는 빛의 파장, 빛의 세기, 노출 시간에 따라 구조물 제작이 달라짐
⑥ 노출 시간, 광 세기에 따라 구조물의 경화가 덜 되거나 과하게 경화되는 현상이 발생하므로 재료에 따른 파라미터가 구축되어 있어야 함

(3) SLS 방식 3D프린터

① 분말을 이용해 한 층씩 모델링하면서 분말을 쌓아 모델링하는 형식
② 3D프린터 내에 별도의 분말 저장 공간이 있어 일정량을 부어 사용함
③ 작동 방식
    ⓐ 왼쪽의 저장 부분을 한 층 올리고 오른쪽 작업 공간을 한 층 내림
    ⓑ 왼쪽에 올라간 부분의 파우더를 미는 롤러, 블레이드(blade, 칼 형태로 분말을 골고루 도포할 때 사용)를 이동해서 오른쪽 공간에 평평하게 한 층을 쌓아 올림
    ⓒ 이후 X, Y 평면을 레이저로 조사한 다음 굳혀서 성형함
    ⓓ 다시 Z축을 하나씩 내림

(4) MJ 방식 3D프린터

① 광경화성 수지를 사용하므로 팩이나 용기를 직접 3D프린터에 꽂아 사용함
② MJ 3D프린터 내부에 재료 용기를 꽂는 곳의 문을 열어 재료 카트리지를 넣으면 소재 장착이 완료됨
③ 파트 제작에 쓰는 재료와 서포트에 쓰는 재료의 설치 장소가 다르므로 장착 전에 확인이 필요함

03 ▶ 소재 정상 출력 확인

(1) FDM 방식 3D프린터

3D프린터에는 별도의 LCD 화면이 장착되어 있어 출력 시작, 필라멘트 교체, 영점 조정 등이 가능하고 소재 장착 후 출력 확인도 LCD 화면을 통해 가능하다. 출력 오류를 최소화하기 위해 점검해야 할 것들은 다음과 같다.

1) 노즐 수평 설정

① 노즐 수평이 히팅베드와 맞지 않으면 출력 오류가 발생함
② 노즐이 히팅베드에 너무 붙거나 떨어지면 출력 시 뜨거나 끊긴 형태로 나오므로 적정 높이를 세팅해야 함
③ 베드 높낮이 수평 조절은 사각 모서리 아래 높낮이 조절 장치로 조절하면 됨
④ 명함을 노즐 끝 부분과 베드 사이에 넣었다 뺄 때 약간 긁히는 느낌이 나는 정도로 세팅하는 것이 좋음

2) 노즐 막힘 현상

① 노즐 안에 필라멘트가 굳은 채로 있는 경우가 있어 출력 전에 노즐 온도를 올려 안에 있는 필라멘트를 뺀 뒤 출력하거나 필라멘트를 교체해야 함
② 외부 청소도 주기적으로 하여 외부에 고착된 찌꺼기들을 노즐 온도를 올려 핀셋 등으로 제거하고 닦아줘야 함
③ 노즐 핀이 막힌 경우에는 노즐을 해체하여 토치로 강하게 달궈 내부를 완전 연소 시킨 후 공업용 아세톤에 2시간 정도 담가두면 눌어붙은 필라멘트가 녹아 없어짐

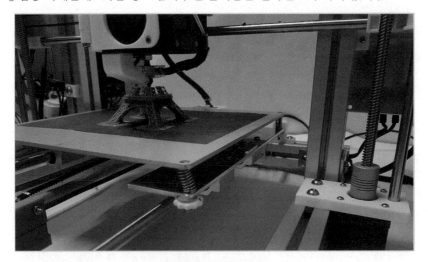

플랫폼 수평 조절 나사

노즐 헤드 해체

3) 스테핑 모터 압력 부족

① 필라멘트를 노즐에 공급하기 위해서는 스테핑 모터의 힘이 필요하므로 힘이 부족하면 공급이 줄어들어 출력물의 표면이 불량해짐
② 관리가 필요하며 장비 사용 중 진동으로 모터를 고정하는 블록이 풀리기 때문에 나사를 조여 주면 됨

4) 노즐 출력 두께 조정

① 레이어 두께에 따라 출력물의 품질 성능이 좌우됨

② 노즐 두께에 비해 출력되는 레이어 두께가 너무 얇으면 출력되는 필라멘트가 히팅베드에 달라붙지 않고 충충이 쌓이게 되어 품질이 깔끔하지 못함
③ 레이어 두께가 두꺼우면 출력물에 구멍이 생기거나 출력물 표면이 깔끔하지 못하므로 적절한 두께를 유지하는 것이 좋음

레이어 두께에 따른 출력물 표면 (왼쪽 위부터 0.1, 0.2, 0.3, 0.4mm)

레이어 두께에 따른 출력물 적층 모습 (왼쪽 위부터 0.1, 0.2, 0.3, 0.4mm)

(2) SLA 방식 3D프린터

별도의 노즐이 필요하지 않고 출력을 위해 별도의 물체 접촉이 없으며 빛으로 광경화성 수지를 경화시켜 출력하므로 FDM 방식보다 오류가 적은 편이다.

1) 빛 조절

① 빛 경화가 지나치면 과경화 현상이 일어나게 됨
② 경화 부분이 타거나 열을 받아 열 변형을 일으켜 출력물에 뒤틀림 현상이 발생함
③ 과경화 현상 방지를 위해서는 빛의 세기를 적절히 조절해야 함

④ 레이어의 레진을 경화할 때 더 강한 빛이 있으면 빛이 강한 쪽의 레진이 더 빨리 경화되어 구조물 뒤틀림이 있을 수 있으니 이럴 경우 빛 세기 조절을 다시 해야 함

2) 빛샘 현상(Light Bleeding)

① 빛이 새어 나가면 경화를 원하지 않는 부분까지 경화되는 현상이 발생할 수 있음
② 빛샘 현상이 일어나면 경화를 시키려는 레이어 면 뒤의 광경화성 수지가 새어나온 빛과 함께 경화되어 출력물이 지저분하게 됨
③ 빛샘 현상은 광경화성 수지가 어느 정도의 투명도를 가지면 발생하게 됨
④ 액상 형태 수지가 완전히 불투명하면 빛샘 현상은 거의 없지만 0.5mm 정도 두께의 플라스틱 뒤에서 빛을 비추면 빛이 새어 나옴
⑤ 빛샘 현상을 줄이기 위해서는 레진 구성 요소와 경화 시간을 적절히 맞춰야 함

(3) SLS 방식 3D프린터

FDM, SLA 방식에 비해 출력 불량이 적은 편이고 분말을 이용하므로 보관에 유의해야 하며 습한 곳에 보관하면 뭉침 현상이 발생하게 된다. SLA 방식 빛샘 현상과 비슷하게 레이저 파워가 강하면 분말 융접이 과하게 되는 경우가 있으므로 레이저 파워를 적절하게 조절해야 한다.

Check Point

- 3D프린터 방식에는 FDM 방식, SLA 방식, SLS 방식, MJ 방식 등이 있음
- **프린터 소재 장착 방법**
  - FDM 방식 : 3D프린터 뒤 또는 옆에 위치 → 필라멘트의 선을 튜브에 삽입하여 장착
  - SLA 방식 : 팩으로 포장된 재료를 프린터에 삽입
  - SLS 방식 : 프린터 내에 별도의 분말 저장 공간 → 일정량을 부어 사용
  - MJ 방식 : 별도의 팩이나 용기를 직접 3D프린터에 꽂아서 사용

01 다음에서 설명하고 있는 3D프린터 소재는 무엇인가?

- 가격이 저렴한 편이다.
- 가전제품, 자동차 부품, 장난감 등 사용 범위가 넓다.
- 상대적으로 열에 강하다.
- 가열 시 냄새가 난다.

① 나일론 소재   ② PLA 소재 플라스틱
③ ABS 소재 플라스틱   ④ PVA 소재

해설

ABS 소재 플라스틱은 유독 가스를 제거한 석유 추출물을 이용해 만든 재료로 강하고 오래 가면서 열에도 상대적으로 강한 편이다. 일상적으로 사용하는 플라스틱의 소재로 가전제품, 자동차 부품, 장난감 등 사용 범위가 넓고 PLA 소재 플라스틱보다 가격면에서 저렴한 편이다.

정답 ③

02 다음 중 SLA 방식에 대한 설명으로 옳지 않은 것은?

① 정밀도가 높다.
② 소재 관리상 주의가 필요하다.
③ 폐기할 때 별도의 절차가 필요하다.
④ 표면에 광택이 있고 히팅베드 없이 출력이 가능하다.

해설

④는 PLA 소재 플라스틱의 장점 중 하나이다.
① 빛을 이용하기 때문에 정밀도가 높다.
② 빛에 굳는 물질이기 때문에 소재 관리상 주의가 필요하다.
③ 폐기를 할 경우에는 별도의 절차가 필요하다.

정답 ④

03 다음 중 MJ 방식에 대한 설명으로 옳지 않은 것은?

① 베드가 쉽게 손상되어 날이 얇은 도구를 쓰지 못한다.
② 온도와 습도에 민감하다.
③ 액체 상태의 광경화성 수지를 이용한다.
④ Polyjet(폴리젯) 방식으로 불린다.

해설

베드가 쉽게 손상되어 날이 얇은 도구를 쓰지 못하는 방식은 FDM 방식이다. MJ 방식은 철판 형식의 플랫폼으로 되어 있어 도구 사용이 가능하며 매뉴얼에도 도구 사용을 권장하고 있다.

② MJ 방식은 온도와 습도에 민감하며 온도는 보통 20℃~25℃, 실내 습도는 약 50% 이하를 권장한다.

③ 잉크젯 프린터와 비슷한 형태로 노즐을 통해 단면 형상으로 도포된 액체 상태의 광경화성 수지를 자외선 램프로 경화시키며 형상을 제작하는 방식이다.

④ MJ 방식 3D프린터는 정밀도가 매우 높아 많이 사용되며 Polyjet 방식으로도 불린다.

정답 ①

04 팩으로 포장된 재료를 프린터에 삽입하고 빛 차단 장치를 가진 케이스에 장착되어 공급되는 3D프린터 방식은 무엇인가?

① FDM 방식 3D프린터

② SLA 방식 3D프린터

③ SLS 방식 3D프린터

④ MJ 방식 3D프린터

해설

SLA 방식 재료는 재료 공급 투입구를 통해 팩, 케이스에 재료가 투입되고, 프린터의 Vat(수조)에 나오면 수조에 담긴 재료에 광을 주사하여 구조물을 제작한다.

① FDM 방식의 재료는 보관이 용이하고 상온에서 보관할 수 있다는 장점이 있다.

③ SLS 방식은 고체 분말을 재료로 하고 작은 입자의 분말들을 레이저로 녹여 한 층씩 적층시켜 조형하는 방식이다.

④ MJ 방식 3D프린터는 액체 상태의 광경화성 수지를 이용한다.

정답 ②

05 다른 첨가물을 삽입하기 용이하고 재료 보관에 용이한 특징을 갖는 3D프린터 방식은 무엇인가?

① FDM 방식 3D프린터

② SLA 방식 3D프린터

③ SLS 방식 3D프린터

④ MJ 방식 3D프린터

해설

FDM 방식의 재료는 보관이 용이하고 상온에서 보관할 수 있다는 장점이 있으며, 필라멘트 재료에 다른 첨가물을 삽입하기가 용이하다.

정답 ①

06 다음 중 SLA 방식의 출력에 대한 내용으로 틀린 것은?

① 빛샘 현상을 줄이려면 레진 구성 요소, 경화 시간을 적절히 맞춰야 한다.

② FDM 방식보다는 오류가 적은 편이다.

③ 레이어의 레진을 경화할 때 더 강한 빛이 있으면 광경화 현상이 발생한다.

④ 별도의 노즐을 필요로 하지 않는다.

해설

레이어의 레진을 경화할 때 더 강한 빛이 있으면 빛이 강한 쪽의 레진이 더 빨리 경화되어 구조물 뒤틀림이 발생할 수 있으니 이런 경우에는 빛의 세기를 다시 조절해야 한다.

② 별도의 물체 접촉이 없으며 빛으로 광경화성 수지를 경화시켜 출력하므로 FDM 방식보다 오류가 적은 편이다.

정답 ③

07 다음 중 FDM 방식의 출력에 대한 내용으로 옳은 것은?

① 레이어 두께에 따라 출력물의 품질 성능이 좌우된다.
② 노즐 두께에 비해 출력되는 레이어 두께가 너무 얇으면 출력물에 구멍이 생기거나 표면이 깔끔하지 못하게 된다.
③ 노즐 핀이 막힌 경우 노즐 온도를 올려 내부를 연소시킨다.
④ 스테핑 모터 힘이 부족하면 필라멘트가 과하게 압출된다.

해설

② 노즐 두께에 비해 출력되는 레이어 두께가 너무 얇으면 출력되는 필라멘트가 히팅베드에 달라붙지 않고 층층이 쌓이게 되어 품질이 깔끔하지 못하다. 반면에 레이어 두께가 너무 두꺼우면 출력물에 구멍이 생기거나 표면이 깔끔하지 못하다.
③ 노즐 핀이 막힌 경우 노즐을 해체한 다음 토치로 강하게 달궈 내부를 완전 연소시킨 후 공업용 아세톤에 2시간 정도 담가 눌어붙은 필라멘트를 없앤다.
④ 필라멘트를 노즐에 공급하기 위해서는 스테핑 모터의 힘이 필요하므로 힘이 부족하면 공급이 줄어들어 출력물의 표면이 불량해진다.

정답 ①

08 다음 중 3D 프린터별 소재 장착 방법으로 옳지 않은 것은?

① SLS 방식은 프린터 내에 별도의 분말 저장 공간이 있어 일정량을 부어 사용한다.
② FDM 방식은 필라멘트의 선을 튜브에 삽입하여 장착한다.
③ SLA 방식은 팩으로 포장된 재료를 프린터에 삽입한다.
④ MJ 방식은 별도의 팩이나 용기를 직접 3D프린터에 꽂아서 사용할 수 없으므로 별도의 공간에 부어 사용한다.

해설

MJ 방식은 별도의 팩이나 용기를 직접 3D프린터에 꽂아서 사용한다.

정답 ④

Chapter 02 데이터 준비

01 데이터 업로드 방법

(1) 데이터 전송 방식

① 데이터 전송 방식으로 컴퓨터가 직접 3D프린터에 연결되어 있는 경우가 있고, 이동식 저장소(SD카드 등)와 같은 보조 장치에 저장하여 직접 3D프린터에 데이터를 연결하는 방법이 있음

② 대부분의 설계 프로그램들은 STL 파일을 제공하므로 출력하고자 하는 파일을 STL 파일 형식으로 저장함

③ 3D프린터 회사마다 지원하는 3D프린터 파일로 변환하는 프로그램들이 있어 각 프로그램에서 STL 파일을 실행하고 3D프린터에 맞게 설정하면 3D프린터로 출력이 가능함

(2) 3D프린터용 파일 변환

① 3D프린팅은 CAD 시스템에서 모델링된 3차원 형상을 2차원 단면으로 분해, 적층하여 다시 3차원 형상을 얻게 되므로 3차원 제품 제작을 위해서는 슬라이싱에 의한 2차원 단면 데이터가 필요함

② 데이터 생성 시에 폐루프끼리 교차하지 않아야 하며 층 두께 사이에 평평한 면에 대한 보정이 함께 이뤄져야 함

③ 가변적인 층 두께에 의해 슬라이싱할 경우 두께에 따라 공정 인자가 달라져야 하기 때문에 대부분 고정된 두께로 슬라이싱됨

④ 대부분의 3D프린터 프로그램에서는 STL 형식으로 저장한 파일의 출력 모습을 슬라이싱 형태로 보여줌

(1) G코드의 사용

① G코드는 기계를 제어 구동시키는 명령 언어
② 1950년대에 개발, 1960년대 후반에 미국 전자산업협회에서 최초로 표준화한 공작 기계 제어용 코드
③ 표준화 이후 전 세계 CNC 관련 기업들이 독립적으로 G코드를 자체 장비에 맞게 수정해가며 사용함
④ 3D프린터 제작사들은 회사 장비에만 적용되는 CAM 파일을 사용하고, 해당 파일 구조를 공개하는 곳은 드물며 대부분 가공 파일은 NC가공 기계에서 사용하는 G코드와 유사하고, 일부 G코드로 출력되는 경우도 있음

(2) G코드와 M코드의 종류

종류	의미
Gnnn	어떤 점으로 이동하라는 것과 같은 표준 G Code 명령
Mnnn	RepRap에 의해 정의된 명령
Tnnn	도구 nnn 선택
Snnn	파라미터 명령
Pnnn	• 파라미터 명령 • 밀리초 동안의 시간
Xnnn	이동을 위해 사용하는 X 좌표
Ynnn	이동을 위해 사용하는 Y 좌표
Znnn	이동을 위해 사용하는 Z 좌표
Fnnn	1분당 Feedrate
Rnnn	파라미터
Ennn	압출형의 길이 mm
Nnnn	• 선 번호 • 통신 오류 시 재전송 요청을 위해 사용
*nnn	• 체크섬 • 통신 오류를 체크하는데 사용

* 종류의 'nnn'은 숫자

1) G코드

① 제어 장치의 기능을 동작하기 위한 준비를 함으로써 준비 기능이라 불림
② 1회 유효 지령(One Shot G Code) : 지시된 블록에서만 유효
③ 연속 유효 지령(Modal G Code) : 같은 그룹의 다른 G코드가 나올 때까지 유효

코드	기능	용도
G0	빠른 이동	지정된 좌표로 이동
G1	제어된 이동	지정된 좌표로 직선 이동하며 지정된 길이만큼 압출 이동
G4	드웰(Dwell)	정지 시간을 정해 두고 미리 정해 둔 시간만큼 지연
G10	헤드 오프셋	시스템 원점 좌표 설정
G17	X–Y 평면 설정	XY평면 선택(기본값)
G18	X–Z 평면 설정	XZ평면 선택(3D프린터에서는 구현되지 않음)
G19	Y–Z 평면 설정	YZ평면 선택(3D프린터에서는 구현되지 않음)
G20	Inch 단위 설정	사용 단위를 인치로 설정함
G21	mm 단위 설정	사용 단위를 밀리미터로 설정함
G28	원점으로 이동	X, Y, Z 축의 엔드스탑으로 이동
G90	절대 위치로 이동	좌표를 기계의 원점 기준으로 설정
G91	상대 위치로 이동	좌표를 마지막 위치 기준으로 원점 설정
G92	설정 위치	지정된 좌표로 현재 위치를 설정

2) M코드

① 기계를 제어 · 조정해 주는 코드로 보조 기능이라 불림

② 프로그램을 제어하거나 기계 보조 장치를 ON/OFF하는 역할을 함

코드	기능	용도
M0	프로그램 정지	3D프린터 동작을 정지
M1	선택적 프로그램 정지	3D프린터 옵션 정지
M17	스테핑 모터 사용	스테핑 모터 활성화
M18	스테핑 모터 비사용	스테핑 모터 비활성화
M101	압출기 전원 ON	압출기 전원을 켜고 준비
M102	압출기 전원 ON(역)	압출기 전원을 켜고 준비(역방향)
M103	압출기 전원 OFF, 후퇴	압출기 전원을 끄고 후진
M104	압출기 온도 설정	압출기 온도를 지정된 온도로 설정
M106	냉각팬 ON	냉각팬 전원을 ON시켜 동작
M107	냉각팬 OFF	냉각팬 전원을 OFF시켜 동작 정지
M109	압출기 온도 설정 후 대기	압출기 온도를 설정하고 해당 온도에 도달하기를 기다림

(3) G코드를 3D프린터에 업로드하는 방법

3D프린터가 SD-Card를 지원한다면 SD-Card에 저장된 G코드 파일을 읽어 오면 된다. 컴퓨터에서 USB, Serial Port를 통하여 전송 시 컴퓨터에서 사용하는 3D프린팅 프로그램이 필요하다.

1) 3D프린팅 프로그램 사용

① 보통 3D프린터에서 지원하는 프로그램을 사용하거나 오픈 소스 형식의 G코드 Sender 프로그램을 사용

② 이 프로그램들을 이용해 수동으로 노즐/베드 등을 제어하고 G코드 파일을 프린터로 전달해 출력할 수 있게 됨

2) G코드 Sender(호스트웨어) 프로그램

G코드 파일에 포함되어 있는 조형 정보를 이용해 3D프린터를 제어하는 기능을 제공하므로 G코드 Sender를 이용해 3D프린터 구동을 직접 제어할 수 있음

3) STL 형식 파일을 G코드 파일로 변환할 때 추가되는 내용들

STL 형식으로 변환된 파일을 3D프린터가 인식 가능한 G코드 파일로 변환할 때는 아래 내용들이 추가되어 3D프린터로 업로드됨
① 3D프린터가 원료를 쌓기 위한 경로, 속도, 적층 두께, 쉘 두께, 내부 채움 비율
② 인쇄 속도, 압출 온도, 히팅베드 온도
③ 서포트 적용 유무와 유형, 플랫폼 적용 유무와 유형
④ 필라멘트 직경, 압출량 비율, 노즐 직경
⑤ 리플렉터 적용 유무와 범위, 트래이블 속도, 쿨링팬 가동 유무

03 업로드 확인

STL 파일을 G코드로 변환하여 저장하면 PC에서 메모장 프로그램을 실행해 코드를 확인해 볼 수 있다.

예 가로x세로x높이 10mm의 정육면체 모델링에 대한 G코드 내용

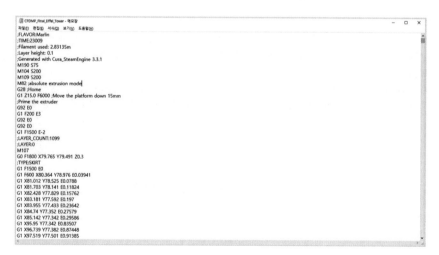

G코드 내용

출제예상문제

01 다음 중 3D프린터 데이터에 대한 설명으로 옳지 않은 것은?

① 데이터 생성 시 층 두께 사이에 평평한 면에 대한 보정이 이뤄져야 한다.

② 가변적인 층 두께에 의해 슬라이싱하면 각 두께에 따라 슬라이싱이 진행된다.

③ 이동식 저장소에 저장하여 직접 3D프린터에 데이터를 연결할 수도 있다.

④ 데이터 생성 시 폐루프끼리 교차하면 안 된다.

해설

가변적인 층 두께에 의해 슬라이싱하면 두께에 따라 공정 인자가 달라져야 하므로 대부분 고정된 두께로 슬라이싱된다.
① · ④ 데이터 생성 시에 폐루프끼리 교차하지 않아야 하며 층 두께 사이에 평평한 면에 대한 보정이 함께 이루어져야 한다.
③ 이동식 저장소(SD 카드 등)와 같은 보조 장치에 저장하여 직접 3D프린터에 데이터를 연결하는 방법이 있다.

정답 ②

02 다음 중 G코드를 업로드하는 방식에 대한 설명으로 옳은 것은?

① 3D프린팅 프로그램을 이용하여 수동으로 노즐을 제어할 수 있다.

② G코드 Sender를 이용해 3D프린터 구동을 직접 제어할 수는 없다.

③ 컴퓨터에서 USB, Serial Port를 통해 전송할 때 별도의 컴퓨터 프로그램이 필요하지 않다.

④ 3D프린터 제작사마다 각각의 프린터에 적용되는 CAM 파일을 사용하고 있으며 해당 파일 구조를 공개한다.

해설

3D프린팅 프로그램을 통해 수동으로 노즐과 베드 등을 제어하고 G코드 파일을 프린터로 전달하여 출력할 수 있게 된다.
② G코드 파일에 포함되어 있는 조형 정보를 이용해 3D프린터를 제어하는 기능을 제공하므로 G코드 Sender를 이용해 3D프린터 구동을 직접 제어할 수 있다.
③ 컴퓨터에서 USB, Serial Port를 통하여 전송할 때 컴퓨터에서 사용하는 3D프린팅 프로그램이 필요하다.
④ 3D프린터 제작사들은 회사 장비에만 적용되는 CAM 파일을 사용하고 있으며 해당 파일 구조를 공개하는 곳은 드물다.

정답 ①

03 다음 중 좌표를 기계의 원점 기준으로 설정하는 G코드는 무엇인가?

① G4 ② G90 ③ G91 ④ G92

해설

① G4 : 정지 시간을 정해 두고 미리 정해 둔 시간만큼 지연
③ G91 : 좌표를 마지막 위치 기준으로 원점 설정
④ G92 : 지정된 좌표로 현재 위치를 설정

정답 ②

04 다음 중 G코드에 대한 설명으로 옳지 않은 것은?

① G코드는 제어 장치의 기능을 동작하기 위한 준비를 한다.
② 1960년대 후반에 표준화된 공작 기계 제어용 코드이다.
③ 연속 유효 지령은 지시된 블록에서만 유효하다.
④ G코드와 M코드에서 nnn은 숫자를 의미한다.

해설

③ 1회 유효 지령에 대한 설명이다.

정답 ③

05 다음 중 STL 형식 파일을 G코드 파일로 변환할 때 추가되는 내용으로 옳지 않은 것은?

① 필라멘트 직경
② 플랫폼 적용 유무 및 유형
③ 히팅베드 온도
④ 노즐 직경과 노즐 모양

해설

STL 형식 파일을 G코드 파일로 변환할 때 추가되는 내용으로 노즐 모양은 포함되지 않는다.
• **STL 형식 파일을 G코드 파일로 변환할 때 추가되는 내용들**
 – 3D프린터가 원료를 쌓기 위한 경로, 속도, 적층 두께, 쉘 두께, 내부 채움 비율
 – 인쇄 속도, 압출 온도, 히팅베드 온도
 – 서포트와 플랫폼의 적용 유무와 유형
 – 필라멘트 직경, 압출량 비율, 노즐 직경
 – 리플렉터 적용 유무와 범위, 트래이블 속도, 쿨링팬 가동 유무

정답 ④

06 다음 중 M코드 기능에 대한 설명으로 옳은 것은?

① M106 - 냉각팬 OFF
② M18 - 스테핑 모터 사용
③ M104 - 압출기 온도 설정
④ M107 - 냉각팬 ON

해설

① M106 : 냉각팬 ON
② M18 : 스테핑 모터 비사용
④ M107 : 냉각팬 OFF

정답 ③

07 다음 빈칸 ㉠∼㉣에 들어갈 G코드를 순차적으로 배열한 것은?

> (㉠) : 사용 단위를 mm로 설정
> (㉡) : 빠른 이동
> (㉢) : 원점으로 이동
> (㉣) : 지정 좌표로의 직선 이동, 지정된 길이만큼 압출 이동

① G21 − G0 − G1 − G28
② G21 − G0 − G28 − G1
③ G20 − G0 − G90 − G1
④ G20 − G91 − G90 − G92

해설

- G0 : 빠른 이동 기능으로 지정된 좌표로 이동
- G1 : 제어된 이동 기능으로 지정된 좌표로 직선 이동하며 지정된 길이만큼 압출 이동
- G20 : Inch 단위 설정 기능으로 사용 단위를 Inch로 설정
- G21 : mm 단위 설정 기능으로 사용 단위를 mm로 설정
- G28 : 원점으로 이동하는 기능으로 X, Y, Z 축의 엔드스탑으로 이동
- G90 : 절대 위치로 이동하는 기능으로 좌표를 기계의 원점 기준으로 설정
- G91 : 상대 위치로 이동하는 기능으로 좌표를 마지막 위치 기준으로 원점 설정
- G92 : 설정 위치 기능으로 지정된 좌표로 현재 위치를 설정

정답 ②

08 다음 중 압출기 온도를 설정하고 해당 온도에 도달하기를 기다리는 M코드는 무엇인가?

① M0
② M101
③ M103
④ M109

해설

① M0 : 프로그램 정지 기능으로 3D프린터의 동작을 정지시킨다.
② M101 : 압출기 전원 ON 기능으로 압출기의 전원을 켜고 준비한다.
③ M103 : 압출기 전원 OFF, 후퇴 기능으로 압출기 전원을 끄고 후진한다.

정답 ④

Chapter 03

장비 출력 설정

01 프린터별 출력 방법 확인

(1) FDM 방식(FFF 방식)

① 원리 : 가열된 노즐에 필라멘트 형태의 열가소성 수지를 투입하고, 투입된 재료들이 노즐 내부에서 가압되어 노즐 출구를 통해 토출되는 형식
② 재료 : 플라스틱 재료를 녹여 노즐을 통해 압출하기 때문에 조형 공정 특성상 열가소성 재료를 사용해야 함
③ 압출 후 노즐 출구의 단면과 유사한 형상을 유지할 수 있는 재료에 대부분 적용 가능
④ 압출 노즐에서 토출되는 재료는 압출 헤드와 성형판 사이의 상대 운동에 의해 각 단면 형상이 만들어지며 이 작업이 모든 층에 반복 및 적층되어 3차원 형상이 만들어짐
⑤ 대부분의 재료는 노즐을 통해 압출될 수 있도록 액체 상태나 유사한 상태로 토출되며, 토출된 후 형태가 변화하지 않음
⑥ 성형하려는 제품의 단면 형상이 만들어지고 재료가 경화된 후 그 위에 다음 층을 같은 방법으로 토출하는 것을 반복하여 최종적으로 제품을 만들게 됨

1) FDM 방식의 재료 압출 방법

재료를 압출하는 노즐이나 재료에 압력을 가하는 장치는 사용하는 재료의 종류나 기계적·물리적 특성에 따라 다양한 형태가 있을 수 있다. 현재 많이 사용되는 FDM의 경우 가열된 노즐에 필라멘트 형태의 열가소성 수지를 투입하며 투입된 재료가 노즐 내부에서 가압되어 노즐 출구를 통해서 토출된다.

① 필라멘트
ⓐ 필라멘트 형태로 재료가 공급
ⓑ 보호 카트리지나 롤에 감겨 있음
ⓒ 프린터 내부에 있거나 외부에 장착되어 있는 경우도 있음
② 스테핑 모터와 노즐
ⓐ 스테핑 모터 회전에 의한 기어 회전 → 필라멘트 재료가 노즐 내부로 이송 → 노즐 내부에서 가열 용융 → 재료 압출

ⓑ 고체 상태의 필라멘트 → 열에 의해 점성이 매우 높은 액체 상태로 용융·가압됨 → 노즐 출구를 통해 압출

③ 히팅베드

ⓐ 베드는 Z축으로 이송, 노즐이 X-Y 평면에서 이송되면서 단면 형상이 만들어지며 한 층이 만들어지면 층 높이만큼 플랫폼이 아래로 이송되거나 헤드가 부착된 X-Y 축이 위로 이송되면서 다음 층을 만들 수 있게 됨

ⓑ FDM 방식의 재료는 열가소성 수지로 노즐에서 압출 후에 바로 굳게 되는데 주위 온도가 너무 낮으면 굳는 속도가 빨라져 이전 층 위에 접착되지 않는 문제가 발생하며, 재료가 급격히 냉각되어 만들어진 구조물은 잔류 응력을 가져 추후 변형이 발생할 수 있음. 히팅베드를 가열해 온도를 유지하기도 함

2) 후가공 처리(재료 성형 후 다음 단계)

FDM 방식은 압출 공정으로 측면에 레이어가 생겨 표면을 부드럽게 할 필요가 있으며 정밀도가 떨어지는 편이므로 깔끔한 출력물을 위해서 후가공은 필수적이다.

① 서포트 제거

ⓐ 서포트가 없는 경우도 있으나 서포트가 있는 경우 서포트 제거부터 후가공이 시작된다. FDM 방식에는 직접 손이나 공구로 제거하는 비수용성 서포트, 녹여서 제거하는 수용성 서포트로 나뉜다.

ⓑ 비수용성 서포트 : 손으로 뗄 수도 있지만 보호 장갑을 끼고 공구(니퍼, 칼, 조각도, 아트나이프 등)를 사용하면 용이하고 수용성 서포트 제거보다 시간이 오래 걸리며 표면 상태가 상대적으로 좋지 않음

ⓒ 수용성 서포트
ㄱ 대표적으로 폴리비닐 알코올(PVA) 소재가 있으며 물에 잘 용해되는 저온 열가소성 소재로 간단한 침수로 빠르게 녹음
ㄴ 수용성 섬유로 구성되어 물에 녹으며 단순한 물 세척만으로 쉽게 제거가 가능함
ㄷ 독성이 없는 물질로 안전하게 사용할 수 있으며 크기, 형상에 따라 서포트 제거 시간이 다르나 보통의 크기는 약 15분 정도가 걸림
ㄹ HIPS 소재도 서포트 소재로 주로 사용되며 리모넨(Limonene) 용액에서 용해됨

② 사포

ⓐ 출력물의 표면을 다듬기 위해 사용함

ⓑ 사포의 거칠기마다 번호가 있으며 번호가 낮을수록 사포 표면이 거칠고 높을수록 사포 표면이 고움

ⓒ 사포 사용 시에는 번호가 낮은 거친 사포로 시작해서 번호가 높은 고운 사포로 넘어가야 함

ⓓ 주로 스펀지 사포, 천 사포, 종이 사포가 사용됨

ⓔ 스펀지 사포는 부드러운 곡면을 다듬는 데 주로 사용되며 가격이 비싼 편

ⓕ 천 사포는 질기기 때문에 오래 사용이 가능함

ⓖ 종이 사포는 가장 많이 사용되며 구겨지고 접히는 특성 때문에 물체 안쪽을 다듬을 때 좋음

③ 아세톤 훈증

ⓐ 밀폐된 용기 안에 출력물을 넣고 아세톤을 기화시켜 표면을 녹이는 방법으로 매끈한 표면을 얻을 수 있음

ⓑ 단점 : 냄새가 많이 나고 디테일한 부분이 뭉개지는 경우가 있음

ⓒ 고체 기반 방식은 재료를 한 층씩 쌓아가므로 얇게 층을 쌓아도 눈으로 확인되는 층이 생기게 되므로 용도에 따라 층을 없애는 후가공 작업이 필요한 경우가 있음

ⓓ 층을 없애는 후가공 작업이 필요한 경우 산업용 아세톤을 이용해 매끄러운 표면을 만들 수 있음

ⓔ 붓을 이용해 출력물에 발라도 되고 실온에서 훈증하거나 중탕하는 방법이 있음

ⓕ 붓을 이용하면 붓 자국이 남을 수 있고 실온은 시간이 많이 걸리며 부분 간 편차가 생기게 됨

ⓖ 공기 중에 증발된 아세톤은 빠진 부분 없이 골고루 출력물의 표면을 녹여 주어 편차 없이 도포가 가능함

ⓗ 아세톤은 무색의 휘발성 액체로 밀폐된 공간에 부어 놓기만 해도 증발되어 훈증 효과를 볼 수 있음

ⓘ 휘발성이 있고 독성이 강해 취급에 주의해야 함

ⓙ 실온에서 훈증 시 시간이 오래 걸리지만, 프린터 히팅베드의 열을 이용해 아세톤 증발을 촉진시켜 시간을 단축할 수 있음

ⓚ 아세톤 훈증 작업은 환기가 잘 되는 곳에서 작업해야 함

(2) SLA 방식

① 용기 안에 담긴 액체 상태의 광경화성 수지에 적절한 파장을 갖는 빛을 주사해 선택적으로 경화시키는 방식

② 특정 파장의 빛으로 광경화성 수지를 단면 형상으로 경화시켜 층을 형성하고 이 과정을 반복해 3차원 형상을 만들게 됨

③ 광경화성 수지의 구성

SLA 방식 재료인 광경화성 수지는 광 개시제(photoinitiator), 단량체(monomer), 중간체(oligomer), 광 억제제(light absorber) 및 기타 첨가제로 구성됨. 광 개시제는 특정한 파장의 빛을 받으면 반응하여 단량체와 중간체를 고분자로 변환시키는 역할을 하여 광경화성 수지가 액체에서 고체로 상 변화를 일으키게 됨

ⓐ 빛 경화 방법

빛을 이용하여 광경화성 수지를 굳혀 물체를 제작하는 형식으로 기본적으로 레이저를 조사하면 렌즈를 지나 빛이 거울에 반사되어 광경화성 수지에 주사되면서 제품 형상이 만들어짐

ⓘ 레이저
- 레이저는 짧은 파장의 빛일수록 광학계를 이용해 더 작은 지름의 빛으로 만들 수 있기 때문에 자외선 레이저(정밀도, 해상도 증가)가 주로 사용됨
- 경화되는 부피가 매우 작아 큰 형상을 제작하기에는 많은 시간이 소요됨
ⓒ 렌즈 : 레이저에서 나온 빛이 렌즈에 도달하며 이 빛을 매우 작은 지름을 갖도록 만들어주는 역할을 함
ⓔ 반사 거울
- 반사 거울에 반사된 레이저 빛이 광경화성 수지 위에 주사되어 단면을 성형함
- 제품은 수조 안에 잠겨 위, 아래로 이송되는 플랫폼 위에 만들어짐
ⓡ 엘리베이터 : 플랫폼이 위, 아래로 이송되기 위해선 Z축 방향 엘리베이터에 연결되어 동작을 해야 아래로 내려가면서 제품 제작이 가능해짐
ⓜ 스윕 암
- 플랫폼이 내려가면서 위로 차오르는 광경화성 수지를 평탄하게 해주는 역할을 함
- 광경화성 수지 표면의 평탄화 및 새로운 층을 위한 액체 광경화성 수지를 코팅함
- 날카로운 칼날 형태를 갖고 있으며 내부에 광경화성 수지를 공급할 수 있는 장치를 가지고 있는 경우도 있음

ⓑ 빛의 주사 조건에 따른 광경화 기술
ⓘ 자유 액면 방식(Free Surface Method)
- 자유 액면 방식은 광경화성 수지의 표면이 외부로 노출되어 있으며, 노출된 표면에 빛을 주사하는 방식으로 구조물 성형이 규제 액면 방식에 비해 상대적으로 용이함
- 한 층을 성형한 후, 다음 층 성형을 위해 구조물을 받치고 있는 플랫폼이 층 높이만큼 정밀하게 이송되거나 정밀한 양의 광경화성 수지가 수조 내로 공급되어야 하기 때문에 광경화성 수지의 높이 제어가 어려움
- 층 높이가 매우 얇은 경우 광경화성 수지의 점성에 의해 이전 층 위에 덮인 광경화성 수지가 고르게 퍼지는 데 시간이 많이 소요되므로 스위퍼 등을 이용해 광경화성 수지를 고르게 퍼지도록 해 주어야 함
ⓒ 규제 액면 방식(Constrained Surface Method)
- 규제 액면 방식은 빛이 투명 창을 통해서 광경화성 수지에 조사됨
- 광경화성 수지 점성에 크게 영향을 받지 않아 이전에 성형된 층 위에 새로운 층을 성형하기 위해 광경화성 수지를 채우는 데 매우 용이함
- 자유 액면 방식과 달리 새롭게 덮인 광경화성 수지가 평탄하게 될 때까지 대기 시간이 필요하지 않음
- 층을 만들기 위해서 플랫폼을 정밀하게 이송하는 것은 필수적이며 광경화성 수지는 이전의 층과 투명 유리 사이에서 경화되어 새롭게 경화된 층은 투명 유리에 접착될 가능성이 높음

- 광학계를 정밀하게 설계하여 주사되는 빛 에너지를 조절하거나 투명 창 위에 특수한 필름을 붙여 경화되는 수지가 접착되지 않도록 해 주어야 함

(3) SLS 방식

① 대표적인 분말 융접 기술로 플라스틱 분말 위에 레이저를 스캐닝하여 시제품을 만들기 위해 개발되었으나 금속, 세라믹 분말을 이용한 제품의 성형, 다양한 열원의 사용 및 다양한 형태의 분말 재료 융접 등이 가능한 형태로 발전함

② 분말에 가해지는 에너지를 높임으로써 분말을 녹여 융접 시키는 레이저 용융(SLM ; Selective-Laser Melting) 기술도 개발되고 있음

③ SLS 방식은 서포트가 필요하지 않은 방식으로 융접되지 않은 주변 분말들이 제품을 제작하면서 자연스럽게 서포트 역할을 함

④ 금속 분말은 융접 시 수축 등의 변형이 일어날 수 있어 별도의 서포트가 필요함

1) 분말 융접 방법

분말 융접을 위해 레이저를 쏘여 분말을 융접하면서 제품을 제작하는 방식으로 레이저에서 나온 빛이 스캐닝 미러에 반사되어 파우더 베드의 분말들을 융접시키며 한 층씩 성형되는 방식

① 레이저

ⓐ 분말들 사이에 융접을 발생시키기 위해 하나 또는 다수의 열원을 가짐

ⓑ 좁은 범위에 집중적으로 열에너지를 가하는데 유리한 CO_2 레이저 등과 같은 레이저 열원이 많이 사용됨

② X–Y 스캐닝 미러 : 원하는 부분의 분말 융접이 발생하도록 레이저에서 나온 빛을 제어하는 장치

③ 적외선(IR) 히터

ⓐ 카트리지 온도를 높이고 유지하기 위한 장치

ⓑ 레이저에 의해 성형되는 분말 주위와 다음 층 형성을 위해 준비된 분말이 채워진 카트리지의 온도를 높이고 유지하기 위해 베드 위에 위치한 적외선 히터 등을 이용

④ 회전 롤러 : 분말을 추가하거나 분말이 담긴 표면을 매끄럽게 해 주는 장치인 회전하는 롤러는 베드 위에 분말을 고르게 펼쳐 주면서 일정한 높이를 갖도록 해 줌

⑤ 플랫폼 : 고르게 펴진 분말에 고출력의 레이저 빛을 쏴 베드 위의 분말을 약 0.1mm 이내로 얇게 융접시켜 층을 만들며, 하나의 단면이 만들어지면 플랫폼이 아래로 이동하고 그 위에 회전 롤러에 의해 다음 층을 성형하기 위한 분말이 덮이게 됨

⑥ 파우더 용기함

ⓐ 파우더 베드에 들어가는 분말들을 보관하는 곳

ⓑ 파우더 베드에서 한 층씩 성형되면 파우더 베드 플랫폼은 한 층씩 내려가고 파우더 용기함은 한 층씩 올라가면서 올라온 분말들이 회전 롤러에 의해 플랫폼으로 들어가는 방식

⑦ SLS 방식 3D프린터 내부

    ⓐ 플랫폼 안의 분말은 녹는점 또는 유리 전이보다 약간 낮은 온도 정도의 고온으로 유지됨

    ⓑ 분말 융접을 위해 가해지는 레이저 빛의 에너지를 상대적으로 낮게 유지할 수 있고 고온 성형으로 생기는 열팽창에 의한 성형품 뒤틀림을 방지할 수 있게 됨

2) 분말 종류에 따른 융접

SLS 방식에서 사용되는 분말은 비금속 분말, 금속 분말로 나뉨

① 비금속 분말 융접

    ⓐ 대표적인 재료는 플라스틱이며 세라믹, 유리 등이 사용됨

    ⓑ 플라스틱과 같은 비금속 재료들은 레이저 등의 열원으로 분말의 표면만을 녹여 소결시키는 공정이 적용됨

    ⓒ 비금속 분말 융접기술은 열에 의한 변형을 크게 고려하지 않아도 되어 별도의 서포트가 만들어지지 않음

    ⓓ 베드에 담긴 분말이 서포트 역할을 하여 서포트 제거 시 발생할 수 있는 제품 손상에 대한 우려가 없고 복잡한 내부 형상을 갖는 제품의 제작이 가능함

② 금속 분말 융접

    ⓐ SLS 방식에서 사용할 수 있는 금속

    ⓑ 티타늄 합금, 인코넬 합금, 코발트 크롬, 알루미늄 합금, 스테인리스 스틸, 공구강 등 다양한 금속들이 사용됨

    ⓒ 금속 분말 융접에 서포트가 필요한 이유는 소결되거나 용융된 금속에서 빠르게 열을 분산시키고, 열에 의한 뒤틀림을 방지하기 위함이며, 일반적으로는 출력 제품과 같은 금속 분말을 소결 또는 용융시켜 서포트를 만듦

    ⓓ 만들어진 서포트는 성형 과정이 끝난 후 별도의 기계 가공에 의해서 제거됨

    ⓔ 서포트 제거 후 금속의 기계적 물성을 높이거나 표면 거칠기를 개선하기 위해 숏 피닝(Shot Peening), 연마, 절삭 가공, 열처리 등의 후처리가 필요한 경우가 많음

---

02   프린터 출력을 위한 사전 준비

(1) 3D프린터 출력을 위한 사전 준비

온도 조건 확인, 베드 확인, 장비 청결 상태 등을 확인하여 출력에 알맞은 상태로 맞춰 주는 작업이 필요하다.

1) 온도 조건 확인

온도 조건은 매우 중요한 요소로 출력 전에 필수로 살펴봐야 하는 조건이다.

① FDM 방식

    ⓐ 열을 이용하여 출력하는 방식으로 온도 조절이 필수

    ⓑ 노즐 온도, 히팅베드 온도가 중요하며 프린터별로 내부 온도를 설정해야 하는 경우도 있음

        ㉠ 노즐 온도

           - 노즐 온도는 사용되는 필라멘트 재질에 따라 달라짐

           - ABS 재질, PLA 재질의 필라멘트가 주로 사용되지만 재질 종류는 다양하며 재질에 따라 녹는점, 성형에 적합한 온도가 다르므로 각각에 맞는 노즐 온도를 설정해야 함

           - 재질에 따라 알맞은 온도를 설정하지 않으면 필라멘트 토출에 오류가 생김

           - 온도가 너무 낮으면 필라멘트가 제대로 용융되지 않아 노즐에서 나오지 않게 되고, 온도가 너무 높으면 필라멘트가 물처럼 흐물거리거나 소재가 타는 경우가 생김

           - 출력 전 필라멘트의 재질을 확인하고 필라멘트별 적정 온도를 설정하여 출력해야 함

소재	노즐 온도
PLA	190~230℃
ABS	215~250℃
나일론	235~260℃
PC	250~305℃
PVA	220~230℃
HIPS	215~250℃
나무	175~250℃
TPU	210~230℃

        ㉡ 히팅베드 온도

           - 베드 온도는 FDM 방식에만 해당됨

           - 히팅베드 온도 또한 소재별로 다르게 설정해야 함

           - PLA 소재는 히팅베드를 사용하지 않고도 출력이 가능함

           - ABS 소재는 온도에 따른 변형이 있어 히팅베드가 필수적임

소재	히팅베드 사용
PLA, PVA 소재 등	필요 없음, 사용 시, 50℃ 이하로 설정
ABS, HIPS, PC 소재 등	필수 사용, 사용 시, 80℃ 이상으로 설정

② SLA 방식

    ⓐ 레이저를 이용하여 제품을 제작하므로 FDM 방식에 비해 온도 조절 필요성이 덜 함

    ⓑ 광경화성 수지가 적정 온도를 유지해야 출력물의 품질이 좋아지므로 수지를 보관하는 플랫폼의 용기가 일정 온도(약 30℃ 가량)로 유지되도록 해야 함

③ SLS 방식

    ⓐ 분말을 열에너지를 이용하여 용융시켜서 융접하는 방식

ⓑ 레이저 열원(CO_2 레이저)이 많이 사용됨

ⓒ 레이저의 온도가 너무 높으면 분말 융접 시 분말이 타게 되므로 분말 소재에 맞는 적정 온도를 설정해야 함

ⓓ SLS 방식 3D프린터는 내부 온도 조절을 위해 적외선 히터가 프린터 내부에 설치된 경우가 있음

ⓔ 분말이 채워진 카트리지의 온도를 높이고 유지하기 위해서 베드 위에 위치한 적외선히터 등을 사용하기도 함

2) 프린터 내·외부의 청결 상태

출력 전에 프린터 내·외부의 청결 상태도 출력물을 뽑는 데 꼭 필요한 확인 작업이다. 출력되는 프린터 내부 공간, 노즐 등에 이물질이 있으면 출력에 방해가 되니 출력 전 청소는 필수적이다.

① 노즐 청소 필라멘트 : FDM 방식 출력은 노즐 내부에 녹아 남아 있는 이물질과 결합되어서 같이 출력되기 때문에 노즐 막힘 현상을 방지할 수 있고 출력물에 대한 정밀도도 향상시킬 수 있음

② 노즐 청소 필라멘트를 구입하지 않고 노즐 내·외부를 청소하는 방법

    ⓐ 노즐의 온도를 올린 뒤 바깥 부분에 묻어 있는 찌꺼기를 도구를 이용해 떼어 냄

    ⓑ 노즐 내부가 막힌 경우엔 온도를 올려 청소 바늘 등을 이용해 노즐을 뚫거나 노즐을 분해하여 토치로 가열한 뒤 공업용 알코올에 담가두었다가 뺄 수도 있음

    ⓒ 올리브 오일을 한 방울 정도만 사용해도 부드러운 출력을 기대할 수 있음

    ⓓ 올리브 오일 사용 방법

        ㉠ 필라멘트가 헤드에 물려 있는 경우 표면이 깨끗한 도구(바늘, 클립 등)를 이용하여 헤드에 물려 있는 필라멘트에 묻혀 오일이 필라멘트를 타고 노즐 내부로 흘러 들어가게 할 수 있음

        ㉡ 필라멘트를 헤드에 물리기 전이라면 필라멘트 끝 부분을 오일에 살짝 담갔다 빼서 필라멘트를 로딩시켜 주면 됨

③ 3D프린터 내·외부

3D 출력 중 프린터 문이 열려 있거나 덮여 있는 뚜껑이 열려 있을 경우, 이물질이 들어가 스테핑 모터에 낀다면 출력에 문제가 되고 모터가 망가질 수도 있으며 베드에 다른 찌꺼기가 있으면 출력이 원활하지 않을 수 있으므로 반드시 문을 닫아야 함

03 출력 조건 최종 확인

(1) 장비 정밀도 확인

레이어의 두께를 마이크로 단위까지 설정할 수 있을 정도로 설계한 물체를 거의 오차없이 출력할 수 있지만, FDM 방식은 상대적으로 정밀도가 조금 떨어지는 편이다. 특히, 고체 기반 소재로 조립품을 만들 경우 출력 공차를 줘야만 조립이 가능하다. 물체의 사이즈를 딱 맞게 출력할 경우 조립이 되지 않는 경우가 발생한다. 고체 기반 소재 방식은 노즐에서 필라멘트가 압출되어 재료가 토출되는 방식으로 FDM 방식 상 원하는 곳에 노즐이 재료를 토출해도 노즐의 지름과 재료가 압출되어 퍼지는 정도에 따라 오차가 발생하게 된다.

1) 수평 길이 확인

① 각 길이가 10mm인 정육면체 조각 10개를 출력한 다음 길이가 10mm 이상으로 측정되는 것을 확인함

② 실제 길이보다 길게 출력되므로 조립을 위해서는 원하는 길이보다 작은 길이로 설정하고 출력해야 원하는 결과 값이 나오게 됨

2) 수평 내부 길이 측정

① 'ㄷ'자 형태의 출력물 내부 폭을 2mm로 지정하여 10개를 뽑아 'ㄷ'자를 감싸고 있는 내부의 길이를 측정함

② 수평 외부 길이와 수평 내부 길이의 공차에 유의해야 함

3) 수직 방면 구멍 측정

① 3차원 모델 제작 시 원형 결합 부위나 나사를 결합할 때 치수가 맞지 않을 수 있으므로 출력물 구멍의 오차를 측정함

② 수직 방면으로 뚫린 구멍과 수평 방면으로 뚫린 구멍의 오차는 다르므로 각각 실험하여 확인해야 함

③ 직육면체에 지름 2mm 크기의 구멍 10개를 뚫어 구멍별로 오차를 확인하면 됨

4) 수평 방면 구멍 확인

① 3D프린터는 Z축 방면으로 물체를 쌓기 때문에 물체 내부 구멍도 수직 방면의 구멍 크기와 수평 방면의 구멍 크기의 오차가 다르며 수평 방면도 실습을 진행해야 함

② 직육면체 옆면에 수평 방면으로 2mm 크기 구멍 10개를 뚫어 구멍별로 오차를 확인함

③ 수직보다 수평 방면의 구멍의 오차가 더 크게 나오는데 3D프린터 제작 방식이 Z축 방면으로 필라멘트를 쌓아 올리기 때문임

(2) 출력 온도 확인

온도 설정은 3D프린터를 동작하기 위해 중요한 요소 중에 하나로 소재별로 적절한 온도를 설정해서 출력해야 함

Check Point

3D프린터 출력 전 온도 조건 확인
- 장비 외부 주변 온도
  - 장비 외부 온도도 내부 온도 조건 못지않게 중요함
  - 외부의 온도가 너무 낮거나 높으면 정상적인 출력이 어려울 수 있음
  - MJ 방식은 20℃~25℃ 사이의 온도를 권장하며 에어컨 시설이 필요함
  - 사용하는 3D프린터에 따라 외부 공기 흐름을 차단시켜 챔버 내부 온도를 올려 출력에 맞는 적정 온도를 유지시켜 주기도 함

출제예상문제

01 다음 중 FDM 방식의 출력에 대한 내용으로 옳지 않은 것은?

① 수용성 서포트로 폴리비닐 알코올 소재가 있다.
② 아세톤 훈증은 밀폐된 공간에 부어 놓기만 해도 효과를 볼 수 있다.
③ 서포트 제거 후 연마, 절삭 가공, 열처리 등의 후처리가 필요한 경우가 많다.
④ FDM 방식 재료는 노즐을 통해 압출되고 토출된 후에는 형태가 변화하지 않는다.

해설

③은 SLS 방식의 금속 분말 융접에 대한 설명으로 금속 기계적 물성을 높이거나 표면 거칠기를 개선하기 위한 후처리이다.
① 수용성 서포트로 대표적인 것은 폴리비닐 알코올(PVA) 소재가 있다.
② 아세톤은 무색의 휘발성 액체로 밀폐된 공간에 부어 놓기만 해도 증발되어 훈증 효과를 볼 수 있다.
④ FDM 방식의 재료는 노즐을 통해 압출될 수 있도록 액체 상태나 유사한 상태로 토출되고 토출된 후에는 형태가 변화하지 않는다.

정답 ③

02 다음 중 SLA 방식의 출력에 대한 내용으로 옳은 것은?

① 레이저는 파장이 긴 빛일수록 광학계를 이용해 더 작은 지름의 빛을 만들 수 있어 자외선 레이저가 주로 사용된다.
② 광 억제제는 단량체와 중간체를 고분자로 변환시키는 역할을 한다.
③ 자유 액면 방식은 빛이 투명 창을 통해서 광경화성 수지에 조사된다.
④ 규제 액면 방식은 새롭게 덮인 광경화성 수지가 평탄하게 될 때까지 대기 시간이 필요하지 않다.

해설

① 레이저는 짧은 파장의 빛일수록 광학계를 이용해 더 작은 지름의 빛으로 만들 수 있기 때문에 자외선 레이저(정밀도, 해상도 증가)가 주로 사용된다.
② 광 개시제에 대한 설명으로 특정한 파장의 빛을 받으면 반응하며 광경화성 수지가 액체에서 고체로 상변화를 일으킨다.
③ 빛이 투명 창을 통해서 광경화성 수지에 조사되는 것은 규제 액면 방식에 대한 설명이다. 자유 액면 방식은 광경화성 수지의 표면이 외부로 노출되어 있으며 노출된 표면에 빛을 주사하는 방식이다.

정답 ④

03 다음 중 SLS 방식의 출력에 대한 설명으로 옳지 않은 것은?

① 적외선 히터는 원하는 부분의 분말 융접이 발생하도록 레이저에서 나온 빛을 제어하는 장치이다.
② 플랫폼 안의 분말은 녹는점보다 약간 낮은 온도의 고온으로 유지된다.
③ SLS 방식에서 사용되는 분말은 비금속 분말, 금속 분말로 나뉜다.
④ 분말 융접 시 별도의 서포트가 필요하다.

원하는 부분의 분말 융접이 발생하도록 레이저에서 나온 빛을 제어하는 장치는 'X–Y 스캐닝 미러'이다. 적외선(IR) 히터는 카트리지 온도를 높이고 유지하기 위한 장치이다.

② 플랫폼 안의 분말은 녹는점 또는 유리 전이보다 약간 낮은 온도 정도의 고온으로 유지된다.

④ 금속 분말은 융접 시 수축 등의 변형이 일어날 수 있으므로 별도의 서포트가 필요하다.

정답 ①

04 다음 중 3D프린터 출력을 위한 내용으로 틀린 것은?

① PLA 소재는 히팅베드가 필수적이다.

② MJ 방식의 장비 외부 주변 온도는 20℃~25℃ 사이를 권장한다.

③ PLA 소재의 적정한 노즐 온도는 190℃~230℃이다.

④ 베드 온도는 FDM 방식에만 해당된다.

해설

PLA 소재는 히팅베드를 사용하지 않고도 출력이 가능하며, ABS 소재는 온도에 따른 변형이 있으므로 히팅베드가 필수적이다.

② MJ 방식의 장비 외부 주변 온도로 20~25℃ 사이의 온도를 권장하며 에어컨 시설이 필요하다.

③ 출력 전 필라멘트의 재질을 확인하고 필라멘트별 적정 온도를 설정하여 출력해야 하는데 PLA 소재의 적정한 노즐 온도는 190~230℃이다.

④ 히팅베드 온도는 FDM 방식에만 해당되고 소재별로 온도를 다르게 설정해야 한다.

정답 ①

05 다음 중 3D프린터 청결에 대한 내용으로 옳지 않은 것은?

① 3D프린터 출력 중에는 반드시 프린터 문을 닫아야 한다.

② 노즐 내부를 청소하려면 전용 필라멘트를 통해서만 가능하다.

③ 노즐 바깥 부분의 이물질은 온도를 올린 후 도구를 이용해 제거한다.

④ FDM 방식은 노즐 청소를 통해 노즐 막힘 현상 방지와 출력물 정밀도 향상을 기대할 수 있다.

해설

노즐 청소 필라멘트를 구입하지 않고도 올리브 오일 등을 이용해 노즐 내부를 청소할 수 있다.

① 이물질이 들어가 스테핑 모터에 끼여 출력에 문제가 되고 모터가 망가질 수 있다.

정답 ②

06 다음 중 3D프린터 출력을 위한 내용으로 옳지 않은 것은?

① SLA 방식은 FDM 방식에 비해 온도 조절 필요성이 덜한 편이다.
② FDM 방식은 필라멘트 재질에 따라 노즐 온도가 달라진다.
③ ABS, PVA 소재는 히팅베드 사용이 필수적이며 온도를 80℃ 이상으로 설정한다.
④ SLA 방식의 플랫폼 용기는 약 30℃ 정도로 일정 온도를 유지해야 한다.

🔲 해설

PVA 소재는 히팅베드가 필요 없으며 사용 시 온도를 50℃ 이하로 설정한다.
① SLA 방식은 레이저를 이용하여 제품을 제작하므로 FDM 방식에 비해 온도 조절 필요성이 덜 하다.
② FDM 방식의 노즐 온도는 사용되는 필라멘트 재질에 따라 달라진다.
④ 광경화성 수지가 적정 온도를 유지해야 출력물의 품질이 좋아지므로 플랫폼 용기가 일정 온도를 유지하도록 해야 한다.

정답 ③

07 다음 중 장비 정밀도 확인 사항에 해당하지 않는 것은?

① 수직 방면의 구멍 오차 측정
② 수평 방면의 구멍 오차 확인
③ 수평 내부의 길이 측정
④ 장비 외부의 주변 온도 확인

🔲 해설

출력 시 정밀도는 실제 사용하는 3D프린터와 결과 값이 다를 수 있으므로 실제로 측정하여 확인해야 하며 수평 길이 확인, 수평 내부 길이 측정, 수직 방면 구멍 측정, 수평 방면 구멍 확인으로 장비의 정밀도를 확인할 수 있다.

정답 ④

08 다음 중 장비 정밀도 확인과 관련된 내용으로 틀린 것은?

① 수직보다 수평 방면의 구멍의 오차가 더 크게 나온다.
② 수직 방면으로 뚫린 구멍과 수평 방면으로 뚫린 구멍의 오차는 같다.
③ 실제 길이보다 길게 출력되므로 조립을 위해서 원하는 길이보다 작은 길이로 설정하고 출력해야 한다.
④ 3차원 모델 제작 시 원형 결합 부위나 나사를 결합할 때 치수가 맞지 않을 수 있으므로 출력물 구멍의 오차를 측정한다.

🔲 해설

수직 방면으로 뚫린 구멍과 수평 방면으로 뚫린 구멍의 오차는 다르므로 각각 실험하여 확인해야 한다.
① 수직보다 수평 방면의 구멍의 오차가 더 크게 나오는데 이는 3D프린터 제작 방식이 Z축 방면으로 필라멘트를 쌓아 올리기 때문이다.
③ 실제 길이보다 길게 출력되므로 조립을 위해서는 원하는 길이보다 작은 길이로 설정하고 출력해야 원하는 결과 값이 나오게 된다.
④ 3차원 모델을 제작할 때 원형 결합 부위나 나사 결합 시 치수가 맞지 않을 수 있으므로 출력물 구멍의 오차를 측정해야 한다.

정답 ②

정쌤의
3D 필기
NCS기반
프린터운용기능사

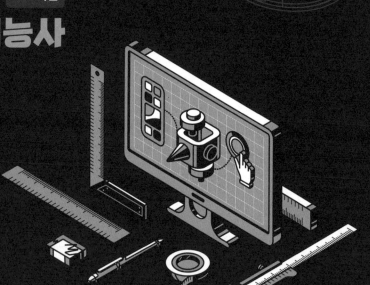

Part 5
제품출력

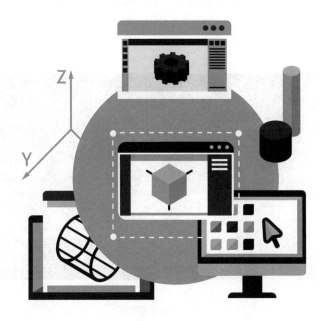

CONTENTS

Chapter 01

출력 과정 확인

---

01 3D프린터 바닥 고정

(1) 3D프린팅의 바닥 고정

3D프린팅에서 사용되는 재료는 다양한 방법으로 베드에 성형되어 출력물이 만들어지는데 출력 도중에는 베드에 재료가 견고하게 부착되어 있어야 하며, 출력이 종료되면 플랫폼에서 출력물을 쉽게 제거할 수 있어야 한다.

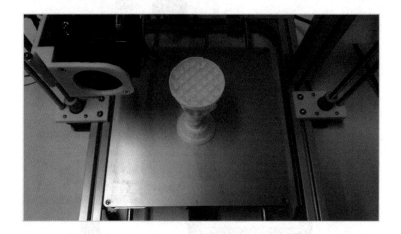

플랫폼(베드)

(2) 3D프린팅 공정별 출력 방향과 지지대 형태

1) 수조 광경화(Vat Photopolymerization)

① 액체 상태의 광경화성 수지(photopolymer)에 빛을 주사하여 선택적으로 경화시키는 것
② 빛이 주사되는 방향으로 플랫폼이 이송되며 층이 성형되는데, 빛은 위 또는 아래에서 주사된다.
③ 플랫폼의 이송 방향에 따라서 출력물이 성형되는 방향은 위쪽 또는 아래쪽이다.
④ 지지대는 출력물과 동일한 재료이며, 제거가 용이하도록 가늘게 만들어진다.

2) 재료 분사(Material Jetting)

① 액체 재료를 미세한 방울(droplet)로 만들고 이를 선택적으로 도포하는 것이다.
② 출력물 재료와 지지대 재료는 모두 위에서 아래로 도포된다.
③ 플랫폼은 아래로 이송되면서 층이 성형되므로 출력물은 플랫폼 위에 만들어지게 된다.
④ 지지대는 출력물과 다른 재료가 사용된다.
⑤ 지지대는 물에 녹거나 가열하면 녹는 재료로 되어 있기 때문에 손쉬운 제거가 가능하다.

3) 재료 압출(Material extrusion)

① 출력물 및 지지대 재료를 노즐이나 오리피스 등을 통해서 압출하는 것이다.
② 출력물 및 지지대 재료는 모두 위에서 아래로 압출된다.
③ 플랫폼은 아래로 이송되면서 그 위에 제품이 아래에서 위로 성형된다.
④ 지지대와 출력물이 같은 재료인 경우와 서로 다른 재료인 경우 두 가지 방식이 있다.

4) 분말 융접(Powder bed fusion)

① 평평하게 놓인 분말 위에 열에너지를 선택적으로 가해서 분말을 국부적으로 용융시켜 접합하는 것이다.
② 플랫폼 위에 분말이 놓이게 되고, 여기에 위에서 아래 방향으로 열에너지가 가해진다.
③ 출력물은 아래에서 위쪽 방향으로 성형된다.
④ 성형되지 않은 분말이 지지대 역할을 하게 되므로 별도의 지지대를 만들어 줄 필요가 없다.
⑤ 분말을 평평하게 만들어 주기 위해 롤러 등을 이용해서 분말 위에 압력을 주는 경우가 있다.
⑥ 부서지거나 또는 움직이지 않게 하기 위해서 플랫폼 위에 지지대가 만들어지기도 한다.
⑦ 지지대가 만들어지는 경우에는 출력물과 같은 재료로 만들어진다.

5) 접착제 분사(Binder jetting)

① 베드 위에 놓인 분말을 이용한다는 점에서 분말 융접 기술과 매우 유사하다.
② 접착제를 분말에 선택적으로 분사하여 성형하고 이를 반복하여 3차원 형상을 만든다.
③ 접착제 분사에서는 플랫폼 위에 분말이 놓이게 되고 위에서 아래 방향으로 접착제가 분사된다.
④ 출력물은 아래에서 위쪽 방향으로 성형된다.
⑤ 성형되지 않은 분말이 지지대 역할을 하게 되므로 별도의 지지대를 만들어 줄 필요가 없다.

6) 방향성 에너지 침착(Directed energy deposition)

① 레이저, 일렉트론 빔 또는 플라즈마 아크 등의 열에너지를 가해서 재료를 녹여 침착시키는 것이다.
② 대부분의 경우 플랫폼 위에 출력물이 성형된다.
③ 출력물은 아래에서 위쪽 방향으로 성형된다.
④ 방향성 에너지 침착에서는 대부분의 경우 지지대가 필요하지 않다.

7) 판재 적층(Sheet lamination)

① 얇은 판 형태의 재료를 단면 형상으로 자른 후 이를 서로 층층이 붙여 형상을 만드는 것이다.
② 대부분의 경우 플랫폼 위에 출력물이 성형된다.
③ 출력물은 아래에서 위쪽 방향으로 성형된다.
④ 출력물 형상이 되지 않는 나머지 판재 부분이 지지대 역할을 한다.
⑤ 지지대의 제거가 용이하도록 나머지 부분은 격자 모양으로 잘라 준다.

02 출력 보조물(지지대와 받침대) 판독

(1) 지지대 설정과 출력 확인

아래가 비어 있는 오버행 형태의 구조물이나 3D프린터를 이용한 출력 도중 출력물이 쓰러질 가능성이 있는 경우에는 지지대가 설치되어야 한다. 또한, 어떤 경우에는 출력물이 플랫폼에 닿는 부분의 면적이 작아서 성형 도중에 출력물이 쓰러질 수 있다.

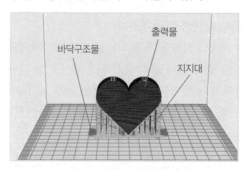

안정적인 출력을 위해 바닥 구조물과 지지대를 설치

위 그림은 바닥 구조물과 지지대를 설정해 준 것이다. 바닥 구조물은 'Raft'이며 지지대는 '격자(적용 각도 30°)'를 적용하였다.

1) 3D프린터 일시 정지 후 출력 상태 확인

바닥 구조물과 지지대가 설정되면 출력물과 함께 성형된다. 우선 3D프린터 제어판 'Pause Print' 메뉴를 이용하여 동작을 일시 정지시킨 후 출력물과 지지대 및 바닥 구조물이 설정된 대로 출력되고 있는지 확인한다. 다음은 출력이 10%, 42%, 70%, 100% 진행되었을 때의 출력 상태를 확인한 것이다.

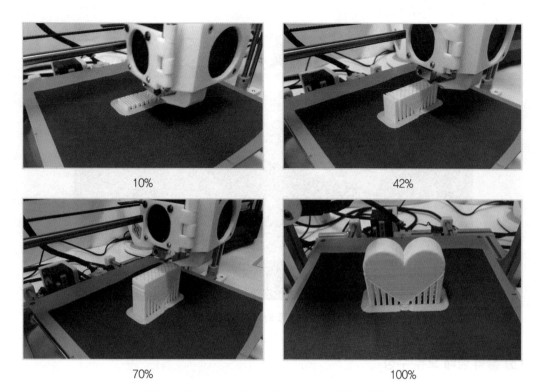

10%   42%
70%   100%

바닥 구조물과 지지대를 설치한 경우 출력 진행에 따른 상태

(2) 출력 상태 오류 확인

  다음 그림은 지지대의 적용 각도를 60°로 한 경우에 출력물에 오류가 생긴 사진으로 오류의 원인은 다음과 같다.

 Check Point

① 지지대의 적용 범위가 작을 경우 지지대가 힘을 견디지 못하고 바닥 구조물에서 떨어짐
② 지지대가 떨어지면서 출력물이 기울어지게 됨
③ 기울어진 출력물 위에 계속 재료가 노즐에서 압출되어 성형됨

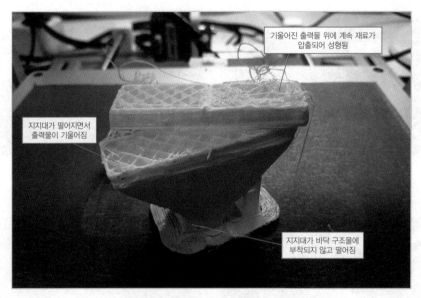

지지대가 떨어지면서
출력물이 기울어짐

기울어진 출력물 위에 계속 재료가
압출되어 성형됨

지지대가 바닥 구조물에
부착되지 않고 떨어짐

지지대의 적용 각도가 잘못되어 출력물에 오류가 발생

(3) 출력 상태 오류 수정

1) 적용 각도에 따른 지지대

지지대의 각도에 따라서 지지대가 적용되는 면적이 달라지므로 적절한 지지대의 적용 각도를
파악한다. 아래 그림은 지지대의 적용 각도를 각각 20°와 60°로 설정한 경우에 지지대가 어떻게
생성되는지를 보여준다.

지지대의 적용 각도에 따른 지지대 면적 차이

G코드를 이용해서 3D프린터를 구동하기 위해서는 좌표계에 대한 이해가 필요하다.

(1) 좌표계

1) 직교 좌표계

3차원 공간에서 좌표계는 X, Y, Z축을 이용하는 직교 좌표계(Rectangular Coordinate System)로 정의하는 것이 일반적이다. 다음은 KS B 0126에서 규정하고 있는 각 좌표축과 이들 사이의 관계를 재료 압출 방식 3D프린터에 표현한 것이다. 일반적으로는 X, Y축이 이루는 평면을 지면과 수평이 되게 놓는다.

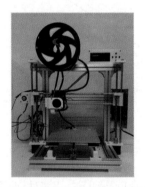

재료 압출 방식 3D프린터의 직교 좌표계

2) 좌표계의 종류

3D프린터를 구동하기 위해 사용되는 좌표계는 G코드를 이용하는데, 그 종류로는 기계 좌표계(Machine Coordinate System), 공작물 좌표계(Work Coordinate System) 그리고 로컬 좌표계(Local Coordinate System)가 있다.

① 기계 좌표계

3D프린터가 구동될 때 헤드가 항상 일정한 위치로 복귀하게 되는 기준점이 있는데, 이 기준점을 좌표축의 원점으로 사용하는 좌표계를 기계 좌표계라고 한다. 즉, 기계 좌표 원점에서는 각 축의 기계 좌표계 좌표값이 각각 X0.0, Y0.0 및 Z0.0 이 된다.

② 공작물 좌표계

공작물 좌표계는 3D프린터의 제품이 만들어지는 공간 안에 임의의 기준점을 설정하여 그 기준점을 새로운 원점으로 가공 위치를 설정한다. 공작물 좌표계를 설정하면 하나의 공간에 여러 개의 제품을 동시에 만들 때, 각 제품마다 공작물 좌표계를 각각 설정하여 사용할 수 있다.

③ 로컬 좌표계

필요에 의해서 공작물 좌표계 내부에 또 다른 국부적인 좌표계가 요구될 때 사용된다. 로

제품 출력

컬 좌표계는 각 공작물 좌표계를 기준으로 설정되며 원하는 방향으로 고정면과 하중을 지정할 수 있다.

(2) 위치 결정 방식

1) 절대 좌표 방식(Absolute Coordinate Method)

재설정된 좌표계의 원점을 기준으로 해서 지정된 좌표로 헤드 혹은 플랫폼이 이송된다.

2) 증분 좌표 방식(Incremental Coordinate Method)

헤드 또는 플랫폼의 현재 위치를 기준점으로하여 임의로 지정한 값만큼 이송된다.

3) 절대 좌표 방식과 증분 좌표 방식의 예

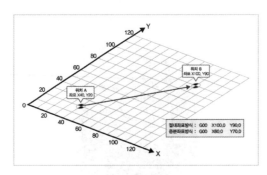

절대 좌표 방식과 증분 좌표 방식의 차이

절대 좌표 방식과 증분 좌표 방식에 따른 비교는 위 그림과 같다. 절대 좌표 방식에서는 현재의 좌표(X40.0 Y20.0)와 무관하게 다음 이동할 좌표 값인 X100.0, Y90.0을 지정해 준다. 하지만 증분 좌표 방식에서는 현재의 좌표 값과 이동할 좌표 값의 차인 X60.0, Y70.0을 지정하게 된다.

 Check Point

- **직교 좌표계** : 3차원 공간에서 좌표계는 X, Y, Z축을 이용하는 직교 좌표계로 정의하는 것이 일반적임
  ① **기계 좌표계**
    - 헤드가 일정 위치로 복귀하는 기준점을 좌표축의 원점으로 사용하는 좌표계
    - 기계 좌표 원점은 각 축의 기계 좌표값이 각각 X0.0, Y0.0, Z0.00이 됨
  ② **공작물 좌표계**
    - 임의로 기준점을 설정하여 그 기준점을 새로운 원점으로 가공 위치를 설정
    - 하나의 공간에 여러 제품을 동시에 만들 때, 제품마다 공작물 좌표계를 설정하여 사용 가능
  ③ **로컬 좌표계**
    - 필요에 따라 공작물 좌표계 내부에 다른 국부적인 좌표계가 요구될 때 사용
    - 각 공작물 좌표계를 기준으로 설정되며 원하는 방향으로 고정면과 하중을 지정할 수 있음
- **직교 좌표계 위치 결정 방식**
  ① **절대 좌표 방식** : 재설정된 좌표계의 원점을 기준으로 지정된 좌표로 헤드나 플랫폼이 이송
  ② **증분 좌표 방식** : 헤드나 플랫폼의 현재 위치를 기준으로 임의로 지정한 값만큼 이송

출제예상문제

01 다음에서 설명하는 3D프린팅 공정은 무엇인가?

> 접착제를 분말에 선택적으로 분사하여 결합시켜 단면을 성형하고 형상을 만드는 방법으로 출력물이 아래에서 위쪽으로 성형된다.

① 분말 융접 방식
② 접착제 분사 방식
③ 방향성 에너지 침착 방식
④ 재료 분사 방식

해설

접착제 분사 방식은 베드 위에 놓인 분말을 이용한다는 점에서 분말 융접 기술과 유사하지만, 열에너지 대신 접착제를 분말에 선택적으로 분사하여 분말들을 결합시켜 단면을 성형하고 이를 반복하여 3차원 형상을 만든다.

정답 ②

02 다음 중 출력물이 성형되는 방향이 다른 것은?

① 수조 광경화 방식
② 재료 압출 방식
③ 분말 융접 방식
④ 접착제 분사 방식

해설

수조 광경화 방식의 빛은 위 또는 아래에서 주사될 수 있으며, 플랫폼의 이송 방향에 따라서 출력물이 성형되는 방향은 위쪽 또는 아래쪽이 된다.
② · ③ · ④ 방식의 출력물은 아래에서 위로 성형된다.

정답 ①

03 레이저, 일렉트론 빔 등의 열에너지로 재료를 녹여 침착시키는 방식은 어떤 것인가?

① 판재 적층 방식
② 방향성 에너지 침착 방식
③ 재료 압출 방식
④ 분말 융접 방식

해설

방향성 에너지 침착은 레이저, 일렉트론 빔 또는 플라즈마 아크 등의 열에너지를 국부적으로 가해서 재료를 녹여 침착시키는 것이다.

정답 ②

제품 출력

04 출력 보조물에 대한 설명으로 옳지 않은 것은?

① 바닥 구조물 또한 3D프린터 소프트웨어에서 설정해 주어야 한다.
② 오버행 형태, 플랫폼에 닿는 출력물 면적이 작을 때 모두 지지대를 설정해준다.
③ 출력 보조물은 출력물과 별도로 출력한다.
④ 출력 보조물의 진행 상태 확인을 위해 3D프린터의 동작을 일시 정지시켜야 한다.

해설

출력 보조물(바닥 구조물, 지지대)이 설정되면 출력물과 함께 성형되게 된다.
④ 지지대와 바닥 구조물이 설정된 대로 만들어지고 있는지 확인하기 위해서는 우선 3D프린터의 동작을 정지시켜야 한다.
 3D프린터 제어판의 Pause Print 메뉴를 이용한다.

정답 ③

05 안정적인 지지대 설정을 위해 가장 신경 써야 하는 것은?

① 바닥 구조물의 면적   ② 바닥 구조물의 종류
③ 지지대의 소재   ④ 지지대 적용 각도

해설

지지대의 각도에 따라서 지지대가 적용되는 면적이 달라지므로 적절한 지지대의 적용 각도를 파악해야 한다.

정답 ④

06 3D프린터 구동을 위한 좌표계에 대한 설명으로 틀린 것은?

① 하나의 공간에 여러 개의 제품을 동시에 만들 때 설정해서 사용할 수 있는 것은 기계 좌표계이다.
② 3차원 공간에서의 좌표계는 직교 좌표계로 정의하는 것이 일반적이다.
③ X, Y 및 X축은 서로 90°각을 이룬다.
④ 각 축의 화살표 방향은 양(+)의 부호를 가진다.

해설

공작물 좌표계는 3D프린터 제품이 만들어지는 공간 안에 임의의 점을 새로운 원점으로 설정하는 것으로, 이를 설정하면 하나의 공간에 여러 개의 제품을 동시에 만들 때, 각 제품마다 공작물 좌표계를 각각 설정하여 사용할 수 있다.

정답 ①

07 3D프린터 구동을 위해 사용되는 좌표계가 아닌 것은?

① 공작물 좌표계   ② 로컬 좌표계

③ 상대 좌표계   ④ 기계 좌표계

해설

G코드를 이용해서 3D프린터를 구동하기 위해 사용되는 좌표계는 기계 좌표계(Machine-Coordinate System), 공작물 좌표계(Work Coordinate System) 그리고 로컬 좌표계(Local -Coordinate System)가 있다.

정답 ③

08 다음 좌표계의 위치 결정 방식에 대한 설명으로 옳지 않은 것은?

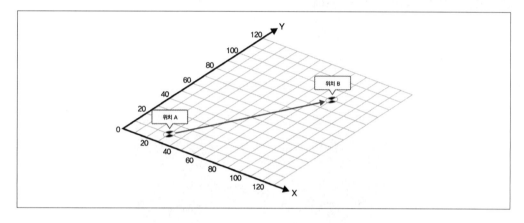

① 절대 좌표 방식의 경우 위치 B의 좌표는 (G00, X90.0 Y90)로 표시한다.
② 절대 좌표 방식에서 이동할 좌표는 현재 좌표와 무관하게 지정한다.
③ 증분 좌표 방식의 경우 위치 B의 좌표는 (G00, X60.0 Y80.0)로 표시한다.
④ 증분 좌표 방식에서 이동하고자 하는 좌표를 지정하면 현재 설정된 좌표계의 원점을 기준으로 지정된 좌표로 헤드 혹은 플랫폼이 이송된다.

해설

절대 좌표 방식(Absolute Coordinate Method)의 경우 움직이고자 하는 좌표를 지정해 주면 현재 설정된 좌표계의 원점을 기준으로 해서 지정된 좌표로 헤드 혹은 플랫폼이 이송된다.

정답 ④

Chapter 02

출력 오류 대처

01 출력 오류 대처

(1) 3D프린터의 출력 오류의 형태

1) 처음부터 재료가 압출되지 않음

3D프린터를 동작시켰으나, 처음부터 플라스틱 재료를 압출하지 않는 경우로 아래와 같이 플랫폼 위에 아무것도 성형되지 않고 노즐 이동 경로가 표시되고 있다.

처음부터 재료가 플랫폼에 압출되지 않은 상태

① 압출기 내부에 재료가 채워져 있지 않을 때

고온에서 대기 상태일 때 대부분의 압출기는 재료의 일부가 흘러내리는 현상이 있다. 따라서 압출 노즐 내부에는 빈 공간이 생기고 출력 초기에 재료가 압출되지 않게 된다.

② 압출기 노즐과 플랫폼 사이의 거리가 너무 가까울 때

압출기 노즐의 끝이 플랫폼과 너무 가까우면 노즐의 구멍이 플랫폼에 의해서 막히게 되어 녹은 플라스틱 재료가 제대로 압출되기 어렵다. 이 경우 처음에는 재료가 압출되지 않다가 3, 4번째 층부터 제대로 압출되기도 한다.

③ 필라멘트 재료가 얇아졌을 때

3D프린터에서 필라멘트 재료를 압출 노즐로 정확하게 제어하면서 밀어 넣거나 뒤로 빼 기 위해서 이빨이 있는 기어를 주로 사용한다. 이때 기어 이빨에 의해서 필라멘트 재료가 많이 깎이게 되면, 회전하는 기어 이빨이 필라멘트 재료를 물지 못하게 되어 압출 노즐로 필라멘트 재료가 공급되지 못하게 된다.

ⓐ 필라멘트 재료가 기어 이빨에 의해서 깎이게 되는 원인

ㄱ 기어 이빨이 필라멘트 재료를 뒤로 빼주는 리트렉션(retraction) 속도가 너무 빠르거나 혹은 필라멘트 재료를 너무 많이 뒤로 빼줄 때 발생한다.

ㄴ 압출 노즐의 온도가 너무 낮을 때 발생한다.

ㄷ 출력 속도가 너무 높을 때 발생한다.

④ 압출 노즐이 막혀 있을 때

이물질이 압출 노즐 내부에 들어가거나, 가열된 플라스틱 재료가 노즐 내부와 너무 오래 접촉해 있을 때 압출 노즐이 막혀 재료가 공급되지 못한다.

⑤ 기타 압출 노즐의 냉각이 충분하지 않아 필라멘트가 용융부 이외의 지역에서 용융되면 발생한다.

Check Point

- 압출기 내부에 재료가 채워져 있지 않을 때
- 압출기 노즐과 플랫폼 사이의 거리가 너무 가까울 때
- 필라멘트 재료가 얇아졌을 때
- 압출 노즐이 막혀 있을 때
- 필라멘트가 용융부 이외의 지역에서 용융될 때

2) 출력 도중에 재료가 압출되지 않음

다음 그림과 같이 제품의 출력 도중에 재료가 압출되지 않는 데는 다음과 같은 몇 가지 이유가 있을 수 있다.

출력 도중 재료가 압출되지 않는 경우

① 스풀에 더 이상 필라멘트가 없으면 재료가 압출되지 않는다.

② 필라멘트 재료가 얇아지면 압출 노즐로 필라멘트 재료를 공급하는 것에 불량이 발생할 수 있다.

③ 압출 노즐이 막히면 재료가 압출 노즐로 압출되지 않는다.

④ 3D프린터의 압출 헤드 모터는 출력물을 제작하기 위해서 매우 오랜 시간 동안 빠르게 반복적으로 앞뒤로 동작한다. 이런 동작으로 압출 헤드의 모터가 충분히 냉각되지 못하고 과열되었을 경우 압출되지 않는다.

Check Point

- 스풀에 더 이상 필라멘트가 없을 때
- 필라멘트 재료가 얇아졌을 때
- 압출 노즐이 막혔을 때
- 압출 헤드의 모터가 과열되었을 때

3) 재료가 플랫폼에 부착되지 않음

첫 번째 층이 플랫폼에 견고하게 부착되어야만 그 이후의 층들이 첫 번째 층 위에 계속 성형되어 최종적으로 3차원 형상이 출력되게 된다. 다음은 재료가 플랫폼에 부착되지 않은 경우의 예를 보여준다.

재료가 플랫폼에 부착되지 않은 경우

① 플랫폼의 수평이 맞지 않으면 재료를 압출하는 노즐의 출구와 플랫폼 사이의 거리가 일정하지 않게 되어 재료가 플랫폼에 부착되지 않는 현상이 발생한다.

② 압출 노즐과 플랫폼 사이에서 재료가 적절히 눌려 옆으로 퍼지도록 노즐과 플랫폼 사이의 간격이 유지되어야 하는데, 노즐과 플랫폼 사이의 간격이 너무 멀어지면 압출되는 재료가 눌려서 퍼지지 않게 되어 플랫폼에 부착되지 않는다.

③ 첫 번째 층을 성형하는 재료가 너무 빠르게 토출되면 플라스틱 재료들이 플랫폼 위에 부착될 충분한 시간을 갖지 못하게 되어 플랫폼 전체가 부착되지 않는다.

④ 3D프린터에 사용되는 플라스틱 재료는 압출기에서 압출된 후 냉각되면서 수축하게 되는데, 이때 플랫폼에서 수축률의 차이에 의해 층이 플랫폼에서 떨어지게 되는 경우가 있다. 따라서 온도 설정이 중요한데 냉각 속도를 높이기 위해서 냉각팬을 설치하거나 플랫폼의 온도를 조절하기 위해 히팅베드를 사용하기도 한다.

⑤ 플랫폼 표면에 이물질이 있으면 재료가 잘 부착되지 않을 수 있다.

⑥ 출력물의 아랫부분 면적이 작아 출력물과 플랫폼 사이의 부착 면적이 작으면 성형 도중에 플랫폼에서 떨어지는 경우가 발생한다.

Check Point

- 플랫폼의 수평이 맞지 않을 때
- 노즐과 플랫폼 사이의 간격이 너무 클 때
- 첫 번째 층이 너무 빠르게 성형될 때
- 온도 설정이 맞지 않은 경우
- 플랫폼 표면에 문제가 있는 경우
- 출력물과 플랫폼 사이의 부착 면적이 작은 경우

4) 재료의 압출량이 적음

3D프린터에서 압출되는 플라스틱의 양이 적으면 다음과 같이 출력물의 면을 구성하는 선과 선 사이에 빈 공간이 생긴다. 압출되는 플라스틱의 양이 적어지게 되는 이유는 다음과 같다.

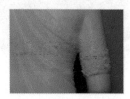

재료의 압출량이 적어서 면을 구성하는 선 사이에 빈 공간이 생김

① 3D프린터에 설정된 필라멘트 재료의 지름보다 실제 압출 노즐로 투입되는 필라멘트 재료의 지름이 작은 경우 발생한다.
② 3D프린터 설정 시 용융된 필라멘트 재료의 압출량이 적절하게 설정되지 않은 경우에도 발생한다.

Check Point

- 필라멘트 재료의 지름이 적절하지 않은 경우
- 압출량 설정이 적절하지 않은 경우

5) 재료가 과다하게 압출됨

압출 노즐을 통해서 압출되는 용융된 필라멘트 재료가 설정된 압출량보다 많은 경우 출력물의 형상이 매끈하지 않고 외부 형상에 재료가 과다하게 성형된다.

재료의 압출량이 과다하게 많아서 출력물 외부 형상에 재료가 과다하게 성형된 것

제품 출력

6) 바닥이 말려 올라감

오랜 시간이 소요되는 큰 출력물을 성형할 때 출력물의 성형 초기에는 아랫부분이 플랫폼에 잘 붙어 있는 것처럼 보이나 시간이 지날수록 아래와 같이 바닥이 위로 말리는 현상이 발생하기도 한다. 이런 현상은 주로 고온에서 사용되는 ABS와 같은 재료를 이용하고, 출력물의 크기가 매우 크거나 매우 긴 형상을 가질 때 많이 발생한다.

출력물의 바닥이 들떠서 위로 말려 올라가는 현상

7) 출력물 도중에 단면이 밀려서 성형됨

대부분의 경우 스테핑모터의 토크가 크기 때문에 큰 문제가 발생하지 않으나 출력물의 단면이 밀려서 성형되는 경우가 가끔 있다. 이는 타이밍벨트가 타이밍 풀리의 이빨을 타고 넘어가서 헤드의 위치가 바뀌는 경우로 다음 그림과 같이 단면이 밀려서 성형된다.

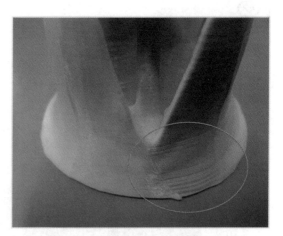

출력 도중에 단면이 밀려서 성형되는 현상

① 매우 빠른 속도로 출력을 진행하면 3D프린터의 모터가 이를 따라가지 못하는 경우가 생길 수 있다. 이 경우에는 3D프린터 헤드의 정렬이 틀어지게 된다.

② 타이밍벨트의 장력이 낮게 설정되어 있는 경우 타이밍벨트의 이빨이 타이밍풀리의 이빨을 타고 넘는 현상이 발생하고, 이는 헤드의 정렬에 영향을 주게 된다. 장시간 3D프린터를 사

용하여 벨트가 늘어나게 되면 이러한 현상이 발생한다.

③ 타이밍벨트의 장력이 너무 높게 설정되어 있는 경우, 베어링에 과도한 마찰이 발생하여 모터의 원활한 회전을 방해한다.

④ 타이밍풀리가 스테핑모터의 회전축에 느슨하게 고정된 경우 스테핑모터의 회전 동력이 타이밍풀리에 제대로 전달되지 않게 된다.

⑤ 적절한 전류가 모터로 전달되지 않으면 동력이 약해져서 스테핑모터의 축이 제대로 회전하지 않는 경우가 발생한다.

⑥ 모터 드라이버가 과열되어 다시 냉각될 때까지 모터의 회전이 멈추기도 한다.

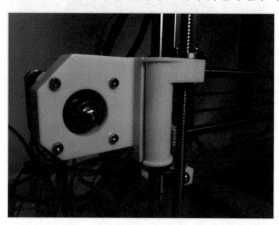

3D프린터의 헤드를 구동시키는 스테핑모터에 타이밍풀리 및 타이밍벨트가 연결된 부분

 Check Point

- 헤드가 너무 빨리 움직일 때
- 타이밍벨트의 장력이 낮은 경우
- 타이밍벨트의 장력이 높은 경우
- 타이밍풀리가 스테핑모터의 회전축에 느슨하게 고정되는 경우
- 적절한 전류가 모터로 전달되지 않는 경우
- 모터가 과열되어 회전이 멈춘 경우

8) 일부 층이 만들어지지 않음

다음과 같이 3D프린터의 출력 도중 몇 개의 층이 만들어지지 않고 전체 구조물이 성형되는 경우이다.

① 필라멘트 재료의 문제로 출력 도중 일부 단면의 성형 시 일시적으로 3D프린터의 압출 헤드에서 충분한 양의 재료가 공급되지 않는 경우 발생한다.

② 플랫폼의 상하 방향 움직임이 일시적으로 멈추는 경우이다. 플랫폼을 수직 방향으로 이송시키는 볼스크류 등이 정확하게 정렬되어 있지 않거나, 플랫폼의 상하 방향 이송을 담당하는 볼스크류 축이 휘어지거나, 불순물이 볼스크류와 베어링 사이에 존재하는 경우 플랫폼의 상하 이송이 일시적으로 멈추기도 한다.

일부 층이 만들어지지 않고 출력되는 경우

9) 갈라짐

3D프린팅에서 위에 출력되는 층은 아래에 이미 만들어진 층에 잘 부착되어야 한다. 만약 각 층 사이의 부착력이 낮으면 다음과 같이 층 사이가 들뜨게 되어 갈라지게 된다.

출력물의 수직 벽이 갈라지는 경우

① 노즐로 토출되는 재료의 유량은 압출 노즐의 내부 지름에 따라 한계가 있으며 이에 층 높이도 제한을 받는다. 많은 경우 층 높이는 노즐 지름의 80% 이내가 적당하며 층 높이가 너무 높으면 이전 층(혹은 플랫폼)과 잘 부착되지 않는다.

② 필라멘트의 토출 온도가 낮으면 층 높이가 적절함에도 출력물의 옆면이 갈라지는 현상이 발생한다. 예를 들면 ABS 재료를 적정 토출 온도인 220~230℃ 이하에서 토출하면 층이 잘 부착되지 않는다.

10) 얇은 선이 생김

다음과 같이 압출 노즐이 재료의 압출을 하지 않은 상태에서 다른 위치로 이동할 때 내부에 있는 녹은 상태의 플라스틱 재료가 조금씩 흘러나와서 얇은 선이 발생한다.

출력물에 얇은 선들이 만들어진 경우

11) 윗부분에 구멍이 생김

① 단면의 빈 공간을 100%로 해 주면 3D프린터는 외부 형상만을 출력해서 출력물을 성형한다. 반면에 단면의 빈 공간을 10% 이하로 설정하면 내부 단면을 모두 채워서 출력한다. 재료를 절약하기 위해서 단면의 빈 공간을 너무 많이 주게 되면 출력물 윗면의 성형이 제대로 되지 않아 구멍이 생기게 된다.

출력물 윗부분에 구멍이 생기는 경우

② 윗면의 두께가 너무 얇게 만들어져도 구멍이 발생할 수 있다. 다음과 같이 단면을 격자 모양으로 적절히 채워 주더라도 얇은 두께를 구성하기 위해서는 3D프린터가 한두 개의 층만

으로 외부 면을 성형하게 되며, 이때 압출되는 재료가 제대로 지지되지 못하여 적절한 성형이 이루어지지 않게 된다.

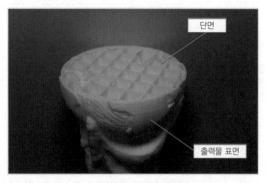

단면

출력물 표면

재료를 절약하기 위해서 단면에 만들어진 격자 모양과 빈 공간

③ 압출 노즐을 통해서 재료가 압출될 때 그 양이 충분하지 않으면 적절한 성형이 이루어지지 않아 구멍이 만들어지기도 한다.

 Check Point

- 단면의 빈 공간을 많이 주는 경우
- 윗면의 두께가 너무 얇게 만들어지는 경우
- 압출 노즐을 통해서 재료가 압출될 때 그 양이 충분하지 않은 경우

02 G코드 수정

(1) 주요 G코드 명령어

1) 3D프린팅의 G코드 명령어

G코드의 명령어는 G00, G01 등과 같이 알파벳 'G' 다음에 두 자리의 숫자를 붙이는 형식으로 되어 있다. 이때 두 자리의 숫자는 00~99 사이의 숫자를 사용한다. CAD로 모델링된 3차원 형상을 NC 공작 기계로 가공하기 위해서는 적절한 CAM 소프트웨어가 CAD 모델을 적절한 G코드로 변환시켜야 한다.

2) G코드 명령어

① G 명령어

ⓐ Fnnn : 이송 속도를 의미한다. 이때 nnn은 이송 속도(mm/min)이다.

ⓑ Ennn : 압출되는 필라멘트의 길이를 의미한다. 이때 nnn은 압출되는 길이(mm)이다.

ⓒ G0 : 빠른 이송을 의미한다. 헤드나 플랫폼을 목적지로 빠르게 이송시키기 위해서 사용한다.

ⓓ G1 : 현재 위치에서 지정된 위치까지 헤드나 플랫폼을 직선 이송한다. 이때 이송되는 속도나 압출되는 필라멘트의 길이를 지정할 수 있다. 이송 속도는 Fnnn에 의해서 다음 이송 속도가 지정되기 전까지는 현재의 이송 속도를 따른다.

ⓔ G28 : 3D프린터의 각 축을 원점으로 이송시킨다.

ⓕ G4 : 모든 동작을 Pnnn에 의해 지정된 시간만큼 멈춘다. 이때 nnn은 밀리초(msec) 이다.

ⓖ G20, G21 : 'G20'은 단위를 인치(Inch)로, 'G21'은 단위를 밀리미터(mm)로 변환한다.

ⓗ G90 : 모든 좌표값을 현재 좌표계의 원점에 대한 절대 좌표값으로 설정한다.

ⓘ G91 : 지정된 이후의 모든 좌표값은 현재 위치에 대한 상대 좌표값으로 설정된다.

ⓙ G92 : 지정된 값이 현재 값이 된다. 3D프린터가 동작하지는 않는다.

② M 명령어

ⓐ M1 : 3D프린터의 버퍼에 남아 있는 모든 움직임을 마치고 시스템을 종료시킨다. 모든 모터 및 히터가 꺼진다. 하지만 G 및 M 명령어가 전송되면 첫 번째 명령어가 실행 되면서 시스템이 재시작된다.

ⓑ M17 : 3D프린터의 동작을 담당하는 모든 스테핑모터에 전원이 공급된다.

ⓒ M18 : 3D프린터의 동작을 담당하는 모든 스테핑모터에 전원이 차단된다. 이렇게 되면

각 축이 외부 힘에 의해서 움직일 수 있다.

ⓓ M104 : Snnn으로 지정된 온도로 압출기의 온도를 설정한다.

Check Point

M 명령어 예

M104 S190 → 3D프린터 압출기의 온도를 190℃로 설정한다.

ⓔ M106 : Snnn으로 지정된 값으로 쿨링팬의 회전 속도를 설정한다. 이때 nnn은 0~255의 범위를 갖는다. 즉, S255가 지정되면 쿨링팬은 최대 회전 속도로 회전한다.

Check Point

M 명령어 예

M106 S170 → 3D프린터 쿨링팬의 회전 속도를 최대 회전 속도(255)의 2/3인 170으로 설정한다.

ⓕ M107 : 쿨링팬의 전원을 끈다. 'M107' 대신 'M106 S0'가 사용되기도 한다.

ⓖ M117 : 3D프린터의 LCD 화면에 메시지를 표시한다. 어떤 3D프린터에서는 'M117'이 다른 기능으로 사용되기도 한다.

Check Point

M 명령어 예

M117 smile → 3D프린터의 LCD 화면에 글자 'smile'을 표시한다.

ⓗ M140 : 제품이 출력되는 플랫폼의 온도를 Snnn으로 지정된 값으로 설정한다.

Check Point

M 명령어 예

M140 S90 → 3D프린터 플랫폼의 온도를 90℃로 설정한다.

ⓘ M141 : 제품이 출력되는 공간인 챔버의 온도를 Snnn으로 지정된 값으로 설정한다.

ⓙ M300 : 출력이 종료되는 것을 알려 주는 등의 용도로 '삐' 소리를 재생한다. Snnn으로 지정된 주파수(Hz)와 Pnnn으로 지정된 지속 시간(msec) 동안 소리가 재생된다.

Check Point

M 명령어 예

M300 S200 P150 → 200Hz 주파수를 갖는 소리를 150밀리초 동안 재생한다.

ⓚ ; : 세미콜론 ';'은 해당 줄에서 이후의 내용은 3D프린터가 무시하기 때문에 G코드를 작성할 때 주석을 넣는 데 사용한다.

01 3D프린터 출력 시 재료가 플랫폼에 부착되지 않는 원인이 아닌 것은?

① 온도 설정이 맞지 않은 경우
② 출력물과 플랫폼 사이의 부착 면적이 작은 경우
③ 필라멘트 재료의 지름이 적절하지 않은 경우
④ 노즐과 플랫폼 사이의 간격이 너무 클 때

해설

③은 압출되는 플라스틱의 양이 적어지게 되는 원인이다. 3D프린터에 설정된 필라멘트 재료의 지름보다 실제 압출 노즐로 투입되는 필라멘트 재료의 지름이 작은 경우, 재료 압출량이 적어질 수 있다.

정답 ③

02 3D프린터 출력 중 단면이 밀려서 성형되는 경우와 관련이 없는 것은?

① 출력물 바닥이 플랫폼에 부착되지 않고 말려 올라가는 경우이다.
② 헤드가 너무 빨리 움직일 때 발생할 수 있다.
③ 초기부터 타이밍벨트의 장력이 너무 높게 설정되어 있는 경우 문제가 될 수 있다.
④ 스테핑모터의 축이 제대로 회전하지 않는 경우 발생한다.

해설

①은 바닥이 말려 올라가는 경우이다.
② 헤드가 너무 빨리 움직일 때 너무 빠른 속도로 출력을 진행하면 3D프린터의 모터가 이를 따라가지 못하는 경우가 생길 수 있으며 3D프린터 헤드의 정렬이 틀어지게 된다.
③ 타이밍벨트의 높은 장력은 베어링에 과도한 마찰을 발생시켜 모터의 원활한 회전을 방해한다.

정답 ①

03 필라멘트 재료가 기어 이빨에 의해서 깎이게 되는 원인이 아닌 것은?

① 리트렉션 속도가 너무 빠를 때
② 플랫폼의 수평이 맞지 않을 때
③ 출력 속도가 너무 높을 때
④ 압출 노즐 온도가 너무 낮을 때

해설

필라멘트 재료가 기어 이빨에 의해 깎이는 원인
• 기어 이빨이 필라멘트 재료를 뒤로 빼는 리트렉션(retraction) 속도가 너무 빠르거나 필라멘트 재료를 너무 뒤로 빼줄 때
• 압출 노즐의 온도가 너무 낮을 때
• 출력 속도가 너무 높을 때

정답 ②

04 출력물의 일부 층이 만들어지지 않을 때의 현상에 대한 설명으로 옳지 않은 것은?

① 노즐과 플랫폼 사이의 간격이 너무 크게 되면 발생한다.
② 필라멘트 재료에 문제가 있는 경우 발생한다.
③ 상하 방향 이송을 담당하는 볼스크류 축이 휘어지면 발생한다.
④ 플랫폼의 상하 방향 움직임이 일시적으로 멈추는 경우가 발생한다.

해설

①은 재료가 플랫폼에 부착되지 않을 경우에 대한 설명이다. 노즐과 플랫폼 사이의 간격이 너무 크게 되면 압출되는 재료가 눌려서 퍼지지 않게 되어 플랫폼에 부착되지 않는 문제가 발생한다.
② 출력 중 일부 단면의 성형 시 일시적으로 3D프린터의 압출 헤드에서 충분한 양의 재료가 공급되지 않는 경우 발생하며 필라멘트 재료에 문제가 있는 경우가 많다.
③ 플랫폼의 상하 방향 이송을 담당하는 볼스크류 축이 휘어지거나 불순물이 볼스크류와 베어링 사이에 존재하면 플랫폼의 상하 이송이 일시적으로 멈추기도 한다.

정답 ①

05 다음 중 G코드에 대한 설명으로 옳지 않은 것은?

① G코드 명령어 중 G0은 헤드나 플랫폼을 목적지로 빠르게 이송시키기 위해 사용한다.
② G+2자리 숫자 형식으로 숫자는 00~99 사이 숫자를 사용한다.
③ G코드 명령어 중 Ennn은 압출되는 필라멘트 길이를 의미한다.
④ G코드 명령어 중 G20, G21은 각각 단위를 mm, Inch로 변환한다.

해설

'G20'은 단위를 인치(Inch)로, 'G21'은 단위를 밀리미터(mm)로 변환한다.

정답 ④

06 다음 중 'M107' 명령어에 대한 설명으로 옳은 것을 모두 고르면?

> (ㄱ) M106 S0 명령어를 사용하기도 한다.
> (ㄴ) 제품이 출력되는 공간인 챔버의 온도를 Snnn으로 지정된 값으로 설정한다.
> (ㄷ) 3D프린터의 LCD 화면에 메시지를 표시한다.
> (ㄹ) 쿨링팬의 전원을 끄는 명령어다.

① (ㄱ), (ㄴ)　　　　② (ㄴ), (ㄷ)　　　　③ (ㄱ), (ㄷ)　　　　④ (ㄱ), (ㄹ)

해설

(ㄴ) 제품이 출력되는 공간인 챔버의 온도를 Snnn으로 지정된 값으로 설정하는 명령어는 M141이다.
(ㄷ) 3D프린터의 LCD 화면에 메시지를 표시하는 명령어는 M117이다.
따라서 'M107' 명령어에 대한 설명으로 옳은 것은 (ㄱ), (ㄹ)이다.

정답 ④

07 다음 중 아래 설명에서 옳은 것을 모두 고르면?

(ㄱ) G28 : 3D프린터의 각 축을 원점으로 이송시킨다.
(ㄴ) G0 X20 : X=20mm인 지점으로 빠르게 이송한다.
(ㄷ) G91 : 모든 좌표값을 현재 좌표계의 원점에 대한 절대 좌표값으로 설정한다.
(ㄹ) G4 P100 : 3D프린터의 동작을 100msec 동안 멈춘다.

① (ㄱ), (ㄴ)　　　② (ㄴ), (ㄷ)　　　③ (ㄴ), (ㄹ)　　　④ (ㄱ), (ㄴ), (ㄹ)

해설

- G28 : 3D프린터의 각 축을 원점으로 이송시킨다.
- G0 : 빠른 이송을 의미한다. 헤드나 플랫폼을 목적지로 빠르게 이송시키기 위해서 사용한다.
- G4 : 모든 동작을 Pnnn에 의해 지정된 시간만큼 멈춘다. 이때 nnn은 밀리초(msec)이다.

따라서 옳은 것을 모두 고르면 (ㄱ), (ㄴ), (ㄹ)이다.

정답 ④

08 다음 중 3D프린팅 출력물이 갈라지는 현상에 대한 설명으로 옳지 않은 것은?

① 출력되는 층 사이의 부착력이 낮아 층 사이가 들뜨게 되어 갈라지는 현상을 가리킨다.
② 압출 노즐을 통해 재료가 압출될 때 그 양이 충분하지 않은 경우에 발생한다.
③ 출력물의 층 높이가 너무 높으면 플랫폼과 잘 부착되지 않는다.
④ 프린터의 설정 온도가 적정 토출 온도보다 낮을 경우 발생한다.

해설

②는 출력물의 윗부분에 구멍이 생기는 현상의 원인이다.
③ 층 높이는 노즐 지름의 80% 이내가 적당하며 층 높이가 너무 높으면 이전 층(혹은 플랫폼)과 잘 부착되지 않는다.

정답 ②

Chapter 03

출력물 회수

01 출력별 제품 회수

(1) 고체 방식 3D프린터 출력물 회수하기

1) 보호 장구 착용

3D프린터에서 출력물을 제거할 때 이물질이 튀거나 상처를 입을 수 있다. 따라서 마스크, 장갑 및 보안경을 착용한다.

2) 3D프린터 작동 중지

3D프린터가 동작하는 도중 손을 넣는 등의 작업을 하면 위험하다. 따라서 3D프린터가 동작을 완전히 멈춘 것을 확인해야 한다.

3D프린터 작동 중지

 Check Point

> 3D프린터의 내부 온도를 유지하고 제품이 출력되는 공간을 외부로부터 보호하기 위해 문이 있는 경우가 많다. 또한, 사용자가 실수로 문을 여는 것을 방지하기 위해서 문을 열기 전에 잠금장치를 풀어 주어야 하는 경우도 있다.

3) 플랫폼 분리

플랫폼이 3D프린터에 장착된 상태로 무리하게 힘을 주어 성형된 출력물을 제거하면 3D프린터의 구동부(모터 등)가 손상을 입을 수 있다. 따라서 제품이 출력되는 바닥 면인 플랫폼을 3D프린터에서 제거한다.

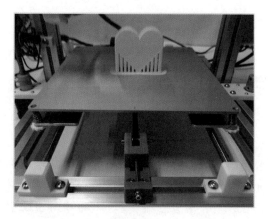

플랫폼 분리 플랫폼에서 출력물 분리

4) 플랫폼에서 출력물 분리

전용 공구를 사용하여 플랫폼에서 출력물을 분리한다. 즉, 전용 공구를 플랫폼과 출력물 사이로 밀어 넣어 출력물을 플랫폼에서 분리한다. 이때 전용 공구에 의해서 플랫폼 표면이 긁히지 않도록 주의해야 한다. 또한, 전용 공구의 끝이 날카로우므로 다치지 않도록 주의해야 한다.

5) 플랫폼 표면을 확인한 후 다시 3D프린터에 설치

① 플랫폼이 분리되는 3D프린터를 확인할 수 있다.

플랫폼이 분리되는 형식의 3D프린터는 출력물이 제거된 플랫폼을 다시 3D프린터에 설치해 준다. 이때 출력물이 제거된 플랫폼의 표면에 이물질이나 흠집이 발생하지 않았는지 확인한다. 이물질이 발견되면 전용 솔 등으로 플랫폼의 표면을 털어내 준다. 플랫폼의 표면에 이상이 없는 것이 확인되면 플랫폼을 다시 3D프린터에 설치한다.

② 플랫폼이 분리되지 않는 3D프린터를 확인할 수 있다.

플랫폼이 분리되지 않는 형식의 3D프린터는 플랫폼이 3D프린터에 장착된 상태에서 플랫폼 표면에 이물질이나 흠집이 없는지 확인한다. 이물질이 있는 경우, 전용 솔 등으로 플랫폼의 표면을 털어 낸다.

6) 3D프린터를 다시 대기 상태로 설정

대부분의 3D프린터는 플랫폼이 다시 설치되면 다음 제품을 출력하기 위한 대기 상태로 돌아간다. 하지만 프린터에 따라 다음 제품을 출력하기 위해서 다시 대기 상태로 만들어 주어야 하는 경우가 있으므로, 이 경우에는 3D프린터를 조작하여 대기 상태로 설정해 주어야 한다.

(2) 액체 방식 3D프린터 출력물 회수하기

1) 보호 장구 착용

3D프린터에서 출력물을 제거할 때 이물질이 튀거나 상처를 입을 수 있다. 따라서 마스크, 장갑 및 보안경을 착용한다.

2) 3D프린터 작동 중지

액체 방식 3D프린터는 빛의 형태 및 제품 출력 시 플랫폼이 움직이는 방향에 따라 종류가 다양하다. 여기서는 광원으로 자외선 레이저를 사용하며 제품 출력 시 플랫폼이 위로 움직이는 3D프린터를 이용해서 설명한다. 하지만 출력물 회수 방법은 대부분의 액체 방식 3D프린터가 유사하다.

3) 3D프린터 문 열기

액체 방식 3D프린터는 광원으로 자외선을 사용한다. 따라서 자외선으로부터 인체를 보호하고 광경화성 수지가 담긴 수조에 이물질이 들어가는 것을 방지하기 위해서 문이 있다. 3D프린터가 출력을 종료한 것을 확인한 후 3D프린터의 문을 연다. 문을 열면 출력물이 플랫폼에 거꾸로 붙어 있는 것을 확인할 수 있다. 외관상 출력물에 이상이 없는지 육안으로 확인한다.

4) 플랫폼 분리

플랫폼이 3D프린터에 장착된 상태로 무리하게 힘을 주어 성형된 출력물을 제거하면 3D프린터의 구동부(모터 등)가 손상을 입을 수 있다.

또한 출력물이 플랫폼에 거꾸로 부착되어 성형되는 경우 부스러기 등이 광경화성 수지가 담긴 수조에 떨어져서 오염될 수 있다.

따라서 우선 플랫폼을 고정하고 있는 스크루를 풀어준 후 플랫폼을 3D프린터에서 분리한다. 이때 플랫폼 주변과 만들어진 출력물에는 경화되지 않은 광경화성 수지가 묻어 있으므로 피부에 닿지 않도록 주의해야 한다.

5) 플랫폼에서 출력물 분리

전용 공구를 사용해서 플랫폼에서 출력물을 분리한다. 즉, 전용 공구를 플랫폼과 출력물 사이로 밀어 넣어 출력물을 플랫폼에서 분리한다. 이때 전용 공구에 의해서 플랫폼 표면이 긁히지 않도록 주의해야 한다. 또한 전용 공구의 끝이 날카로우므로 다치지 않도록 주의해야 한다. 이때에도 경화되지 않은 광경화성 수지가 피부에 닿지 않도록 주의해야 한다.

6) 플랫폼 표면의 불순물 제거

출력물을 제거한 후에도 플랫폼에는 액체 상태의 광경화성 수지와 서포트 부스러기 등과 같은 불순물들이 남아 있다. 따라서 케미컬 와이퍼 등으로 플랫폼 표면을 깨끗이 닦아 주어 표면에 있는 불순물을 제거해 준다. 이때 이소프로필알코올이나 에틸알코올 등을 케미컬 와이퍼에 묻혀 닦아 주면 액체 상태의 광경화성 수지가 더 잘 닦여진다. 또한 플랫폼에서 출력물을 제거하는 데 사용했던 전용 공구에 남아 있는 액체 상태의 광경화성 수지와 불순물도 같이 닦아 준다.

7) 플랫폼 표면을 확인한 후 다시 3D프린터에 설치

출력물이 분리되고 불순물이 제거된 후 플랫폼을 다시 3D프린터에 설치해 준다. 이때 출력물이 제거된 플랫폼의 표면에 이물질이나 흠집이 발생하지 않았는지 한 번 더 확인한다. 플랫폼의 표면에 이상이 없는 것이 확인되면 플랫폼을 다시 3D프린터에 설치한다.

8) 출력물에 묻어 있는 광경화성 수지 제거

분무기를 이용해서 이소프로필알코올이나 에틸알코올 등을 출력물에 뿌려 주어 출력물 표면에 남아 있는 광경화성 수지를 제거한다. 출력물의 표면이 복잡하거나 내부 구멍이 있는 등 분무기로 세척하기 어려운 경우에는 이소프로필알코올이나 에틸알코올이 담긴 비커 등과 같은 용기에 출력물을 10분 정도 담가 남아 있는 광경화성 수지를 세척해 준다.

9) 서포트 제거

니퍼와 커터 칼 등을 사용하여 출력물에서 서포트를 제거한다. 서포트를 제거할 때 출력물의 표면에 손상이 가지 않도록 주의해야 한다. 서포트를 제거하기 전 출력물의 CAD 모델을 검토하여 출력물의 형상을 확인한 후 서포트를 제거하면 출력물의 손상을 좀 더 줄일 수 있다.

10) 후경화

자외선에 의해서 굳어진 광경화성 수지 내부에는 미세하게 경화되지 않은 광경화성 수지가 존재한다. 그리고 경화되지 않은 상태의 광경화성 수지는 서서히 경화되면서 출력물의 변형을 일으키는 원인이 된다. 따라서 서포트가 제거된 출력물을 자외선 경화기에 넣어 출력물 내부에 존재하는 경화되지 않은 광경화성 수지가 모두 굳어지도록 해 주어야 한다.

자외선 경화기가 없다면 자외선 램프를 이용한 간이 경화기를 제작하여 이용해도 된다. 즉 외부로 빛이 새 나가지 않도록 밀폐된 통에 자외선 램프를 연결한다. 그리고 그 내부에 출력물을 넣고 자외선 램프를 켜 주면 출력물 내부에 있는 미세한 광경화성 수지를 굳힐 수 있다. 이때 보안경을 착용하여 자외선 빛을 직접 보지 않도록 주의해야 한다.

(3) 분말 방식 3D프린터 출력물 회수하기

1) 보호 장구 착용

3D프린터에서 출력물을 제거할 때 분말이 날리거나 이물질이 튈 수 있다. 따라서 마스크, 장갑 및 보안경을 착용한다.

2) 3D프린터 작동 중지

분말 방식 3D프린터 중 분말 재료에 바인더를 분사하여 3차원 형상을 출력하는 3D프린터는 작업이 마무리되면 출력물을 바로 꺼내지 않고 3D프린터 내부에 둔 상태로 건조해야 한다. 출력물을 건조하지 않고 바로 3D프린터에서 제품을 꺼내면 출력물이 부서질 위험이 있기 때문이다.

3) 3D프린터 문 열기

분말 방식 3D프린터는 매우 고운 분말 재료를 사용한다. 따라서 분말이 코나 입으로 흡입되지 않게 보호하고 또한 성형 도중 3D프린터에 이물질이 들어가는 것을 방지하기 위해 문이 있다. 3D프린터의 건조 과정이 종료한 것을 확인한 후 3D프린터의 문을 연다. 이때 출력물은 플랫폼 위에 있는 분말들 속에 잠겨 있다.

4) 플랫폼에서 출력물 분리

플랫폼 위의 분말에 잠겨 있는 출력물을 분리하기 위해서는, 진공 흡입기를 이용하여 출력물 주위의 성형되지 않은 분말들을 제거해야 한다. 이때 진공 흡입기에 솔을 장착하고 출력물 주위에 묻어 있는 분말 가루를 흡입해 준다. 진공 흡입기에 솔을 장착하지 않은 상태로 성형품 주위에 묻어 있는 분말 가루를 제거하면 출력물이 부서질 위험이 있다.

출력물 주위의 분말 가루를 제거한 후 출력물이 보이면 출력물에 붙어 있는 분말 가루들도 솔이 장착된 진공 흡입기로 제거한다. 플랫폼에서 분말 가루들을 제거하고 출력물을 회수하기 위해서는 장갑을 착용한 상태에서 작업해야 하며, 이때 분말 가루가 날리지 않도록 조심한다.

5) 플랫폼에 남아 있는 분말 가루 제거

플랫폼에서 출력물을 분리하고 나면 플랫폼 위에는 출력물의 성형에 사용되지 않은 분말 가루들이 남아 있다. 따라서 남은 분말 가루들을 진공 흡입기를 이용해 제거해야 한다. 이때 진공 흡입기로 회수된 분말 가루들은 재사용이 가능하다.

한편, 분말 방식 3D프린터는 출력 과정에서 표면의 평탄화 공정이 필수적이다. 따라서 평탄화 작업에 의해 발생한 분말 가루가 평탄화 장치 주변에 남게 된다. 그러므로 평탄화 장치를 3D프린터에서 제거한 후 진공 흡입기를 이용해서 평탄화 장치 주변에 남아 있는 분말 가루를 흡입해야 한다.

6) 출력물에 묻어 있는 분말 가루 제거

출력물을 3D프린터에서 제거한 후에도 여전히 출력물 표면에는 분말 가루가 남아 있게 된다. 따라서 이를 제거해 주어야 한다. 회수된 출력물에서 남은 분말 가루를 제거해 주는 작업은 별도의 세척 공간에서 수행한다. 어떤 3D프린터는 세척실이 3D프린터에 있는 것도 있다.

 Check Point

세척실이 내부에 있는 경우 분말 가루 제거용 붓을 이용해 출력물 표면에 남아 있는 분말 가루를 제거한다. 분말가루 제거용 붓으로 제거되지 않는 모서리 부분의 분말 가루는 에어건을 이용하여 제거할 수 있다. 이때에는 3D프린터 세척실의 에어건으로 출력물 표면의 분말 가루를 모두 제거한다. 모든 작업이 종료되면 에어건의 전원을 꺼 준다.

출제예상문제

01 출력물을 회수할 때 유의해야 할 사항으로 옳지 않은 것은?

① 분말 방식 3D프린터의 문을 열면 플랫폼에 출력물이 거꾸로 붙어 있으며 이상이 있는지 육안으로 확인할 수 있다.
② 마스크, 장갑, 보안경 등의 보호 장구를 착용해야 한다.
③ 액체 방식 3D프린터는 출력물 표면에 남아 있는 광경화성 수지 제거를 위해서 이소프로필알코올이나 에틸알코올을 출력물에 뿌려 준다.
④ 플랫폼에서 출력물을 분리할 때는 전용 공구를 사용해야 한다.

해설

분말 방식 3D프린터의 문을 열면 출력물은 플랫폼 위에 있는 분말들 속에 잠겨 있다. 출력물이 플랫폼에 거꾸로 붙어 있는 것은 액체 방식 3D프린터이다.

정답 ①

02 분말 방식 3D프린터 출력물의 회수 방법으로 옳은 것은?

ㄱ. 보호 장구 착용
ㄴ. 플랫폼에서 출력물 분리
ㄷ. 출력물에 묻어 있는 분말 가루 제거
ㄹ. 3D프린터 작동 중지
ㅁ. 플랫폼에 남아 있는 분말 가루를 제거
ㅂ. 3D프린터 문 열기

① ㄱ-ㄹ-ㅂ-ㅁ-ㄴ-ㄷ
② ㄱ-ㅂ-ㄹ-ㄴ-ㅁ-ㄷ
③ ㄱ-ㄹ-ㅂ-ㄴ-ㅁ-ㄷ
④ ㄱ-ㄹ-ㅂ-ㄴ-ㄷ-ㅁ

해설

분말 방식 3D프린터 출력물 회수 순서
보호 장구 착용 → 3D프린터 작동 중지 → 3D프린터 문 열기 → 플랫폼에서 출력물 분리 → 플랫폼에 남아 있는 분말 가루 제거 → 출력물에 묻어 있는 분말 가루 제거

정답 ③

03 액체 방식 3D프린터 출력물 회수에 대한 내용으로 옳은 것은?

① 플랫폼 위의 출력물을 분리하기 위해서는 진공 흡입기를 이용한다.
② 서포트가 제거된 출력물을 자외선 경화기에 넣어 출력물 내부의 경화되지 않은 광경화성 수지가 모두 굳어지도록 해 주어야 한다.
③ 출력물은 플랫폼 위에 있는 분말들 속에 잠겨 있다.
④ 플랫폼이 다시 설치되면 자동으로 다음 제품을 출력하기 위한 대기 상태가 된다.

해설

자외선에 의해서 굳어진 광경화성 수지 내부에는 미세하게 경화되지 않은 광경화성 수지가 존재하며 경화되지 않은 광경화성 수지는 서서히 경화되어 출력물의 변형을 일으키는 원인이 될 수 있으므로 ②의 처리를 해 주어야 한다.
① · ③ 분말 방식 3D프린터에 대한 내용이다.
④ 고체 상태 대부분의 3D프린터는 플랫폼 재설치 후 대기 상태가 되지만 직접 프린터를 조작하여 설정해 주어야 하는 경우도 있다.

정답 ②

04 다음 중 분말 방식 3D프린터에 대한 내용으로 틀린 것은?

① 출력물에서 남은 분말 가루를 제거해 주는 작업은 별도의 세척 공간에서 수행한다.
② 플랫폼에서 진공 흡입기로 회수된 분말 가루들은 재사용 가능하다.
③ 금속, 세라믹, 플라스틱 등 분말로 된 다양한 소재를 사용할 수 있다.
④ 출력 가능 사이즈가 작아서 정밀한 형상을 제작할 때 사용된다.

해설

④는 액체 기반 3D프린터의 특징이다.
분말 기반 3D프린터의 장단점
• **장점** : 다양한 소재 사용, 컬러 표현 가능, 서포트가 별도로 필요하지 않아 서포트 제거 작업이 필요없음
• **단점** : 프린터와 재료 가격이 비쌈, 2차 처리 과정을 거치는 번거로움이 있음, 분진 발생으로 피부나 호흡기에 영향을 줄수 있음

정답 ④

05 다음 중 고체 방식 3D프린터에 대한 내용으로 틀린 것은?

① 플랫폼이 분리되지 않는 프린터도 있다.　② 친환경 소재를 사용할 수 있다.
③ 출력 속도가 빠르고 정밀도가 우수하다.　④ 시제품 제작 등에 사용된다.

해설

③ 액체 기반 3D프린터의 장점이다. 고체 기반 FDM 방식은 작동 원리가 간단하고 상대적으로 가격이 저렴하지만 다른 방식에 비해 출력 품질이 떨어지며 정교한 작업이 어렵다.
② PLA는 친환경적 소재로 고체 기반 3D프린터의 소재이다.
④ 섬세한 표현보다는 전체적인 윤곽 출력이나 시제품 제작 등에 사용한다.

정답 ③

06 다음 중 액체 방식 3D프린터에 대한 내용으로 옳지 않은 것은?

① 사용 가능한 오픈소스가 많아 활용하기 좋다.

② 플랫폼을 분리할 때 플랫폼을 고정하고 있는 스크루를 풀어준 후 플랫폼을 3D프린터에서 분리한다.

③ 약 0.1mm 이하의 해상도를 가지기 때문에 품질이 좋다.

④ 출력 가능 사이즈가 작다.

해설

① 은 고체 기반 FDM 방식 프린터의 장점이다.

② 출력물이 플랫폼에 거꾸로 부착되어 성형되는 경우 부스러기 등이 광경화성 수지가 담긴 수조에 떨어져서 오염될 수 있으므로 우선 플랫폼을 고정하고 있는 스크루를 풀어 준 후 플랫폼을 3D프린터에서 분리한다.

③ · ④ 액체 기반 3D프린터의 장점이다.

정답 ①

07 미세하게 경화되지 않은 광경화성 수지를 경화시키는 과정이 필요한 3D프린터 출력물 회수 방법의 프린터 방식에 해당하는 것은?

(ㄱ) FDM 방식	(ㄴ) SLA 방식	(ㄷ) SLS 방식
(ㄹ) DLP 방식	(ㅁ) LOM 방식	(ㅂ) 3DP 방식

① (ㄱ), (ㅁ)

② (ㄴ), (ㄹ)

③ (ㄷ), (ㅂ)

④ (ㄷ), (ㄹ)

해설

제시된 내용은 액체 기반 3D프린터의 후경화에 대한 내용으로 DLP 방식, SLA 방식, Polyjet(폴리젯) 방식, MJM 방식이 있다.

① (ㄱ), (ㅁ)은 고체 기반 3D프린터 방식이다.

③ (ㄷ), (ㅂ)은 분말 기반 3D프린터 방식이다.

정답 ②

정쌤의

3D

필기

NCS기반

프린터운용기능사

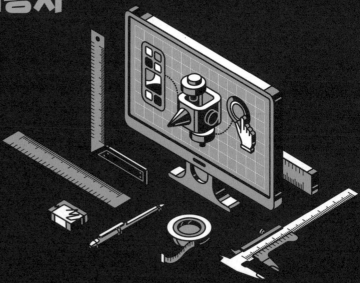

Part 6

3D프린터 안전관리

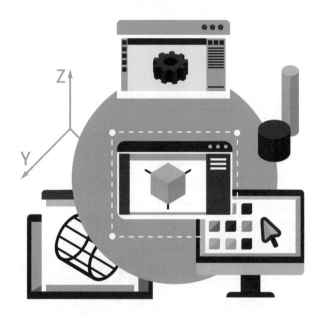

CONTENTS

Chapter 01

안전수칙 확인

01 작업 안전수칙 준수

(1) 작동 전 단계(Pre-processing)

3D프린팅에 사용되는 재료는 피부, 안구 및 호흡기에 염증을 유발할 수 있다. 예를 들어 니켈 (nickel)은 알러지성 피부염, 비염, 천식을 유발할 수 있으며 초미세 금속분진은 순간적으로 가연성을 가질 수 있다.

(2) 사용단계(Printing)

프린팅이 시작된 단계에서는 사용하고 있는 물질 및 방법에 따라 사용자 건강상에 끼칠 수 있는 영향이 달라진다.

1) 재료 압출(Material Extrusion)

① 녹인 플라스틱을 작은 노즐을 통해 압출하여 겹겹이 쌓아 나가는 방법으로 일반적으로 ABS(Acrylonitrile Butadiene Styrene) 및 PLA(Polylactic Acid) 수지가 사용됨

② 소규모 업체들이 많이 사용하는 방법이며 프린팅에 사용되는 재료 및 온도에 따라 상당량의 나노 물질 및 기체를 공기 중으로 방출함

③ 나노 물질에 노출되면 폐 등에 염증성 반응을 유발할 수 있음

2) 분말 적층 용융(Powder Bed Fusion)

① 금속 가루를 얇게 깔고 레이저 빔을 쏘아 층층이 쌓아올리는 방법

② 작업 공간 대기와 완전히 분리된 곳에서 작동되지만, 이 방법을 사용한 작업 이후 완성된 조형물을 세정하는 단계에서 작업자는 재료로 사용된 물체의 분진 등에 노출될 수 있음

3) 액층 광중합(Vat Photopolymerization)

① 액상 레진(resin)이 담긴 용기에 자외선을 조사하고 이를 경화시켜 조형물을 만듦

② 이 방법을 사용하는 프린터는 분리된 공간에서 사용됨

③ 레진으로 만들어진 조형물과 접촉 시 알레르기성 피부염을 유발할 수 있고 완성물을 세정

할 때 사용하는 용제 및 완전히 경화되지 않은 조형물에 대한 노출이 작업자 건강에 잠재적 유해·위험으로 작용할 수 있음

(3) 작동 종료 후(Post-processing)

조형물 제작 이후에 작업별로 발생할 수 있는 유해·위험은 다음과 같다.

1) 세정 및 지지구조물의 제거

① 완성된 조형물을 세정할 때 사용하는 화학물질은 피부, 안구 및 호흡기에 염증을 유발할 수 있음
② 용제 등은 중추신경계에 영향을 줄 수 있음

2) 조형물의 연삭작업(Sanding)

① 연삭작업 시 발생하는 분진은 염증을 일으킬 수 있음
② 플라스틱으로 만들어진 조형물은 연삭작업 이전에 완전히 경화된 상태여야 함

3) 표면처리

① 조형물의 표면을 처리하는 작업을 수행하면 다양한 화학물질에 노출될 수 있음
② 알레르기를 유발할 수 있는 에폭시, 시아노아크릴레이트 및 아크릴혼합물질을 사용하는 경우 특별한 주의가 필요함
③ 이소시안염을 포함하고 있는 도료(paints)는 피부 및 호흡기에 염증 또는 천식, 알레르기성 반응을 유발할 수 있음

02 안전 보호구 취급

(1) 보호구의 정의

① 보호구는 재해나 건강 장해를 방지하기 위한 목적으로 작업자가 착용한 후 작업을 하는 기구나 장치를 의미함
② 보호구는 작업자가 착용하는 것으로 한정되며 파편 및 비산물 등을 방지하기 위한 기계 장치의 방호 덮개나 분진이나 가스 등 유해물질을 제거하기 위한 국소배기장치는 보호구라 하지 않음
③ 보호구는 유해·위험요인으로부터 작업자를 보호하기 위한 최후 수단이므로 우리나라를 비롯한 유럽·미국 등 각국에서도 보호구에 대한 각별한 관심을 기울이고 있음
④ 유럽에서는 보호구를 제조·수입하는 업체나 보호구를 사용하는 사업장에 대하여 별도의 지침을 만들어 규제하고 있음

(2) 보호구의 구비 요건

재해 방지 대책의 일환으로 최선의 방법은 아니라 하여도 차선책 또는 최후 수단으로서 보호구가 가져야 할 구비 요건은 다음과 같다.

① 착용하여 작업하기 쉬울 것
② 유해·위험물로부터 보호 성능이 충분할 것
③ 사용되는 재료는 작업자에게 해로운 영향을 주지 않을 것
④ 마무리가 양호할 것
⑤ 외관이나 디자인이 양호할 것

(3) 보호구 관리

① 목적 및 적용범위를 명시해야 함
② 관리 부서를 지정하되 통상적으로 안전·보건 관리자가 소속되어 있는 부서로 함
③ 지급 대상을 정할 때 작업 환경 측정 결과는 위생보호구 지급 대상의 참고자료가 될 수 있음
④ 지급 수량과 지급 주기를 정하되 지급 수량은 해당 근로자 수에 맞게 지급하여 전용으로 사용하게 하며, 지급 주기는 작업 특성과 실태, 작업 환경의 정도, 보호구별 특성에 따라 사업장 실정에 적합하게 정함
⑤ 관리 부서는 보호구의 지급 및 교체에 관한 관리 대장을 작성하여야 하고, 관리 대장에는 작업 공정과 사용 유해·위험 요소도 병기함
⑥ 사용자가 지켜야 할 준수 사항을 명시하도록 함
⑦ 취급 책임자를 지정하도록 함

(4) 눈 및 귀 보호구(보안경, 귀마개)

1) 차광 보안경

① 눈에 해로운 자외선, 가시광선, 적외선이 발생하는 장소에서 유해 광선으로부터 눈을 보호하기 위한 수단으로 사용됨
② 차광 보안경은 아크용접, 가스용접, 열 절단, 용광로 주변 작업 및 기타 유해 광선이 발생하는 작업에 사용됨
③ 사용 목적에 따른 종류
    ⓐ 유해한 자외선(ultraviolet)을 차단함
    ⓑ 강렬한 가시광선(visible)을 약하게 하여 광원의 상태를 관측 가능하게 함
    ⓒ 열 작업에서 발생하는 적외선(infrared)을 차단함

2) 방음 보호구(귀마개, 귀덮개)

① 소음 수준, 작업 내용, 개인의 상태에 따라 적합한 보호구를 선정해야 함
② 오염되지 않도록 보관 및 사용, 특히 귀마개 착용 시는 더러운 손으로 만지거나 이물질이 귀에 들어가지 않도록 주의해야 함

③ 귀마개는 불쾌감이나 통증이 적은 재료로 만든 것을 선정함

④ 귀마개의 재질이 고무인 것보다는 스펀지가 귀에 통증을 적게 해줌

⑤ 귀마개는 소모성 재료로 필요하면 누구나 언제든지 교체 사용할 수 있도록 작업장 내에 비치 관리해야 함

⑥ 소음의 정도에 따라 착용해야 할 보호구가 각각 다름

⑦ 소음 수준이 85~115dB일 때는 귀마개 또는 귀덮개를 착용하고, 110~120dB이 넘을 때는 귀마개와 귀덮개를 동시에 착용해야 함

⑧ 활동이 많은 작업인 경우에는 귀마개를 착용하고, 활동이 적은 경우에는 귀덮개를 착용함

⑨ 중이염 등 귀에 이상이 있을 때에는 귀덮개를 착용

⑩ 귀마개 중 EP-2형은 고음만을 차단시키므로 대화가 필요한 작업에 착용

(5) 호흡 보호구(방진, 방독, 송기 마스크)

1) 호흡 보호구 구분

호흡 보호구는 보호 방식과 종류 및 형태에 따라 크게 공기 정화식과 공기 공급식으로 구분된다.

① 공기 정화식

    ⓐ 오염 공기가 여과재 또는 정화통을 통과한 뒤 호흡기로 흡입되기 전에 오염 물질을 제거하는 방식

    ⓑ 가격이 저렴하고 사용이 간편하여 널리 사용됨

    ⓒ 산소 농도가 18% 미만인 장소나 유해비(공기 중 오염 물질의 농도/노출 기준)가 높은 경우에는 사용할 수 없음

    ⓓ 단기간(30분) 노출되었을 시 사망 또는 회복 불가능한 상태를 초래할 수 있는 농도 이상에서는 사용할 수 없음

② 공기 공급식

    ⓐ 공기 공급관, 공기 호스 또는 자급식 공기원을 가진 호흡용 보호구로부터 유해 공기를 분리하여 신선한 호흡용 공기만을 공급하는 방식

    ⓑ 공기 공급식은 외부로부터 신선한 공기를 공급받는 경우이므로 가격이 비싼 편임

    ⓒ 산소 농도가 18% 미만인 장소나 유해비가 높은 경우에 사용이 권장됨

2) 종류

① 공기 정화식 보호구는 호흡을 위하여 착용자 본인의 폐력을 이용한 방식(수동식)과 전동기를 이용한 방식으로 구분됨

② 수동식의 경우 가격이 저렴한 특성 때문에 방진 마스크 및 방독 마스크의 대다수를 차지하고 있음

③ 수동식의 경우 폐력의 힘을 이용하므로 호흡이 힘들어지고 안면부 내에 음압이 형성되므로, 얼굴과 안면부 내 누설되지 않도록 꽉 조여야 하는 착용의 불편함이 있음

④ 전동식의 경우 가격이 비싸지만 본인의 폐력을 이용하지 않음에 따라 호흡이 용이하고 수동식보다 높은 농도의 공기 오염 상태에서도 사용이 가능함

⑤ 전동식은 안면부 내에 양압이 형성되어 후드 등 다양한 형태의 안면부를 사용할 수 있어 착용감이 좋음

3) 호흡 보호구 사용 및 관리 방법

① 방진 마스크 : 작업장에서 발생하는 광물성 분진 등 유해한 분진을 흡입해 인체에 건강 장해가 우려되는 경우 사용하는 호흡용 보호구이다.

ⓐ 방진 마스크의 등급 및 사용 장소

㉠ 특급 방진 마스크 : 베릴륨 등과 같이 독성이 강한 물질을 함유한 분진 등이 발생하는 장소 또는 석면을 취급하는 장소에서 주로 사용된다.

㉡ 1급 방진 마스크 : 특급 마스크 착용 장소를 제외한 분진 발생 장소, 금속흄 등과 같이 열적으로 생기는 분진 발생 장소, 기계적으로 생기는 분진 발생 장소에서 주로 사용된다.

㉢ 2급 방진 마스크 : 특급 및 1급 마스크 착용 장소를 제외한 분진 발생 장소에서 사용된다.

㉣ 배기밸브가 없는 안면부 여과식 마스크는 특급 및 1급 마스크 착용 장소에서 사용해서는 안 된다.

ⓑ 방진 마스크의 종류별 구조

㉠ 격리식 구조 : 안면부, 여과재, 연결관, 흡기밸브, 배기밸브, 머리끈으로 구성되며 여과재에 의해 분진이 제거된 깨끗한 공기가 연결관을 통해 흡기밸브로 흡입되고 체내의 공기는 외기중으로 배출된다. 격리식 구조 방진 마스크는 부품 교환이 용이하다는 특징이 있다.

㉡ 직결식 구조 : 안면부, 여과재, 흡기밸브, 배기밸브, 머리끈으로 구성되며 여과재에 의해 분진이 제거된 깨끗한 공기가 흡기밸브를 통해 흡입되고 체내의 공기는 배기밸브를 통해 외기중으로 배출된다. 직결식 구조 방진 마스크 또한 부품 교환이 용이하다.

㉢ 안면부 여과재 구조 : 여과재로 된 안면부와 머리끈으로 구성되며 여과재인 안면부에 의해 분진을 여과한 깨끗한 공기가 흡입되고 체내의 공기는 여과재인 안면부를 통해 외기중으로 배출되는데, 배기밸브가 있는 경우에는 배기밸브를 통해 배출된다. 부품을 교환하여 재사용하는 것이 불가능하다는 단점이 있다.

ⓒ 선정 기준

㉠ 가볍고 시야가 넓은 것

ⓛ 안면 밀착성이 좋아 기밀이 잘 유지되는 것

ⓒ 분진 포집 효율이 높고 흡기 · 배기 저항은 낮은 것

ⓔ 마스크 내부에 호흡에 의한 습기가 발생하지 않는 것

ⓜ 안면 접촉 부위에 땀을 흡수할 수 있는 재질을 사용한 것

ⓗ 작업 내용에 적합한 방진 마스크의 종류를 선정

ⓓ 사용 및 관리 방법

ⓖ 작업 시 항상 착용토록 하고 사용 전에 흡기밸브, 배기밸브의 기능과 공기 누설 여부 등을 점검함

ⓛ 안면부를 얼굴에 밀착시킴

ⓒ 여과재는 건조한 상태에서 사용함

ⓔ 필터는 수시로 분진을 제거하여 사용하고 필터가 습하거나 흡 · 배기 저항이 클 때에는 교체함

ⓜ 알레르기성 습진 발생 시 세안 후 붕산수를 도포함

ⓗ 흡기밸브, 배기밸브는 청결하게 유지하고 안면부 손질 시에는 중성세제를 사용함

ⓢ 고무 등의 부분은 기름이나 유기 용제에 약하므로 접촉을 피하고 자외선에도 약하므로 직사광선을 피해야함

ⓞ 사업주는 방진 마스크 사용 전 근로자에게 충분한 교육과 훈련을 실시함

ⓩ 방진 마스크는 밀착성이 요구되므로 다음과 같이 착용하면 안 됨(다만, 방진 마스크의 착용으로 피부에 습진 등을 일으킬 우려가 있는 경우는 예외)
  - 수건 등을 대고 그 위에 방진 마스크를 착용하는 경우
  - 면체의 접안부에 접안용 헝겊을 사용하는 경우

ⓩ 다음 경우는 방진 마스크의 부품을 교환하거나 마스크를 폐기해야 함
  - 여과재의 뒷면이 변색되거나, 착용자가 호흡 시 이상한 냄새를 느끼는 경우
  - 여과재의 수축, 파손, 현저한 변형이 발생한 경우와 흡기 저항의 현저한 상승 또는 분진 포집 효율의 저하가 인정된 경우
  - 면체, 흡기밸브, 배기밸브 등의 파손과 균열 또는 현저한 변형 등이 있는 경우
  - 머리끈의 탄성력이 떨어지는 등 신축성의 상태가 불량하다고 인정된 경우
  - 기타 방진 마스크를 사용하기가 곤란한 경우

② 방독 마스크 : 작업장에서 발생하는 유해가스, 증기 및 공기 중에 부유하는 미세 입자 물질을 흡입하여 인체에 장해를 유발할 우려가 있는 경우 사용하는 호흡용 보호구이다.

ⓐ 선정 기준

ⓖ 파과 시간(유효 시간)이 긴 것

ⓛ 사용 대상 유해 물질을 제독할 수 있는 정화통을 선정

ⓒ 산소 농도 18% 미만인 산소 결핍 장소에서의 사용 금지

ⓔ 그 외의 것은 방진 마스크 선정 기준을 따름

ⓑ 사용 및 관리 방법

ⓖ 정화통의 파과 시간을 준수
  - 파과(破過) 시간이란 정화통 내의 정화제가 제독 능력을 상실하여 유해 가스를 그

대로 통과시키기까지의 시간을 말함

- 파과 시간은 제조 회사마다 정화통에 표시되어 있으므로, 사용 시마다 사용 기간 기록 카드에 기록하여 남은 유효 시간이 작업 시간에 맞게 충분히 남아있는지 확인해야 함

ⓒ 대상 물질의 농도에 적합한 형식을 선택

ⓒ 다음의 경우에는 송기 마스크를 사용

- 작업 강도가 매우 높은 작업
- 산소 결핍의 우려가 있는 장소
- 유해 물질의 종류와 농도가 불분명한 장소

ⓔ 사용 전에 흡·배기 상태, 유효 시간, 가스 종류와 농도, 정화통의 적합성 등을 점검해야 함

ⓜ 정화통의 유효 시간이 불분명할 때에는 새로운 정화통으로 교체

ⓗ 정화통은 여유 있게 확보해 두어야 함

ⓢ 그 외의 것은 방진 마스크 사용 방법을 따름

③ 송기 마스크 : 작업자가 증기, 가스, 공기 중에 부유하는 미립자상 물질 또는 산소결핍 공기를 흡입함으로써 발생할 수 있는 건강 장해 예방을 위해 사용하는 마스크이다.

ⓐ 선정 기준

ⓖ 격리된 장소, 행동 반경이 크거나 공기의 공급 장소가 멀리 떨어진 경우에는 공기 호흡기를 지급함

ⓒ 공기 호흡기의 기능을 확실히 체크해야 함

ⓒ 인근에 오염된 공기가 있는 경우에는 폐력 흡인형이나 수동형은 적합하지 않음

ⓔ 위험도가 높은 장소에서는 폐력 흡인형이나 수동형은 적합하지 않음

ⓜ 화재 폭발이 발생할 우려가 있는 위험 지역 내에서 사용할 경우에 전기기기는 방폭형을 사용

ⓑ 사용 및 관리 방법

ⓖ 신선한 공기의 공급

- 압축 공기관 내 기름 제거용으로 활성탄을 사용하고 그 밖에 분진, 유독 가스를 제거하기 위한 여과 장치를 설치함
- 송풍기는 산소 농도가 18% 이상이고 유해 가스나 악취 등이 없는 장소에 설치함

ⓒ 폐력 흡인형 호스 마스크는 안면부 내가 음압이 되어 흡기, 배기밸브를 통해 누설 되어 유해 물질이 침입할 우려가 있으므로 위험도가 높은 장소에서의 사용을 피해야 함

ⓒ 수동 송풍기형은 장시간 작업 시 2명 이상 교대하면서 작업함

ⓔ 공급되는 공기의 압력을 $1.75kg/cm^2$ 이하로 조절하며, 여러 사람이 동시에 사용할 경우에는 압력 조절에 유의해야 함

ⓜ 전동 송풍기형 호스 마스크는 장시간 사용할 때 여과재의 통기 저항이 증가하므로 여과재를 정기적으로 점검하여 청소 또는 교환해 주어야 함

ⓗ 동력을 이용하여 공기를 공급하는 경우에는 전원이 차단될 것을 대비하여 비상 전원에 연결하고 그것을 제3자가 손대지 못하도록 표시함

ⓐ 공기 호흡기 또는 개방식인 경우에는 실린더 내의 공기 잔량을 점검하여 그에 맞게 대처함

ⓞ 작업 중 다음과 같은 이상 상태가 감지될 경우에는 즉시 대피해야 함
- 송풍량의 감소
- 가스 냄새 또는 기름 냄새 발생
- 기타 이상 상태라고 감지할 때

ⓩ 송기 마스크의 보수 및 유지 관리 방법
- 안면부, 연결관 등의 부품이 열화된 경우에는 새것으로 교환
- 호스에 변형, 파열, 비틀림 등이 있는 경우에는 새것으로 교환
- 산소통 또는 공기통 사용 시에는 잔량을 확인하여 사용 시간을 기록·관리함
- 사용 전에 관리 감독자가 점검하고 1개월에 1회 이상 정기 점검 및 정비를 하여 항상 사용할 수 있도록 함

(6) 특수 보호구

1) 화학용 보호복 · 보호 장갑

① 산업 현장에서 발생하는 분진, 미스트 또는 가스 및 증기는 호흡기를 통하여 인체에 흡수될 뿐 아니라 피부를 통하여 흡수되거나 피부에 상해를 초래하기도 함

② 유해 물질로부터 피부를 보호하기 위하여 화학적 보호 성능을 갖춘 보호복이 요구됨

③ 산업 현장에서 주로 사용되는 유기 용제는 피부를 통하여 흡수되어 간 등 신체 장기에 치명적인 손상을 유발할 수 있음

④ 일반 작업복은 화학적 방호 성능이 없는데 이는 대부분의 유기 용제의 표면 장력이 물보다 훨씬 낮기 때문에 쉽게 옷으로부터 투과되어 피부에 접촉하게 됨

2) 전기용 안전 장갑

① 활선 작업 및 전기 충전부에 작업자가 접촉되었을 경우 감전에 의한 화상 또는 쇼크에 의한 사망에 이르게 됨

② 손 부위는 작업 활동 시 감전 위험이 가장 높은 신체 부위이므로 감전 위험이 높을 경우 사용 전압에 맞는 안전 장갑의 사용이 요구됨

3) 구비 조건 및 사용

보호복 및 전기용 안전 장갑이 갖추어야 할 구비 조건 및 사용을 위한 선택 사항

① 착용 및 조작이 원활하여야 하며, 착용 상태에서 작업을 행하는 데 지장이 없을 것

② 작업자의 신체 사이즈(키, 가슴둘레, 허리둘레)에 맞는 보호복을 선택

ⓐ 방열복
㉠ 방열복 재료는 파열, 절상, 균열 및 피복이 벗겨지지 않는 구조일 것
㉡ 앞가슴 및 소매는 열풍이 쉽게 침입할 수 없는 구조일 것

ⓑ 화학용 보호복

　　　　　㉠ 보호복 재료는 화학 물질의 침투나 투과에 대한 충분한 보호 성능을 갖출 것
　　　　　㉡ 연결 부위는 재료와 동등한 성능을 보유하도록 접착 등의 방법으로 보호할 것
　　　　　㉢ 화학 물질에 따른 재료의 보호 성능이 다르므로 해당 작업 내용 및 취급 물질에 맞는
　　　　　　 보호복을 선택할 것
　　　ⓒ 전기용 안전 장갑
　　　　　㉠ 이음매가 없고 균질한 것일 것
　　　　　㉡ 사용 시 안전 장갑의 사용 범위를 확인할 것
　　　　　㉢ 전기용 안전 장갑이 작업 시 쉽게 파손되지 않도록 외측에 가죽 장갑을 착용할 것
　　　　　㉣ 사용 전 필히 공기 테스트를 통하여 점검을 실시할 것
　　　　　㉤ 고무는 열, 빛 등에 의해 쉽게 노화되므로 열 및 직사광선을 피하여 보관할 것
　　　　　㉥ 6개월마다 1회씩 규정된 방법으로 절연 성능을 점검하고 그 결과를 기록할 것
　　　　　㉦ 안전 장갑은 전기 작업에서 감전 예방, 화학 물질로부터 손을 보호하는 기능을 함
　　　　　㉧ 내전압용 절연장갑은 00등급부터 4등급까지 있으며 숫자가 클수록 절연성이 높음
　　　　　㉨ 화학물질용 안전장갑은 1에서 6등급까지 있으며 숫자가 클수록 보호 시간이 길고 성
　　　　　　 능이 우수함
　　　　　㉩ 화학물질용 안전장갑은 화학물질 방호 그림을 확인해야 함

등급	최대사용전압		색상
	교류(V, 실효값)	직류(V)	
00	500	750	갈색
0	1,000	1,500	빨간색
1	7,500	11,250	흰색
2	17,000	25,500	노란색
3	26,500	39,750	녹색
4	36,000	54,000	등색

[전기작업에 사용하는 절연장갑의 등급별 최대사용전압과 색상]

03 3D프린팅 안전 이용 수칙

(1) 계절별 실내 적정 온·습도 유지

　3D프린터는 장비의 운영과 관련하여 발생하는 열로 실내온도가 높아질 수 있으며, 습도가 낮아져 작업장 내 공기 질에 영향을 미칠 수 있다. 따라서 3D프린터 및 사용 재료의 특성에 따라 제조사에서 안내되는 적정 온도와 습도 등을 참고해야 한다.

　특히, 계절에 따라 냉난방기 등으로 작업장의 온도를 적정온도 범위 내로 일정하게 유지하는 것이 좋다. 3D프린터 작업장은 쾌적한 환경조성을 위하여 냉난방기, 제습기, 가습기 등의 공기 질 관리가 가능한 보조기기를 이용할 필요가 있다.

계절	적정 온도	권장 온도	적정 습도	권장 습도
봄·가을	19~23℃	19℃	50%	50%
여름	24~27℃	24℃	60%	60%
겨울	18~21℃	18℃	40%	40%

※ 3D프린팅실에 대한 중앙집중식 냉난방은 개별 조작 가능한 냉난방으로 적극 권장
※ 보급형 FFF타입의 3D 프린터는 냉난방기가 갖춰진 사무실 및 가정환경에서 충분히 운용 가능

(2) 친환경 장비 사용

1) 3D프린터

3D프린터는 형태에 따라 밀폐형과 개방형(오픈형)이 있으며, 안전 이용을 위해 밀폐형 프린터와 프린터 내부에 유해물질 제거장치(필터)를 장착된 장비를 권장한다. 또한 제조사가 제공한 3D프린터 및 소재에 대한 주의사항을 준수해야 한다.

① 개방형 프린터를 사용하는 경우
   ⓐ 환풍기, 국소배기장치 등 설치하기
   ⓑ 개방형 프린터를 밀폐할 수 있는 작업 부스 설치하기
   ⓒ 안전보호구 착용(산업용 방진마스크 착용)
② 밀폐형 장비 : 구동 시 외부와 노출이 안되는 장비로, 밀폐형 장비도 3D프린터 가동 대수와 작업환경을 고려하여 국소배기장치 설치를 권장하며 3D프린터 운영 시 산업용 방진마스크를 착용해야 한다.

2) 필터

필터는 HEPA(헤파), 활성탄, UFP&VOC 필터 등 다양한 종류가 있으므로 사용하는 소재에 맞는 적절한 필터를 사용해야 한다.

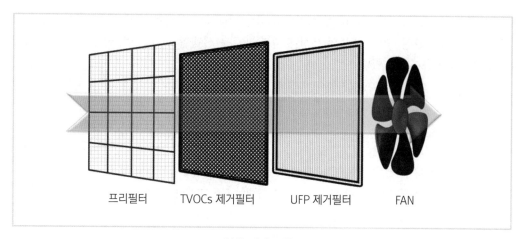

프리필터   TVOCs 제거필터   UFP 제거필터   FAN

복합 필터 구성도

3) Safety Booth

3D프린터를 내부에 수용하며 밀폐하여 3D프린터가 구동할 때 생기는 유해 물질이 외부에 방출되는 것을 차단하여 주는 장비를 말한다.

Safety Booth 모식도

(3) 친환경 소재 사용

현재 보급되고 있는 소재 중 친환경 원료를 사용하는 PLA 소재 등의 사용이 권장되며, PLA 소재도 기능성 원료가 첨가된 복합성분으로 구성된 경우에는 다른 유해물질이 포함될 수 있으므로 제품 원료에 대한 물질안전 보건자료(MSDS)의 확인이 권장된다. 물질안전보건자료는 소재 등의 제조사에서 제공받는 자료이며, 추가적인 자료는 안전보건공단 화학물질정보 홈페이지에서 검색하여 확인할 수 있다(msds.kosha.or.kr/MSDSInfo).

MSDS 확인 후, 3D프린팅 작업 시 발생할 수 있는 유해물질에 최소한으로만 노출되도록 작업환경 관리와 적정한 개인보호구를 착용해야 한다.

(4) FFF(Fused Filament Fabrication) 소재

FFF(Fused Filament Fabrication) 3D프린터 소재는 필라멘트 형태로 다양한 색상, 재질 등이 있어 3D프린팅을 하려는 최종 제품의 특성에 따라 재료를 선택할 수 있으며, 현재도 다양한 소재들이 개발되어 출시되고 있다.

소재 종류	3D프린팅 소재 특성
PLA	출력 시 열 변형에 의한 수축이 적어 정밀한 출력 가능
ABS	상대적으로 열에 강하므로 구조용 부품으로 많이 쓰이며 강도가 우수, 출력 후 표면 처리가 비교적 용이
PC	전기 절연성, 치수 안정성이 좋으며 전기 부품 제작에 가장 많이 사용
HIPS	고충격성과 우수한 휨 강도와 함께 균형이 잡힌 기계적 성질을 가짐
TPU	유연성이 우수하고 내구성이 뛰어나 복원력이 좋음
Nylon	내구성이 강하고 특유의 유연성과 질긴 소재의 특징 때문에 기계 부품 등 강도와 마모도가 높은 특성의 제품 제작 시 사용됨
PVA	물에 잘 녹기 때문에 서포터 소재로 사용이 용이함

그러나 이러한 소재들은 200~260℃의 높은 온도에서 소재를 녹여 적층하는 방식이어서 소재 용융 시 휘발성 유기화합물과 초미세입자가 방출된다는 관련 논문 및 연구 내용들이 보고되고 있으므로, 3D프린터 가동 시 작업장 환기 및 적절한 안전 수칙의 준수가 필요하다. 또한 화학물 질을 제조, 수입, 판매하는 자로부터 제공받을 수 있는 물질안전보건자료(MSDS)를 통해 이용하는 소재의 유해 위험정보를 파악해두도록 한다.

(5) 환기 장치의 설치

3D프린터 가동 직후 노즐에서 소재 용융 시, 초미세먼지와 휘발성 유기화합물과 같은 유해물 질이 방출되는 경향이 있다. 따라서 3D프린터 가동 중 유해물질 저감을 위해서는 기본적으로 급기 및 배기 설비 시설을 확충하거나 환풍기 같은 환기장치를 설치하는 것이 필요하다.

1) 공간면적을 고려하여 적절한 풍량의 환풍기를 선택

① 실내용 환풍기와 환기장치의 종류 및 설치 위치는 작업공간의 넓이와 환경에 따라 적절하게 설치하도록 한다.
② 3D프린팅 작업 또는 작업 공간 환기 중에는 작업 공간에 오랜 시간 머무르지 않도록 한다.

2) 환풍기 설치 시 창문이나 출입문 반대편에 설치

환풍기 설치 시 배출된 공기가 역류하지 않도록 창문 위치를 고려하여 설치하도록 한다.

3) 환풍기는 3D프린터 작동 전후에 사용

① 환풍기는 3D프린터 작동 전에 꼭 작동시켜야 하며, 프린터 작동 완료 후 최소 1시간 이상은 계속 작동시키는 것이 좋다.
② FFF방식 3D프린터는 초기 예열 작업 시 초미세입자 순간 방출량이 급격히 높아지기 때문에 3D프린터 작동 시 환기가 꼭 필요하다.

4) 환풍기 작동 중 외부 공기 유입로 확보

환풍기 작동 중 출입문을 완전히 밀폐하는 것보다는 약간 열어 두어 외부 공기 유입에 따른 실내 환기율을 높이는 것이 효율적이다.

5) 자연환기 방법을 동시에 진행

쾌적한 작업현장 공기질을 유지하기 위해서는 자연환기 방법을 동시에 진행하면 더욱 효율적으로 유해물질에 의한 피해를 줄일 수 있다.

(6) 자연환기 실천 방법

3D프린터 작업장에는 최소한 실내용 환풍기와 같은 환기장치를 설치하는 것을 권장하며, 자연환기와 동시에 진행하면 유해물질을 훨씬 효율적으로 저감할 수 있다. 단, 환기장치를 일시적으로 사용하기 어려운 경우에는 다음과 같이 자연환기를 하도록 한다.

1) 봄 · 가을

실내 · 외 온도차 일정 시 외부환경을 고려하여 창문을 5~20cm 정도 열어놓도록 한다.

2) 여름 · 겨울

프린터 가동 직후 외부환경을 고려하여 창문 및 출입문을 5분 정도 개방하도록 한다.

3) 3D프린터 장시간 가동 시

한 시간 주기로 창문 및 출입문을 5분 정도 환기시키고, 가능한 작업장에 오래 있지 않는다.

4) 3D프린터 가동 후

출력물을 꺼낼 때 반드시 안전 보호구를 착용하며, 3D프린터 전면 도어를 열고 창문 및 출입문을 30분 이상 환기하도록 한다. 출력물 완료 후에는 프린터 내부 잔류 찌꺼기 청소 및 작업공간을 정기적으로 청소하는 것이 좋다.

(7) 설치공간 효율적 배치

3D프린터 가동 중 발생되는 유해물질은 3D프린터가 설치된 공간용적, 3D프린터 가동 수 및 소재 종류에 따라 달라지고, 3D프린터 설치 위치에 따라 유해물질 실내 움직임 상태가 달라 질 수 있다.

1) 13m²(4평) 기준으로 2대 이하 설치

작업현장 13m²(4평)을 기준으로 3D프린터는 2대 이하로 설치하는 것이 좋다.

2) 프린터 설치 시 창문 및 환풍기와 가까운 곳에 설치

에어컨 및 선풍기는 실내 공기 순환을 고려하여 환풍기 반대편에 설치하는 것이 좋다. 또한 작업공간을 고려하여, 내부 순환이 잘 되는 배열로 설치하도록 한다.

3) 후처리 공간 분리

후처리 공정 시 후처리 공간과 3D프린팅 작업 공간을 분리하도록 한다.

4) 공기청정기 및 공기정화식물 이용

공기청정기 선택 시 초미세먼지를 제거할 수 있는 헤파필터(HEPA Filter)가 부착된 공기청정기 사용이 권장되며, 필요한 경우 미세먼지 정화 능력이 있는 공기정화식물(벤자민 고무나무, 아레카야자, 관음죽, 스킨답서스, 시클라멘, 행운목 등)을 사용하도록 한다.

(8) 후처리 시 위험성, 유해성 안내

1) 서포터 제거 과정

헤라나 니퍼와 같은 공구를 사용하며 공구나 제거된 서포터에 찔림 사고가 생길 수 있다.

2) 표면 정리 작업

그라인더나 사포를 사용하여 표면 처리를 하면 미세분진이 발생한다.

3) 순간 접착제

순간접착제의 주성분인 시아노아크 릴레이트 단량체가 유출될 수 있다.

4) 아세톤 훈증 후처리

유해한 증기 발생 및 유해화학물질 흡입에 노출될 수 있다.

(9) 3D프린팅 안전관리 수칙 정리

3D프린팅 작업 전	• 장비사용법 및 안전수칙을 확인 • 사용 소재에 따른 장비 가동 설정을 확인 • 필라멘트 투입 및 교체 시 화상에 주의 • 개방형 장비는 작동 중 이물질이 들어가면 발화 위험이 있으므로 이용 전에 주변을 정리
3D프린팅 작업 중	• 소재가 압출되는 부위에 높은 열이 발생하므로 구동부에 손 대지 말기 • 필라멘트가 녹는 과정에서 유해물질이 발생할 수 있으므로 산업용 방진 마스크를 착용 • 작동 오류로 인한 사고위험이 있으므로 출력 시작 후 3분 정도 바닥에 안착하였는지 확인
3D프린팅 작업 후	• 출력물은 노즐과 베드의 온도가 충분히 내려갔는지 확인한 후에 보호장갑을 착용하고 꺼내기
후처리 작업 중	• 파편이 얼굴에 튀거나 날카로운 도구에 손을 베일 수 있으므로 보호장갑 및 보안경을 착용 • 사용되는 화학물질은 중독 증상이나 유해성을 유발할 수 있으므로 산업용 방진마스크나 방독마스크를 착용 • 반드시 환풍기 및 환기장치를 사용

Chapter 02 예방 점검 실시

01 작업 환경 관리

(1) 작업 환경의 중요성

① 작업 환경 : 직장에서 근로자가 작업이나 작업 공정 중에 처한 물리적, 화학적, 기계적, 생물학적 작업 조건을 말함
② 건강에 유해한 작업 환경 : 법적으로 보상을 받아야 할 질병을 일으키는 환경 조건과 작업 시간의 손실을 가져오게 하거나 작업 능률을 저하시킬 정도의 건강 장애를 일으키는 환경 조건을 말함
③ 산업장에서의 작업 환경 관리 : 작업 환경에서 올 수 있는 유해한 인자들을 제거하거나 감소시킴으로써 산업 재해와 직업병을 예방하고 근로자의 건강을 유지시키며 쾌적한 환경에서 근로자가 작업함으로써 생산성을 높이는 데 궁극적인 목표를 두고 있음

(2) 작업 환경의 정비

① 채광, 조명, 설비
② 난방, 냉방, 온습도 조절
③ 환기 설비, 공기 정화 설비
④ 소음 방지 설비
⑤ 진동 방지 설비
⑥ 재해 예방 및 피난 설비 등의 정비

(3) 폐기물 처리 시설

폐기물 적치장, 폐기물 소각장, 폐기물 처리장, 폐기물 재이용시설, 폐수 처리 시설이 설치되어 있어야 함

(4) 복지 후생 시설

탈의실, 휴게실, 식당, 세면장, 화장실, 욕실, 세탁실, 진료실, 필수품 보급소 등이 설치되어 있어야 함

(5) 작업 환경 관리의 목적

작업 환경 관리란 근로자들이 작업을 수행하고 근무하는 장소에 대한 관리를 말하는 것으로 직업병 예방, 산업 재해 예방, 산업 피로의 억제, 근로자의 건강 보호 등을 목적으로 하고 있음

(6) 작업 환경 관리의 기본 원칙

① 대치(대체) : 대치는 현재 사용하고 있는 인체에 유해한 물질 대신에 비교적 덜 유해하거나 덜 위험한 물질로 대치하여 사용하는 것을 말함
② 조업 방법의 변경 : 작업 방법을 개선하는 것으로서 작업장에서 진애 발생을 줄이거나 컨베이어 벨트 작업 시 체력의 소모를 줄이는 것, 위험한 작업은 로봇을 이용하는 것 등을 말함
③ 작업 공정의 밀폐와 격리 : 사용 물질 또는 생성되는 물질이 매우 유독하거나 유독성이 심하지 않아도 환경을 관리할 목적으로 유해 물질이 발생하는 작업 공정을 완전히 외부와 차단하는 것을 말함
④ 유해 물질의 희석 및 실내 환기 : 유해 물질의 농도가 높을수록 건강에 더욱 유해할 수 있으므로 계속적으로 신선한 공기를 공급하여 유해 물질을 희석하고 농도를 낮추는 방법임
⑤ 개인 보호구의 사용 : 유해한 작업 환경으로부터 인체를 보호하기 위한 도구를 말함

02 관련 설비 점검

(1) 설비 점검

정기 점검과 특별 점검으로 구분하여 실시하고, 각 점검이 중복되는 경우 상위 점검으로 대신한다.
① 정기 점검 : 점검 주기 및 점검 항목에 따라 시행하고, 점검 방법 및 세부 기준은 점검 표준 절차서에 따름
② 특별 점검 : 다음 중 어느 하나에 해당할 경우 시행하여야 함
ⓐ 설비와 관련 있는 사고가 발생하였을 때
ⓑ 관련 법령에 따라 점검을 시행하여야 할 때
ⓒ 정기 점검 중 설비 기능에 중요한 이상이 있음을 발견하였을 때
ⓓ 그 밖에 필요 사항이 발생하였을 때
③ 용역 관리 대상 설비에 대한 점검은 용역 업체가 실시하도록 하고, 점검에 대한 세부 사항은 계약에 따름

(2) 기록 관리

① 점검자는 점검 결과를 관리 책임자에게 보고하고 점검 항목에 입력 관리하여야 함
② 관리 책임자는 점검 결과 이상이 있을 경우 필요한 조치를 하고 중요 사항은 현업 기계 설비 담당 부서장에게 보고하여야 함

01 프린팅 작업을 한 후 완성된 조형물을 세정하는 단계에서 사용된 물체의 분진에 노출될 수 있는 프린팅 방식은?

① 액층 광중합   ② 재료 압출   ③ 재료 분사   ④ 분말 적층 용융

해설

분말 적층 용융 방식은 금속 가루를 얇게 깔고 레이저 빔을 쏘아 층층이 쌓아올리는 방법이며, 프린터는 작업 공간 대기와 완전히 분리된 곳에서 작동되지만, 이 방법을 사용한 작업 이후 완성된 조형물을 세정하는 단계에서 작업자는 재료로 사용된 물체의 분진 등에 노출될 수 있다.

정답 ④

02 다음 중 안전 보호구에 대한 설명으로 옳지 않은 것은?

① 호흡용 보호구는 공기 정화식과 공기 공급식으로 구분한다.
② 유해물질을 제거하기 위한 국소배기장치는 보호구라 하지 않는다.
③ 소음 수준이 100dB일 때는 귀마개와 귀덮개를 동시에 착용한다.
④ 보호구는 작업자가 착용하는 것으로 한정한다.

해설

소음 수준이 85~115dB일 때는 귀마개 또는 귀덮개, 110~120dB이 넘을 때는 귀마개와 귀덮개를 동시에 착용한다.
① 호흡용 보호구는 공기 정화식과 공기 공급식으로 구분한다.
  • **공기 정화식** : 오염공기가 여과재 또는 정화통을 통과한 뒤 호흡기로 흡입되기 전에 오염 물질을 제거하는 방식
  • **공기 공급식** : 공기 공급관, 공기 호스, 자급식 공기원을 가진 호흡용 보호구로부터 유해공기를 분리하여 신선한 공기만을 공급하는 방식
②·④ 보호구는 작업자가 착용하는 것으로 한정되며, 파편 및 비산물 등을 방지하기 위한 기계장치의 방호 덮개나 분진이나 가스 등 유해물질을 제거하기 위한 국소배기장치는 보호구라 하지 않는다.

정답 ③

03 다음 중 안전 보호구에 대한 내용으로 옳은 것은?

① 보호구 관리 취급은 작업자가 주기적으로 돌아가며 담당한다.
② 보호구의 외관이나 디자인은 보호구 구비 요건에 해당하지 않는다.
③ 귀마개는 스펀지 재질보다 고무 재질이 비교적 좋다.
④ 공기 정화식 보호구는 수동식과 전동식이 있으며, 전동식은 높은 농도의 공기 오염 상태에서 사용이 가능하다.

공기 정화식 보호구는 호흡을 위하여 착용자 본인의 폐력을 이용한 방식(수동식)과 전동기를 이용한 방식으로 구분하며, 전동식은 수동식보다 높은 농도의 공기 오염 상태에서도 사용이 가능하다.
① 보호구 관리 취급 책임자를 지정하도록 한다.
② 보호구가 가져야 할 구비요건
  • 착용하여 작업하기 쉬울 것
  • 유해·위험물로부터 보호 성능이 충분할 것
  • 사용되는 재료는 작업자에게 해로운 영향을 주지 않을 것
  • 마무리가 양호할 것
  • 외관이나 디자인이 양호할 것
③ 귀마개는 불쾌감이나 통증이 적은 재료로 만든 것을 선정. 고무 재질보다는 스펀지 재질이 비교적 좋다.

정답 ④

04 다음 중 호흡기 보호구의 사용과 관리 방법으로 잘못된 것은?

① 방독 마스크는 산소 농도 18% 미만인 장소에서는 사용을 금한다.
② 인근에 오염된 공기가 있는 경우 폐력 흡인형, 수동형의 송기 마스크를 착용한다.
③ 방독 마스크는 파과 시간이 긴 것으로 선정한다.
④ 분진 포집 효율이 높고 흡기·배기 저항은 낮은 것으로 선정한다.

해설

송기 마스크 선정 기준 : 위험도가 높은 장소에서는 폐력 흡인형이나 수동형은 적합하지 않음
① 산소농도 18% 미만은 산소결핍 장소로 방독 마스크의 사용을 금한다.

정답 ②

05 다음은 3D프린터를 안전하게 이용하기 위한 수칙 중 환기장치에 대한 설명이다. 잘못된 내용을 고르면?

① 환풍기는 작업현장의 면적을 고려하여 적절한 풍량의 기기를 고르고, 창문이나 출입문 가까이 설치한다.
② 환풍기는 3D프린터 작동 전에 꼭 작동시키고, 프린터 작동 완료 후 최소 1시간 이상 계속 작동하는 것이 좋다.
③ 환풍기 작동 중에는 출입문을 완전히 밀폐하지 않고 약간 열어서 실내 환기율을 높인다.
④ FFF방식 3D프린터는 초기 예열 작업 시 초미세입자 순간 방출량이 급격히 높아지기 때문에 3D프린터 작동 시 환기가 꼭 필요하다.

해설

환풍기를 설치할 때에는 배출된 공기가 역류하지 않도록 창문 위치를 고려하여 설치하고, 창문이나 출입문 반대편에 설치한다.

정답 ①

06 다음 3D프린팅 안전관리 수칙 중 잘못된 것은?

① 3D프린팅 작업 전 : 개방형 장비는 작동 중 이물질이 들어가면 발화 위험이 있으므로 이용 전 주변을 정리한다.
② 3D프린팅 작업 중 : 사용되는 화학물질은 중독 증상을 유발할 수 있으므로 산업용 방진 마스크나 방독 마스크를 착용한다.
③ 3D프린팅 작업 후 : 출력물은 노즐과 베드의 온도가 충분히 내려갔는지 확인한 후 보호장갑을 끼고 꺼낸다.
④ 후처리 작업 중 : 파편이 얼굴에 튀거나 날카로운 도구에 손을 베일 수 있으므로 보호장갑 및 보안경을 착용한다.

해설

사용되는 화학물질은 중독 증상을 유발할 수 있으므로 산업용 방진 마스크나 방독 마스크를 착용하는 것은 후처리 작업 중 확인해야 할 사항이다. 3D프린팅 작업 중 유의해야 할 사항은 다음과 같다.

3D프린팅 작업 중 유의사항
• 소재가 압출되는 부위에 높은 열이 발생하므로 구동부에 손 대지 말기
• 필라멘트가 녹는 과정에서 유해물질이 발생할 수 있으므로 산업용 방진 마스크를 착용
• 작동 오류로 인한 사고위험이 있으므로 출력 시작 후 3분 정도 바닥에 안착하였는지 확인

정답 ②

07 다음 중 작업 환경에 대한 내용으로 옳지 않은 것은?

① 진동 방지 설비에 대한 내용은 포함되지 않는다.
② 건강에 유해한 작업 환경은 작업 능률을 저하시킬 정도의 건강 장애를 일으키는 환경조건을 뜻한다.
③ 직장에서 작업이나 작업 공정 중에 처한 물리적, 화학적, 기계적, 생물학적 작업 조건을 말한다.
④ 작업 환경에는 재해 예방과 피난 설비가 정비되어 있어야 한다.

해설

작업 환경에는 아래 설비 등이 정비되어 있어야 한다.
• 채광, 조명, 설비   • 난방, 냉방, 온습도 조절   • 환기 설비, 공기 정화 설비
• 소음 방지 설비   • 진동 방지 설비   • 재해 예방 및 피난 설비 등의 정비

정답 ①

08 다음 중 작업 환경 관리의 기본 원칙에 해당하지 않는 것은?

① 유해 물질의 희석 및 실내 환기   ② 관련 설비 점검
③ 작업 공정의 밀폐와 격리   ④ 조업 방법의 변경

해설

작업 환경 관리의 기본 원칙으로는 대치(대체), 조업 방법의 변경, 작업 공정의 밀폐와 격리, 유해 물질의 희석 및 실내 환기, 개인 보호구의 사용 등이 있다.

정답 ②

09 설비와 관련 있는 사고가 발생하였을 때 시행하여야 하는 것은?

① 정기 점검 ② 점검 항목 관리
③ 특별 점검 ④ 대치

해설

특별 점검은 다음 중 어느 하나에 해당할 경우 시행하여야 한다.
- 설비와 관련 있는 사고가 발생하였을 때
- 정기 점검 중 설비 기능에 중요한 이상이 있음을 발견하였을 때
- 관련 법령에 따라 점검을 시행하여야 할 때
- 그 밖에 필요 사항이 발생하였을 때
④ 대치는 작업 환경 관리의 기본 원칙 중 하나로 사용하고 있는 유해한 물질 대신 덜 유해하고 덜 위험한 물질로 대치하여 사용하는 것을 말한다.

정답 ③

10 작업장에서 컨베이어 벨트 작업 시 체력 소모를 줄이거나 위험한 작업을 대신하여 로봇을 이용하는 것은 무엇인가?

① 조업 방법의 변경 ② 대치
③ 작업 공정의 밀폐와 격리 ④ 개인 보호구의 사용

해설

조업 방법의 변경은 작업 방법을 개선하는 것으로서 작업 환경 관리의 기본 원칙에 해당한다.

정답 ①

11 다음 중 관련 설비 점검에 해당하는 내용으로 옳은 것은?

① 특별 점검의 점검 방법과 세부 기준은 점검 표준 절차서에 따른다.
② 정기 점검과 특별 점검은 구분 실시하되, 중복되는 경우 특별 점검을 시행한다.
③ 기록 관리 점검자는 점검 항목 입력 관리 후 결과를 관리 책임자에게 보고한다.
④ 용역 관리 대상 설비에 대한 점검은 용역 업체가 실시한다.

해설

① 정기 점검은 점검 주기 및 점검 항목에 따라 시행하고, 점검 방법 및 세부 기준은 점검 표준 절차서에 따른다
② 설비 점검은 정기 점검, 특별 점검으로 구분하여 실시하고, 각 점검이 중복되는 경우 상위 점검으로 갈음한다.
③ 점검자는 점검 결과를 관리 책임자에게 보고하고 점검 항목에 입력 관리하여야 한다.

정답 ④

정쌤의 3D 필기

NCS기반

프린터운용기능사

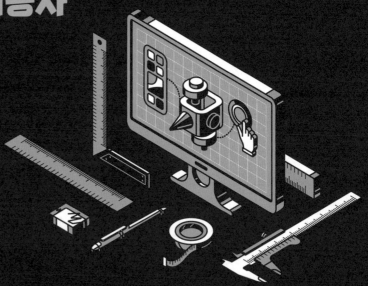

Part 7

2018~2024
3D프린터운용기능사
필기 기출문제

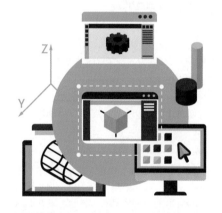

CONTENTS

2018년 정기기능사 기출문제

60문항 / 60분

01 3D프린터의 개념 및 특징에 관한 내용으로 옳지 않은 것은?

① 컴퓨터로 제어되기 때문에 만들 수 있는 형태가 다양하다.
② 제작 속도가 매우 빠르며, 절삭 가공하므로 표면이 매끄럽다.
③ 재료를 연속적으로 한층, 한층 쌓으면서 3차원 물체를 만들어내는 제조 기술이다.
④ 기존 잉크젯 프린터에서 쓰이는 것과 유사한 적층 방식으로 입체물을 제작하는 방식도 있다.

해설

3D프린터의 경우 제작 속도가 느리고, 적층 제조하므로 표면이 거칠다.

02 다음 설명에 해당되는 데이터 포맷은?

> • 최초의 3D호환 표준 포맷
> • 형상 데이터를 나타내는 엔터티(entity)로 이루어져 있다.
> • 점, 선, 원, 자유곡선, 자유곡면 등 3차원 모델의 거의 모든 정보를 포함한다.

① XYZ　　　　　　② IGES　　　　　　③ STEP　　　　　　④ STL

해설

IGES(Initial Graphics Exchanges Specification) : 최초의 3D호환 표준 포맷으로 형상 데이터를 나타내는 엔터티(entity)로 구성되어 있다. 점·선·원·자유 곡선·자유 곡면·트림 곡면·색상·글자 등 CAD/CAM 소프트웨어에 3차원 모델의 모든 정보를 포함할 수 있고, 3D스캐너에서는 선택적으로 지원한다. 그러나 IGES 파일의 경우 용량이 크고 무거운 단점을 가지고 있다.

➕ PLUS 해설
① XYZ : 가장 단순하고, 각 점에 대한 좌표 값이 포함되어 있다.
③ STEP(Standard for Exchange of Product Data) : IGES의 단점을 극복한 포맷으로 제품 설계부터 생산에 이르는 모든 데이터를 포함하기 위해 가장 최근에 개발된 표준 포맷이다. 대부분의 상용 CAD/CAM 소프트웨어에서 STEP 표준 파일을 지원하고, 3D스캐너에서는 선택적으로 지원한다.
④ STL(Stereolithography) : 3D모델링된 데이터를 표준 형식의 파일로 저장하는데 제공되는 것으로 3D프린터에서 표준으로 사용하는 파일형식이다.

정답 ②

03 여러 부분을 나누어 스캔할 때 스캔 데이터를 정합하기 위해 사용되는 도구는?

① 정합용 마커　　　　　　　　② 정합용 스캐너
③ 정합용 광원　　　　　　　　④ 정합용 레이저

대상물이 측정 범위를 벗어날 경우, 측정 방식을 바꾸거나 여러 부분으로 측정하여 데이터의 정합과 병합 과정을 거쳐야 한다. 여러 번의 측정을 통해 데이터를 생성할 때 원활한 정합 및 병합이 이루어질 수 있도록 어느 정도의 중첩된 표면이 측정되어야 하는데, 일반적으로 정합용 마커(Registration Marker) 또는 정합용 볼을 포함하는 측정 고정구를 사용한다.

➕ PLUS 해설

- 정합용 마커(Registration Marker) : 산업용 고정밀 라인 레이저 측정에서 많이 사용하고, 치수 정밀도가 매우 우수한 볼형태이다. 측정 대상물에 미리 고정을 해야 하고, 3개 이상의 볼이 필요하며, 고정된 볼이 측정 대상물과 같이 스캔된다. 측정이 끝난 다음 각 데이터에서 동일한 볼의 중심을 일치시켜 각 측정 데이터는 회전 및 병진을 통해 정합 작업이 완료된다.

정답 ①

---

04 측정 대상물에 대한 표면 처리 등의 준비, 스캐닝 가능여부에 대한 대체 스캐너 선정 등의 작업을 수행하는 단계는?

① 역설계   ② 스캐닝 보정
③ 스캐닝 준비   ④ 스캔데이터 정합

스캐닝을 준비하는 과정에서 스캐닝의 방식, 측정 대상물의 크기 및 표면, 적용 분야 등이 고려되어야 한다.

➕ PLUS 해설

① 모델링 단계에 해당한다.
②, ④ 스캐닝 보정 및 데이터 정합은 스캐너를 사용하여 결과를 얻은 다음의 프로세스이다. 그러므로 스캐닝 준비 단계에 해당하지 않는다.

정답 ③

---

05 다음 설명에 해당되는 3D스캐너 타입은?

> 물체 표면에 지속적으로 주파수가 다른 빛을 쏘고 수신 광부에서 이 빛을 받을 때 주파수의 차이를 검출해 거리 값을 구해내는 방식

① 핸드헬드 스캐너   ② 변조광 방식의 3D스캐너
③ 백색광 방식의 3D스캐너   ④ 광 삼각법 3D 레이저 스캐너

변조광 방식의 3D스캐너 : 물체의 표면에 주파수가 다른 빛을 지속적으로 쏘고, 이 빛을 수광부에서 받을 때 주파수의 차이를 검출하여 거리 값을 구하는 방식으로 작동한다. 이러한 변조광 방식은 스캐너가 발송하는 레이저 소스 외에 주파수가 다른 빛의 배제가 가능하므로 간섭에 의한 노이즈를 감소시켜 없앨 수도 있다.

➕ PLUS 해설

① 핸드헬드 스캐너 : 손으로 움직여서 그림이나 문서, 사진 등을 이미지 형태로 입력하는 스캐너이다. 핸드 스캐너(Hand Scanner)라고도 부르는데 컴퓨터 마우스처럼 손잡이를 잡고 움직여서 그림이나 문서, 사진 등의 이미지를 훑는 형식으로 입력한다. 이미지가 스캐너보다 크기가 큰 경우에는 스캐너의 크기가 작기 때문에 여러 번 훑어야 하는 단점이 있고

제대로 입력이 되지 않을 수도 있다. 또한 스캐너를 움직이는 속도에 따라 이미지의 모양이 달라지기 때문에 정확하게 입력이 불가능한 점이 단점이다. 그러나 가격 면에서 저렴하고 휴대가 편리하다는 장점도 있다.

③ **백색광 방식의 3D스캐너** : 백색광 방식의 3D스캐너는 특정 패턴을 물체에 투영시키고, 그 패턴의 변형 형태를 파악·분석하여 3D 정보를 얻어낸다. 이 방식의 가장 큰 장점은 측정 속도가 빠르다는 것이다. 한 번에 한 점씩 스캔하는 것이 아니라 전체 촬상영역 전반에 걸려 있는 모든 피사체의 3D 좌표를 한 번에 얻을 수 있다. 이러한 장점 때문에 모션장치에 의한 진동으로부터 오는 측정 정확도의 손실을 크게 줄일 수 있으며, 특정 시스템을 이용하여 움직이는 물체를 실시간으로 스캔해 낼 수도 있다.

④ **광 삼각법 3D 레이저 스캐너** : 광 삼각법 3D 레이저 스캐너는 능동형 스캐너로 분류되고 레이저를 이용한다는 특징이 있다. 레이저가 얼마나 멀리 위치한 물체에 부딪혔는가에 따라 레이저를 수신하는 CCD 카메라 소자에는 다른 위치에서 레이저가 보이게 된다.

정답 ②

06 모델을 생성하는데 있어서 단면 곡선과 가이드 곡선이라는 2개의 스케치가 필요한 모델링은?

① 돌출(extrude) 모델링 ② 필렛(fillet) 모델링
③ 쉘(shell) 모델링 ④ 스윕(sweep) 모델링

해설

스윕(Sweep) 모델링이란 경로를 따라 2D 단면을 돌출시키는 방식으로 경로와 2D 단면이 있어야 모델링이 가능하다.

➕ PLUS 해설

① **돌출(Extrude) 모델링** : 3D 단면에 높이 값을 주어 면을 돌출시키는 방식이다.
② **필렛(Fillet) 모델링** : 각진 모서리를 둥글게 하는 명령어이다.
③ **쉘(Shell) 모델링** : 솔리드 부품에 두께를 줄 수 있는 명령어이다.

정답 ④

07 3D프린터 출력용 모델링 데이터를 수정해야 하는 이유로 거리가 먼 것은?

① 모델링 데이터 상에 출력할 3D프린터의 해상도보다 작은 크기의 형상이 있다.
② 모델링 데이터의 전체 사이즈가 3D프린터의 최대 출력 사이즈보다 작다.
③ 제품의 조립성을 위하여 각 부품을 분할 출력하기 위해 모델링 데이터를 분할한다.
④ 3D프린터 과정에서 서포터를 최소한으로 생성시키기 위해 모델링 데이터를 분할 및 수정한다.

해설

모델링 데이터의 전체 사이즈가 3D프린터의 최대 출력 사이즈보다 클 때 수정해야 한다.

➕ PLUS 해설

① 각각의 3D프린터는 출력 가능 해상도가 다르기 때문에 3D모델링 데이터를 출력할 프린터 해상도에 맞춰 데이터를 변경해야 한다. 따라서 모델링 데이터 상에 출력할 3D프린터의 해상도보다 작은 크기의 형상일 경우 수정이 필요하다.
③ 최대 출력 크기보다 큰 모델링 데이터는 분할 출력 과정을 거쳐야 하고, 분할 출력을 할 때에는 다시 하나의 형태로 만들어지는 것을 고려하여 분할해야 한다.
④ 3D프린터는 적층 방식으로 출력되는데, 적층은 바닥면부터 레이어가 차례로 쌓이게 되며 바닥면과 떨어져 있는 레이어는 허공에 뜨게 되어 출력이 제대로 이루어지지 않는다. 이때 바닥면과 모델에 지지대가 필요한 부분을 이어주는 역할을 하는 것이 서포터이다. 서포터를 설치한 후 출력을 했을 때 서포터 제거 과정에서 출력물이 손상될 수 있으므로, 서포터를 최소한으로 생성시키기 위해 모델링 데이터를 분할 및 수정할 수 있다.

정답 ②

08 그림의 구속조건 중 도형의 평행(Parallel) 조건을 부여하는 것은?

①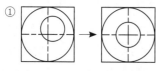

②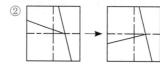

③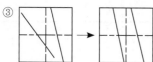

④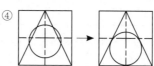

09 2D도면 작성 시 가는 실선이 적용되는 것이 아닌 것은?

① 치수선　　　　② 외형선　　　　③ 해칭선　　　　④ 치수 보조선

10 다음 그림 기호에 해당하는 투상도법은?

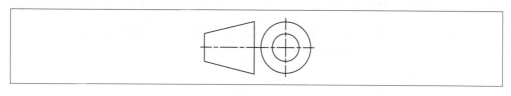

① 제1각법　　　　② 제2각법　　　　③ 제3각법　　　　④ 제4각법

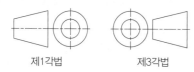
2018년

11 기존에 생성된 솔리드 모델에서 프로파일 모양으로 홈을 파거나 뚫을 때 사용하는 기능으로서 돌출 명령어의 진행과정과 옵션은 동일하나 돌출 형상으로 제거하는 명령어를 뜻하는 것은?

① 합치기(합집합) ② 교차하기(교집합)
③ 빼기(차집합) ④ 생성하기(신규생성)

📖 해설

빼기(차집합) : 한 객체에서 다른 한 객체의 부분을 빼는 것이다.

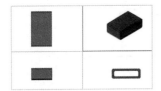

➕ PLUS 해설
① 합치기(합집합) : 두 객체를 합쳐서 하나의 객체로 만드는 것이다.

② 교차하기(교집합) : 두 객체의 겹치는 부분만 남기는 방식이다.

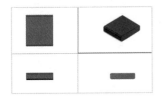

정답 ③

12 3D프린터의 출력공차를 고려한 파트 수정에 대한 설명으로 옳은 것은?

① 조립되는 부분은 출력공차를 고려하여 부품 형상을 모델링하거나 필요한 경우에는 수정해야 한다.
② 조립 부품을 수정할 때에는 반드시 두 개의 부품을 모두 수정해야 한다.
③ 출력공차를 고려할 시 출력 노즐의 크기는 고려할 필요가 없다.
④ 공차를 고려할 사항으로는 소재 수축률, 기계공차, 도료 색상 등이 있다.

📖 해설

3D프린터의 경우 모델링된 형상 데이터를 그대로 읽어 들여 출력하기 때문에 가공자가 스스로 출력 공차를 부여할 수 없다. 따라서 모델링하는 사람이 직접 3D프린터의 출력 공차를 이해하고 사용 중인 3D프린터의 최소, 최대 출력 공차를 분석한 다음 그 값에 맞도록 부품을 수정해야 한다. 또한 조립 부품을 수정할 때에는 부품 중에서 하나에만 공차를 적용하는 것이 바람직하고, 출력 공차를 고려할 때에는 출력 노즐의 크기도 고려해야 한다.

정답 ①

13 물체의 보이지 않는 안쪽 모양을 명확하게 나타낼 때 사용되며 일반적으로 45°의 가는 실선을 단면부 면적에 일정한 간격의 경사선으로 나타내어 절단되었다는 것을 표시해주는 것은?

① 해칭　　　　　　　② 스머징　　　　　　③ 커팅　　　　　　④ 트리밍

> **해설**
>
> 해칭(Hatching)은 단면을 표시할 때 45°의 가는 실선으로 간격을 일정하게 하여 그은 평행선으로 절단되었다는 것을 표시해주는 선이다. 물체의 보이지 않는 안쪽 부분을 명확하게 나타낼 때 사용한다.
>
>

정답 ①

14 엔지니어링 모델링에서 사용되는 상향식(Bottom-up) 방식에 대한 설명으로 옳지 않은 것은?

① 파트를 모델링 해놓은 상태에서 조립품을 구성하는 것이다.
② 기존에 생성된 단품을 불러오거나 배치할 수 있다.
③ 자동차나 로봇 모형(프라모델) 분야에서 사용되며 기존 데이터를 참고하여 작업하는 방식이다.
④ 제품의 조립 관계를 고려하여 배치 및 조립을 한다.

> **해설**
>
> 상향식 방식은 파트를 모델링 해놓은 상태에서 조립품을 구성하는 것으로 기존에 생성된 단품을 불러오거나 배치할 수 있다. 또한 상향식 방식으로 조립을 하기 위해서는 모델링된 부품을 현재 조립품의 상태로 배치해야 한다. 반면에 하향식 방식은 조립품에서 부품을 조립하면서 모델링하는 방식이다.
> ③ 치수를 미리 정하고 설계를 하므로 하향식(Top-down) 방식에 해당한다.
>
> ➕ **PLUS 해설**
> ①, ②, ④는 상향식(Bottom-up) 방식에 해당한다.

정답 ③

15 스케치 요소 중 두 개의 원에 적용할 수 없는 구속조건은?

① 동심　　　　　　　② 동일　　　　　　③ 평행　　　　　　④ 탄젠트

> **해설**
>
> ① 동심　　② 동일　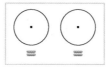　④ 탄젠트　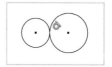

정답 ③

16 다음 도면의 치수 중 A 위치에 기입될 치수의 표현으로 가장 정확한 것은? (단, 도면 전체에 치수편차 ±0.1을 적용한다.)

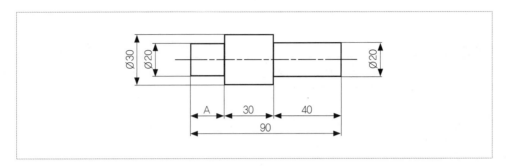

① □20

② (20)

③ 20

④ SR20

해설

부품에 치수를 명시할 때는 중복치수를 적지 않는다. 부득이하게 중복치수를 참고치수로 적는 경우에는 '괄호( )'를 사용한다.

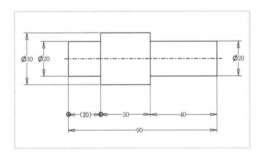

정답 ②

17 FDM 방식 3D프린팅 작업을 위해 3D형상 데이터를 분할하는 경우 고려해야 할 항목으로 가장 거리가 먼 것은?

① 3D프린터 출력 범위

② 서포터 생성 유무

③ 출력물의 품질

④ 익스트루더의 크기

해설

① 최대 출력 크기보다 큰 모델링 데이터는 분할 출력 과정을 거쳐야 한다.

② 서 있는 형태의 캐릭터를 출력할 때 많은 서포터가 필요하다.

③ 분할 출력 후에는 다시 하나의 형태로 만들어지는 것을 고려하여 분할해야 한다. 또한 서포터를 설치한 후 출력을 했을 때 서포터 제거 과정에서 출력물이 손상될 수 있기 때문에 큰 덩어리로 나누어 분할 출력하는 것이 효율적이다.

정답 ④

18 다음 중 3D프린팅 작업을 위해 3D모델링에서 고려해야 할 항목으로 가장 거리가 먼 것은?

① 1회 적층 높이   ② 서포터 유무

③ 출력 프린터 제작 크기   ④ 출력 소재 및 수축률

해설

적층 높이(Layer Height)는 출력 설정 단계(SW 설정)에서 고려해야 한다.

정답 ①

19 3D모델링 방식의 종류 중 넙스(NURBS) 방식에 대한 설명으로 옳은 것은?

① 삼각형을 기본 단위로 하여 모델링을 할 수 있는 방식이다.
② 폴리곤 방식에 비해 많은 계산이 필요하다.
③ 폴리곤 방식보다는 비교적 모델링 형상이 명확하지 않다.
④ 도형의 외곽선을 와이어프레임 만으로 나타낸 형상이다.

해설

넙스(NURBS) 방식은 폴리곤 방식과 비교하였을 때 많은 계산이 필요하고, 정확한 모델링이 가능하여 부드러운 곡면을 설계할 때 효과적이어서 자동차나 비행기의 표면과 같은 부드러운 곡면을 설계할 때 자주 이용된다.

➕ PLUS 해설
① 폴리곤 방식에 대한 설명이다. 폴리곤 방식은 삼각형을 기본 단위로 하여 모델링을 할 수 있는 방식으로, 크기가 작은 다각형을 많이 사용하여 형상을 구현할 때 표면이 부드럽게 표현되지만 렌더링 속도는 떨어지게 된다.
② 넙스 방식은 폴리곤 방식보다 비교적 모델링 형상이 명확하다.

정답 ②

20 치수 보조기호를 나타내는 의미와 치수 보조기호가 잘못된 것은?

① 지름 : Ø 10   ② 참고치수 : (30)

③ 구의 지름 : S Ø 40   ④ 판의 두께 : □ 4

해설

판의 두께는 't(Thickness)'로 표기한다. '□'의 형태는 치수가 정사각형임을 뜻하는 기호이다.

➕ PLUS 해설
- □ : 정사각형의 변   • t : 판의 두께   • Ø : 지름   • R : 반지름   • SØ : 구의 지름
- SR : 구의 반지름   • ⌒ : 원호의 길이   • C : 45° 모따기   • ( ) : 참고 치수

정답 ④

21 내마모성이 우수하고, 고무와 플라스틱의 특징을 가지고 있어 휴대폰 케이스의 말랑한 소재나 장난 감, 타이어 등으로 프린팅해서 바로 사용이 가능한 소재는?

① TPU
② ABS
③ PVA
④ PLA

해설

TPU 소재는 열가소성 폴리우레탄 탄성체 수지로 내마모성이 우수한 고무와 플라스틱의 특징을 가져 탄성과 투과성이 우수 하고 마모에 강하다. 탄성이 뛰어나므로 휘어짐이 필요한 부품 제작에 주로 사용되지만 가격이 비싼 편이다.

PLUS 해설

② ABS 소재는 유독 가스를 제거한 석유 추출물을 이용해 만든 재료로, 강하고 오래 가면서 열에도 상대적으로 강한 편이 다. 일상적으로 사용하는 플라스틱 소재로 가전제품, 자동차 부품, 장난감 등 사용 범위가 넓고 가격 면에서 저렴한 편이 다. 그러나 출력 시 휨 현상이 있어 설계 시에는 유의해서 사용해야 하고 가열할 때 냄새가 나기 때문에 3D프린터 출력 시 환기가 필요하다.

③ PVA 소재는 고분자 화합물로 폴리아세트산비닐을 가수 분해하여 얻어지는 무색 가루이고, 물에는 녹지만 일반 유기 용 매에는 녹지 않아 주로 서포터에 이용된다. 출력 후 물에 담그면 서포터는 녹고 원하는 형상만 남아 다양한 형상 제작이 용이하다.

④ PLA 소재는 옥수수 전분을 이용해 만든 친환경 수지로서 무독성 친환경 재료이다. 열 변형에 의한 수축이 적고 정밀한 출력이 가능하며 다른 플라스틱 소재에 비해 경도가 강하기 때문에 쉽게 부서지지 않는다. 표면에 광택이 있고 히팅베드 없이도 출력이 가능하며 출력 시 유해 물질 발생이 적은 편이다. 그러나 서포터의 제거가 어렵고 표면이 거칠다는 단점 이 있다.

정답 ①

22 FDM 방식 3D프린터로 출력하기 위해 확인해야 할 점검사항으로 볼 수 없는 것은?

① 장비 매뉴얼을 숙지한다.
② 테스트용 형상을 출력하여 프린터 성능을 점검한다.
③ 프린터의 베드(Bed) 레벨링 상태를 확인 및 조정한다.
④ 진동·충격을 방지하기 위해 프린터가 연질매트 위에 설치되었는지 확인한다.

해설

3D프린터는 진동과 충격에 약하므로 연질매트 위에 설치되면 진동이 더 심해진다. 따라서 연질매트 위가 아닌 실험용 스탠 드에 설치하는 것이 좋다.

정답 ④

23 라프트(Raft) 값 설정과 관련이 없는 것은?

① Base line width는 라프트의 맨 아래층 라인의 폭을 설정하는 옵션이다.
② Line spacing은 라프트의 맨 아래층 라인의 간격을 설정하는 옵션이다.
③ Surface layer는 라프트의 맨 위층의 적층 횟수를 설정하는 옵션이다.
④ Infill speed는 내부 채움 시 속도를 별도로 지정하는 옵션이다.

라프트(Raft)는 베드와의 접착력을 높이기 위한 바닥 구조물로 성형 플랫폼에 처음으로 만들어지는 구조물이다. 성형 중에는 플랫폼에 대한 접착력을 제공하고 성형 후에는 부품에 손상 없이 분리하기 위한 지지대의 역할을 한다.
①~④의 세부적인 설명은 모두 적절하다. 그러나 라프트(Raft) 값 설정과 ④의 내부 채움은 전혀 관련이 없다.

➕ **PLUS 해설**

라프트(Raft) 값과 관련 있는 설정

1. Extra margin : 모델을 얼마만큼 더 크게 만들 것인지에 대한 설정
2. Line spacing : 라프트 라인 간의 거리 설정
3. Base thickness : 베이스 라인 두께 설정
4. Base line width : 베이스 라인 폭 설정
5. Interface thickness : 인터페이스 두께 설정
6. Interface line width : 인터페이스 폭 설정
7. Airgap : 라프트와 베드 사이의 거리 설정(0으로 설정)
8. First layer airgap : 라프트와 출력물 사이의 거리 설정
9. Surface layer : 라프트 맨 위층의 적층 횟수 설정

정답 ④

24 FDM 델타 방식 프린터에서 높이가 258mm일 때 원점 좌표로 옳은 것은?

① (258, 0, 0)　　　② (0, 258, 0)　　　③ (0, 0, 258)　　　④ (0, 0, 0)

📷 해설

FDM 델타 방식 프린터의 출력부 Home 위치가 'X=0, Y=0, Z=지정된 높이'이므로 높이가 258mm인 FDM 델타 방식 프린터의 원점 좌표는 (0, 0, 258)이다.

정답 ③

25 3D프린팅에 적합하지 않은 3D데이터 포맷은?

① STL　　　② OBJ　　　③ MPEG　　　④ AMF

📷 해설

MPEG는 인터넷에서 영상이나 음향을 다운로드 하거나 스트리밍하기 좋게 하기 위해 얇은 포맷으로 압축시키는 표준을 가리킨다.

➕ **PLUS 해설**

①, ②, ④ Meshmixer 방식에 해당한다.
STL 파일을 지원하지 않는 프로그램이 없으나 AMF, OBJ 또는 원하는 파일 포맷이 아닐 경우 많은 출력용 모델링 파일 포맷으로 변환을 지원한다.

- Netfabb : STL, STL(ASCII), Color STL, AMF, OBJ, 3MF, GTS, X3D, X3D8, 3DS, Compressed Mesh, PLY, VRML, Slice를 지원
- Meshmixer : STL(Binary), STL(ACSCII), AMF, OBJ, PLY, WRL, SMESH를 지원

정답 ③

26 출력 보조물인 지지대(Support)에 대한 효과로 볼 수 없는 것은?

① 출력 오차를 줄일 수 있다.
② 지지대를 많이 사용할 시 후가공 시간이 단축된다.
③ 지지대는 출력물의 수축에 의한 뒤틀림이나 변형을 방지할 수 있다.
④ 진동이나 충격이 가해졌을 때 출력물의 이동이나 붕괴를 방지할 수 있다.

해설

지지대(Support)를 과도하게 형성할 경우 조형물과의 충돌로 인하여 제품 품질이 하락하고, 가공 공정에 있어서 작업과정을 복잡하고 어렵게 만들기 때문에 시간이 늘어난다.

정답 ②

27 다음 설명에 해당되는 코드는?

- 기계를 제어 및 조정해주는 코드
- 보조기능의 코드
- 프로그램을 제어하거나 기계의 보조 장치들을 ON/OFF해주는 역할

① G코드 　　　　　② M코드 　　　　　③ C코드 　　　　　④ QR코드

해설

M코드는 기계를 제어·조정해주는 코드로 보조 기능이라 불리고, 프로그램을 제어하거나 기계 보조 장치를 ON 또는 OFF 해주는 역할을 한다.

➕ PLUS 해설
① G코드 : 기계를 제어·구동시키는 명령 언어로 1950년대에 개발되었고 1960년대 후반에 미국 전자산업협회에서 최초로 표준화한 공작 기계 제어용 코드이다. 표준화 이후 전 세계 CNC 관련 기업들이 독립적으로 G코드를 자체 장비에 맞게 수정해가며 사용하였다. 3D프린터 제작사들은 회사 장비에만 적용되는 CAM 파일을 사용하고, 해당파일 구조를 공개하는 곳은 드물며 대부분 가공 파일은 NC 가공 기계에서 사용하는 G코드와 유사하고, 일부 G코드로 출력되는 경우도 있다.

정답 ②

28 FDM 방식 3D프린터 출력 전 생성된 G코드에 직접적으로 포함되지 않는 정보는?

① 헤드 이송속도 　　② 헤드 동작시간 　　③ 헤드 온도 　　④ 헤드 좌표

해설

3D프린터 출력 시 헤드 동작시간이 표기되기도 하지만 G코드에 직접적으로 포함되지 않고 슬라이싱 소프트웨어가 연산한 값이 출력파일의 주석 등에 포함된다.

➕ PLUS 해설
출력 전 G코드에 포함되는 정보
- 헤드 이송속도, 온도, 좌표
- 3D프린터가 원료를 쌓기 위한 경로, 속도, 적층 두께, 쉘 두께, 내부 채움 비율
- 인쇄 속도, 압출 온도, 히팅베드 온도
- 서포트 적용 유무와 유형, 플랫폼 적용 유무와 유형
- 필라멘트 직경, 압출량 비율, 노즐 직경, 온도
- 리플렉터 적용 유무와 범위, 트라이블 속도, 쿨링팬 가동 유무

정답 ②

29 슬라이서 소프트웨어 설정 중 내부 채우기의 정도를 뜻하는 것으로 0~100%까지 채우기가 가능하며 채우기 정도가 높아질수록 출력시간이 오래 걸리는 단점이 있는 것은?

① Infill ② Raft ③ Support ④ Resolution

해설

Infill : 내부 채우기 정도를 뜻하고 0~100%까지 채우기가 가능하다. 채우기 정도가 높아질수록 출력시간이 길어지고 출력물의 무게가 무거워지는 단점이 있다.

PLUS 해설

② Raft : 성형 플랫폼에 처음으로 만들어지는 구조물로 성형 중에는 플랫폼에 대한 접착력을 제공하고, 성형 후에는 부품의 손상 없이 분리하기 위한 지지대의 일종이다.

③ Support : 3D프린터로 제품을 출력할 때 필요한 바닥 받침대와 형상 보조물을 가리킨다. 적층은 바닥면부터 레이어가 차례로 쌓이는데 바닥면과 떨어져 있는 레이어는 허공에 뜨게 되어 출력이 제대로 이루어지지 않으므로 바닥면과 모델에 지지대가 필요한 부분을 이어주는 역할을 한다.

④ Resolution : 모니터나 프린터의 해상도를 가리키는데 화상의 섬세한 부분이 어느 정도로 세밀하게 재현될 수 있는지를 나타내는 정도이다.

정답 ①

30 FDM 방식 3D프린터를 사용하여 한 변의 길이가 50mm인 정육면체 형상을 출력하기 위해 한 층의 높이 값을 0.25mm로 설정하여 슬라이싱하였다. 이때 생성된 전체 layer의 층수는?

① 40개 ② 80개 ③ 120개 ④ 200개

해설

한 층의 높이 값을 0.25mm로 설정하였는데, 0.25mm Layer Height은 1mm를 4분할한 것이므로 한 변의 길이가 50mm인 정육면체 형상을 출력하기 위해서는 50(mm)×4 = 200개의 Layer 층수가 생성된다.

정답 ④

31 3D프린팅은 3D모델의 형상을 분석하여 모델의 이상유무와 형상을 고려하여 배치한다. 다음 그림과 같은 형태로 출력할 때 출력시간이 가장 긴 것은? (단, 아랫면이 베드에 부착되는 면이다.)

①   ②   ③   ④

해설

3D프린터의 헤드가 많이 움직이는 경우 출력시간이 길어지므로 높이가 높은 모델을 출력하는 데 시간이 더 걸릴 것이다. 그러므로 ① 또는 ④가 해당하는데 아랫면이 베드에 부착되는 면이라고 문제에 단서가 명시되어 있으므로 ①은 서포터가 필요한 모델이고, ④는 서포터 없이 출력 가능한 모델이다. 따라서 서포터가 많으면 출력시간이 오래 걸리기 때문에 출력시간이 가장 긴 모델은 ①이다.

정답 ①

32 3D프린터의 종류와 사용소재의 연결이 옳지 않은 것은?

① FDM → 열가소성 수지(고체) ② SLA → 광경화성 수지(액상)
③ SLS → 열가소성 수지(분말) ④ DLP → 열경화성 수지(분말)

해설

② · ④ SLA, DLP 방식 : 특정 파장의 빛에 노출되면 경화가 일어나는 액체상태의 광경화성 수지 표면의 특성을 이용한 것으로 특정 파장의 빛을 주사하여 층을 형성하는 과정을 반복한다. 따라서 ④ DLP → 열경화성 수지(분말)는 잘못된 설명이다.

⊕ PLUS 해설

① FDM 방식 : 고체상태의 열가소성 수지를 필라멘트 모양으로 만들고 이를 용융 압출 헤드에서 녹이면서 노즐을 통해 압출시켜 모델을 적층 조형하는 방식이다. 사용되는 소재로는 PLA, ABS, Nylon 등이 있다.
③ SLS 방식 : 압축된 금속 분말에 적절한 열에너지를 가해 입자들의 표면을 녹이고, 표면이 녹은 금속 입자들을 서로 접합시켜 금속 구조물의 강도와 경도를 높이는 공정을 말한다.

정답 ④

33 FDM 방식 3D프린팅을 위한 설정값 중 레이어(Layer) 두께에 대한 설명으로 틀린 것은?

① 레이어 두께는 프린팅 품질을 좌우하는 핵심적인 치수이다.
② 일반적으로 레이어 두께를 절반으로 줄이면 프린팅 시간은 2배로 늘어난다.
③ 레이어가 얇을수록 측면의 품질뿐만 아니라 사선부의 표면이나 둥근 부분의 품질도 좋아진다.
④ 맨 처음 적층되는 레이어는 베드에 잘 부착이 되도록 가능한 얇게 설정하는 것이 좋다.

해설

맨 처음 적층되는 레이어를 너무 얇게 설정하면 소재의 부족으로 인해 접지력이 약해질 수 있다. 또한 레이어의 두께가 너무 얇으면 출력되는 필라멘트가 히팅 베드에 달라붙지 않고 층층이 쌓이기 때문에 품질이 깔끔하지 못하다. 그러므로 맨 처음 적층되는 레이어는 베드에 잘 부착되도록 가능한 두껍게 설정하는 것이 좋다.

정답 ④

34 3D모델링을 다음 그림과 같이 배치하여 출력할 때 안정적인 출력을 위해 가장 기본적으로 필요한 것은? (단, FDM 방식 3D프린터에서 출력한다고 가정한다.)

① 서포터 ② 브림 ③ 루프 ④ 스커트

해설

외팔보(Cantilever beam)와 같이 새로 생성하는 층이 받쳐지지 않아 아래로 휘게 되는 경우(Overhang)를 방지하고 안정적인 출력을 위해서는 서포터가 필요하다.

⊕ PLUS 해설

② 브림(Brim) : 제품의 출력 시 적층되는 바닥과 제품을 견고하게 유지시켜 주는 지지대이다.

정답 ①

35 다음 중 3D프린터 출력물의 외형강도에 가장 크게 영향을 미치는 설정 값은?

① Raft   ② Brim   ③ Speed   ④ Number of Shells

해설

출력물의 벽(Shell)이 두꺼워질수록 강도가 높아지므로, 3D프린터 출력물의 외형강도에 가장 크게 영향을 미치는 설정 값은 Number of Shells(벽의 수)이다.

정답 ④

36 G코드 중에서 홈(원점)으로 이동하는 명령어는?

① G28   ② G92   ③ M106   ④ M113

해설

G28 : 원점으로 이동하는 명령어로 X, Y, Z축의 엔드스탑(Endstop)으로 이동한다.

➕ PLUS 해설
② G92 : 지정된 좌표로 현재 위치를 설정한다.
③ M106 : 냉각팬 전원을 ON시켜 동작하는 기능이다. (M107 : 냉각팬 전원을 OFF시켜 끄는 기능이다.)
④ M113 : 압출기의 스테퍼 전원을 설정한다.

정답 ①

37 다음 설명에 해당하는 소재는?

• 전기 절연성, 치수 안정성이 좋고 내충격성도 뛰어난 편이라 전기 부품 제작에 가장 많이 사용되는 재료이다.
• 연속적인 힘이 가해지는 부품에 부적당하지만 일회성으로 강한 충격을 받는 제품에 주로 쓰인다.

① ABS   ② PLA   ③ Nylon   ④ PC

해설

PC(Polycarbonate) : 전기 절연성과 치수 안정성이 좋고 내충격성도 뛰어난 편이라 전기 부품 제작에 가장 많이 사용되는 재료이다. 연속적인 힘이 가해지는 부품에는 부적절하므로 일회성으로 강한 충격을 받는 제품에 주로 쓰인다. 인쇄 시 냄새를 맡을 경우 몸에 해로울 수 있으므로 실내 환기가 필수이고, 출력 속도에 따라 압출 온도 설정을 다르게 해야 하므로 다소 까다로운 편이다.

➕ PLUS 해설
① ABS : ABS는 아크릴로나이트릴(Acrylonitrile), 뷰타다이엔(Butadiene), 스타이렌(Styrene)의 약자로 3가지 중 스타이렌이 주원료로 사용된다. 유독 가스를 제거한 석유 추출물을 이용해 만든 재료이며, 충격에 강하고 오래 가면서 열에도 상대적으로 강한 편이다. 일상적으로 사용하는 플라스틱의 소재로 가전제품, 자동차 부품, 장난감 등 사용 범위가 넓다. 그러나 출력 시 휨 현상이 있기 때문에 설계를 할 때에는 유의해서 사용해야 하고 가열할 때 냄새가 나므로 환기가 필요하다.
② PLA(Poly Lactic Acid) : 친환경 수지로 옥수수 전분을 이용해 만든 재료이다. 열 변형에 의한 수축이 적고 정밀한 출력이 가능하며 경도가 다른 플라스틱 소재에 비해 강하기 때문에 쉽게 부서지지 않는다. 표면에 광택이 있고 히팅베드 없이 출력이 가능하며 출력 시 유해 물질 발생이 적은 편이다. 그러나 서포터의 제거가 힘들고 표면이 거칠다는 단점이 있다.
③ 나일론(Nylon) : PLA, ABS보다 강도가 높은 재질로서 강도와 마모도가 높은 특성의 제품을 제작할 때 주로 사용된다. 특유의 유연성과 질긴 소재의 특징 때문에 의류나 신발 등을 출력하는 데 유용한 소재이고 출력했을 때 표면이 깔끔하고 수축률이 낮다.

정답 ④

38 분말을 용융하는 분말융접(Powder Bed Fusion) 방식의 3D프린터에서 고형화를 위해 주로 사용되는 것은?

① 레이저 　　　　　② 황산 　　　　　③ 산소 　　　　　④ 글루

📑 **해설**

분말 융접 방식은 레이저를 쏘여 분말을 융접해가면서 제품을 제작하는 방식이다. 레이저에서 나온 빛이 스캐닝 미러에 반사되어 파우더 베드의 분말을 융접시키며 한 층씩 성형되는 방식으로 제작된다.

정답 ①

39 노즐에서 재료를 토출하면서 가로 100mm, 세로 200mm 위치로 이동하라는 G코드 명령어에 해당하는 것은?

① G1 X100 Y200 　　　　　② G0 X100 Y200
③ G1 A100 B200 　　　　　④ G2 X100 Y200

📑 **해설**

지정된 좌표로 직선 이동하며 지정된 길이만큼 압출 이동하는 명령은 'G1'이다. 따라서 노즐에서 재료를 토출하면서 가로 100mm, 세로 200mm 위치로 이동하라는 G코드 명령어는 'G1 X100 Y200'이다.

➕ **PLUS 해설**
• G0 : 공구의 급속 이송
• G1 : 지정된 좌표로 직선 이동하며 지정 길이만큼 압출 이동
• G2 : 시계 방향으로의 원호 가공

정답 ①

40 3D프린터의 출력 방식에 대한 설명으로 옳지 않은 것은?

① DLP 방식은 선택적 레이저 소결 방식으로 소재에 레이저를 주사하여 가공하는 방식이다.
② SLS 방식은 재료 위에 레이저를 스캐닝하여 융접하는 방식이다.
③ FDM 방식은 가열된 노즐에 필라멘트를 투입하여 가압 토출하는 방식이다.
④ SLA 방식은 용기 안에 담긴 재료에 적절한 파장의 빛을 주사하여 선택적으로 경화시키는 방식이다.

📑 **해설**

DLP 방식은 SLA 방식과 동일하게 액체상태의 광경화성 수지에 빛을 주사하고 경화시켜 구조물을 제작하는 것이다. 이 기술은 특정 파장의 빛에 노출되면 경화가 일어나는 광경화성 수지 표면에 빛을 주사하여 굳어지는 현상을 이용한다. 선택적 레이저 소결 방식은 SLS 방식에 대한 설명이다.

➕ **PLUS 해설**
② SLS 방식은 압축된 금속 분말에 적절한 열에너지를 가해 입자들의 표면을 녹이고, 표면이 녹은 금속 입자들을 서로 접합시켜 금속 구조물의 강도와 경도를 높이는 공정이다.
③ FDM 방식은 고체상태의 열가소성 수지를 필라멘트 모양으로 만들고 이를 용융 압출 헤드에서 녹이면서 노즐을 통해 압출시켜 모델을 적층 조형하는 기술이다.

정답 ①

41 3D프린터의 정밀도를 확인 후 장비를 교정하려 한다. 출력물 내부 폭을 2mm로 지정하여 10개의 출력물을 뽑아서 내부 폭의 측정값을 토대로 구한 평균값(A)과 오차 평균값(B)으로 옳은 것은?

출력회차	1	2	3	4	5
측정값	1.58	1.72	1.63	1.66	1.62
출력회차	6	7	8	9	10
측정값	1.65	1.72	1.78	1.80	1.65

① A : 1.665, B : -0.335

② A : 1.672, B : -0.328

③ A : 1.678, B : -0.322

④ A : 1.681, B : -0.319

해설

- 평균값(A)
  = (1.58+1.72+1.63+1.66+1.62+1.65+1.72+1.78+1.80+1.65)÷10 = 1.681
- 오차 평균값(B) (평균값 없이 구할 때)
  = (−0.42) + (−0.28) + (−0.37) + (−0.34) + (−0.38) + (−0.35) + (−0.28) + (−0.22) + (−0.2) + (−0.35)÷10
  = −0.319
- 오차 평균값(B) (평균값으로 구할 때)
  = 내부 폭 2mm − 평균값 1.681 = −0.319

정답 ④

42 3D프린터 출력을 하기 위한 오브젝트의 수정 및 오류검출에 관한 설명으로 옳지 않은 것은?

① 출력용 STL파일의 사이즈는 슬라이서 프로그램에서 조정이 가능하다.

② 오브젝트의 위상을 바꾸어 출력하기 위해서는 반드시 모델링 프로그램에서 수정할 필요는 없다.

③ 같은 모양의 오브젝트를 멀티로 출력할 때는 반드시 모델링 프로그램에서 수량을 늘려주어야 한다.

④ 오브젝트의 위치를 바꾸기 위한 반전 및 회전은 슬라이서 프로그램에서 조정 가능하다.

해설

같은 모양의 오브젝트를 멀티로 출력할 때는 슬라이서 프로그램에서 수량을 늘릴 수 있다.

정답 ③

43 3D프린터 출력 시 STL파일을 불러와서 슬라이서 프로그램에서 출력 조건을 설정 후 출력을 진행할 때 생성되는 코드는?

① Z코드　　　　② D코드　　　　③ G코드　　　　④ C코드

해설

3D프린터로 출력하기 위해서는 슬라이서 프로그램에서 *.gcode 파일로 변경해야 한다.

정답 ③

44 3D프린터용 슬라이서 프로그램이 인식할 수 있는 파일의 종류로 올바르게 나열된 것은?

① STL, OBJ, IGES   ② DWG, STL, AMF   ③ STL, OBJ, AMF   ④ DWG, IGES, STL

해설

STL 파일을 지원하지 않는 프로그램이 없으나 AMF, OBJ 또는 원하는 파일 포맷이 아닐 경우 많은 출력용 모델링 파일 포맷으로 변환을 지원한다.

➕ PLUS 해설

• Netfabb : STL, STL(ASCII), Color STL, AMF, OBJ, 3MF, GTS, X3D, X3D8, 3DS, Compressed Mesh, PLY, VRML, Slice를 지원
• Meshmixer : STL(Binary), STL(ACSCII), AMF, OBJ, PLY, WRL, SMESH를 지원

정답 ③

45 3D프린터에서 출력물 회수 시 전용공구를 이용하여 출력물을 회수하고 표면을 세척제로 세척 후 출력물을 경화기로 경화시키는 방식은?

① FDM   ② SLA   ③ SLS   ④ LOM

해설

액체 방식 3D프린터의 출력물을 회수하기 위해서는 먼저 전용 공구를 사용하여 플랫폼에서 출력물을 분리해야 한다. 그리고 출력물에 묻어 있는 광경화성 수지를 제거하는 작업을 거쳐야 하는데 분무기를 이용해서 이소프로필알코올이나 에틸알코올 등을 출력물에 뿌려주어 출력물 표면에 남아 있는 광경화성 수지를 제거해야 한다. 자외선에 의해 굳어진 광경화성 수지 내부에는 미세하게 경화되지 않은 광경화성 수지가 존재할 수 있으므로 서포터가 제거된 출력물은 자외선 경화기에 넣어 출력물 내부에 존재하는 경화되지 않은 광경화성 수지가 모두 굳어지도록 해주어야 한다.

정답 ②

46 3D프린터 출력 오류 중 처음부터 재료가 압출되지 않는 경우의 원인으로 거리가 먼 것은?

① 압출기 내부에 재료가 채워져 있지 않을 경우
② 회전하는 기어 톱니가 필라멘트를 밀어내지 못할 경우
③ 가열된 플라스틱 재료가 노즐 내부와 너무 오래 접촉하여 굳어있는 경우
④ 재료를 절약하기 위해 출력물 내부에 빈 공간을 너무 많이 설정할 경우

해설

① 고온에서 대기 상태일 때 대부분의 압출기는 재료의 일부가 흘러내리는 현상이 있다. 따라서 압출 노즐 내부에는 빈 공간이 생기고 출력 초기에 재료가 압출되지 않게 된다.
② 3D프린터에서 필라멘트 재료를 압출 노즐로 정확하게 제어하면서 밀어 넣거나 뒤로 빼기 위해서 이빨이 있는 기어를 주로 사용하는데, 기어 이빨에 의해 필라멘트 재료가 많이 깎이게 되면 회전하는 기어 이빨이 필라멘트 재료를 물지 못하게 되어 압출 노즐로 필라멘트 재료가 공급되지 못하게 된다.
③ 이물질이 압출 노즐 내부에 들어가거나 가열된 플라스틱 재료가 노즐 내부와 너무 오래 접촉해 있을 때 압출 노즐이 막혀 재료가 공급되지 못한다.

정답 ④

47 3D프린터 출력물에 용융된 재료가 흘러나와 얇은 선이 생겼을 경우 이러한 출력 오류를 해결하는 방법으로 옳지 않은 것은?

① 온도 설정을 변경한다.
② 리트렉션(retraction) 거리를 조절한다.
③ 리트렉션(retraction) 속도를 조절한다.
④ 압출 헤드가 긴 거리를 이송하도록 조정한다.

해설

압출 헤드의 이송 거리가 짧을수록 출력 오류가 적다.

PLUS 해설
① 온도를 너무 높게 설정할 경우 용융된 재료가 흘러나올 수 있다.
②, ③ 리트렉션(retraction) 거리와 속도를 조절해야 한다.

정답 ④

48 출력용 파일의 오류 종류 중 실제 존재할 수 없는 구조로 3D프린팅, 부울 작업, 유체 분석 등에 오류가 생길 수 있는 것은?

① 반전 면
② 오픈 메쉬
③ 클로즈 메쉬
④ 비(非)매니폴드 형상

해설

비(非)매니폴드 형상 : 3D프린팅, 부울 작업, 유체 분석 등에 오류가 생길 수 있는 것으로 실제 존재할 수 없는 구조이다. 올바른 매니폴드 형상 구조는 하나의 모서리를 2개의 면이 공유하고 있으나, 비매니폴드 형상은 하나의 모서리를 3개 이상의 면이 공유하고 있거나 모서리를 공유하고 있지 않은 서로 다른 면에 의해 공유되는 정점을 나타낸다.

PLUS 해설
① **반전 면** : 오른손 법칙에 의해 생긴 normal vector가 반대(시계 방향)로 입력되어 인접된 면과 normal vector의 방향이 반대 방향일 경우 생기게 된다. 시각화, 렌더링 문제뿐 아니라 3D프린팅을 하는 경우에 문제가 발생할 수 있다.
② **오픈 메쉬** : 메쉬의 삼각형 면의 한 모서리가 한 면에만 포함되는 경우이다.
③ **클로즈 메쉬** : 메쉬의 삼각형 면의 한 모서리가 두 개의 면과 공유하는 것이다.

정답 ④

49 문제점 리스트를 작성하고 오류 수정을 거쳐 출력용 데이터를 저장하는 과정이다. A, B, C에 들어갈 내용이 모두 옳은 것은?

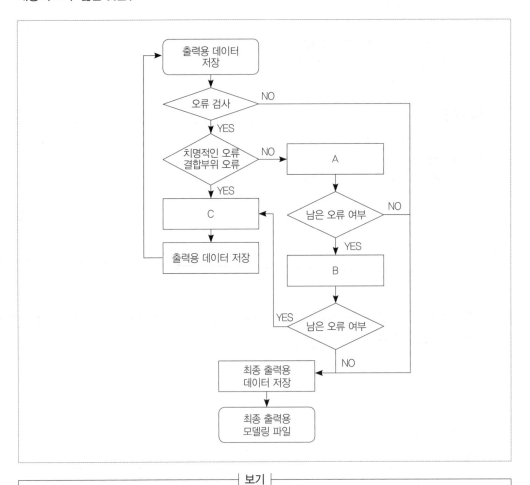

─────| 보기 |─────

ㄱ. 수동 오류 수정
ㄴ. 자동 오류 수정
ㄷ. 모델링 소프트웨어 수정

① A : ㄱ, B : ㄴ, C : ㄷ
② A : ㄴ, B : ㄱ, C : ㄷ
③ A : ㄴ, B : ㄷ, C : ㄱ
④ A : ㄷ, B : ㄴ, C : ㄱ

🔲 해설

자동 오류 수정을 했지만 일부분 수정되지 않은 것이 있는 경우 수동 오류 수정 기능을 사용하여 수정할 수 있다. 모델 자체에 치명적인 오류가 있는 경우에는 수동으로 수정이 불가능하고, 이런 경우에는 모델링 소프트웨어를 통해 재수정해야 한다.

정답 ②

50 FDM 방식 3D프린터 출력 시 첫 번째 레이어의 바닥 안착이 중요하다. 바닥에 출력물이 잘 고정되게 하기 위한 방법으로 적절하지 않은 것은?

① Skirt 라인을 1줄로 설정하여 오브젝트를 출력한다.
② 열 수축현상이 많은 재료로 출력을 하거나 출력물의 바닥이 평평하지 않을 때 Raft를 설정하여 출력한다.
③ 출력물이 플랫폼과 잘 붙도록 출력물의 바닥 주변에 Brim을 설정한다.
④ 소재에 따라 Bed를 적절한 온도로 가열하여 출력물의 바닥이 수축되지 않도록 한다.

해설

Skirt는 출력물 주위에 형성하는 바닥 출력물로서 레이어의 바닥 안착과는 상관이 없다. Skirt 옵션은 토출량을 일정하게 유지시키기 위한 목적과 토출부의 압력을 동일하게 유지시켜주기 위한 목적으로 사용한다.

정답 ①

51 3D프린터 제품 출력 시 제품 고정 상태와 서포터에 관한 설명으로 옳지 않은 것은?

① 허공에 떠 있는 부분은 서포터 생성을 설정해 준다.
② 출력물이 베드에 닿는 면적이 작은 경우 라프트(Raft)와 서포터를 별도로 설정한다.
③ 3D프린팅의 공정에 따라 제품이 성형되는 바닥면의 위치와 서포터의 형태는 같다.
④ 각 3D프린팅 공정에 따라 출력물이 성형되는 방향과 서포터는 프린터의 종류에 따라 다르다.

해설

3D프린팅의 공정에 따라 제품이 성형되는 바닥면의 위치와 서포터의 형태는 다르다.

정답 ③

52 FDM 방식 3D프린터에서 재료를 교체하는 방법으로 옳은 것은?

① 프린터가 작동 중인 상태에서 교체한다.
② 재료가 모두 소진되었을 때만 교체한다.
③ 프린터가 정지한 후 익스트루더가 완전히 식은 상태에서 교체한다.
④ 프린터가 정지한 상태에서 익스트루더의 온도를 소재별 적정 온도로 유지한 후 교체한다.

해설

3D프린터의 재료를 교체하기 위해서는 3D프린터 재료의 녹는점을 먼저 파악해야 한다.

➕ PLUS 해설
① 3D프린터가 작동 중일 때에는 재료의 교체가 불가능하므로 프린터가 정지된 후 교체해야 한다.
② 재료가 남아 있어도 사용하길 원하는 재료로 교체가 가능하다.
③ 익스트루더가 완전히 식으면 노즐에서 재료를 제거할 수 없으므로 재료의 교체가 불가능해진다.

정답 ④

53 3D프린터로 제품을 출력할 때 재료가 베드(Bed)에 잘 부착되지 않는 이유로 볼 수 없는 것은?

① 온도 설정이 맞지 않는 경우　　　　　② 플랫폼 표면에 문제가 있는 경우
③ 첫 번째 층의 출력속도가 너무 빠른 경우　④ 출력물 아랫부분의 부착 면적이 넓은 경우

해설

3D프린터로 제품을 출력할 때 출력물 아랫부분의 부착 면적이 넓으면 재료가 베드(Bed)에 잘 부착된다.

➕ PLUS 해설
재료가 플랫폼에 잘 부착되지 않는 이유
- 온도 설정이 맞지 않은 경우
- 플랫폼의 수평이 맞지 않을 때
- 플랫폼 표면에 이물질이 있을 경우
- 첫 번째 층이 너무 빠르게 성형될 때
- 노즐과 플랫폼 사이의 간격이 너무 멀어질 때
- 출력물과 플랫폼 사이의 부착 면적이 작은 경우

정답 ④

---

54 3D프린터 출력 시 성형되지 않은 재료가 지지대(Support) 역할을 하는 프린팅 방식은?

① 재료분사(Material Jetting)　　　　② 재료압출(Material Extrusion)
③ 분말적층용융(Powder Bed Fusion)　④ 광중합(Vat Photo Polymerization)

해설

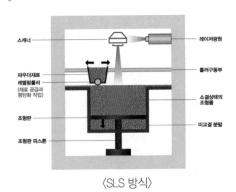

〈SLS 방식〉

파우더 기반 방식(Powder Bed Fusion) SLS는 파우더 형태의 플라스틱 재료나 메탈 원료에 레이저를 주사하여 재료를 가열·응고시키는 방식이다. 성형되지 않은 재료가 지지대 역할을 하므로 지지대(서포트)가 따로 필요 없고 금속 재료 등 다양한 재료를 사용할 수 있다. 또한 강도와 정밀도가 높고 조형 속도가 빨라 조형물, 디자인, 금형 제작에 응용된다.

정답 ③

---

55 3D프린터로 한 변의 길이가 25mm인 정육면체를 출력하였더니 X축 방향 길이가 26.9mm가 되었다. 이때 X축 모터 구동을 위한 G코드 중 M92(steps per unit) 명령상 설정된 스텝 수가 85라면 치수를 보정하기 위해 설정해야 할 스텝 값은? (단, 소수점은 반올림한다.)

① 79　　　　　　② 91　　　　　　③ 113　　　　　　④ 162

$25 : 26.9 = x : 85$

$26.9x = 2,125$

$\therefore x = 78.996\cdots$

소수점은 반올림한다고 했으므로 치수를 보정하기 위해 설정해야 할 스텝 값은 약 79이다.

정답 ①

56 FDM 방식 3D프린터 가동 중 필라멘트 공급장치가 작동을 멈췄을 때 정비에 필요한 도구로 거리가 먼 것은?

① 망치   ② 롱노우즈   ③ 육각 렌치   ④ +, − 드라이버

FDM 방식 3D프린터가 가동 중 필라멘트 공급 장치가 작동을 멈췄을 때 정비를 하기 위해서 필요한 도구에는 롱노우즈, 육각 렌치, 드라이버 등이 있고, 망치로 충격을 가할 경우 오히려 기계가 고장 날 수 있으니 주의가 필요하다.

정답 ①

57 오픈소스기반 FDM 방식의 보급형 3D프린터가 초등학교까지 보급되는 상황에서 학생들의 호기심을 자극하고 있다. 이러한 상황에서 안전을 고려한 3D프린터의 운영으로 가장 거리가 먼 것은?

① 필터를 장착한 장비를 권장하고 필터의 교체주기를 확인하여 관리한다.

② 장비의 내부 동작을 볼 수 있고, 직접 만져볼 수 있는 오픈형 장비의 운영을 고려한다.

③ 베드는 노히팅 방식을 권장하고 스크레퍼를 사용하지 않는 플렉시블 베드를 지원하는 장비의 운영을 고려한다.

④ 소재는 ABS보다 비교적 인체에 유해성이 적은 PLA를 사용한다.

3D프린터 출력 도중에 직접 만지는 행동은 안전상 심각한 문제이므로 오픈형 장비의 운영은 안전을 고려한 운영 방법과 거리가 멀다.

정답 ②

58 다음과 같은 구조를 가지는 방진 마스크의 종류는?

여과재 → 연결관 → 흡기변 → 마스크 → 배기변

① 격리식   ② 직결식   ③ 혼합식   ④ 병렬식

격리식 방진마스크 : 여과재에 의해 분진이 제거된 깨끗한 공기가 연결관을 통해 흡기밸브로 흡입되고, 체내의 공기는 배기밸브를 통해 외기중으로 배출된다.

59 ABS 소재의 필라멘트를 사용하여 장시간 작업할 경우 주의해야 할 사항은?

① 융점이 기타 재질에 비해 매우 높으므로 냉방기를 가동하여 작업한다.

② 옥수수 전분 기반 생분해성 재질이므로 특별히 주의해야 할 사항은 없다.

③ 작업 시 냄새가 심하므로 작업장의 환기를 적절히 실시한다.

④ 물에 용해되는 재질이므로 수분이 닿지 않도록 주의해야 한다.

📷 **해설**

ABS 소재의 필라멘트로 작업할 때에는 냄새가 나고, 유해 물질이 발생할 수 있으므로 건강을 위해서라도 환기를 해야 한다.

➕ **PLUS 해설**

② 옥수수 전분을 이용해 만든 무독성 친환경 재료는 PLA이고, 출력 시 유해 물질 발생이 적은 편이다.

④ PVA 소재는 고분자 화합물로 폴리아세트산비닐을 가수 분해하여 얻어지는 무색 가루이다. 일반 유기 용매에는 녹지 않고 물에는 녹는 특징이 있어 수분이 닿지 않도록 주의하며 작업을 진행해야 한다.

정답 ③

60 SLA 방식 3D프린터 운용 시 주의해야 할 사항으로 옳지 않은 것은?

① UV 레이저를 조사하는 방식이므로 보안경을 착용하여 운용한다.

② 레진은 보관이 까다롭고 악취가 심하기 때문에 환기가 잘되는 곳에서 운용한다.

③ 레진은 어두운 장소에서 경화반응을 일으키므로 햇빛이 잘 드는 곳에서 보관, 운용한다.

④ 출력물 표면에 남은 레진은 유해성분이 있기에 방독 마스크와 니트릴 보호 장갑을 착용해야 한다.

📷 **해설**

SLA 방식은 자외선에 노출되면 경화가 일어나는 광경화성 수지 표면에 UV(자외선) 레이저 빛을 조사하여 단면 형상을 형성하고 이를 반복하여 적층함으로써 3차원 형상을 만드는 방식이다. 그러므로 햇빛이 잘 드는 곳에 보관하게 되면 딱딱하게 경화된다.

➕ **PLUS 해설**

① UV 레이저 빛을 조사하는 방식이므로 3D프린터를 운용하기 전에 보안경을 먼저 착용해야 한다.

② 레진은 악취가 심한 편이고 보관이 까다롭기 때문에 환기가 잘 되는 곳에서 운용하는 것이 좋다.

④ 레진은 유해성분이 있기 때문에 방독 마스크와 내약품성 장갑 및 보호복을 반드시 착용해야 한다. 장갑은 공정 도중 사용하는 용매에 따라서 신중하게 선택해야 한다.

정답 ③

01 도면에 사용되는 레이어, 치수 스타일, 회사 로고, 단위 유형, 도면이름 등을 미리 정해 놓고 필요할 때 불러서 사용하는 도면 양식은 무엇인가?

① 스케치   ② 매개변수   ③ 템플릿   ④ 스타일

해설

도면에 사용되는 레이어, 문자, 치수 스타일, 회사로고, 단위 유형, 도면이름 등을 미리 만들어 놓고 필요할 때 파일을 불러서 사용하는 도면 양식을 템플릿이라 하며, 신속한 도면 작업을 위해 산업현장에서 많이 사용하고 있다.

정답 ③

02 3D프린터 출력물 회수에 대한 내용으로 틀린 것은?

① 전용 공구를 사용하여 플랫폼에서 출력물을 분리한다.
② 분말 방식 프린터는 작업이 끝나면 바로 꺼내어 건조한다.
③ 액체 방식 프린터는 에틸알코올 등을 뿌려 표면에 남아 있는 광경화성 수지를 제거한다.
④ 플랫폼에 남은 분말 가루는 진공 흡입기를 이용하여 제거한다.

해설

분말 방식 3D프린터 중 분말 재료에 바인더를 분사하여 3차원 형상을 출력하는 3D프린터는 작업이 마무리되면 출력물을 바로 꺼내지 않고 3D프린터 내부에 둔 상태로 건조해야 한다.
출력물을 건조하지 않고 바로 3D프린터에서 제품을 꺼내면 출력물이 부서질 위험이 있기 때문이다.

정답 ②

03 개별 스캐닝 작업에서 얻어진 데이터를 합치는 과정인 정합에서 사용하는 값은?

① 병합 데이터   ② 측정 데이터   ③ 최종 데이터   ④ 점군 데이터

해설

스캔 데이터는 보통 여러 번의 측정에 따른 점군 데이터를 서로 합친 최종 데이터이다.
이렇게 개별 스캐닝 작업에서 얻어진 점 데이터들이 합쳐지는 과정을 정합이라고 한다.

정답 ④

04 FDM 3D프린터에서 필라멘트 재료를 선택할 때 고려할 사항이 아닌 것은?

① 표면 거칠기   ② 강도와 내구성   ③ 용융 온도   ④ 열 수축성

해설

표면 거칠기는 고려하지 않아도 된다.

정답 ①

05 솔리드 모델링으로 표현하기 힘든 기하 곡면을 모델링하고 형상의 표면 데이터만 존재하는 모델링은?

① 파라메트릭 모델링　　　　　　　　② 서피스 모델링
③ 파트 모델링　　　　　　　　　　　④ 형상 모델링

> **해설**
>
> 솔리드 모델링으로 표현하기 힘든 기하 곡면을 처리하는 기법을 곡면(서피스) 모델링이라고 한다. 솔리드 모델링과는 다르게 형상의 표면 데이터만 존재하기 때문에 곡면 모델링 후에 솔리드로 이루어진 형상을 3D프린터로 출력해야 정상적으로 출력된다.
>
> **정답 ②**

06 패턴 이미지 기반의 삼각 측량 3차원 스캐너에 대한 설명으로 옳지 않은 것은?

① 휴대용으로 개발하기가 용이하다.
② 한꺼번에 넓은 영역을 빠르게 측정할 수 있다.
③ 가장 많이 사용하는 방식이다.
④ 광 패턴을 바꾸면서 초점 심도 조절이 가능하다.

> **해설**
>
> 가장 많이 사용하는 방식은 레이저 기반 삼각 측량 3차원 스캐너이다.
> **패턴 이미지 기반의 삼각 측량 3차원 스캐너**
> • 이미지 생성이 가능한 장치인 레이저 인터페로미터(Laser Interferometer) 또는 프로젝터 같은 장치가 이미 알고 있는 패턴의 광을 측정 대상물에 조사 → 대상물에 변형된 패턴을 카메라에서 측정 → 모서리 부분들에 대한 삼각 측량법으로 3차원 좌표를 계산하는 방식
> • 광 패턴을 바꾸면서 초점 심도 조절이 가능
> • 광 패턴을 이용하기 때문에 한꺼번에 넓은 영역을 빠르게 측정할 수 있음
> • 휴대용으로 개발하기가 용이함
>
> **정답 ③**

07 프린터 출력 중 파워 서플라이(SMPS) 고장으로 전원이 나갈 경우 가장 먼저 취해야 하는 조치로 옳은 것은?

① 전원 스위치를 끈다.　　　　　　　② 전원 공급 장치를 먼저 수리한다.
③ 출력 중인 출력물을 회수한다.　　　④ 배전반을 먼저 점검한다.

> **해설**
>
> 가장 먼저 전원 스위치를 끈 다음 후속 조치를 취한다.
>
> **정답 ①**

08 FDM 3D프린터 방식에서 필라멘트 재료를 노즐로부터 뒤로 빼주는 기능은?

① SUPPORT   ② RETRACTION   ③ SLICING   ④ BACKUP

📖 해설

기어 이빨이 필라멘트 재료를 뒤로 빼주는 기능은 리트렉션(retraction)이다.   **정답 ②**

---

09 G1 X50 Y120 E50 에 대한 G코드 설명으로 옳은 것은?

① 헤드를 X=50, Y=120으로, 이송 속도를 50mm/min 이송
② 헤드를 X=50, Y=120으로, 노즐 온도를 50°C로 설정
③ 헤드를 X=50, Y=120으로, 플렛폼 온도를 50°C로 설정
④ 헤드를 X=50, Y=120으로, 필라멘트를 50mm까지 압출하면서 이송

📖 해설

- G1 : 현재 위치에서 지정된 위치까지 헤드나 플랫폼을 직선 이송한다.
- Ennn : 압출되는 필라멘트의 길이를 의미한다. 이때 nnn은 압출되는 길이(mm)이다.   **정답 ④**

---

10 압축된 금속 분말에 열에너지를 가해 입자들의 표면을 녹이고 금속 입자를 접합시켜 금속 구조물의 강도와 경도를 높이는 공정은?

① 분말 용접   ② 경화   ③ 소결   ④ 합금

📖 해설

소결은 압축된 금속 분말에 열에너지를 가해 입자들의 표면을 녹이고, 녹은 표면을 가진 금속 입자를 서로 접합시켜 금속 구조물의 강도와 경도를 높이는 공정이며, 분말 재료에 압력을 가해 밀도를 높인 후 에너지를 가해 분말 표면을 녹여 결합시키는 공정이다.   **정답 ③**

---

11 아래 그림 (A)를 그림 (B)처럼 수정할 때 필요 없는 명령어는?

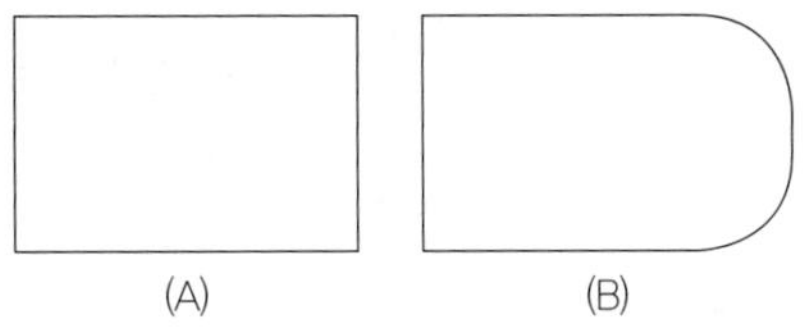

① CHAMFER   ② ARC   ③ CIRCLE   ④ TRIM

📖 해설

CHAMFER(모따기)는 수정 시 필요 없는 명령어이다. 모따기는 모서리 부분을 사선으로 만드는 명령어이다.   **정답 ①**

12 FDM 3D프린터 방식에서 노즐 크기가 0.4mm일 때 아래 그림에서 출력 작업이 원활하지 않은 부분은?

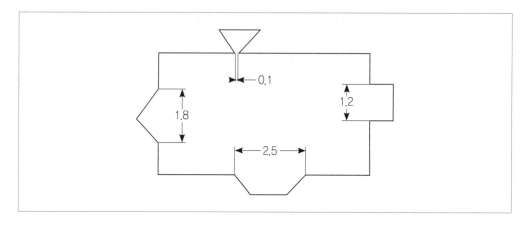

① 1.2mm   ② 0.1mm   ③ 2.5mm   ④ 1.8mm

🖳 해설

FDM 방식의 프린터는 최대 정밀도가 0.1mm 정도로 정밀도가 좋지 않다. 그러므로 설계할 때 정밀도보다 작은 치수를 표현할 수 없다.

정답 ②

13 2D 스케치 환경에서 원을 호로 수정 시 필요한 명령어는?

① 자르기   ② 연장   ③ 늘이기   ④ 간격띄우기

🖳 해설

원을 호로 수정할 때 필요한 명령어는 선과 자르기이다.

정답 ①

14 FDM 3D프린터 방식에서 출력물의 표면 품질에 미치는 직접적인 원인으로 옳지 않은 것은?

① 압출량 설정이 적절하지 않은 경우   ② 타이밍벨트의 장력이 높은 경우
③ 노즐 설정 온도가 너무 낮은 경우   ④ 첫 번째 층이 너무 빠르게 성형될 경우

🖳 해설

첫 번째 층이 너무 빠르게 성형될 때는 재료가 플랫폼에 부착되지 않는 경우에 해당한다.
재료가 플랫폼에 부착되지 않은 경우
• 플랫폼의 수평이 맞지 않을 때   • 노즐과 플랫폼 사이의 간격이 너무 클 때
• 첫 번째 층이 너무 빠르게 성형될 때   • 온도 설정이 맞지 않은 경우
• 플랫폼 표면에 문제가 있는 경우   • 출력물과 플랫폼 사이의 부착 면적이 작은 경우

정답 ④

15 온 단면도(전 단면도)에 대한 설명으로 옳은 것은?

① 상하 좌우 대칭형의 물체는 중심선을 경계로 반은 외형도로, 나머지 반은 단면도로 동시에 표현한 단면도
② 외형도에서 필요로 하는 일부분만 나타낸 단면도
③ 물체의 기본적인 모양을 가장 잘 나타낼 수 있도록 물체의 중심에서 반으로 절단하여 나타낸 단면도
④ 구조물의 부재 등의 절단면은 90° 회전하여 나타낸 단면도

해설

온 단면도는 물체의 중심선에서 반으로 절단하여 물체의 기본적인 특징을 가장 잘 나타낼 수 있도록 단면 모양을 그리는 것으로 전 단면도라 하기도 한다. 절단 부위의 위치와 보는 방향이 확실한 경우에는 절단선, 화살표, 문자 기호를 표시하지 않아도 된다.

정답 ③

---

16 출력물의 형상을 확대, 축소, 회전, 이동을 통하여 지지대 없이 성형되기 어려운 부분을 찾는 방법은?

① 형상 배치   ② 형상 분석   ③ 형상 설계   ④ 형상 출력

해설

형상 분석은 형상의 확대, 축소, 회전, 이동을 통하여 지지대 사용 없이 성형되기 어려운 부분을 찾는 역할을 한다.

정답 ②

---

17 3D프린터에 따른 형상 설계 오류에 관한 설명으로 거리가 먼 것은?

① 3D프린터로 제품을 제작할 때에는 3D프린터에 따른 형상 설계 오류를 고려해야 한다.
② SAL, DLP 방식의 3D프린터는 최대 10~15um으로 매우 좋은 정밀도를 가진다.
③ 광경화 조형 방식에서 광경화성 수지의 성질을 이해하지 못하면 제품 출력 시 뒤틀림 오차 등이 발생한다.
④ FDM 방식으로 설계 시 정밀도보다 작은 치수 표현은 불가능하다.

해설

3D프린터에 따른 형상 설계 오류
• 3D프린터로 제품 제작할 때 3D프린터에 따른 형상 설계 오류를 고려해야 함
• FDM 방식 3D프린터는 최대 정밀도가 0.1mm 정도로 정밀도가 좋지 않음
• FDM 방식으로 설계 시 정밀도보다 작은 치수 표현은 불가능함
• SLA, DLP 방식의 3D프린터는 정밀도가 **최대 1~5μm**로 매우 좋은 정밀도를 가짐
• SLA, DLP 방식은 광경화 조형 방식으로 제품을 아주 디테일하게 만들 수 있지만, 광경화성 수지의 성질을 이해하지 못하고 형상 설계를 하면 차후 출력 시 제품의 뒤틀림 오차 등이 발생함

정답 ②

18 CAD 환경에서 일반적으로 사용하는 좌표계가 아닌 것은?

① 직교 좌표계   ② 극 좌표계   ③ 구면 좌표계   ④ 원근 좌표계

> **해설**
>
> CAD 환경에서 일반적으로 사용하는 좌표계의 종류는 직교, 극, 원통, 구면 좌표계이다.
>
> **정답 ④**

19 액체 기반 3D프린터의 사용 용도와 거리가 가장 먼 것은?

① 액세서리나 피규어 제작에 활용된다.
② 산업 전반에 걸쳐 폭넓게 활용될 수 있다.
③ 3D프린터를 처음 접하는 사람이나 가정용으로 적당하다.
④ 의료, 치기공, 전자제품 등 정밀한 형상을 제작할 때 사용한다.

> **해설**
>
> ③은 고체기반(FDM)에 대한 설명이다.
>
> **정답 ③**

20 3D모델을 2차원 유한 요소인 삼각형들로 분할한 후 각각의 삼각형의 데이터를 기준으로 근사시켜 가면 쉽게 STL 파일로 생성할 수 있다. 이때 꼭짓점 수가 220개이면 모서리 수는 몇 개인가?

① 660개   ② 654개   ③ 664개   ④ 666개

> **해설**
>
> 꼭짓점 수 = (총 삼각형의 수 / 2) + 2
> 모서리 수 = (꼭짓점 수 × 3) − 6
>
> **정답 ②**

21 보호(안전) 장갑에 대한 내용으로 거리가 가장 먼 것은?

① 주요 보호 기능은 전기 감전 예방, 화학물질로부터 보호하는 것이다.
② 화학물질용 안전장갑은 왼쪽의 화학물질 방호 그림을 확인한다.
③ 사용설명서에 나와 있는 파과 시간이 지나면 즉시 교체한다.
④ 제품 인증 화학물질이 사용할 화학물질과 일치하지 않으면 제조사에 정보를 요청해 적합한 것으로 바꾼다.

> **해설**
>
> 파과 시간은 방독 마스크에 대한 내용이다.
>
> **정답 ③**

22 보호(안전) 장갑의 설명 중 틀린 것은?

① 내전압용 절연장갑은 00등급에서 4등급까지 있다.
② 내전압용 절연장갑은 숫자가 클수록 두꺼워 절연성이 높다.
③ 화학물질용 안전장갑은 1~6의 성능 수준이 있다.
④ 화학물질용 안전장갑은 숫자가 작을수록 보호 시간이 길고 성능이 우수하다.

해설

화학물질용 안전장갑은 숫자가 **클수록** 보호 시간이 길고 성능이 우수하다.

정답 ④

23 다음 중 오류 검출 프로그램이 아닌 것은?

① NETFABB   ② AMF   ③ MESHMIXER   ④ MESHLAB

해설

오류 검출 프로그램 종류로는 Netfabb(넷팹), Meshmixer(메쉬믹서), MeshLab(메쉬랩) 등이 있다.

정답 ②

24 다음에서 STL 파일의 오류가 아닌 것은?

① 오픈 메쉬   ② 반전 면
③ 매니폴드 형상   ④ 메쉬가 떨어져 있는 경우

해설

모델링한 파일과 출력 후 오류
• 안이 비워져 있지 않은 원을 출력용 파일로 변환시켰을 때, 오픈 메쉬가 없는 클로즈 메쉬 파일을 출력하면 그대로 출력되지만 구멍이 있는 메쉬는 **오픈 메쉬**가 되어 출력하는 데 오류가 발생할 수 있다.
• **반전 면**은 시각화, 렌더링 문제뿐 아니라 3D프린팅을 하는 경우에 문제가 발생할 수 있다.
• **메쉬와 메쉬 사이의 거리**가 실제 눈으로 구분하기 어려울 정도로 작게 떨어져 있는 경우가 있는데, 이를 수정하지 않고 3D프린팅할 경우 큰 오류가 발생할 수 있다.

정답 ③

25 다음 중 SUPPORT에 대한 설명으로 거리가 가장 먼 것은?

① 제품을 출력할 때 적층되는 바닥과 제품이 떨어져 있을 경우
② SLA 방식으로 제품을 제작할 때 지지대 유무에 따라 형상의 오차 및 처짐 등이 발생할 수 있다.
③ 제품의 출력 시 적층되는 바닥과 제품을 견고하게 유지시켜 준다.
④ 지지대가 많을수록 제품의 품질이 좋다.

해설

지지대(Support)를 과도하게 형성할 경우 조형물과의 충돌로 인하여 제품 품질이 하락하고, 가공 공정에 있어서 작업과정을 복잡하고 어렵게 만들기 때문에 시간이 늘어난다.

정답 ④

26 FDM 3D프린터 방식에서 노즐과 베드 사이의 간격이 맞지 않을 때 생기는 현상과 거리가 먼 것은?

① 적층 면을 구성하는 선 사이에 빈 공간이 생길 수 있다.

② 재료가 끊긴 형태로 나올 수 있다.

③ 베드에 의해서 노즐 구멍이 막히게 된다.

④ 재료가 제대로 압출되기 어렵다.

📖 해설

압출기 노즐과 플랫폼 사이의 거리가 너무 가까울 때
압출기 노즐의 끝이 플랫폼과 너무 가까우면 노즐의 구멍이 플랫폼에 의해서 막히게 되어 녹은 플라스틱 재료가 제대로 압출되기 어렵다. 이 경우 처음에는 재료가 압출되지 않다가 3, 4번째 층부터 제대로 압출되기도 한다.

정답 ①

27 FDM 3D프린터 방식에서 출력 순서로 옳은 것은?

① G-CODE 파일 → 슬라이싱 → STL 파일 → 출력

② 모델링 → STL 파일 → 슬라이싱 → 출력

③ 모델링 → G-CODE 파일 → 슬라이싱 → 출력

④ G-CODE 파일 → STL 파일 → 슬라이싱 → 출력

📖 해설

모델링 → STL 파일 → 슬라이싱 → 출력

정답 ②

28 G─CODE에 대한 설명으로 관계가 없는 것은?

① 모터의 움직임을 제어하기 위한 좌표 값이 기입되어 있다.

② 3D프린터 외에도 CNC, LASER 커팅기 등에도 사용한다.

③ G-CODE 생성 프로그램을 슬라이서 프로그램이라 한다.

④ 대표적인 프로그램으로 NETFABB이 있다.

📖 해설

Netfabb(넷팹)은 오류 검출 프로그램이다.

정답 ④

29 제3각법에서 도면 배치에 대한 설명으로 틀린 것은?

① 정면도를 기준으로 배치한다.　　② 저면도는 정면도의 아래에 배치한다.

③ 좌측면도는 정면도의 왼쪽에 배치한다.　　④ 배면도의 위치는 가장 왼쪽에 배치한다.

📖 해설

배면도의 위치는 제1각법, 제3각법 모두 가장 오른쪽에 배치한다.

정답 ④

30 FDM 3D프린터 출력물이 X0.4, Y0.6, Z0.8 출력오차 발생 시 가장 적절한 대응 방법은?

① X, Y축 방향으로 프린터 속도를 올린다.　　② 프린터 노즐 온도를 올린다.

③ Z축 레이어 높이를 조정한다.　　④ 노즐과 베드 사이의 간격을 조정한다.

해설

① X, Y축 방향으로 프린터 속도를 내린다.
② 프린터 노즐 온도를 적정 온도에 맞춘다.

정답 ③

31 도면 작성 시 가는 실선의 용도가 아닌 것은?

① 절단선　　　　② 해칭선　　　　③ 치수선　　　　④ 치수 보조선

해설

• 치수선, 치수 보조선(가는 실선) : 치수 기입 또는 지시선에 사용한다.
• 해칭선(가는 실선) : 단면도의 절단면을 45° 가는 실선으로 표시하는 데 사용한다.

정답 ①

32 FDM 방식의 출력물 후가공 처리 중 아세톤 훈증에 대한 내용으로 거리가 먼 것은?

① 붓을 이용해 출력물에 발라도 되고 실온에서 훈증하거나 중탕하는 방법이 있다.
② 아세톤은 무색의 휘발성 액체로 밀폐된 공간에 부어 놓기만 해도 증발되어 훈증 효과를 볼 수 있다.
③ 냄새가 많이 나지 않고 디테일한 부분을 잘 표현할 수 있다.
④ 밀폐된 용기 안에 출력물을 넣고 아세톤을 기화시켜 표면을 녹이는 방법으로 매끈한 표면을 얻을 수 있다.

해설

냄새가 많이 나고 디테일한 부분이 뭉개지는 경우가 있다.

정답 ③

33 좌표 지령의 방법은 절대(absolute) 지령과 증분(incremental) 지령으로 구분된다. 절대 지령은 'G90'을 사용하고 증분 지령은 'G91'을 사용한다. 두 지령이 해당하는 그룹은?

① 모달 그룹 1　　② 모달 그룹 2　　③ 모달 그룹 3　　④ 모달 그룹 4

해설

모달 그룹 3에 대한 설명이다.

정답 ③

34 지지대와 관련된 성형 결함 중 제작 시 하중으로 인해 아래로 처지는 현상을 무엇이라 하는가?

① Overhang ② Warping ③ Unstable ④ Sagging

해설

지지대와 관련된 성형 결함으로는 제작 중 하중으로 인해 아래로 처지는 현상은 'Sagging'이다.

정답 ④

35 지지대와 관련된 성형 결함 중 제작 시 소재가 경화화면서 수축에 의해 뒤틀림이 발생하는 현상은?

① Overhang ② Warping ③ Unstable ④ Sagging

해설

소재가 경화화면서 수축에 의해 뒤틀림이 발생하는 현상은 'Warping'이다.

정답 ②

36 2D 스케치에서 라인을 수정할 수 없는 명령어는?

① 분할 ② 연장 ③ 생성 ④ 자르기

해설

3D 소프트웨어 주요 기능
3D 소프트웨어는 3차원 형상을 이동하고 회전시켜 원하는 형상을 만들어주거나 형상 크기를 변화시키기 위해 이용하는데, 형상 모델링 파일을 생성하고 수정 및 저장하는 기능이 있다.

정답 ③

37 작업자가 감전 사고로 쓰러져 호흡정지 4분 후 심폐소생술을 했을 때 생존이 가능한 확률은?

① 15% 미만 ② 50% 미만 ③ 75% 이상 ④ 90% 이상

해설

호흡정지 발생시 1분 이내에 심폐소생술이 이뤄지면 생존율이 97%지만 1분이 지날 때마다 7~25%씩 급격하게 낮아져 4분 경과시 생존율이 50% 미만으로 떨어진다.

정답 ②

38 축의 지름이 50mm, 구멍의 지름이 50mm이고, 축의 공차가 ±0.2mm일 때 축의 최소 지름은?

① Ø 49.8 ② Ø 49.2 ③ Ø 50.0 ④ Ø 50.2

해설

$\varnothing 50 - 0.2 = \varnothing 49.8$

정답 ①

39 다음 중 스케치 드로잉 도구가 아닌 것은?

① 호   ② 슬롯   ③ 점   ④ 대칭

해설

스케치 드로잉 도구 : 평면을 기준으로, 선, 원, 호, 사각형, 슬롯, 점, 폴리곤, 자르기, 연장 등이 있다.

정답 ④

40 전문가가 호흡이 없거나 이상 호흡이 감지되는 재해자의 맥박 확인 결과 맥박이 있을 때 실시하며, 성인은 일반적으로 1분간 10~12회의 속도로 실시하는 응급처치는?

① 심폐 소생술   ② 인공호흡   ③ 호흡 확인   ④ 보온 조치

해설

전문가가 호흡이 없거나 이상 호흡이 감지되는 재해자의 맥박 확인 결과 맥박이 있으면(경동맥이 뛰면) 인공호흡을 실시한다(흉부 압박을 하지 않고 인공호흡만을 시행하는 것은 전문가에 한함). 성인은 일반적으로 1분간 10~12회의 속도로 재해자의 코를 막고 입에 숨을 불어넣는다.

정답 ②

41 밑면의 반지름이 5cm, 높이가 10cm인 원기둥의 부피는?

① $78.5cm^3$ ② $7,850cm^3$ ③ $785cm^3$ ④ $78,500cm^3$

해설

- 반지름 × 반지름 × 원주율 × 높이 = 원기둥의 부피
- $5 \times 5 \times 3.14 \times 10 = 785cm^3$
- 가로 × 세로 × 높이 = 직육면체 부피

정답 ③

42 ABS 소재의 출력 시 베드 온도로 가장 적절한 것은?

① 50℃   ② 100℃   ③ 60℃   ④ 10℃

해설

베드 온도는 FDM 방식에만 해당되며, ABS 소재는 온도에 따른 변형이 있어 히팅 베드가 필수적이다. 사용 시 80℃ 이상으로 설정해야 한다.

정답 ②

43 ABS 소재의 출력 시 노즐 온도로 가장 적절한 것은?

① 220℃　　　　　② 260℃　　　　　③ 305℃　　　　　④ 175℃

🔲 **해설**

ABS 소재의 출력 시 적절한 노즐 온도는 220~ 250℃이다.

➕ **PLUS 해설**

소재별 출력 시 적절한 노즐 온도
PLA(180~230℃), ABS(220~250℃), 나일론(240 ~260℃), PC(250~305℃), PVA(220~230℃), HIPS(215~250℃), WOOD(175~250℃), TPU(210~230℃)

정답 ①

44 3D 엔지니어링 소프트웨어에서 하나의 부품 형상을 모델링하는 곳으로 형상을 표현하는 가장 중요한 요소는?

① 조립품 작성　　　　② 도면 작성　　　　③ 매개 변수 작성　　　　④ 파트 작성

🔲 **해설**

파트는 3D 엔지니어링 소프트웨어에서 하나의 부품 형상을 모델링하는 곳으로 형상을 표현하는 가장 중요한 요소이다. 스케치 작성, 솔리드 모델링, 곡면 모델링 기능으로 나눌 수 있다.

정답 ④

45 3D프린터 출력 중 단면이 밀려서 성형되는 경우와 관련이 없는 것은?

① 플랫폼의 상·하 방향 움직임이 일시적으로 멈추는 경우 발생한다.
② 헤드가 너무 빨리 움직일 때 발생할 수 있다.
③ 초기부터 타이밍벨트의 장력이 너무 높게 설정되어 있는 경우 문제가 될 수 있다.
④ 스테핑모터의 축이 제대로 회전하지 않는 경우 발생한다.

🔲 **해설**

출력물 도중에 단면이 밀려서 성형되는 경우
- 매우 빠른 속도로 출력을 진행하면 3D프린터의 모터가 이를 따라가지 못하는 경우가 생길 수 있다. 이 경우에는 3D프린터 헤드의 정렬이 틀어진다.
- 타이밍벨트의 장력이 낮게 설정되어 있는 경우 타이밍벨트의 이빨이 타이밍풀리의 이빨을 타고 넘는 현상이 발생하고, 이는 헤드의 정렬에 영향을 주게 된다. 장시간 3D프린터를 사용하여 벨트가 늘어나게 되면 이러한 현상이 발생한다.
- 타이밍벨트의 장력이 너무 높게 설정되어 있는 경우, 베어링에 과도한 마찰이 발생하여 모터의 원활한 회전을 방해한다.
- 타이밍풀리가 스테핑모터의 회전축에 느슨하게 고정된 경우 스테핑모터의 회전 동력이 타이밍풀리에 제대로 전달되지 않는다.
- 적절한 전류가 모터로 전달되지 않으면 동력이 약해져서 스테핑모터의 축이 제대로 회전하지 않는 경우가 발생한다.
- 모터 드라이버가 과열되어 다시 냉각될 때까지 모터의 회전이 멈추기도 한다.

정답 ①

46 출력물이 다른 부품이나 다른 출력물과 결합 또는 조립을 필요로 할 때 고려해야 하는 부분은 무엇인가?

① 서포트   ② 출력물 크기   ③ 출력물 형상   ④ 공차

해설

출력 공차 적용
- 부품 간 조립되는 부분에 출력 공차를 부여한다.
- 부품 간 유격이 발생한 경우 출력 공차 범위 내에 들어오는 조립 부품도 출력 공차를 적용하여 부품 파일을 수정해야 한다.
- 조립 부품은 두 모델링 지름이 작은 축과 구멍으로 조립되는 경우 구멍을 조금 더 키워 출력한다.
- 구멍의 벽이 얇은 형태와 축의 경우는 축을 조금 줄이는 공차를 적용하는 것이 바람직하다.
- 부품 중에서 하나에만 공차를 적용하는 것이 바람직하다.

정답 ④

47 다음에서 출력물과 지지대의 재료가 서로 다른 3D프린팅 공정은?

① 수조 광경화 (Vat Photopolymerization)   ② 접착제 분사 (Binder Jetting)
③ 분말 용접 (Powder bed fusion)   ④ 재료 분사 (Material Jetting)

해설

재료 분사(Material Jetting)
- 액체 재료를 미세한 방울(droplet)로 만들고 이를 선택적으로 도포하는 것이다.
- 출력물 재료와 지지대 재료는 모두 위에서 아래로 도포된다.
- 플랫폼은 아래로 이송되면서 층이 성형되므로 출력물은 플랫폼 위에 만들어지게 된다.
- **지지대는 출력물과 다른 재료가 사용된다.**
- 지지대는 물에 녹거나 가열하면 녹는 재료로 되어 있기 때문에 손쉬운 제거가 가능하다.

정답 ④

48 현재의 좌표 값이 (X20, Y45)이고, 이동할 좌표 값이 (X120, Y90)일 때 증분 좌표 값으로 옳은 것은?

① X6.0, Y2.0   ② X120, Y90   ③ X100, Y45   ④ X140, Y135

해설

절대 좌표 방식에서는 현재의 좌표(X20, Y45)와 무관하게 다음 이동할 좌표 값인 X120, Y90을 지정해 준다. 하지만 증분 좌표 방식에서는 현재의 좌표 값과 이동할 좌표 값의 차인 X100, Y45를 지정하게 된다.

정답 ③

49 (G1 F500) G코드에 대한 해석으로 올바른 것은?

① 이송 거리를 500mm으로 설정   ② 압출 거리를 500mm으로 설정
③ 이송 속도를 500mm/min으로 설정   ④ 압출 속도를 500mm/min으로 설정

해설

G1 F500 → 이송 속도를 500mm/min으로 설정

정답 ③

50 3D프린터의 동작을 담당하는 모든 스테핑모터에 전원을 공급하는 M 명령어는?

① M17   ② M1   ③ M18   ④ M104

해설

M17 : 3D프린터의 동작을 담당하는 모든 스테핑모터에 전원이 공급된다.

PLUS 해설

② M1 : 3D프린터의 버퍼에 남아 있는 모든 움직임을 마치고 시스템을 종료시킨다.
모든 모터 및 히터가 꺼진다. 하지만 G 및 M 명령어가 전송되면 첫 번째 명령어가 실행되면서 시스템이 다시 시작된다.

③ M18 : 3D프린터의 동작을 담당하는 모든 스테핑모터에 전원이 차단된다. 이렇게 되면 각축이 외부 힘에 의해서 움직일 수 있다.

④ M104 : Snnn으로 지정된 온도로 압출기의 온도를 설정한다.

정답 ①

51 분말 방식 3D프린터의 출력물을 회수하는 순서로 옳은 것은?

① 3D프린터 작동 중지 → 보호구 착용 → 3D프린터 문 열기 → 출력물 분리
② 보호구 착용 → 3D프린터 문 열기 → 출력물에 묻어있는 분말 제거 → 출력물 분리
③ 보호구 착용 → 3D프린터 작동 중지 → 3D프린터 문 열기 → 출력물 분리
④ 3D프린터 문 열기 → 보호구 착용 → 출력물에 묻어있는 분말 제거 → 출력물 분리

해설

보호구 착용 → 3D프린터 작동 중지 → 3D프린터 문 열기 → 출력물 분리 → 플랫폼에 남아 있는 분말 가루 제거 → 출력물에 묻어 있는 분말 가루 제거

정답 ③

52 3D프린터를 구입할 때 고려해야 할 사항으로 거리가 먼 것은?

① 제품의 가격이나 유지비   ② 3D프린터 사용 시간
③ 재료의 가격이나 유지비   ④ 출력물 사이즈와 프린터 크기

해설

사용 시간은 고려하지 않아도 된다.

정답 ②

53 방진 마스크의 선정 기준과 가장 거리가 먼 것은?

① 안면 접촉 부위에 땀을 흡수할 수 있는 재질을 사용한 것
② 안면 밀착성이 좋아 기밀이 잘 유지되는 것
③ 마스크 내부에 호흡에 의한 습기가 발생하지 않는 것
④ 분진 포집 효율이 높고 흡기 · 배기 저항은 높은 것

해설

분진 포집 효율이 높고 흡기 · 배기 저항은 낮아야 한다.

54 다음 도면의 치수 중 A 부분에 기입될 치수로 가장 정확한 것은?

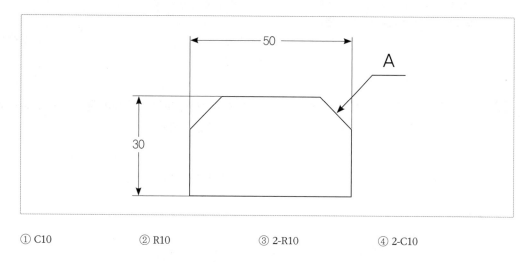

① C10　　　　② R10　　　　③ 2-R10　　　　④ 2-C10

🔊 **해설**

A부분에 모따기(CHAMFER) 표시는 왼쪽 오른쪽 두 곳을 나타내는 2–C10으로 표기한다.

정답 ④

55 FDM 방식의 3D프린터 특성상 제대로 출력되지 않는 경우가 있는데 출력되지 않는 원인으로 가장 거리가 먼 것은?

① 간격이 좁은 부품 요소
② 모델링 형상 외벽 두께가 노즐 크기보다 작을 경우
③ 구멍이나 축의 지름이 1mm 이하인 경우
④ 부품 중에서 하나에만 공차를 적용한 경우

🔊 **해설**

부품 중에서 하나에만 공차를 적용한 경우는 제대로 출력되지 않는 경우와 거리가 멀다.

➕ **PLUS 해설**

① FDM 방식의 3D프린터 특성상 아주 작은 구멍이나 간격이 좁은 부품은 제대로 출력되지 않는 경우가 발생한다.
② 모델링 형상 외벽 두께가 노즐 크기보다 작으면 출력되지 않을 수 있다.
③ 구멍이 지름 1mm 이하이면 출력되지 않을 수 있으며 축은 지름 1mm 이하에서 출력되지 않는다.

정답 ④

56 3D프린팅에서 자주 사용되는 M코드 중 조형을 하는 플랫폼을 가열하는 코드는?

① M135   ② M190   ③ M109   ④ M104

📷 해설

M190 : 조형하는 플랫폼을 가열하는 코드이다.

➕ PLUS 해설
① M135 : 헤드의 온도 조작을 위한 PID 제어의 온도 측정 및 출력 값 설정 시간 간격을 지정하는 명령이다.
③ M109 : ME 방식(소재 압출 방식)의 헤드에서 소재를 녹이는 열선의 온도를 지정, 해당 조건에 도달할 때까지 가열 혹은 냉각을 하면서 대기하는 명령이다.
④ M104 : 헤드의 온도를 지정하는 명령이다.

정답 ②

57 고분자 화합물로 폴리아세트산비닐을 가수 분해하여 얻어지는 무색 가루이며, 물에는 녹고 일반 유기 용매에는 녹지 않는 특성을 가져 주로 서포트에 이용되는 소재는?

① PVA(Polyvinyl Alcohol) 소재   ② HIPS(High-Impact Polystyrene) 소재
③ PC(Polycarbonate) 소재   ④ TPU(Thermoplastic Polyurethane) 소재

📷 해설

PVA(Polyvinyl Alcohol) 소재
• 고분자 화합물로 폴리아세트산비닐을 가수 분해하여 얻어지는 무색 가루이다.
• 물에는 녹고 일반 유기 용매에는 녹지 않는 특성을 가져 주로 서포트에 이용된다.
• 서포트로 사용 시 FDM, FFF 방식 프린터에는 노즐이 두 개인 듀얼 방식을 사용한다.
• 실제 모델링에 제작될 소재의 필라멘트와 서포트 소재인 PVA 소재의 필라멘트를 장착하여 출력하면 서포트는 PVA 소재, 실제 형상은 원하는 소재로 출력된다.
• 출력 후 물에 담그면 서포트는 녹고 원하는 형상만 남아 다양한 형상 제작이 용이하다.

정답 ①

58 G 코드에서 고정 사이클 초기점 복귀 기능이 있고 종료 후 초기점으로 복귀하는 코드는?

① G96   ② G97   ③ G98   ④ G99

📷 해설

G98 : 종료 후 초기점으로 복귀하는 코드로 고정 사이클 초기점 복귀 기능이 있다.

➕ PLUS 해설
① G96 : 공구와 공작물의 운동속도를 일정하게 제어
② G97 : 분당 RPM 일정
④ G99 : 종료 후 R점으로 복귀

정답 ③

59 고체 방식 3D프린터 출력물 회수하기 내용으로 틀린 것은?

① 전용 공구를 사용하여 출력물을 분리한다.
② 마스크, 장갑, 보안경을 착용한다.
③ 플랫폼에 이물질이 있으면 전용 솔을 이용한다
④ 강한 힘을 주어 출력물을 제거한다.

📖 **해설**

플랫폼이 3D프린터에 장착된 상태로 무리하게 힘을 주어 성형된 출력물을 제거하면 3D프린터의 구동부(모터 등)가 손상을 입을 수 있다. 따라서 제품이 출력되는 바닥 면인 플랫폼을 3D프린터에서 제거한다.

정답 ④

60 아래 표는 축 기준식 억지 끼워 맞춤이다. 빈칸에 들어갈 내용으로 옳은 것은?

	축 치수	구멍 치수
지름	Ø80	Ø80
공차	h5 0 / −0.013	P6 −0.026 / −0.045
최소 허용 치수	79.987	79.955
최대 허용 치수	80	ⓐ
치수 공차	0.013	0.019
최소 죔새	ⓑ	
최대 죔새	0.045	

① ⓐ 0.013, ⓑ 79.974   ② ⓐ 79.974, ⓑ 0.013
③ ⓐ 0.019, ⓑ 79.974   ④ ⓐ 79.974, ⓑ 0.019

📖 **해설**

최소 허용 치수(축) = 80 − 0.013 = 79.987
최대 허용 치수(축) = 80 − 0 = 80
최소 허용 치수(구멍) = 80 − 0.045 = 79.955
최대 허용 치수(구멍) = 80−0.026 = 79.974
최소 죔새 = 79.987 − 79.974 = 0.013
최대 죔새 = 80 − 79.955 = 0.045

정답 ②

2020년 정기기능사 기출문제

01 비접촉 3차원 스캐닝 방식 중 측정 거리가 먼 방식부터 바르게 나열한 것은?

① TOF 방식 레이저 스캐너 → 변조광 방식의 스캐너 → 레이저 기반 삼각 측량 스캐너
② 변조광 방식 레이저 스캐너 → TOF 방식의 스캐너 → 레이저 기반 삼각 측량 스캐너
③ TOF 방식 레이저 스캐너 → 레이저 기반 삼각 측량 스캐너 → 변조광 방식의 스캐너
④ 변조광 방식 레이저 스캐너 → 레이저 기반 삼각 측량 스캐너 → TOF 방식의 스캐너

📖 해설

- **TOF 방식 레이저 스캐너** : 먼 거리의 대형 구조물 측정이 가능한 것이 장점이나, 측정 정밀도가 낮은 단점이 있다.
- **변조광 방식의 스캐너** : 중거리 영역인 10~30m 영역 스캔 시 용이하다.
- **레이저 기반 삼각 측량 스캐너** : 가장 많이 사용하는 방식으로 근접 측정에 사용된다.

정답 ①

02 다음 치수 보조 기호 중 모따기 기호로 옳은 것은?

① Ø   ② △   ③ C   ④ R

📖 해설

치수 보조 기호

- Ø : 원의 지름
- R : 원의 반지름
- SØ : 구의 지름
- SR : 구의 반지름
- □ : 정사각형의 변
- t : 판의 두께
- ⌒ : 원호의 길이
- ( ) : 참고 치수
- C : 45° 모따기

정답 ③

03 선택한 면과 면, 선과 선 사이에 일정한 거리를 주는 제약 조건은 무엇인가?

① 일치 제약 조건
② 오프셋 제약 조건
③ 고정 컴포넌트
④ 접촉 제약 조건

📖 해설

- **일치 제약 조건** : 일치시키고자 하는 면과 면, 선과 선 등을 선택하면 일치시켜 주는 제약 조건
- **고정 컴포넌트** : 선택한 파트를 고정시켜 주는 기능
- **접촉 제약 조건** : 선택한 면과 면, 선과 선을 접촉하도록 하는 제약 조건

정답 ②

04 2D 라인 없이 3D 형상 제작 방법 중 합집합, 교집합, 차집합을 적용하여 객체를 만드는 방법은?

① 폴리곤 방식　　　　② AMF 방식　　　　③ IGES 방식　　　　④ CSG 방식

해설

CSG(Constructive Solid Geometry) 방식
- 기본 객체들에 집합 연산을 적용하여 새로운 객체를 만드는 방법
- 집합 연산은 합집합, 교집합, 차집합이 있음
- 피연산자의 순서가 바뀌면 합집합과 교집합은 동일한 결과를 나타내지만, 차집합의 경우는 다른 객체가 만들어짐

정답 ④

05 3D모델을 2차원 유한 요소인 삼각형들로 분할한 후 각 삼각형의 데이터를 기준으로 근사시키면 STL 파일을 쉽게 생성할 수 있다. 이때 모서리 수를 구하는 공식은?

① 모서리 수 = (꼭짓점 수 × 2) − 6　　② 모서리 수 = (꼭짓점 수 × 3) − 6
③ 모서리 수 = (꼭짓점 수 × 2) − 4　　④ 모서리 수 = (꼭짓점 수 × 3) − 4

해설

- 모서리 수 = (꼭짓점 수 × 3) − 6
- 꼭짓점 수 = (총 삼각형 수 / 2) + 2

정답 ②

06 다음 중 G1 X70 E95에 대한 설명으로 맞는 것은?

① 현재 위치에서 X70으로, 필라멘트를 현재 길이에서 95mm까지 압출하면서 이송한다.
② X70 지점으로 속도는 95mm/min 이송한다.
③ 현재 위치에서 X70으로, 속도는 95mm/min 이송한다.
④ X70 지점으로 빠르게 이송, 필라멘트를 현재 길이에서 95mm까지 압출하면서 이송한다.

해설

- G1 : 지정된 좌표로 직선 이동하며 지정된 길이만큼 압출 이동
- Ennn : 압출형의 길이 mm (종류의 'nnn'은 숫자)

정답 ①

07 원호와 선 또는 원호와 원호를 서로 접하게 만드는 구속 조건은?

① 동심 구속 조건　　② 일치 구속 조건　　③ 접선 구속 조건　　④ 고정 구속 조건

해설

- 동심 구속 조건 : 두 개의 원의 중심을 서로 같게 만듦
- 일치 구속 조건 : 점과 선을 일치시킴
- 고정 구속 조건 : 선택 요소를 현재 자리에 고정시킴

정답 ③

08 다음 중 솔리드 모델링 작업 순서로 옳은 것은?

① 스케치 작성 → 대략적인 2D 단면 그리기 → 치수 기입 → 베이스 피처 작성
② 스케치 작성 → 치수 기입 → 대략적인 2D 단면 그리기 → 구속 조건 부여
③ 스케치 작성 → 구속 조건 부여 → 대략적인 2D 단면 그리기 → 치수 기입
④ 스케치 작성 → 대략적인 2D 단면 그리기 → 베이스 피처 작성 → 구속 조건 부여

해설

솔리드 모델링 작업 순서
1. 스케치 생성하기
2. 대략적인 2D 단면 또는 외곽선 그리기
3. 스케치 구속 조건 부여하기
4. 스케치 요소에 치수 부여하기
5. 베이스 피처 작성하기
6. 후속 피처 작성하기
7. 해석 수행 후 설계의도에 따라 모델링 수정하기

정답 ①

09 3D프린터에서 재료가 플랫폼에 제대로 안착되지 않는 원인으로 옳지 않은 것은?

① 첫 번째 층이 너무 빠르게 성형될 때
② 출력물과 플랫폼 사이의 부착 면적이 작을 때
③ 용융된 재료가 과다하게 압출될 경우
④ 온도 설정이 맞지 않는 경우

해설

용융된 재료가 과다하게 압출될 경우. 압출 노즐을 통해서 압출되는 용융된 필라멘트 재료가 설정된 압출량보다 많은 경우에는 출력물의 형상이 매끈하지 않고 외부 형상에 재료가 과다하게 성형된다.

정답 ③

10 3D프린터 출력 시 분할하여 출력하고자 할 때 가장 적절한 방법은? (분할 선은 빨간선)

①
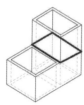

②

③

④

- **분할 출력** : 하나의 3D 형상 데이터를 나누어 출력하는 것
- 최대 출력 크기보다 큰 모델링 데이터는 분할 출력 과정을 거쳐야 함
- 분할 출력 후에는 다시 하나의 형태로 만들어지는 것을 고려하여 분할해야 함
- 분할된 개체를 다시 연결시켜 줄 때 주로 접착제를 사용하지만, 모델링 수정을 통해 접착제 없이 결합될 수 있는 구조로 수정할 수도 있음

정답 ③

11 다음에서 설명하는 3D프린터 소재로 옳은 것은?

- 유독가스를 제거한 석유 추출물을 이용해 만든 재료이다.
- 충격에 강하고 오래 가면서 열에도 상대적으로 강한 편이다.
- 출력 시 휨 현상이 있어 설계 시 유의해야 한다.
- 출력 시 환기가 필요하다.

① PLA   ② ABS   ③ PVA   ④ TPU

ABS 소재는 유독 가스를 제거한 석유 추출물을 이용해 만든 재료로 다음과 같은 장점과 단점이 있다.
- **장점** : 충격에 강하고 오래 가면서 열에도 상대적으로 강한 편이며, 일상적으로 사용하는 플라스틱의 소재로 가전제품, 자동차 부품, 장난감 등 사용 범위가 넓다.
- **단점** : 출력 시 휨 현상이 있어 설계 시에는 유의해서 사용해야 하고, 가열할 때 냄새가 나기 때문에 3D프린터 출력 시 환기가 필요하다.

정답 ②

12 다음 중 3D프린터 조형 방식과 재료에 따른 지지대 제거 방식으로 옳지 않은 것은?

① 액상 기반의 재료를 사용하는 SLA, DLP 방식의 경우 광경화성 수지를 사용하므로 모델 재료와 지지대 재료가 같다.
② 지지대는 자동 생성 되지만 소프트웨어를 통해 지지대 생성을 하지 않을 수도 있다.
③ 분말 기반의 재료를 사용하는 3DP, SLS 방식과 같은 적층 기술은 지지대를 사용하지 않기 때문에 분말만 털어주면 출력물을 얻을 수 있다.
④ 액상 기반의 재료를 사용하는 SLA, DLP 방식의 경우 지지대가 출력물에서 쉽게 떨어지지 않는다.

액상 기반의 재료를 사용하는 SLA, DLP 방식의 경우 광경화성 수지를 사용하므로 모델 재료와 지지대 재료가 똑같고, 가는 기둥형으로 쉽게 떨어지게 되어 있다.

정답 ④

13 3D프린터에서 출력물을 출력할 때의 작업 순서로 옳은 것은?

① 2D 스케치 → 도면 배치 → STL 파일 저장 → G CODE 생성 → 출력
② 2D 스케치 → 3D 모델링 → STL 파일 저장 → G CODE 생성 → 출력
③ 2D 스케치 → 3D 모델링 → G CODE 생성 → STL 파일 저장 → 출력
④ 2D 스케치 → 도면 배치 → G CODE 생성 → STL 파일 저장 → 출력

해설

2D 스케치 → 3D 모델링 → STL 파일 저장 → G CODE 생성 → 출력 → 후처리

정답 ②

14 두 점 사이의 거리를 실제로 측정한 치수를 무엇이라 하는가?

① 실 치수
② 점 치수
③ 거리 치수
④ 측정 치수

해설

치수 공차와 끼워 맞춤 공차에서 두 점 사이의 거리를 실제로 측정한 치수를 실 치수라 말한다.

정답 ①

15 다음 빈칸에 들어갈 단어로 옳은 것은?

끼워 맞춤에서 구멍의 치수가 축의 치수보다 클 때를 (　　　)라 하고, 구멍의 치수가 축의 치수보다 작을 때를 (　　　)라 한다.

① 허용 공차, 한계 공차
② 죔새, 틈새
③ 틈새, 죔새
④ 한계 공차, 허용 공차

해설

• **틈새** : 구멍의 치수가 축의 치수보다 클 때, 구멍과 축과의 치수의 차이를 말한다.
• **죔새** : 구멍의 치수가 축의 치수보다 작을 때, 조립 전의 구멍과 축과의 치수의 차이를 말한다.

정답 ③

16 다음 중 기하 공차의 기호 중 모양 공차로 진원도 공차를 나타내는 기호는?

① ⊙
② ⌒
③ ○
④ ◎

해설

공차의 명칭		기호
모양 공차	진직도 공차	—
	평면도 공차	▱
	진원도 공차	○
	원통도 공차	⌀
	선의 윤곽도 공차	⌒
	면의 윤곽도 공차	⌓
자세 공차	평행도 공차	∥
	직각도 공차	⊥
	경사도 공차	∠
위치 공차	위치도 공차	⊕
	동축도 공차 또는 동심도 공차	◎
	대칭도 공차	═
흔들림 공차	원주 흔들림 공차	╱
	온 흔들림 공차	⫽

정답 ③

17 3D 모델링에서 스케치가 두 개 있어야 형상을 완성할 수 있는 3차원 형상화 명령은?

① 회전 명령
② 스윕 명령
③ 돌출 명령
④ 구멍 명령

해설

스윕은 돌출이나 회전으로 작성하기 힘든 자유 곡선이나 하나 이상의 스케치 경로를 따라가는 형상을 모델링한다. 스윕은 경로 스케치와 별도로 단면 스케치를 각각 작성하여 형상을 완성한다.

정답 ②

18 작업 현장에서 사람이 전기에 감전되어 쓰러졌을 때 하면 안 되는 행동은?

① 재해자 주변의 위험물을 제거한다.
② 감전 환자의 몸에 접촉되어 있는 전선은 절연체로 자신을 보호한 후 제거한다.
③ 재해자의 의식을 확인한다.
④ 재해자의 신체를 흔들어 깨운다.

해설

응급 처지 시행자가 위험하다면 재해자에게 접근하지 말고 재해자를 도울 수 있는 다른 방법을 선택하거나 보호 장비를 갖춘 후에 접근해야 한다.

정답 ④

19 다음 중 오류 검출 프로그램이 아닌 것은?

① 카티아(CATIA)
② 넷팹(NETFABB)
③ 메쉬믹서(MESHMIXER)
④ 메쉬랩(MESHLAB)

> **해설**
>
> 오류 검출 프로그램은 크게 넷팹(NETFABB), 메쉬믹서(MESHMIXER), 메쉬랩(MESHLAB) 등으로 나눌 수 있다. 카티아(CATIA)는 자동차 또는 항공기를 설계하고 개발하기 위해 만든 컴퓨터 설계 프로그램이다.
>
> **정답 ①**

20 다음 중 출력 공차에 대한 설명으로 틀린 것은?

① 3D 엔지니어링 프로그램에서의 모델링은 기본적으로 공차가 발생하지 않는다.
② 3D프린터 같은 경우 가공자에 의한 출력 공차를 부여할 수 있다.
③ 조립 부품이 작은 축과 구멍으로 조립이 되는 경우 구멍을 조금 더 키워 출력한다.
④ 부품 중에서 하나에만 공차를 적용하는 것이 바람직하다.

> **해설**
>
> 3D프린터의 경우 모델링된 형상 데이터를 그대로 읽어들여 출력하기 때문에 가공자가 스스로 출력 공차를 부여할 수 없다.
>
> **정답 ②**

21 다음 중 3D 프린팅 시 출력용 파일의 오류가 아닌 것은?

① 반전 면
② 매니폴드 형상
③ 오픈 메쉬
④ 메쉬가 떨어져 있는 경우

> **해설**
>
> 올바른 매니폴드 형상 구조는 하나의 모서리를 2개의 면이 공유하고 있으나 비매니폴드 형상은 하나의 모서리를 3개 이상의 면이 공유하고 있거나, 모서리를 공유하고 있지 않은 서로 다른 면에 의해 공유되는 장점이 있다.
>
> **정답 ②**

22 압출기 노즐과 플랫폼 사이의 거리가 너무 가까울 때 발생하는 현상이 아닌 것은?

① 노즐의 구멍이 플랫폼에 의해서 막힐 수 있다.
② 녹은 플라스틱 재료가 제대로 압출되기 어렵다.
③ 출력물의 면을 구성하는 선과 선 사이에 빈 공간이 생긴다.
④ 처음에는 재료가 압출되지 않다가 3, 4번째 층부터 제대로 압출되기도 한다.

> **해설**
>
> 출력물의 면을 구성하는 선과 선 사이에 빈 공간이 생기는 것은 재료의 압출량이 적을 때 나타나는 현상이다.
>
> **정답 ③**

23 다음 중 SLS 방식의 3D프린터 출력물 회수 순서로 옳은 것은?

> ㉠ 3D프린터 작동 중지
> ㉡ 플랫폼에서 출력물 분리
> ㉢ 보호 장구 착용
> ㉣ 3D프린터 문 열기
> ㉤ 플랫폼에 남아 있는 분말 가루를 제거
> ㉥ 출력물에 묻어 있는 분말 가루 제거

① ㉠ → ㉢ → ㉣ → ㉡ → ㉥ → ㉤
② ㉢ → ㉠ → ㉣ → ㉡ → ㉥ → ㉤
③ ㉠ → ㉢ → ㉣ → ㉡ → ㉤ → ㉥
④ ㉢ → ㉠ → ㉣ → ㉡ → ㉤ → ㉥

해설

SLS 방식의 3D프린터 출력물 회수 순서
1. 보호 장구 착용   2. 3D프린터 작동 중지   3. 3D프린터 문 열기
4. 플랫폼에서 출력물 분리   5. 플랫폼에 남아 있는 분말 가루를 제거   6. 출력물에 묻어 있는 분말 가루 제거

정답 ④

24 레이저 기반 삼각 측량 3차원 스캐너에서 계산하는 방식으로 옳은 것은?

① 한 변과 2개의 각으로부터 나머지 변의 길이 계산
② 두 변과 2개의 각으로부터 나머지 변의 길이 계산
③ 한 변과 1개의 각으로부터 나머지 변의 길이 계산
④ 두 변과 1개의 각으로부터 나머지 변의 길이 계산

해설

라인 형태의 레이저를 측정 대상물에 주사하여 레이저 발진부, 수광부, 측정 대상물로 이루어진 삼각형에서 한 변과 2개의
각으로부터 나머지 변의 길이를 계산하는 방식이다.

정답 ①

25 3D프린터 방식 중 SLA 방식의 특징이 아닌 것은?

① 나일론 계열의 폴리아미드가 주로 사용된다.
② 빛을 이용하기 때문에 정밀도가 높다.
③ 폐기 시 별도의 절차가 필요하다.
④ 강도가 낮은 편이라 시제품을 생산하는 데 주로 사용된다.

해설

나일론 계열의 폴리아미드가 주로 사용되는 것은 플라스틱 분말의 특징이다.

정답 ①

26 다음 중 PLA 소재의 노즐 온도로 가장 적합한 것은?

① 240 ~ 260℃   ② 180 ~ 230℃   ③ 250 ~ 300℃   ④ 175 ~ 250℃

> **해설**
>
> 소재에 따른 노즐 온도
> - PLA 소재 : 180~230℃   • ABS 소재 : 220~250℃
> - 나일론 소재 : 240~260℃   • PC 소재 : 250~305℃
> - PVA 소재 : 220~230℃   • HIPS 소재 : 215~250℃
> - 나무 소재 : 175~250℃   • TPU 소재 : 210~230℃
>
> **정답 ②**

27 3D 모델링 방식의 종류 중 넙스 방식의 설명으로 틀린 것은?

① 수학 함수를 이용하여 곡면 표현이 가능하다.
② 부드러운 곡선을 이용한 모델링에 많이 사용된다.
③ 재질의 비중을 계산하여 무게 등을 측정할 수 있다.
④ 자동차나 비행기의 표면과 같은 부드러운 곡면을 설계할 때 효과적이다.

> **해설**
>
> 솔리드 방식
> - 면이 모여 입체가 만들어지는 상태로 내부가 꽉 찬 물체를 이용해 모델링하는 방식
> - 재질의 비중을 계산하여 무게 등을 측정할 수 있음
>
> **정답 ③**

28 다음 중 소결에 대한 설명으로 틀린 것은?

① 압축된 금속 분말에 열에너지를 가해 입자들의 표면을 녹인다.
② 금속 입자를 접합시켜 금속 구조물의 강도와 경도를 높이는 공정이다.
③ 압력이 가해지면 분말 사이의 간격이 좁아져 밀도가 높아진다.
④ 금속 용융점보다 높은 열을 가하면 금속 입자들의 표면이 달라붙어 소결이 이루어진다.

> **해설**
>
> 압력이 가해지면 분말 사이의 간격이 좁아져 밀도가 높아지고 여기에 금속 용융점보다 낮은 열을 가하면 금속 입자들의 표면이 달라붙어 소결이 이루어진다.
>
> **정답 ④**

29 위치 결정 방식에서 헤드 또는 플랫폼의 현재 위치를 기준점으로 하여 임의로 지정한 값만큼 이송하는 방식은?

① 증분 좌표 방식　　　② 절대 좌표 방식　　　③ 기계 좌표 방식　　　④ 로컬 좌표 방식

> **해설**
>
> 직교 좌표계는 위치 결정 방식에 따라 절대 좌표 방식과 증분 좌표 방식으로 나뉘는데 증분 좌표 방식은 헤드 또는 플랫폼의 현재 위치를 기준점으로 하여 임의로 지정한 값만큼 이송하는 방식이고, 절대 좌표 방식은 재설정된 좌표계의 원점을 기준으로 하여 지정된 좌표로 헤드 혹은 플랫폼이 이송되는 방식이다.

정답 ①

30 다음 중 G코드 명령어 설명으로 바르지 않은 것은?

① G1 : 현재 위치에서 지정된 위치까지 헤드나 플랫폼을 직선으로 이송한다.
② G28 : 3D프린터의 각 축을 원점으로 이송시킨다.
③ G90 : 지정된 값이 현재 값이 되며 3D프린터가 동작하지는 않는다.
④ G91 : 지정된 이후의 모든 좌표 값은 현재 위치에 대한 상대 좌표 값으로 설정된다.

> **해설**
>
> G90은 모든 좌표값을 현재 좌표계의 원점에 대한 절대 좌표값으로 설정하는 명령어이다.

정답 ③

31 3D프린터 기능에서 리트렉션(RETRACTION)에 대한 설명으로 옳은 것은?

① 스테핑모터의 축이 제대로 회전하지 않을 때 작동한다.
② 노즐과 플랫폼 사이의 간격을 조정한다.
③ 기어 이빨이 필라멘트 재료를 뒤로 빼주는 동작이다.
④ 출력 속도가 너무 높을 때 동작한다.

> **해설**
>
> 필라멘트 재료가 기어 이빨에 의해서 깎이게 되는 원인
> 기어 이빨이 필라멘트 재료를 뒤로 빼주는 리트렉션(retraction) 속도가 너무 빠르거나 필라멘트 재료를 너무 많이 뒤로 빼줄 때 발생한다.

정답 ③

32 헤드나 플랫폼을 목적지로 빠르게 이송시키기 위해서 사용하는 G코드는?

① G1　　　　　　② G0　　　　　　③ G20　　　　　　④ G21

> **해설**
>
> G0 : 빠른 이송을 의미한다. 헤드나 플랫폼을 목적지로 빠르게 이송시키기 위해서 사용한다.

정답 ②

33 다음 중 형상을 분석할 때 사용하지 않는 기능은?

① 형상물의 분할　　　　　　　　　② 형상물의 확대 및 축소
③ 형상물의 이동　　　　　　　　　④ 형상물의 회전

> **해설**
>
> 형상 분석은 형상의 확대, 축소, 회전, 이동을 통하여 지지대 사용 없이 성형되기 어려운 부분을 찾는 역할을 한다.
>
> **정답** ①

34 작업 안전수칙 중 작동 종료 후에 발생할 수 있는 상황이 아닌 것은?

① 용제 등은 중추신경계에 영향을 줄 수 있다.
② 플라스틱으로 만들어진 조형물은 연삭작업 이전에 완전히 경화된 상태여야 한다.
③ 조형물의 표면을 처리하는 작업을 수행하면 다양한 화학물질에 노출될 수 있다.
④ 나노 물질에 노출되면 폐 등에 염증성 반응을 유발할 수 있다.

> **해설**
>
> 나노 물질에 노출되면 폐 등에 염증성 반응을 유발할 수 있는 것은 재료 압출 단계에서 발생할 수 있는 상황이다.
>
> **정답** ④

35 FDM 방식의 프린팅 방식의 장점 및 단점으로 맞는 것은?

① 작은 제품부터 큰 제품까지 제작할 수 있지만 정밀도가 떨어진다.
② 작은 제품부터 큰 제품까지 제작할 수 있고 표면처리가 뛰어나다.
③ 조형 속도가 빠르고 정밀도가 높아 미세한 형상 구현이 가능하다.
④ 조형 속도가 빠르고 작은 제품부터 큰 제품까지 제작할 수 있다.

> **해설**
>
> FDM 방식의 특징
> • 가장 많이 보급되어 있는 프린팅 방식
> • 구조와 프로그램이 다른 방식에 비해 단순함
> • 강도와 내구성이 강하나 정밀도에 따라서 출력 속도가 느림
> • 표면이 거칠고 정밀도가 떨어짐
> • 지지대(서포트)가 필요함
> • 열수축 현상으로 변형이 발생할 수 있음
> • 소재의 제한이 있음
>
> **정답** ①

36 3D 모델링 방식에서 폴리곤 방식에 대한 설명으로 거리가 먼 것은?

① 삼각형을 기본 단위로 하여 모델링한다.

② 다각형의 수가 적은 경우에는, 빠른 속도로 렌더링이 가능하지만 표면이 거칠게 표현된다.

③ 모델링 시 많은 계산이 필요하다.

④ 크기가 작은 다각형을 많이 사용하여 형상 구성 시, 표면이 부드럽게 표현되지만 렌더링 속도는 떨어진다.

해설

넙스(NURBS) 방식은 폴리곤 방식과 비교하였을 때 모델링 시 많은 계산이 필요하고, 정확한 모델링이 가능하여 부드러운 곡면을 설계할 때 효과적이어서 자동차나 비행기의 표면과 같은 부드러운 곡면을 설계할 때 자주 이용된다.

정답 ③

37 객체들 간의 자세를 흐트러짐 없이 잡아 두고, 차후 디자인 변경이나 수정 시 편리하고 직관적으로 업무를 수행하기 위해서 필요한 가장 중요한 기능을 무엇이라 하나?

① 형상 조건   ② 구속 조건

③ 편집 조건   ④ 구성 조건

해설

구속 조건 : 객체들 간의 자세를 흐트러짐 없이 잡아 두고, 차후 디자인 변경이나 수정 시 편리하게 업무를 수행하기 위해 필요한 중요 기능이다. 구속 조건에는 크게 형상 구속과 치수 구속이 있으며, 이 두 구속 조건을 모두 충족해야 정상적이고 안전한 형상을 모델링할 수 있다.

정답 ②

38 3D프린터 슬라이싱 프로그램 방식에서 불러올 수 있는 파일 형식으로 맞는 것은?

① STL, OBJ   ② STL, EMF

③ STL, IGES   ④ STL, STEP

해설

3D프린터 슬라이싱 프로그램 방식에서 불러올 수 있는 파일 형식은 *.STL 형식과 *.OBJ 형식으로 나눌 수 있다. *.STL형식은 주로 3D CAD 프로그램에서 제공하며, *.OBJ형식은 3D 그래픽 프로그램에서 많이 사용된다.

정답 ①

39 다음 중 지지대의 형상과 명칭이 서로 다른 것은?

①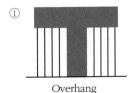
Overhang

②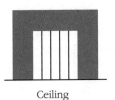
Ceiling

③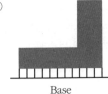
Base

④
Unstable

해설

④의 명칭은 Island이다.

정답 ④

40 3D프린터로 제품을 제작할 때 프린팅 방식에 따라 형상 설계 오류를 고려해야 하는데 다음 중 고려 사항과 거리가 먼 것은?

① FDM 방식 3D프린터는 최대 정밀도가 0.1mm 정도로 정밀도가 좋지 않다.
② SLA, DLP 방식은 광경화 조형 방식으로 제품을 아주 디테일하게 만들 수 있다.
③ FDM 방식으로 설계 시 정밀도보다 작은 치수 표현은 불가능하다.
④ 광경화성 수지의 성질을 이해하지 못하여도 형상 설계 후 출력하면 제품의 뒤틀림이 발생하지 않는다.

해설

SLA 방식은 광경화 방식으로 정밀도가 최대 1~5μm로 아주 좋은 정밀도를 가진다. 그러나 광경화성 수지의 특징 및 성질을 이해하지 않고 제품의 형상 설계를 하면 제품의 뒤틀림 오차 등이 생길 수 있다.

정답 ④

41 다음 중 슬라이싱 프로그램이 아닌 것은?

① 큐라(CURA)
② FUSION 360
③ 메이커 봇 데스크톱
④ SIMPLIFY 3D

해설

FUSION 360은 오토데스크사에서 출시한 3D CAD/CAM/CAE 소프트웨어이다.

정답 ②

42 다음 중 빈칸에 들어가야 하는 용어가 순서대로 바르게 연결된 것은?

> 좌표 지령의 방법은 절대(absolute) 지령과 증분(incremental) 지령으로 구분된다. 두 지령은 모두 모달 그룹 3에 해당되며, 절대 지령은 (　)을 사용하고 증분 지령은 (　)을 사용한다.

① G91, G90　　　　② G00, G10　　　　③ G90, G91　　　　④ G10, G00

해설

절대 지령은 G90을 사용하고 증분 지령은 G91을 사용한다.

정답 ③

43 STL 형식 파일을 G코드로 변환할 때 추가되는 내용이 아닌 것은?

① 적층 두께　　　　② 내부 채움 비율　　　　③ 필라멘트 색상　　　　④ 플랫폼 적용 유무와 유형

해설

STL 형식 파일을 G코드 파일로 변환할 때 추가되는 내용들
- 3D프린터가 원료를 쌓기 위한 경로, 속도, 적층 두께, 쉘 두께, 내부 채움 비율
- 인쇄 속도, 압출 온도, 히팅베드 온도
- 서포트 적용 유무와 유형, 플랫폼 적용 유무와 유형
- 필라멘트 직경, 압출량 비율, 노즐 직경
- 리플렉터 적용 유무와 범위, 트레이블 속도, 쿨링팬 가동 유무

정답 ③

44 3D 프린팅은 제작 방식에 따라 제작의 오차 및 오류가 존재하는데, 이러한 오류를 제거하기 위해 지지대를 이용한다. 다음 중 지지대가 필요한 이유와 거리가 먼 것은?

① 지지대가 있으면 형상 제작에 들어가는 재료를 절약할 수 있다.
② 지지대를 이용하면 형상 제작의 오차를 줄일 수 있다.
③ 제품을 제작할 때 윗면이 크면 제품 형상의 뒤틀림이 존재하기 때문이다.
④ SLA 방식으로 제작할 때, 지지대 유무에 따라 형상의 오차 및 처짐 등이 발생할 수 있다.

해설

3D 프린팅 시 지지대를 이용하는 이유는 형상 제작 시 발생할 수 있는 오차를 줄이기 위한 것이지 재료를 절약하기 위한 것은 아니다.

정답 ①

45 다음 중 안전 보호구와 거리가 먼 것은?

① 차광 보안경　　　　② 방음 보호구　　　　③ 호흡 보호구　　　　④ 작업용 면장갑

해설

보호구는 재해나 건강 장해를 방지하고자 작업자가 착용한 후 작업을 하는 기구나 장치를 의미한다. 차광 보안경, 방음 보호구(귀마개, 귀덮개), 호흡 보호구(방진, 방독, 송기 마스크) 등은 모두 보호구에 속하며 보호구로서 필요한 장갑은 작업용 면장갑보다는 보호 장갑이나 전기용 안전 장갑이 적절하다.

정답 ④

46 다음에서 설명하는 3D프린터 소재는?

> • 금속과 비금속 원소의 조합으로 이루어져 있다.
> • 알루미나(Al_2O_3), 실리카(SiO_2) 등이 대표적이다.
> • 플라스틱에 비해 강도가 높으며, 내열성이나 내화성이 탁월하다.
> • 보통 산소와 금속이 결합된 산화물, 질소와 금속이 결합된 질화물, 탄화물 등이 있다.

① 금속 분말 소재   ② 세라믹 분말 소재
③ 나일론 분말 소재   ④ TPU 분말 소재

해설

세라믹 분말
• 금속과 비금속 원소의 조합으로 이루어져 있음
• 보통 산소와 금속이 결합된 산화물, 질소와 금속이 결합된 질화물, 탄화물 등이 있음
• 알루미나(Al_2O_3), 실리카(SiO_2) 등이 대표적
• 점토, 시멘트, 유리 등도 포함됨
• 플라스틱에 비해 강도가 높으며, 내열성이나 내화성이 탁월함
• 세라믹을 용융시키기 위해서는 고온의 열이 필요하다는 단점이 있음

정답 ②

47 슬라이서 프로그램에서 베드 고정 타입 옵션과 거리가 먼 것은?

① None   ② Brim   ③ Fill Density   ④ Raft

해설

Fill Density는 출력물 속을 채우는 기능으로, 100%로 출력하면 단단하지만 출력 시간과 재료 소모가 커지고, 너무 채우지 않으면 출력물이 약해서 쉽게 파손된다.

정답 ③

48 입체 모델링을 단면별로 나누어 레이어 및 출력 환경을 설정하고 프린팅 소프트웨어에서 동작할 수 있게 G코드를 생성하는 프로그램을 무엇이라 하는가?

① 형상 분석 프로그램   ② 슬라이서 프로그램
③ 모델링 프로그램   ④ 조립 분석 프로그램

해설

슬라이서 프로그램은 입체 모델링을 단면별로 나누어 레이어 및 출력 환경을 설정하고 프린팅 소프트웨어에서 동작할 수 있게 G코드를 생성하는 프로그램이다.

정답 ②

49 다음 중 최적의 스캐닝 방식에 대한 설명으로 옳지 않은 것은?

① 표면 코팅이 불가한 경우에는 비접촉식 측정 방법을 사용한다.
② 측정 대상물이 쉽게 변형되는 경우에는 비접촉식 측정 방법을 사용한다.
③ 원거리에 있는 대상물을 측정할 경우에는 TOF 방식을 사용하는 것이 유리하다.
④ 큰 측정 대상물의 일부를 스캔하는 경우에는 이동식 스캐너를 사용하는 것이 좋으나 정밀도가 떨어질 수 있다.

> **🔍 해설**
>
> **측정 대상물이 투명한 소재, 표면 코팅이 불가한 경우일 때의 스캐너 사용**
> • 접촉식 선택이 유리하지만 표면 코팅이 가능하다면 광 기반의 비접촉식 측정 방법을 사용할 수 있음
> • 표면 반사가 일어나지 않고 레이저 빔이 잘 맺히게 할 수 있는 코팅 재료 사용
> • 산업용에서 일반적으로 사용하고 있는 방법
>
> **정답 ①**

50 다음 중 수조 광경화 3D 프린팅 공정별 출력 방향과 지지대에 대한 설명으로 거리가 먼 것은?

① 플랫폼의 이송 방향에 따라서 출력물이 성형되는 방향은 아래쪽이다.
② 지지대는 출력물과 동일한 재료이며, 제거가 용이하도록 가늘게 만들어진다.
③ 빛이 주사되는 방향으로 플랫폼이 이송되며 층이 성형된다.
④ 액체 상태의 광경화성 수지(photopolymer)에 빛을 주사하여 선택적으로 경화시킨다.

> **🔍 해설**
>
> 플랫폼의 이송 방향에 따라서 출력물이 성형되는 방향은 위쪽 또는 아래쪽이다.
>
> **정답 ①**

51 다음 중 도면 작성 시 사용하는 선의 종류와 설명으로 옳지 않은 것은?

① 가는 1점 쇄선 = 도형의 중심을 표시하는 데 사용한다.
② 은선, 파선 = 대상물의 보이지 않는 부분을 표시할 때 사용한다.
③ 가는 실선 = 치수 기입 또는 지시선에 사용한다.
④ 가는 2점 쇄선 = 단면도의 절단면을 표시하는 데 사용한다.

> **🔍 해설**
>
> • 외형선(굵은 실선) : 대상물의 보이는 부분을 나타내는 데 사용한다.
> • 중심선(가는 1점 쇄선) : 도형의 중심을 표시하는 데 사용한다.
> • 은선, 숨은선(은선, 파선) : 대상물의 보이지 않는 부분을 표시할 때 사용한다.
> • 치수선, 치수 보조선(가는 실선) : 치수 기입 또는 지시선에 사용한다.
> • 가상선, 절단선(가는 2점 쇄선) : 대상물에 필요한 참고 부분을 표시하는 데 사용한다.
> • 해칭선(가는 실선) : 단면도의 절단면을 45° 가는 실선으로 표시하는 데 사용한다.
>
> **정답 ④**

52 M코드 중에서 3D프린터 압출기 온도를 설정하는 것은?

① M102 　　　　　② M103 　　　　　③ M104 　　　　　④ M109

해설

- M102 : 압출기 전원을 켜고 준비(역방향)
- M103 : 압출기 전원을 끄고 후진
- M109 : 압출기 온도를 설정하고 해당 온도에 도달하기를 기다림

정답 ③

53 FDM 방식에서 재료를 노즐로 이송하는 역할을 하는 장치는?

① 서보 모터 　　　② 기어드 모터 　　　③ 스테핑 모터 　　　④ 유압 모터

해설

FDM 방식에서 재료 압출 방법으로 스테핑 모터와 노즐을 이용한다. 스테핑 모터 회전에 의한 기어 회전으로 필라멘트 재료가 노즐 내부로 이송되고, 노즐 내부에서 가열 용융되어 재료가 압출된다.

정답 ③

54 SLS 방식에서 제품에 분말을 추가하거나 분말이 담긴 표면을 매끄럽게 해 주는 장치는?

① 레벨링(회전) 롤러　　　　　　　② 레이저 광원
③ 플랫폼　　　　　　　　　　　　④ X, Y 구동축

해설

SLS 방식에서 제품에 분말을 추가하거나 분말이 담긴 표면을 매끄럽게 하는 장치는 레벨링(회전) 롤러이다.

정답 ①

55 3D프린터에서 필요에 의해 공작물 좌표계 내부에 또 다른 국부적인 좌표계가 필요할 때 사용하는 좌표계는?

① 직교 좌표계　　　　　　　　　② 로컬 좌표계
③ 기계 좌표계　　　　　　　　　④ 증분 좌표계

해설

필요에 의해서 공작물 좌표계 내부에 또 다른 국부적인 좌표계가 요구될 때 사용되는 로컬 좌표계는 각 공작물 좌표계를 기준으로 설정되며 원하는 방향으로 고정면과 하중을 지정할 수 있다.

정답 ②

56 다음 중 KS 규격에 의한 안전색과 사용 용도를 잘못 연결한 것은?

① 녹색 → 구호, 구급, 피난　　　　　　② 청색 → 진행, 안전

③ 적색 → 방화 금지, 위험, 정지　　　　④ 노랑 → 주의, 조심

청색은 주의, 지시, 송전 중, 수리 중을 나타내는 용도로 사용된다.

정답 ②

57 제품 출력 시 진동, 충격에 의한 출력품의 붕괴나 이동을 방지하기 위한 지지대는 무엇인가?

① Ceiling　　　　　② Island　　　　　③ Raft　　　　　④ Base

Base는 기초 지지대로 성형 중에 진동, 충격에 의한 성형품의 이동이나 붕괴를 방지하기 위한 지지대이다.

정답 ④

58 다음 그림에서 기하 공차와 기호가 틀린 것은?

① 선의 직진도 공차

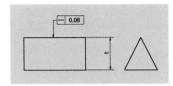

② 점의 위치도 공차

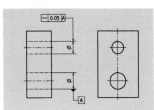

③ 평면도 공차

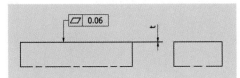

④ 진원도 공차

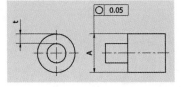

평행도 공차

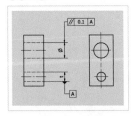

정답 ②

59 3D프린터에서 출력물 프린팅 시 실패하지 않기 위해 고려해야 할 사항이 아닌 것은?

① 출력물이 완성되는 시간
② 지지대 생성 유무
③ 소재에 따른 노즐 온도 파악
④ 출력 시 적층 높이

해설

출력물이 완성되는 시간은 출력물 프린팅 시 결과물의 완성도를 좌우하는 사항이 아니다.

정답 ①

60 접촉식의 대표적 방법으로 터치 프로브(touch probe)가 직접 측정 대상물과의 접촉을 통해 좌표를 읽어내는 방식은?

① TOF 방식
② WCL 방식
③ CMM 방식
④ MCT 방식

해설

3차원 스캐닝은 직접 접촉을 통해 좌표를 획득하는 방법과 비접촉으로 획득하는 방법으로 구분되며, CMM(Coordinate Measuring Machine)은 접촉식의 대표적 방법으로 터치 프로브(touch probe)가 직접 측정 대상물과의 접촉을 통해 좌표를 읽어내는 방식이다

정답 ③

01 첫 번째 레이어를 확장시켜 베드에 한 면을 깔아주는 옵션으로 출력 시 베드와 출력물이 잘 붙지 않을 때 사용하는 것은?

① Raft   ② Brim   ③ Support   ④ Base

📖 **해설**

모자의 챙을 뜻하는 Brim(브림)은 제품의 출력 시 적층되는 바닥과 제품을 견고하게 유지시켜 주는 지지대이다. 첫 번째 레이어를 확장시켜 바닥 보조물을 만들어 베드에 한 면을 깔아주는 옵션이며 강한 접착력을 가진다.

➕ **PLUS 해설**

① Raft : 뗏목을 뜻하는 Raft(라프트)는 출력물 아래에 베드 면을 깔아주는 옵션으로, 출력 후 떼어낼 수 있다.
③ Support : 제품을 출력할 때 필요한 바닥 받침대와 형상이 흘러내리지 않도록 하는 형상 보조물이다.
④ Base(베이스) : 기초 지지대로 성형 중에 진동, 충격에 의한 성형품의 이동이나 붕괴를 방지하기 위한 지지대이다.

정답 ②

02 3D프린터 방식에서 사용하는 소재의 연결이 틀린 것은?

① MJ 방식 → 고체 상태의 플라스틱 분말   ② FDM 방식 → 열가소성 플라스틱 수지
③ SLA 방식 → 액체 상태의 광경화성 수지   ④ SLS 방식 → 고체 분말

📖 **해설**

MJ 방식은 액체 상태의 광경화성 수지를 사용한다.

정답 ①

03 다음 중 방진 마스크를 선정할 때의 기준으로 가장 거리가 먼 것은?

① 안면 밀착성이 좋아 기밀이 잘 유지되는 것
② 안면 접촉 부위에 땀을 흡수할 수 있는 재질을 사용한 것
③ 분진 포집 효율이 낮고 흡기·배기 저항이 높은 것
④ 마스크 내부에 호흡에 의한 습기가 발생하지 않는 것

📖 **해설**

마스크 선정 기준
㉠ 가볍고 시야가 넓은 것
㉡ 안면 밀착성이 좋아 기밀이 잘 유지되는 것
㉢ 분진 포집 효율이 높고 흡기·배기 저항은 낮은 것
㉣ 마스크 내부에 호흡에 의한 습기가 발생하지 않는 것
㉤ 안면 접촉 부위에 땀을 흡수할 수 있는 재질을 사용한 것
㉥ 작업 내용에 적합한 방진 마스크의 종류를 선정

정답 ③

04 서로 떨어져 있는 모델을 출력하면 헤드가 이동하면서 모델 사이에 필라멘트가 실처럼 생기는데 이런 현상을 줄여주는 기능은?

① Layer height　　　　　　　　　　② Shell thickness
③ Fill density　　　　　　　　　　　④ Enable retraction

해설

Enable retraction : 서로 떨어져 있는 모델을 출력하면 헤드가 모델 사이를 이동하면서 모델 간 떨어져 있는 부분에 헤드에서 녹아 나온 필라멘트가 실처럼 생기게 되는데, 이때의 필라멘트를 줄여주는 기능을 한다.

정답 ④

05 레이저 기반 삼각 측량 3차원 스캐너의 설명으로 바르지 않은 것은?

① 레이저 발진부, 수광부, 측정 대상물로 이루어진 삼각형에서 한 변과 두 개의 각으로 나머지 변의 길이를 구한다.
② 레이저 발진부, 수광부 사이 거리, 레이저 발진 각도는 정해져 있다.
③ 가장 많이 사용하는 방식으로 근접 측정에 사용된다.
④ 한 번에 측정할 수 있는 점의 개수가 TOF보다는 적다.

해설

레이저 기반 삼각 측량 3차원 스캐너는 한 번에 측정할 수 있는 점의 개수가 TOF보다 많다.

정답 ④

06 다음 중 아래에 설명한 3D스캐너의 종류는?

물체 표면에 지속적으로 주파수가 다른 빛을 쏘고 이 빛을 수광부에서 받을 때 주파수의 차이를 검출해 거리 값을 구하는 방식이다.

① 변조광 방식의 3D스캐너
② 백색광 방식의 3D스캐너
③ 레이저 기반 삼각 측량 3차원 스캐너
④ TOF 방식 레이저 3D스캐너

해설

변조광 방식의 3D 스캐너는 물체 표면에 지속적으로 주파수가 다른 빛을 쏘고 수광부에서 이 빛을 받을 때 주파수의 차이를 검출하여 거리 값을 구한다. 이 방식은 스캐너가 발송하는 레이저 소스 외에 주파수가 다른 빛의 배제가 가능하여 간섭에 의한 노이즈를 감쇄시킬 수 있다.

정답 ①

07 FDM 방식 3D프린터 출력 전 생성된 G코드에 직접적으로 포함되지 않는 정보는?

① 필라멘트 직경　　　　　　　　　　　② 압출 온도
③ 리플렉터 비율　　　　　　　　　　　④ 헤드 이송속도

> **해설**
>
> 리플렉터의 적용 유무와 범위는 알 수 있지만 정확한 비율은 포함되지 않는다.
> **출력 전 G코드에 포함되는 정보**
> • 헤드 이송속도, 온도, 좌표
> • 필라멘트 직경, 압출량 비율, 노즐 직경, 온도
> • 인쇄 속도, 압출 온도, 히팅베드 온도
> • 리플렉터 적용 여부와 범위, 트래이블 속도, 쿨링팬 가동 유무
>
> **정답 ③**

08 현재 위치에서 X=100, Y=220, 필라멘트를 현재 길이에서 30mm까지 압출하며 이송, 속도는 1,800mm/min이다. G코드로 옳은 것은?

① G0, X100, Y220, E30, S1800　　　　② G1, X100, Y220, E30, F1800
③ G0, X100, Y220, E30, F1800　　　　④ G1, X100, Y220, E30, S1800

> **해설**
>
> G1 : 현재 위치에서 지정된 위치까지 헤드나 플랫폼을 직선 이송한다. 이때 이송되는 속도나 압출되는 필라멘트의 길이를 지정할 수 있다. 이송 속도는 Fnnn에 의해서 다음 이송 속도가 지정되기 전까지는 현재의 이송 속도를 따른다. 따라서 정답은 ②이다.
>
> **정답 ②**

09 다음 중 DfAM(Design for Additive Manufacturing)에 대한 설명으로 거리가 먼 것은?

① 기존의 설계와 제조 과정에서 마주치는 공정상의 제약들을 극복하는 해법을 제공할 수 있다.
② 기존의 DfM(Design for Manufacturing)에서 적층이 적용된 진보된 개념이다.
③ DfAM 기술을 적용하면 자동차 부품 모듈의 복잡한 조립 공정 속도를 줄일 수 있다.
④ DfAM 기술을 적용하면 고강성, 저진동, 경량 차량 부품 설계 및 제작을 통해 에너지 효율을 개선할 수 있다.

> **해설**
>
> **적층제조특화설계(DfAM)**
> DfAM(Design for Additive Manufacturing)은 기존의 DfM(Design for Manufacturing)에서 진보된 개념으로, 기존의 설계와 제조 과정에서 발생하는 공정상 제약들을 극복할 수 있다는 큰 장점이 있다. DfAM 기술을 사용하면 자동차, 수송기기, 의료장비 등 복잡한 기능과 형상의 부품 모듈을 별도의 조립공정 없이 일체형으로 제작할 수 있다. 또한 내부구조가 복잡한 고강성, 저진동, 경량 차량 부품 설계 및 제작을 통해 에너지 효율을 높일 수 있다. 따라서 자동차 부품 모듈의 복잡한 조립 공정 속도를 줄일 수 있다는 설명은 거리가 멀다.
>
> **정답 ③**

10 다음 중 SUPPORT에 대한 설명으로 거리가 가장 먼 것은?

① 지지대가 많을수록 출력 속도는 빨라지고 출력물의 품질도 좋다.
② 제품의 출력 시 적층되는 바닥과 제품을 견고하게 유지시켜 준다.
③ 제품을 출력할 때 적층되는 바닥과 제품이 떨어져 있을 경우에 사용한다.
④ 디자인에 따라 아래쪽이 좁고 위쪽이 넓은 출력물에 필요하다.

해설

지지대는 많을수록 출력 속도가 느려진다.

정답 ①

11 M104 S210에 대한 설명으로 옳은 것은?

① 3D프린터 압출기의 온도를 210°C로 설정한다.
② 3D프린터 헤드 이송 속도를 210mm/min으로 설정한다.
③ 3D프린터 쿨링팬의 속도를 210RPM으로 설정한다.
④ 3D프린터 플랫폼의 온도를 210°C로 설정한다.

해설

M104 : Snnn으로 지정된 온도로 압출기의 온도를 설정한다.

정답 ①

12 아래 그림의 치수 기입을 설명한 것으로 바르게 표현한 것은?

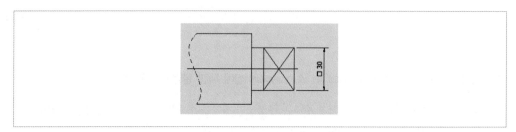

① 한 면의 치수가 30
② 정사각형 변의 치수가 30
③ 구의 지름 치수가 30
④ 축의 지름 치수가 30

해설

□ : 정사각형의 변   t : 판의 두께
Ø: 지름   ⌒ : 원호의 길이
R : 반지름   C : 45° 모따기
SØ: 구의 지름   ( ) : 참고 치수
SR : 구의 반지름

정답 ②

13 헤드 또는 플랫폼의 현재 위치를 기준점으로 하여 임의로 지정한 값만큼 이송하는 위치 결정 방식은?

① 절대 좌표 방식   ② 증분 좌표 방식

③ 지정 좌표 방식   ④ 기계 좌표 방식

> **해설**
>
> **증분 좌표 방식** : 헤드 또는 플랫폼의 현재 위치를 기준점으로 하여 임의로 지정한 값만큼 이송하는 위치 결정 방식이다.
>
> **정답 ②**

14 다음 중 좌표 지령에 대한 설명으로 옳은 것은?

① 증분 지령 G90, 절대 지령 G91   ② 절대 지령 G0, 증분 지령 G1

③ 증분 지령 G0, 절대 지령 G1   ④ 절대 지령 G90, 증분 지령 G91

> **해설**
>
> 좌표 지령의 방법은 절대(absolute) 지령과 증분(incremental) 지령으로 구분된다. 절대 지령은 'G90'을 사용하고 증분 지령은 'G91'을 사용한다.
>
> **정답 ④**

15 보통 여러 번의 측정에 따른 점군 데이터를 서로 합친 최종 데이터를 무엇이라 하는가?

① 스캔 데이터   ② 정합 데이터

③ 표준 데이터   ④ 병합 데이터

> **해설**
>
> 스캔 데이터는 보통 여러 번의 측정에 따른 점군 데이터를 서로 합친 최종 데이터이다. 이렇게 개별 스캐닝 작업에서 얻어진 점 데이터들이 합쳐지는 과정을 정합이라고 한다.
>
> **정답 ①**

16 3D 작업 환경 설정에서 복잡한 형상의 경우 이 값을 높게 설정해 두면 수정하기 편리하다. 이 기능은 무엇인가?

① 명령어 반복 기능   ② 명령어 취소 기능

③ 명령어 변환 기능   ④ 명령어 복구 기능

> **해설**
>
> **명령어 취소 기능** : 복잡한 형상의 경우 이 값을 높게 설정해 두면 수정하기 편리하다.
>
> **정답 ②**

17 다음 중 모깎기와 모따기 명령을 적용할 수 있는 부분은?

① 객체의 평면 부분 ② 객체의 모서리 부분
③ 객체의 곡면 부분 ④ 객체의 돌출 부분

해설

- **모깎기** : 객체의 모서리 부분을 둥글게 라운드 처리하는 방식이다. 반지름을 지정하고 모서리에 맞닿는 선을 각각 지정하면 둥글게 모깎기가 된다.
- **모따기** : 객체의 모서리 부분을 지정한 거리만큼 깎는 기능이다. 각각 잘라낼 길이만큼 길이를 지정하고 모깎기를 진행할 변을 선택하면 모따기가 된다.

정답 ②

18 FDM 3D 프린터에서 필라멘트 재료를 선택할 때 고려사항이 아닌 것은?

① 강도와 내구성 ② 소재의 비중
③ 소재의 녹는점 ④ 열 변형에 의한 수축성

해설

재료 선택에서 소재의 비중은 고려사항에 해당되지 않는다.

정답 ②

19 PBF(Powder Bed Fusion) 산업용 3D프린터에 대한 내용으로 거리가 먼 것은?

① 비교적 장비구조와 사용법이 단순하다는 장점이 있다.
② 오버행 구조의 조형물 제작에 용이하다.
③ 주로 분말 형태의 플라스틱 소재가 활용되고 있다.
④ 일부 재소결 또는 열처리가 필요하다는 단점이 있다.

해설

PBF(Powder Bed Fusion) : 가장 보편적으로 활용되는 산업용 금속 3D프린팅 기술로서 주로 분말 형태의 금속 소재가 활용되고 있다.
- **장점** : 비교적 단순한 장비구조 및 사용법, 정교한 금속 제품의 성형 가능, 오버행 구조의 조형물 제작이 용이
- **단점** : 구형 금속 분말 소재 활용, 일부 재소결 또는 열처리 필요, 출력 후 남은 재료의 리사이클링 필요

정답 ③

20 3D프린터의 경우 장비마다 출력 공차를 다르게 적용하는데 평균적으로 적용하면 좋은 공차 값은?

① 0.05mm~0.1mm ② 0.1mm~0.2mm
③ 0.2mm~0.3mm ④ 0.3mm~0.4mm

해설

3D프린터 장비마다 다르게 적용되지만, 보통 3D프린터 출력 공차는 0.05mm~0.4mm 사이에서 공차가 발생하고 평균적으로 0.2mm~0.3mm 정도의 출력 공차를 부여하는 것이 좋다.

정답 ③

21 제품을 출력하기 전 확대, 축소, 회전, 이동 기능을 이용하여 지지대 사용 없이 성형되기 어려운 부분을 찾는 것은?

① 형상 가공　　　　② 형상 설계　　　　③ 형상 분석　　　　④ 형상 출력

해설

형상 분석은 형상의 확대, 축소, 회전, 이동 기능을 이용하여 지지대 없이 성형되기 어려운 부분을 찾는 역할을 한다.

정답 ③

22 3D프린터 슬라이싱 프로그램 방식에서 불러올 수 있는 파일 형식은 어느 것인가?

① STL 형식과 OBJ 형식　　　　② XYZ 형식과 IGES 형식
③ OBJ 형식과 IGES 형식　　　　④ STL 형식과 XYZ 형식

해설

3D프린터 슬라이싱 프로그램 방식에서 불러올 수 있는 파일은 STL 형식과 OBJ 형식으로 나눌 수 있다. STL 형식은 주로 3D CAD 프로그램에서 제공하며, OBJ 형식은 3D 그래픽 프로그램에서 많이 사용된다.

정답 ①

23 SLA, DLP 방식의 3D프린터의 최대 정밀도로 옳은 것은?

① 10~50μm　　　　② 5~20μm　　　　③ 5~10μm　　　　④ 1~5μm

해설

SLA, DLP 방식은 광경화 방식으로 정밀도가 최대 1~5μm로 아주 좋은 정밀도를 가진다. 하지만 광경화성 수지의 특징 및 성질을 이해하지 않고 제품의 형상 설계를 하면 제품의 뒤틀림 오차 등이 생길 수 있다.

정답 ④

24 아래에서 설명하는 것은?

• 이음매가 없고 균질한 것일 것
• 사용 전 필히 공기 테스트를 통하여 점검을 실시할 것
• 고무는 열, 빛 등에 의해 쉽게 노화되므로 열 및 직사광선을 피하여 보관할 것
• 6개월마다 1회씩 규정된 방법으로 절연 성능을 점검하고 그 결과를 기록할 것

① 방열복　　　　　　　　② 화학용 보호복
③ 전기용 안전 장갑　　　　④ 방독 마스크

해설

제시된 내용은 전기용 안전 장갑에 대한 설명이다. 손은 작업 활동 시 감전 위험이 가장 높은 신체 부위이므로 감전 위험이 높을 경우 사용 전압에 맞는 안전 장갑을 사용해야 한다.

정답 ③

25 스케치 요소 중 두 개의 원에 적용할 수 있는 구속조건으로 가장 적절한 것은?

① 동일　　　　　　② 직각　　　　　　③ 일치　　　　　　④ 동심

🔲 **해설**

동심 구속 조건은 두 개의 원의 중심을 서로 같게 만드는 조건이다.

정답 ④

26 다음에서 3D 프린팅에서 자주 사용되는 M코드가 아닌 것은?

① M105　　　　　　② M109　　　　　　③ M104　　　　　　④ M190

🔲 **해설**

- M109 : 압출기 온도 설정 후 대기
- M104 : 압출기 온도 설정
- M190 : 플랫폼을 가열하는 기능

이밖에 3D프린팅에서 자주 사용되는 M코드는 M73, M135, M133, M126, M127 등이 있다.

정답 ①

27 필요에 의해서 공작물 좌표계 내부에 또 다른 국부적인 좌표계가 필요할 때 사용하는 좌표계는?

① 부분 좌표계　　　　　　　　② 절대 좌표계
③ 로컬 좌표계　　　　　　　　④ 증분 좌표계

🔲 **해설**

로컬 좌표계는 필요에 따라 공작물 좌표계 내부에 다른 국부적인 좌표계가 요구될 때 사용된다. 각 공작물 좌표계를 기준으로 설정되며 원하는 방향으로 고정면과 하중을 지정할 수 있다.

정답 ③

28 아래에서 설명하는 소재는?

- 고분자 화합물로 폴리아세트산비닐을 가수 분해하여 얻어지는 무색 가루
- 물에는 녹고 일반 유기 용매에는 녹지 않는 특성을 가짐
- 출력 후 물에 담그면 서포트는 녹고 원하는 형상만 남아 다양한 형상 제작이 용이함
- 서포트로 사용 시 FDM, FFF 방식 프린터에는 노즐이 두 개인 듀얼 방식을 사용함

① HIPS(High-Impact polystyrene) 소재　　② PVA(Polyvinyl alcohol) 소재
③ TPU(Thermoplastic polyurethane) 소재　　④ PC(Polycarbonate) 소재

🔲 **해설**

PVA 소재에 대한 설명으로, 실제 모델링에 제작될 소재의 필라멘트와 서포트 소재인 PVA 소재의 필라멘트를 장착하여 출력하면 서포트는 PVA 소재, 실제 형상은 원하는 소재로 출력된다.

정답 ②

29 도면 제작과정에서 다음과 같은 선들이 같은 장소에 겹치는 경우 가장 우선하여 나타내야 하는 선은?

① 중심선   ② 절단선   ③ 치수보조선   ④ 숨은선

🔲 해설

선이 같은 장소에서 중복될 경우 선의 우선순위는
외형선 → 숨은선 → 절단선 → 중심선 → 무게중심선 → 치수보조선

정답 ④

30 측정 대상물에 대한 표면 처리 등의 준비, 스캐닝 가능 여부에 대한 대체 스캐너 선정 등의 작업을 수행하는 단계는?

① 스캐닝 보정   ② 스캐닝 측정   ③ 스캐닝 설정   ④ 스캐닝 준비

🔲 해설

스캐닝을 준비하는 과정에서 스캐닝의 방식, 측정 대상물의 크기 및 표면, 적용 분야 등이 고려되어야 한다.

정답 ④

31 원기둥의 지름이 100mm이고 높이가 100mm인 원기둥의 부피는?

① $7,850\text{mm}^3$ ② $78,500\text{mm}^3$ ③ $785,000\text{mm}^3$ ④ $7,850,000\text{mm}^3$

🔲 해설

반지름 × 반지름 × 원주율 × 높이 = 원기둥의 부피
$50 × 50 × 3.14 × 100 = 785,000\text{mm}^3$

정답 ③

32 다음 중 열가소성수지가 아닌 것은?

① 나일론   ② 폴리염화비닐   ③ 멜라민 수지   ④ 폴리에틸렌

🔲 해설

플라스틱은 열가소성수지와 열경화성수지로 분류된다.
• **열가소성수지** : 열을 가해 성형한 후에도 다시 열을 가하면 형태를 변형시킬 수 있는 수지로 나일론, 폴리염화비닐, 폴리에틸렌이 대표적이다.
• **열경화성수지** : 열을 가해 성형하면 다시 열을 가해도 형태가 변하지 않는 수지로 페놀수지, 멜라민수지, 요소수지 등이 대표적이다.

정답 ③

33 다음 중 세라믹 분말의 특징으로 옳은 것은?

① SLS 방식에서 가장 흔히 사용되는 소재
② 금속과 비금속 원소의 조합으로 이루어져 있음
③ 소량의 비금속 원소(탄소, 질소) 등이 첨가되는 경우도 있음
④ 금속 분말은 기계 부품 제작에 많이 사용됨

①은 플라스틱 분말, ③·④는 금속 분말에 대한 설명이다.

34 다음 중 스캐닝 간격 및 속도에 대한 설명으로 틀린 것은?

① 간단한 형상의 면은 스캐닝 간격을 넓게 설정 가능
② 턴테이블 이용 방식은 회전량 조절로 측정 간격 조절 가능
③ 직선으로 이송하는 경우는 이송 방향으로 스캔 간격을 미리 설정 가능
④ 복잡한 면일 경우에 스캐닝 간격을 넓게 설정하여 많은 면 데이터를 확보할 수 있음

복잡한 면일 경우 스캐닝 간격을 좁게 설정하여 많은 점 데이터를 확보해 원래 형상을 제대로 복원할 수 있다.

35 산업용 고정밀 라인 레이저 측정에서 많이 사용하며 치수 정밀도가 매우 우수한 볼 형태의 측정 도구는?

① 정합용 게이지　　② 병합용 게이지　　③ 정합용 마커　　④ 병합용 마커

정합용 마커(Registration Marker)에 대한 설명으로 측정 대상물에 3개의 정합용 볼을 부착한 후 피측정물과 볼 모두 동시에 측정하며, 최소 3개 이상의 볼의 간격이 모두 측정되도록 조정하여 부착한다.

36 다음 빈칸에 들어갈 내용으로 알맞은 것은?

> FDM 방식의 3D프린터 특성상 구멍이 지름 (㉠) 이하면 출력되지 않을 수 있으며, 축은 지름 (㉡) 이하에서 출력되지 않는다. 형상과 형상 사이의 간격은 최소 (㉢) 떨어져야 하며 (㉣) 이상 간격을 유지하는 것이 좋다.

	㉠	㉡	㉢	㉣
①	0.5mm	1mm	0.5mm	1mm
②	1mm	0.5mm	0.5mm	1mm
③	1mm	1mm	0.5mm	1mm
④	1mm	1mm	0.5mm	0.5mm

㉠~㉣ 순서대로 1mm, 1mm, 0.5mm, 1mm이다.

37 다음 중 3D 모델링 형상을 분할하여 출력하여야 하는 경우로 가장 옳은 것은?

① 지지대를 제대로 제거할 수 없는 형상　　② 지지대를 쉽게 제거할 수 있는 형상
③ 지지대를 생성할 수 없는 형상　　　　　 ④ 지지대가 필요 없는 형상

> **해설**
>
> 적층 방식의 3D프린터는 제대로 된 형상 출력을 위해 지지대를 생성하며 이 지지대를 제대로 제거할 수 없는 형상의 경우에 파트를 분할하여 출력함
>
> **정답 ①**

38 소재가 경화하면서 수축에 의해 뒤틀림이 발생하게 되는데 이런 현상을 무엇이라 하나?

① Island　　　　② Sagging　　　　③ Ceiling　　　　④ Warping

> **해설**
>
> 지지대와 관련된 성형 결함으로는 제작 중 하중으로 인해 아래로 처지는 현상을 'Sagging'이라 하며, 소재가 경화하면서 수축에 의해 뒤틀림이 발생하는 현상을 'Warping'이라고 한다.
>
> **정답 ④**

39 기계나 구조물의 얇은 부분이나 저강도 부분을 보강하기 위한 부재로, 보강부 표면에 직각으로 대어 주는 부재는?

① 베이스　　　　② 리브　　　　③ 서포터　　　　④ 라프트

> **해설**
>
>
>
> **정답 ②**

40 Powder Bed Fusion(SLS) 3D프린터 방식에서 레벨링 롤러의 기능은?

① 재료 공급
② 재료 소결 작업
③ 재료 공급과 소결 작업
④ 재료 공급과 평탄화 작업

SLS 방식

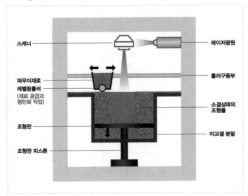

정답 ④

41 아래 그림의 지지대 이름은?

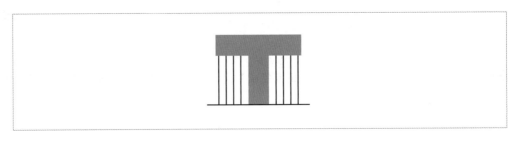

① Ceiling ② Overhang ③ Unstable ④ Island

Overhang : 외팔보와 같이 새로 생성되는 층이 받쳐지지 않아 아래로 휘게 되는 경우를 방지하는 지지대이다.

정답 ②

42 3D프린팅에서는 다양한 방법으로 출력물이 만들어지는데 출력물이 성형되는 방향이 위쪽 또는 아래쪽인 것은?

① 분말 융접(Powder bed fusion) ② 접착제 분사(Binder jetting)
③ 수조 광경화(Vat photopolymerization) ④ 재료 압출(Material extrusion)

수조 광경화(Vat Photopolymerization)는 플랫폼의 이송 방향에 따라서 출력물이 위쪽 또는 아래쪽으로 성형되며, 나머지는 출력물이 아래에서 위쪽으로 성형된다.

정답 ③

43 출력물과 플레이트 사이에만 서포트가 생성되고 출력물과 출력물 사이에는 생성되지 않게 하는 옵션은?

① Touching buildplate
② Everywhere
③ None
④ Raft

> **해설**
>
> Support Type은 None, Touching buildplate, Everywhere의 옵션 기능을 가진다.
>
> **➕ PLUS 해설**
> • None : 서포트가 없도록 설정
> • Everywhere : 서포트가 필요한 모든 곳에 서포트를 생성하는 옵션
>
> **정답 ①**

44 출력 공차 적용 대상에 대한 설명으로 거리가 먼 것은?

① 부품 중에서 하나에만 공차를 적용하는 것이 바람직함
② 부품 간 조립되는 부분에 출력 공차를 부여함
③ 지름이 작은 축과 구멍으로 조립되는 경우 구멍을 조금 더 키워서 출력함
④ 부품 간 유격이 발생한 경우 출력 공차 범위 밖의 조립 부품에 적용함

> **해설**
>
> 부품 간 유격이 발생한 경우 출력 공차 범위 내에 들어오는 조립 부품들은 출력 공차를 적용하여 부품 파일을 수정할 수 있다.
>
> **정답 ④**

45 다음 중 형상 분석에 대한 설명으로 적절하지 않은 것은?

① 형상물 회전은 형상물에 3개의 원모양을 조작하여 분석
② 이동 기능은 좌, 우, 앞, 뒤로 이동하면서 전체적으로 형상물을 관찰하는 데 쓰임
③ 확대 및 축소 기능은 출력 시 오류 부분을 찾는 데 쓰임
④ 형상 분석은 공차 없이 성형되기 어려운 부분을 찾는 역할을 함

> **해설**
>
> 형상 분석은 형상의 확대, 축소, 회전, 이동을 통하여 지지대 사용 없이 성형되기 어려운 부분을 찾는 역할을 한다.
>
> **정답 ④**

46 SLS 방식에서 사용하는 다음 분말 중 특성이 다른 것은?

① 스테인리스 분말
② 세라믹 분말
③ 티타늄 분말
④ 알루미늄 분말

> **해설**
>
> 비금속 분말 재료는 플라스틱이며 세라믹, 유리 등이 사용된다.
>
> **정답 ②**

47 3D프린터의 소재 장착에 대한 설명으로 틀린 것은?

① SLA 방식은 팩이나 케이스에 재료를 공급 투입구를 통해 재료를 투입하여 사용함
② MJ 방식은 금속 분말을 사용하므로 재료를 프린터에 부어 사용함
③ FDM 방식은 고체 형식의 필라멘트를 사용함
④ SLS 방식은 프린터 내에 별도의 분말 저장 공간에 일정량을 부어 사용함

해설

MJ 방식 3D프린터는 광경화성 수지를 사용하므로 팩이나 용기를 직접 3D프린터에 꽂아서 사용한다.

정답 ②

48 FDM 3D프린터 방식에서 Z축으로 움직이는 부분은?

① 베드 　　　　　　　　　　　　② 레벨링 롤러
③ 압출기 　　　　　　　　　　　④ 노즐

해설

베드는 Z축으로 이송, 노즐이 X–Y 평면에서 이송되면서 단면 형상이 만들어지며, 한 층이 만들어지면 층 높이만큼 베드가 아래로 이송되거나 헤드가 부착된 X–Y축이 위로 이송되면서 다음 층을 만들 수 있게 된다.

정답 ①

49 3D프린터의 개념 및 특징에 관한 내용으로 거리가 먼 것은?

① 컴퓨터로 제어되기 때문에 다양한 형태를 만들 수 있다.
② 제작 속도가 매우 빠르며, 출력물 표면이 매끄럽다.
③ 재료를 연속적으로 한층, 한층 쌓으면서 3차원 물체를 만들어내는 제조 기술이다.
④ 3차원 형상을 2차원 상으로 분해하여 적층 제작하는 기술이다.

해설

• 3D프린팅은 2차원의 물질을 층층이 쌓아서 3차원 입체로 만들어내는 적층제조 방식이다.
• 물체의 설계도나 디지털 이미지 정보로부터 직접 3차원 입체를 제작할 수 있다.
• 3차원 형상을 2차원 상으로 분해하여 적층 제작함으로써 복잡한 형상을 손쉽게 구현할 수 있다.

정답 ②

50 다음의 G코드 중 지정된 좌표를 현재 위치로 설정하는 G코드는?

① G90 　　　　　② G91 　　　　　③ G92 　　　　　④ G93

해설

G92는 설정 위치를 나타내는 코드로 지정된 좌표로 현재 위치를 설정한다.

정답 ③

51 스캐닝 데이터 저장에 대한 설명으로 거리가 먼 것은?

① 기본적으로 점군의 형태로 저장된다.
② 포맷에 포함되는 정보는 색깔에 대한 정보도 포함한다.
③ STL 파일과 같이 법선 벡터(normal vector)도 포함되는 경우가 있다.
④ 점군은 다른 소프트웨어에서 사용 가능한 표준 포맷으로 저장할 수 없다.

해설

스캐닝 데이터 저장에서 점군은 다른 소프트웨어에서 사용 가능한 표준 포맷으로 저장할 수 있다.

정답 ④

52 Raft를 설명한 내용으로 가장 거리가 먼 것은?

① 성형 중에 진동, 충격에 의한 성형품의 이동이나 붕괴를 방지함
② 성형 플랫폼에 처음으로 만들어지는 구조물
③ 성형 중에는 플랫폼에 대한 접착력을 제공함
④ 성형 후에는 부품에 손상 없이 분리하기 위한 지지대의 일종

해설

기초 지지대로 성형 중에 진동, 충격에 의한 성형품의 이동이나 붕괴를 방지하기 위한 지지대는 Base이다.

정답 ①

53 다음 중 모델링의 명령어에서 CREATE(형상작성) 명령에 해당되지 않는 것은?

① 자르기   ② 간격 띄우기
③ 회전   ④ 로프트

해설

CREATE(형상 작성 명령) : 돌출, 회전, 스윕, 로프트, 패치, 간격 띄우기

정답 ①

54 아래에서 코드의 종류와 의미를 바르게 나타낸 것은?

① Fnnn - 파라미터 명령   ② Ennn - 압출형의 길이 mm
③ Pnnn - 1분당 Feedrate   ④ Snnn - 밀리초 동안의 시간

해설

• Snnn : 파라미터 명령
• Pnnn : 파라미터 명령, 밀리초 동안의 시간
• Fnnn : 1분당 Feedrate

정답 ②

55 지지대 설정 방식에서 내부 채우기를 뜻하는 것은?

① Infill   ② Raft   ③ Base   ④ Brim

> **해설**
>
> Infill
> - 내부 채우기 정도를 뜻함
> - 0%~100%까지 채우기가 가능함
> - 채우기 정도가 높아질수록 출력시간이 길어지고 출력물 무게가 무거워지는 단점이 있음
>
> **정답 ①**

56 3D프린터별 출력을 위한 사전 준비를 설명한 내용과 거리가 먼 것은?

① FDM 방식에서 히팅베드 온도는 소재와 상관없이 일정하게 설정해야 함
② SLA 방식은 FDM 방식에 비해 온도 조절 필요성이 덜 함
③ SLS 방식은 소재에 맞는 적정 온도를 설정해야 함
④ SLA 방식에서 수지를 보관하는 플랫폼의 용기가 일정한 온도로 유지되도록 해야 함

> **해설**
>
> FDM 방식에서 히팅베드 온도는 소재별로 다르게 설정해야 함
>
> **정답 ①**

57 3D프린터가 인식할 수 있는 G코드로 변경해 주는 프로그램은 어느 것인가?

① 엔지니어링 프로그램   ② 3D모델링 프로그램
③ 3D프린팅 프로그램   ④ 슬라이서 프로그램

> **해설**
>
> 3D프린터가 인식할 수 있는 G코드로 변경해 주는 프로그램은 슬라이서 프로그램이다.
>
> **정답 ④**

58 UV 레진에 대한 설명으로 거리가 먼 것은?

① 강도가 높은 편이라 완제품을 생산하는 데 주로 사용된다.
② SLA 방식 3D프린터에서 가장 많이 사용되는 재료이다.
③ 구조물 제작 시 실내 빛에 노출되어도 경화되지 않는다.
④ UV 광선을 쏘이면 경화된다.

> **해설**
>
> UV 레진은 강도가 낮은 편이라 시제품을 생산하는 데 주로 사용된다. FDM 방식 재료에 비해 비싸지만 SLA 방식 중에서는 저렴하고 정밀도가 높은 편이다.
>
> **정답 ①**

59 3D모델링을 다음 그림과 같이 배치하여 출력하려고 할 때 가장 필요한 것은?

① 브림 ② 스커트
③ 서포트 ④ 라프트

해설

외팔보(Cantilever beam)와 같이 새로 생성하는 층이 받쳐지지 않아 아래로 휘게 되는 경우 Overhang을 방지하고 안정적인 출력을 위해서는 서포트가 필요하다.

정답 ③

60 SLS 방식에서 금속 분말을 사용하여 출력 후 금속의 물성을 높이거나 표면 거칠기를 개선하기 위한 후처리 공정이 아닌 것은?

① 연마 가공 ② 절삭 가공
③ 열처리 ④ 성형 가공

해설

SLS 방식에서는 서포트 제거 후 금속의 기계적 물성을 높이거나 표면 거칠기를 개선하기 위해 숏 피닝(Shot Peening), 연마 가공, 절삭 가공, 열처리 등의 후처리가 필요한 경우가 많다.

정답 ④

01 산업안전보건표지 중 레이저광선 경고표지로 맞는 것은?

①

②

③

④

해설

산업안전보건법 시행규칙 [별표6]은 '안전보건표지의 종류와 형태'를 규정하고 있다.
안전보건표지는 크게 금지표지, 경고표지, 지시표지, 안내표지, 관계자외출입금지로 구분되며, 경고표지들은 다음과 같다.

201 인화성물질 경고	202 산화성물질 경고	203 폭발성물질 경고	204 급성독성물질 경고	205 부식성물질 경고
206 방사성물질 경고	207 고압전기 경고	208 매달린 물체 경고	209 낙하물 경고	210 고온 경고
211 저온 경고	212 몸균형 상실 경고	213 레이저광선 경고	214 발암성 등 호흡기 과민성물질경고	215 위험장소 경고

따라서 레이저광선 경고표지는 ①이다.

정답 ①

02 다음 보기에서 FDM 방식(Material Extrusion)에서 사용하는 용어가 아닌 것은?

① 필라멘트   ② 압출기   ③ 소결   ④ 열가소성 수지

해설

분말 재료에 압력을 가해 밀도를 높인 후 에너지를 가해 분말 표면을 녹여 결합시키는 공정을 이용한 방식을 SLS 방식이라 하는데 통칭 '소결'이라고 한다.

정답 ③

03 3D프린터의 출력 오류 중 처음부터 재료가 압출되지 않는 원인으로 거리가 먼 것은?

① 압출기 노즐과 플랫폼 사이의 거리가 너무 가까울 때
② 첫 번째 층이 너무 빠르게 성형될 때
③ 필라멘트 재료가 얇아졌을 때
④ 필라멘트가 용융부 이외의 지역에서 용융될 때

해설

첫 번째 층이 너무 빠르게 성형될 때는 재료가 플랫폼에 부착되지 않는 경우이다.

정답 ②

04 3D프린터의 제품이 만들어지는 공간 안에 임의의 기준점을 설정하여 그 기준점을 새로운 원점으로 가공 위치를 설정한다. 이 좌표계를 설정하면 하나의 공간에 여러 개의 제품을 동시에 만들 때, 제품마다 이 좌표계를 각각 설정하여 사용할 수 있는데 여기에서 설명하는 좌표계는?

① 증분 좌표계   ② 공작물 좌표계   ③ 기계 좌표계   ④ 로컬 좌표계

해설

- **기계 좌표계** : 3D프린터가 구동될 때 헤드가 항상 일정한 위치로 복귀하게 되는 기준점이 있는데, 이 기준점을 좌표축의 원점으로 사용하는 좌표계이다.
- **로컬 좌표계** : 필요에 의해서 공작물 좌표계 내부에 또 다른 국부적인 좌표계가 요구될 때 사용된다. 로컬 좌표계는 각 공작물 좌표계를 기준으로 설정되며 원하는 방향으로 고정면과 하중을 지정할 수 있다.

정답 ②

05 냉각팬 전원을 ON, OFF 시키는 M코드로 옳은 것은?

① M101, M102   ② M103, M104   ③ M106, M107   ④ M108, M109

해설

- M101 : 압출기 전원 ON
- M102 : 압출기 전원 ON(역방향)
- M103 : 압출기 전원 OFF, 후퇴
- M104 : 압출기 온도 설정
- M109 : 압출기 온도 설정 후 대기

정답 ③

06 3D프린터 출력 중 단면이 밀려서 성형되는 경우에 해당하는 것은?

① 층 높이가 너무 높은 경우
② 압출 노즐을 통해서 재료가 압출될 때 그 양이 충분하지 않은 경우
③ 노즐과 플랫폼 사이의 간격이 너무 클 때
④ 헤드가 너무 빨리 움직일 때

해설

출력물 도중에 단면이 밀려서 성형되는 경우
• 헤드가 너무 빨리 움직일 때
• 타이밍벨트의 장력이 낮거나 높은 경우
• 타이밍풀리가 스테핑모터의 회전축에 느슨하게 고정되는 경우
• 적절한 전류가 모터로 전달되지 않는 경우
• 모터가 과열되어 회전이 멈춘 경우

정답 ④

07 특별히 지지대가 필요한 면은 없으나 성형 도중 자중 때문에 스스로 붕괴되는 현상은?

① Unstable　　　　② Sagging　　　　③ Warping　　　　④ Overhang

해설

• Overhang : 외팔보와 같이 새로 생성하는 층이 받쳐지지 않아 아래로 휘게 되는 경우임
• Sagging : 제작 중 하중으로 인해 아래로 처지는 현상
• Warping : 소재가 경화화면서 수축에 의해 뒤틀림이 발생하는 현상

정답 ①

08 방진 마스크의 구조와 거리가 먼 것은?

① 격리식 구조　　　　　　　　② 직결식 구조
③ 안면 밀착식 구조　　　　　　④ 안면부 여과재 구조

해설

방진 마스크 : 작업장에서 발생하는 광물성 분진 등 유해한 분진을 흡입해 인체에 건강 장해가 우려되는 경우 사용하는 호흡용 보호구로 구조에 따라 격리식, 직결식, 안면부 여과재 구조로 나뉜다.

정답 ③

09 측정 기구인 사인바는 무엇을 측정하는 기구인가?

① 표면 거칠기　　　② 각도　　　　③ 구멍의 내경　　　④ 축의 지름

해설

사인바(sine bar)는 삼각함수를 이용하여 각도를 측정하거나 임의의 각을 만드는 기구이다.

정답 ②

10 3D프린터 출력용 파일 포맷의 종류로 바르게 나열한 것은?

① STL, OBJ, AMF   ② STL, OBJ, IGES   ③ JPG, STL, AMF   ④ JPG, IGES, STL

해설

STL 파일을 지원하지 않는 프로그램이 없으나 AMF, OBJ 또는 원하는 파일 포맷이 아닐 경우 많은 출력용 모델링 파일 포맷으로 변환을 지원한다.

정답 ①

11 아래에서 설명하는 정합에 관한 내용으로 거리가 먼 것은?

① 측정 대상물에 3개의 정합용 볼을 부착한 후 피측정물과 볼 모두 동시에 측정한다.
② 개별 스캐닝 작업에서 얻어진 점 데이터들이 합쳐지는 과정이다.
③ 두 개의 점 데이터를 모두 포함하는 새로운 점 데이터를 생성함으로써 이루어진다.
④ 전체 데이터를 회전 이송시켜 같은 좌표계로 통일하는 과정이다.

해설

병합은 정합을 통해서 중복되는 데이터를 하나의 파일로 통합하는 과정이다. 즉, 두 개의 점 데이터를 모두 포함하는 새로운 점 데이터를 생성함으로써 병합이 이루어진다.

정답 ③

12 오프셋 제약 조건의 설명으로 옳은 것은?

① 선택한 파트를 고정시켜 주는 기능
② 선택한 면과 면, 선과 선을 접촉하도록 하는 조건
③ 일치시키고자 하는 면과 면, 선과 선 등을 선택하면 일치시켜 주는 조건
④ 선택한 면과 면, 선과 선 사이에 오프셋으로 거리를 주는 조건

해설

- **고정 컴포넌트** : 선택한 파트를 고정시켜 주는 기능
- **접촉 제약 조건** : 선택한 면과 면, 선과 선을 접촉하도록 하는 제약 조건
- **일치 제약 조건** : 일치시키고자 하는 면과 면, 선과 선 등을 일치시켜 주는 제약 조건

정답 ④

13 기계를 제어 구동시키는 G코드에서 용도가 좌표를 기계의 원점을 기준으로 설정하는 것은?

① G28   ② G1   ③ G92   ④ G90

해설

- **G28** : X, Y, Z 축의 엔드스탑으로 이동
- **G1** : 지정된 좌표로 직선 이동하며 지정된 길이만큼 압출 이동
- **G92** : 지정된 좌표로 현재 위치를 설정

정답 ④

14 STL 포맷의 꼭짓점 수를 구하는 방법은?

① 꼭짓점 수 = (총 삼각형의 수 / 2) + 2
② 꼭짓점 수 = (총 삼각형의 수 × 2) + 2
③ 꼭짓점 수 = (꼭짓점 수 × 3) + 6
④ 꼭짓점 수 = (꼭짓점 수 × 3) - 6

해설

꼭짓점 수 = (총 삼각형의 수 / 2) + 2
모서리 수 = (꼭짓점 수 × 3) - 6

정답 ①

15 모델링을 단면별로 나누어 출력 소프트웨어에서 동작할 수 있도록 G코드를 생성하는 프로그램은?

① 3D CAD 프로그램
② 엔지니어링 프로그램
③ 슬라이서 프로그램
④ 3D 모델링 프로그램

해설

슬라이서 프로그램은 3D프린팅이 가능하도록 데이터를 층별로 분류하여 저장해 준다. 저장하는 과정에서 출력물의 정밀도나 내부 채움 방식, 속도와 온도 및 재료에 대한 설정도 가능하다.

정답 ③

16 모델링 평면도에서 기준 평면으로 옳은 것은?

① 정면, 윗면, 좌측면
② 정면, 윗면, 우측면
③ 정면, 밑면, 우측면
④ 정면, 밑면, 좌측면

해설

정투상도에서는 정면, 윗면, 우측면 3개의 기준 평면을 제공한다.

정답 ②

17 아래 보기에서 적층 값 설명으로 옳지 않은 것은?

① 적층 값이 높을수록 정밀도가 좋아진다.
② 3D프린터가 형상물을 출력하는데 필요한 기본 설정 값
③ 3D프린터가 형상물을 출력하는 데 적층하는 수치
④ 레이어 해상도, 레이어 두께라고도 표현한다.

해설

적층 값은 3D프린터마다 다르며 적층 값이 높을수록 정밀도가 떨어진다.

정답 ①

18 3D프린터에서 제품을 출력할 때 필요한 바닥 받침대와 형상이 흘러내리지 않도록 하는 형상 보조물은?

① Base
② Raft
③ Support
④ Brim

🔲 **해설**

- Brim(브림) : 제품의 출력 시 적층되는 바닥과 제품을 견고하게 유지시켜 주는 지지대이다.
- Raft(래프트) : 출력물 아래에 베드 면을 깔아주는 옵션으로 출력 후 떼어낼 수 있다.
- Base(베이스) : 기초 지지대로 성형 중에 진동, 충격에 의한 성형품의 이동이나 붕괴를 방지 하기 위한 지지대이다.

정답 ③

19 제1각법, 제3각법에서 배면도의 배치 위치로 옳은 것은?

① 배면도의 위치는 가장 왼쪽에 배치한다.
② 배면도의 위치는 가장 오른쪽에 배치한다.
③ 배면도의 위치는 정면도 왼쪽에 배치한다.
④ 배면도의 위치는 정면도 오른쪽에 배치한다.

🔲 **해설**

배면도의 위치는 제1각법, 제3각법 모두 가장 오른쪽에 배치한다.

정답 ②

20 출력용 파일의 오류에서 비(非)매니폴드 형상의 설명으로 거리가 먼 것은?

① 3D프린팅, 부울 작업, 유체 분석 등에 오류가 생길 수 있다.
② 실제로 존재할 수 없는 구조이다.
③ 하나의 모서리를 2개의 면이 공유하고 있다.
④ 모서리를 공유하고 있지 않은 서로 다른 면에 의해 공유되는 정점을 나타낸다.

🔲 **해설**

비(非)매니폴드 형상 : 3D프린팅, 부울 작업, 유체 분석 등에 오류가 생길 수 있는 것으로 실제 존재할 수 없는 구조이다. 올바른 매니폴드 형상 구조는 하나의 모서리를 2개의 면이 공유하고 있으나, 비매니폴드 형상은 하나의 모서리를 3개 이상의 면이 공유하고 있거나 모서리를 공유하고 있지 않은 서로 다른 면에 의해 공유되는 정점을 나타낸다.

정답 ③

21 FDM 방식 3D프린터 소재 중 히팅 베드가 필수적인 소재가 아닌 것은?

① PLA
② PC
③ ABS
④ HIPS

🔲 **해설**

- PLA, PVA 소재 : 필요 없음, 사용 시 50℃ 이하로 설정
- ABS, HIPS, PC 소재 : 필수 사용, 사용 시 80℃ 이상으로 설정

정답 ①

22 M코드를 설명한 내용으로 적당한 것은?

① 기계를 제어 구동시키는 명령 언어이다.
② 좌표를 기계의 원점 기준으로 설정할 수 있다.
③ 이동을 위해 X, Y, Z 좌표를 사용한다.
④ 프로그램을 제어하거나 기계 보조 장치를 ON/OFF 하는 역할을 한다.

해설

M코드 : 기계를 제어 · 조정해 주는 코드로 보조 기능이라 불림. 프로그램을 제어하거나 기계 보조 장치를 ON/OFF하는 역할을 함

정답 ④

23 레이저 기반 삼각 측량 3차원 스캐너 대한 설명으로 옳은 것은?

① 휴대용으로 개발하기가 용이함
② 측정 속도가 빠름
③ 중거리 영역인 10~30m 영역 스캔 시 용이함
④ 한 번에 측정할 수 있는 점의 개수가 TOF보다는 많음

해설

레이저 기반 삼각 측량 3차원 스캐너
• 가장 많이 사용하는 방식
• 라인 형태의 레이저를 측정 대상물에 주사하여 레이저 발진부, 수광부, 측정 대상물로 이뤄진 삼각형에서 한 변과 두 개의 각으로 나머지 변의 길이를 구함
• 한 번에 측정할 수 있는 점의 개수가 TOF보다는 많음

정답 ④

24 분말 기반의 재료를 사용하는 <u>이것</u> 방식과 같은 적층 기술은 지지대를 사용하지 않기 때문에 분말만 털어주면 출력물을 얻을 수 있다. <u>이것</u>은 무슨 방식인가?

① FDM, PBF
② SLA, 3DP
③ 3DP, SLS
④ SLA, SLS

해설

3DP 방식이나 SLS 방식과 같은 적층기술은 따로 지지대를 사용하지 않기 때문에 파우더만 털어주면 깨끗한 출력물을 얻을 수 있다.

정답 ③

25 3D프린터에서 서포트 실행 방법을 설명한 내용으로 바르지 않은 것은?

① SLA 방식에서는 자동 서포트를 지원하지 않는다.
② FDM 방식을 지원하는 출력 소프트웨어서는 자동 서포트가 실행된다.
③ DLP 방식을 지원하는 출력 소프트웨어서 직접 서포트를 설치할 수 있다.
④ 서포트를 모델에 직접 설치하면 자동 설치에 비해 소재 비용이 절감된다.

해설

SLA 방식에 따른 서포트 실행 방법
• 자동 서포트를 지원하고 직접 서포트 설치도 가능하다.
• 광원이 다른 점 외에는 DLP와 비슷하여 DLP 출력 보조 소프트웨어 B9Creator, Stick+ 등에서 서포트를 설치할 수 있다.

정답 ①

26 고체기반 FDM(Fused Deposition Modeling) 3D프린터 내용으로 거리가 먼 것은?

① 구조와 프로그램이 다른 방식에 비해 단순함
② 소재의 제한이 있음
③ 지지대(서포트)가 필요 없음
④ 강도와 내구성이 강하나 정밀도에 따라서 출력 속도가 느림

해설

고체기반 FDM(Fused Deposition Modeling)
• 가장 많이 보급되어 있는 프린팅 방식
• 구조와 프로그램이 다른 방식에 비해 단순함
• 강도와 내구성이 강하나 정밀도에 따라서 출력 속도가 느림
• 표면이 거칠음
• 지지대(서포트)가 필요함
• 열수축 현상으로 변형이 발생할 수 있음
• 소재의 제한이 있음

정답 ③

27 가열된 노즐에 필라멘트 형태의 열가소성 수지를 투입하며 투입된 재료가 내부에서 가압되어 노즐을 통해 토출되는 3D프린터 방식은?

① SLA 방식　　　　② DLP 방식　　　　③ SLS 방식　　　　④ FDM 방식(FFF 방식)

해설

FDM 방식(FFF 방식) : 가열된 노즐에 필라멘트 형태의 열가소성 수지를 투입하고, 투입된 재료들이 노즐 내부에서 가압되어 노즐 출구를 통해 토출되는 형식

정답 ④

28 지지대 구조물의 그림에서 Ceiling은?

①

②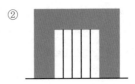

③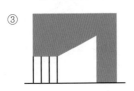

④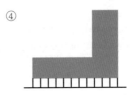

해설

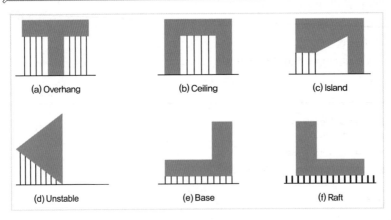

(a) Overhang (b) Ceiling (c) Island (d) Unstable (e) Base (f) Raft

정답 ②

29 이송 속도를 의미하는 G코드 명령어는?

① Ennn ② Fnnn ③ Gnnn ④ Hnnn

해설

- Fnnn : 이송 속도를 의미한다. 이때 nnn은 이송 속도(mm/min)이다.
- Ennn : 압출되는 필라멘트의 길이를 의미한다. 이때 nnn은 압출되는 길이(mm)이다.

정답 ②

30 전기 절연성, 치수 안정성이 좋으며 전기 부품 제작에 가장 많이 사용하는 소재는?

① PC 소재　　　　　② ABS 소재　　　　　③ PLA 소재　　　　　④ TPU 소재

해설

소재 종류	3D프린팅 소재 특성
PLA	출력 시 열 변형에 의한 수축이 적어 정밀한 출력 가능
ABS	상대적으로 열에 강하므로 구조용 부품으로 많이 쓰이며 강도가 우수, 출력 후 표면 처리가 비교적 용이
PC	전기 절연성, 치수 안정성이 좋으며 전기 부품 제작에 가장 많이 사용
HIPS	고충격성과 우수한 휨 강도와 함께 균형이 잡힌 기계적 성질을 가짐
TPU	유연성이 우수하고 내구성이 뛰어나 복원력이 좋음
Nylon	내구성이 강하고 특유의 유연성과 질긴 소재의 특징 때문에 기계 부품 등 강도와 마모도가 높은 특성의 제품 제작 시 사용됨
PVA	물에 잘 녹기 때문에 서포터 소재로 사용이 용이함

정답 ①

31 다음 중 Platform adhesion type(베드 고정 타입) 옵션이 아닌 것은?

① Brim　　　　　② Raft　　　　　③ Everywhere　　　　　④ None

해설

Everywhere : 서포트가 필요한 모든 곳에 서포트를 생성하는 옵션

정답 ③

32 3D 엔지니어링 프로그램에서 디자인 변경 및 수정 시 발생하는 문제를 최소화시킬 수 있는 것은?

① 구속 조건　　　　　② 부품 배치 조건　　　　　③ 설계 분석 조건　　　　　④ 제약 조건

해설

3D 엔지니어링 프로그램에서 제약 조건은 디자인 변경 및 수정 시 발생하는 문제를 최소화시킬 수 있다.

정답 ④

33 3D프린터 출력물의 외형강도에 가장 크게 영향을 미치는 설정 값은?

① Layer height　　　　　　　　② Number of shells
③ Support　　　　　　　　　　　④ Nozzle size

해설

내부 채우기를 적게 하면서 출력물을 단단하게 하고 싶다면 Shell thickness 옵션 값을 높여서 두께를 두껍게 하면 된다.

정답 ②

34 물체의 중심선에서 반으로 절단하여 물체의 기본적인 특징을 가장 잘 나타낼 수 있는 단면, 절단 부위의 위치와 보는 방향이 확실한 경우에는 절단선, 화살표, 문자 기호를 표시하지 않아도 되는 단면도는?

① 한쪽 단면도　　　② 부분 단면도　　　③ 계단 단면도　　　④ 온 단면도

> **해설**
>
> • **한쪽 단면도(반단면도)** : 중심선을 기준으로 내부 모양과 외부 모양을 동시에 표시
> • **부분 단면도** : 일부분을 잘라 내고 필요한 내부 모양을 그리기 위한 방법
> • **계단 단면도** : 단면도에 표시하고 싶은 부분이 일직선상에 있지 않을 때, 절단면이 투상면에 평행 또는 수직으로 계단 모양으로 절단
>
> **정답 ④**

35 보기 그림에서 표시하는 공차의 명칭은?

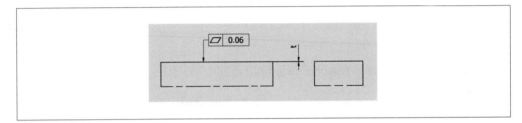

① 평면도 공차　　　　　　　　② 선의 진직도 공차
③ 평행도 공차　　　　　　　　④ 면의 대칭도 공차

> **해설**
>
> **평면도 공차** : 기준 평면에서 t만큼 떨어진 두 개의 평행한 평면 사이에 끼인 영역이다. 이 표면은 0.06mm만큼 떨어진 두 개의 평행한 평면 사이에 있어야 한다.
>
> **정답 ①**

36 M104 S220 명령어 설명으로 옳은 것은?

① 3D프린터 냉각팬의 회전 속도를 220으로 설정한다.
② 3D프린터 압출기의 온도를 220℃로 설정한다.
③ 3D프린터 출력 공간인 챔버의 온도를 220℃로 설정한다.
④ 3D프린터 플랫폼의 온도를 220℃로 설정한다.

> **해설**
>
> **M104** : Snnn으로 지정된 온도로 압출기의 온도를 설정한다.
>
> **정답 ②**

37 도면 작성 시 은선, 숨은선(은선, 파선)은 어느 부분에 사용하는가?

① 대상물에 필요한 참고 부분   ② 대상물의 중심 부분

③ 대상물의 보이지 않는 부분   ④ 단면도의 절단면 부분

📷 해설

은선, 숨은선(은선, 파선) : 대상물의 보이지 않는 부분을 표시할 때 사용한다.

정답 ③

38 좌표를 지정된 원점으로부터의 거리로 나타내는 좌표 지령은?

① 대기 지령   ② 절대 지령

③ 증분 지령   ④ 원점 지령

📷 해설

절대 지령은 좌표를 지정된 원점으로부터의 거리로 나타내는 방식이다.

정답 ②

39 빛을 이용하여 광경화성 수지를 굳혀 물체를 제작하는 형식에서 거리가 먼 장치는?

① 회전 롤러   ② 레이저

③ 반사 거울   ④ 렌즈

📷 해설

빛을 이용하여 광경화성 수지를 굳혀 물체를 제작하는 형식으로 기본적으로 레이저를 조사하면 렌즈를 지나 빛이 거울에 반사되어 광경화성 수지에 주사되면서 제품 형상이 만들어진다.

정답 ①

40 플랫폼의 이송 방향에 따라서 출력물이 성형되는 방향이 위쪽 또는 아래쪽인 성형 방식은?

① 접착제 분사 방식   ② 재료 압출 방식

③ 분말 융접 방식   ④ 수조 광경화 방식

📷 해설

①, ②, ③은 아래에서 위로 출력물이 성형된다.

정답 ④

41 다음 중 분말 융접(Powder bed fusion) 3D프린팅 공정별 출력 방향과 지지대 형태를 설명한 것으로 옳지 않은 것은?

① 플랫폼 위에 분말이 놓이게 되고, 여기에 위에서 아래 방향으로 열에너지가 가해진다.

② 출력물은 아래에서 위쪽 방향으로 성형된다.

③ 지지대가 만들어지는 경우에는 출력물과 다른 재료로 만들어진다.

④ 부서지거나 또는 움직이지 않게 하기 위해서 플랫폼 위에 지지대가 만들어지기도 한다.

🔲 해설

분말 융접(Powder bed fusion) : 지지대가 만들어지는 경우에는 출력물과 같은 재료로 만들어진다.

정답 ③

42 Layer height에 대한 설명으로 틀린 것은?

① 3D프린터 출력 시 한 층의 높이를 설정하는 옵션

② 내부를 가득 채운다면 설정할 필요가 없음

③ 사용할 프린터의 최대 높이와 최저 높이 사이의 값으로 설정

④ 높이가 낮을수록 출력물의 품질이 좋아짐

🔲 해설

Shell thickness
• 벽 두께로 출력물의 두께를 설정하는 옵션
• 내부를 가득 채운다면 설정할 필요가 없음
• 내부 채우기를 적게 하면서 출력물을 단단하게 하고 싶다면 Shell thickness 옵션 값을 높여서 두께를 두껍게 하면 됨

정답 ②

43 작은 입자의 분말을 레이저로 녹여 적층시켜 조형하는 3D프린터 방식은?

① SLS(Selective Laser Sintering) 방식

② FDM(Fused Deposition Modeling) 방식

③ MJ(Material Jetting) 방식

④ SLA(Stereolithography Apparatus) 방식

🔲 해설

SLS(Selective Laser Sintering) 방식
• 고체 분말을 재료로 제작하는 방식
• 작은 입자의 분말들을 레이저로 녹여 한 층씩 적층시켜 조형하는 방식
• 플라스틱 분말뿐 아니라 금속, 세라믹 분말을 이용하는 3D프린터도 있음

정답 ①

44 3D프린팅 작업 중일 때 안전관리 수칙으로 거리가 먼 것은?

① 소재가 압출되는 부위에 높은 열이 발생하므로 구동부에 손대지 말기
② 필라멘트가 녹는 과정에서 유해물질이 발생할 수 있으므로 산업용 방진 마스크를 착용
③ 작동 오류로 인한 사고위험이 있으므로 출력 시작 후 3분 정도 바닥에 안착하였는지 확인
④ 반드시 환풍기 및 환기장치를 사용

해설

3D프린팅 안전관리 수칙

3D프린팅 작업 전	• 장비사용법 및 안전수칙을 확인 • 사용 소재에 따른 장비 가동 설정을 확인 • 필라멘트 투입 및 교체 시 화상에 주의 • 개방형 장비는 작동 중 이물질이 들어가면 발화 위험이 있으므로 이용 전에 주변을 정리
3D프린팅 작업 중	• 소재가 압출되는 부위에 높은 열이 발생하므로 구동부에 손 대지 말기 • 필라멘트가 녹는 과정에서 유해물질이 발생할 수 있으므로 산업용 방진 마스크를 착용 • 작동 오류로 인한 사고위험이 있으므로 출력 시작 후 3분 정도 바닥에 안착하였는지 확인
3D프린팅 작업 후	• 출력물은 노즐과 베드의 온도가 충분히 내려갔는지 확인한 후에 보호장갑을 착용하고 꺼내기
후처리 작업 중	• 파편이 얼굴에 튀거나 날카로운 도구에 손을 베일 수 있으므로 보호장갑 및 보안경을 착용 • 사용되는 화학물질은 중독 증상이나 유해성을 유발할 수 있으므로 산업용 방진마스크나 방독마스크를 착용 • 반드시 환풍기 및 환기장치를 사용

정답 ④

45 3D프린터에서 출력하기 전에 슬라이싱 소프트웨어를 통해 출력될 모델을 미리 볼 수 있는 기능은?

① 형상 분석 기능
② 데이터 보정 기능
③ 가상 적층 기능
④ 파트 분할 기능

해설

가상 적층이란 실제로 재료를 적층하기 전에 슬라이싱 소프트웨어를 통해 출력될 모델을 미리 볼 수 있는 기능으로 서포트 종류와 브림이나 래프트 등의 모양을 미리 알 수 있다.

정답 ③

46 3차원 객체의 면 일부를 제거한 후 남아 있는 면에 일정한 두께를 부여하여 속을 만드는 기능은?

① 쉘(Shell) 명령
② 구멍(Hole) 명령
③ 회전(Revolve) 명령
④ 돌출(Extrude) 명령

해설

쉘(Shell) 명령은 생성된 3차원 객체의 면 일부분을 제거한 후, 남아 있는 면에 일정한 두께를 부여하여 속을 만드는 기능이다.

정답 ①

47 제품 제작 시에 반영해야 할 정보(제작 개요, 요구 사항, 디자인 정보)를 정리한 문서는?

① 공정 지시서　　　　　　　　　② 3D모델링 데이터
③ 작업 지시서　　　　　　　　　④ 출력 데이터

> **해설**
>
> **작업 지시서**
> 제품 제작 시에 반영해야 할 정보를 정리한 문서이다. 제작 개요, 디자인 요구 사항, 디자인 정보(전체 영역과 부분의 영역, 각 부분의 길이, 두께, 각도)를 포함하고 있다.
>
> **정답 ③**

48 일반적으로 CAD 시스템에서 사용하는 원통 좌표계를 바르게 표현한 것은?

① 3차원 공간에서 점 P=(x, y, z)에 대응하는 값 $(p, \varnothing, \theta)$로 표현하는 좌표계
② 3차원 좌표 공간에서 점 P=(x, y, z)에 대응하는 값 $(r, \varnothing, \theta)$로 표현하는 좌표계
③ 3차원 좌표 공간에서 점 P=(x, y, z)에 대응하는 값 (r, θ, z)로 표현하는 좌표계
④ 거리와 각도로 좌표를 표현하는 좌표계

> **해설**
>
> • 구면 좌표계(spherical coordinate system) : 3차원 공간에서 점 P=(x, y, z)에 대응하는 값 $(p, \varnothing, \theta)$로 표현하는 좌표계
> • 극 좌표계(polar coordinate system) : 거리와 각도로 좌표를 표현하는 좌표계
>
> **정답 ③**

49 모델링 명령어에서 MODIFY(형상 편집) 명령이 아닌 것은?

① 면 반전　　　　　② 간격 띄우기　　　　　③ 자르기　　　　　④ 연장

> **해설**
>
> MODIFY(형상 편집) : 자르기, 연장, 스티치, 언스티치, 면 반전
>
> **정답 ②**

50 KS 규격에 의한 안전색과 용도를 틀리게 표기한 것은?

① 녹색 → 구호, 구급, 피난　　　　　② 적색 → 방화 금지, 위험, 정지
③ 노랑 → 안전, 조심, 피난　　　　　④ 청색 → 주의, 지시, 송전 중, 수리 중

> **해설**
>
> • 노랑 : 주의, 조심
>
> **정답 ③**

51 도면을 그릴 때 대상물보다 크게 확대하여 그리는 방법은?

① 실척   ② 배척   ③ 현척   ④ 축척

해설

3척도의 종류
- **축척** : 실물보다 작게 축소하여 그리는 것
- **현척(실척)** : 실물과 같은 크기로 그리는 것

정답 ②

52 일정 시간 동안 기계가 아무 변화 없이 기다려야 할 경우 사용할 수 있는 명령어는?

① G01   ② G02   ③ G03   ④ G04

해설

G04 대기(Dwell) 지령 : 지령 시간 동안 이송을 일시정지

정답 ④

53 전기용 안전 장갑의 구비 조건 및 사용 방법으로 틀린 것은?

① 연결 부위는 재료와 동등한 성능을 보유하도록 접착 등의 방법으로 보호할 것
② 작업 시 쉽게 파손되지 않도록 외측에 가죽 장갑을 착용할 것
③ 사용 전 필히 공기 테스트를 통하여 점검을 실시할 것
④ 고무는 열, 빛 등에 의해 쉽게 노화되므로 열 및 직사광선을 피하여 보관할 것

해설

화학용 보호복
- 보호복 재료는 화학 물질의 침투나 투과에 대한 충분한 보호 성능을 갖출 것
- 연결 부위는 재료와 동등한 성능을 보유하도록 접착 등의 방법으로 보호할 것
- 화학 물질에 따른 재료의 보호 성능이 다르므로 해당 작업 내용 및 취급 물질에 맞는 보호복을 선택할 것

정답 ①

54 SLS 방식에서 사용하는 비금속 분말 재료가 아닌 것은?

① 티타늄 분말   ② 플라스틱 분말
③ 세라믹 분말   ④ 유리 분말

해설

비금속 분말 재료는 플라스틱이며 세라믹, 유리 등이 사용된다.

정답 ①

55 부분 형상 제작에 대한 설명으로 거리가 먼 것은?

① 동일한 좌표계와 동일한 스케일 환경에서 부분 형상을 제작해야 한다.
② 형상 조립 부위 크기와 두께가 일치해야 한다.
③ 우선적으로 부분 형상 제작이 먼저 이루어져야 함
④ 병합 기능을 이용하여 형상을 하나로 조립할 수 있다.

해설

부분 형상들을 제작할 때에는 모두 동일한 작업 환경을 이용해야 한다. 동일한 좌표계와 동일한 스케일 환경에서 작업해야 조립이 용이하다. 특히 형상 조립 부위의 크기와 두께가 일치하도록 주의해야 한다.

정답 ④

56 3D프린팅, 부울 작업, 유체 분석 등에 오류가 생길 수 있는 것으로 실제 존재할 수 없는 구조는?

① 반전 면
② 비(非)매니폴드 형상
③ 클로즈 메쉬
④ 오픈 메쉬

해설

비(非)매니폴드 형상
3D프린팅, 부울 작업, 유체 분석 등에 오류가 생길 수 있는 것으로 실제 존재할 수 없는 구조이다. 올바른 매니폴드 형상 구조는 하나의 모서리를 2개의 면이 공유하고 있으나, 비매니폴드 형상은 하나의 모서리를 3개 이상의 면이 공유하고 있거나 모서리를 공유하고 있지 않은 서로 다른 면에 의해 공유되는 정점을 나타낸다.

정답 ②

57 감전 사고로 쓰러져 호흡 정지 1분 이내에 심폐소생술을 했을 때 작업자의 생존 확률은?

① 67%
② 77%
③ 87%
④ 97%

해설

호흡 정지 발생 시 1분 이내에 심폐소생술이 이뤄지면 생존율이 97%지만 1분이 지날 때마다 7~25%씩 급격하게 낮아져 4분 경과 시 생존율이 50% 미만으로 떨어진다.

정답 ④

58 2D 라인 없이 3D 형상을 만드는 방법이 아닌 것은?

① 기본 도형을 이용한 모델링
② 폴리곤 모델링
③ 스윕 모델링
④ CSG 방식

해설

스윕 모델링은 2D 라인을 이용하여 3D 형상을 제작하는 방법이다.
2D 라인을 이용하여 3D 형상을 제작하는 방법 : 돌출 모델링, 스윕 모델링, 회전 모델링, 로프트 모델링

정답 ③

59 기계 부품을 제작하거나 조립할 때 정밀도가 필요한 부분에 지시하거나 적용하는 내용으로 보기 어려운 것은?

① 치수 공차 ② 기하 공차 ③ 출력 공차 ④ 끼워 맞춤

해설

기계 부품을 제작하거나 조립할 때 정밀한 제작과 정확한 조립을 하기 위하여 치수 공차, 끼워 맞춤과 함께 모양, 자세, 위치, 흔들림 등에 대하여 정밀도를 지시할 필요가 있다. 기하공차는 모든 치수에 적용하는 치수 공차와는 다르게 기하학적 정밀도가 요구되는 부분에만 적용한다.

정답 ③

60 헤드나 플랫폼을 목적지로 빠르게 이송시키기 위해서 사용하는 G코드 명령어는?

① G0 ② G1 ③ G90 ④ G90

해설

G0 : 빠른 이송을 의미한다. 헤드나 플랫폼을 목적지로 빠르게 이송시키기 위해서 사용한다.

정답 ①

01 다음 중 고체기반 FDM 방식의 설명으로 옳지 않은 것은?

① 고강도 재료 사용으로 완성된 출력물은 후 변형이 없다.
② ABS 소재는 잘 휘지 않아 일상적인 출력물에 적합하다.
③ ABS 소재는 온도 저항이 높고 유연성과 강도가 높다.
④ PLA 소재는 다양한 색상의 선택이 가능하다.

해설

잘 휘지 않아 일상적 출력물에 적합한 것은 ABS 소재가 아니라 PLA 소재이다.

정답 ②

02 스케치의 값을 정하여 크기를 맞추는 구속은?

① 접선 구속
② 동심 구속
③ 일치 구속
④ 치수 구속

해설

구속 조건은 형상 구속과 치수 구속으로 나뉘는데, 스케치의 값을 정하여 크기를 맞추는 구속은 치수 구속이고 드로잉된 스케치 객체 간 자세를 맞추는 구속은 형상 구속이다. ①~③은 모두 형상 구속이다.

정답 ④

03 다음 중 스캐닝 설정에 포함되지 않는 것은?

① 스캐너 보정(calibration)
② 측정 위치 설정
③ 조도 조절
④ 간섭 분석 수정

해설

스캐닝 설정에는 스캐너 보정(calibration), 노출 설정, 측정 범위, 측정 위치 선정, 스캐닝 간격 및 속도 등이 포함되며, 간섭 분석 수정은 출력물 설계 수정에 해당된다.

정답 ④

04 다음 중 선의 종류가 아닌 것은?

① 실선
② 파선
③ 2점 쇄선
④ 외형선

해설

실선, 파선(점선), 1점 쇄선, 2점 쇄선은 선의 종류이고, 외형선은 선의 명칭이다.

정답 ④

05 기능적 위치, 제작 위치, 설치 위치 등 물체에 대한 정보를 많이 주는 투상도는?

① 정면도   ② 평면도   ③ 측면도   ④ 우측면도

> **해설**
>
> 모델링에서 투상도는 물체에 대한 정보를 가장 많이 주는 것으로 기능적 위치, 제작 위치나 설치 위치 등을 고려하여 정면도를 사용한다.
>
> **정답 ①**

06 다음 중 A2 도면의 크기(세로×가로)로 알맞은 것은?

① 841×1,189mm   ② 594×841mm   ③ 420×594mm   ④ 297×420mm

> **해설**
>
> ① A0(841×1,189), ② A1(594×841), ③ A2(420×594), ④ A3(297×420)
>
> **정답 ③**

07 3D 형상 데이터 작업에 대한 설명으로 틀린 것은?

① 2D 라인 제작은 2차원 그래픽 소프트웨어에서 작성된 파일을 3D 디자인 소프트웨어 내부로 불러들일 수 없다.
② 스케일 설정은 3D 출력물의 정확도와 여러 형상을 조립할 때 단위를 통일하기 위해 필요하다.
③ 3D프린터용 출력물 모델링을 위해 단위는 mm로 설정한다.
④ 2D 라인 없이 3D 형상을 만드는 방법에는 기본 도형을 이용한 모델링, 폴리곤 모델링, CSG 방식이 있다.

> **해설**
>
> • 2D 라인의 제작은 2차원 그래픽 소프트웨어에서 작성된 파일을 3D 디자인 소프트웨어 내부로 불러들여 작업하여도 된다.
> • 3D 디자인 소프트웨어는 선, 원, 호, 사각형, 다각형, 텍스트 등의 2D 형상을 지원한다.
>
> **정답 ①**

08 측정 대상물에 대한 표면 처리 등의 준비, 스캐닝 가능여부에 대한 대체 스캐너 선정 등의 작업을 수행하는 단계는?

① 역설계   ② 스캐닝 보정
③ 스캐닝 준비   ④ 스캔데이터 정합

> **해설**
>
> 스캐닝을 준비하는 과정에서 스캐닝의 방식, 측정 대상물의 크기 및 표면, 적용 분야 등이 고려되어야 한다.
> ①은 모델링 단계, ②·④ 스캐닝 보정 및 데이터 정합은 스캐너를 사용하여 결과를 얻은 다음의 프로세스이다.
>
> **정답 ③**

09 다음 기하 공차 중 모양 공차가 아닌 것은?

① 진직도 공차   ② 원통도 공차

③ 평행도 공차   ④ 진원도 공차

해설

공차의 명칭		기호
모양 공차	진직도 공차	—
	평면도 공차	▱
	진원도 공차	○
	원통도 공차	⌭
	선의 윤곽도 공차	⌒
	면의 윤곽도 공차	⌓
자세 공차	평행도 공차	∥
	직각도 공차	⊥
	경사도 공차	∠

정답 ③

10 다음 중 모델링에 대한 설명으로 틀린 것은?

① 기준 평면은 정면, 윗면, 우측면, 좌측면의 기준 평면을 제공하고 있다.
② 3D 엔지니어링 프로그램의 평면은 시작 전 기준을 설정하는 것과 같다.
③ 사용자는 정투상도법에 준하는 위치를 선택한 후 2D 스케치 영역으로 접근해야 한다.
④ 3D모델링 데이터를 도면화하기 위해 한국산업표준이 정한 원칙을 따라야 한다.

해설

기준 평면은 정면, 윗면, 우측면 3개의 기준 평면을 제공하고 있다.

정답 ①

11 다음 중 작업 평면을 지정하는 G코드가 아닌 것은?

① G17   ② G18   ③ G19   ④ G20

해설

G20은 단위를 인치로 지정하는 인치 데이터 입력 코드이다.

G코드	그룹	기능	용도
G17		X–Y 평면	작업평면 지정 X–Y
G18	02	Z–X 평면	작업평면 지정 Z–X
G19		Y–Z 평면	작업평면 지정 Y–Z

정답 ④

12 베드 고정 타입 옵션 중 첫 번째 레이어를 확장시켜 플레이트에 베드 면을 깔아주는 옵션은?

① None ② Infill ③ Brim ④ Raft

🔲 **해설**

첫 번째 레이어를 확장시켜 플레이트에 베드 면을 깔아주는 옵션으로, 출력할 때 플레이트와 출력물이 잘 붙지 않을 때 사용하는 옵션은 Brim(브림)이다.

➕ **PLUS 해설**
① None(사용 안 함) : 베드 부착을 하지 않음
② Infill(인필) : 내부 채움 옵션
④ Raft(래프트) : 출력물 아래에 베드 면을 깔아주는 옵션, 출력 후 떼어낼 수 있게 되어 있음

정답 ③

13 슬라이서 프로그램 설정에 대한 내용으로 옳지 않은 것은?

① 각 축의 모터 이동 속도가 너무 높으면 표면의 결속 상태가 좋지 않게 된다.
② 노즐의 분사량이 많아야 출력 속도가 빨라지며 고품질의 결과물을 얻을 수 있다.
③ 대부분의 슬라이서 프로그램은 유사한 설정과 인터페이스를 가진다.
④ 출력물 내부 채움을 위해서는 밀도를 설정해야 한다.

🔲 **해설**

노즐에서의 분사량이 많으면 흐름 현상이 생기고 너무 적으면 출력물이 갈라지거나 그물 같은 구멍이 뚫릴 수 있다.

정답 ②

14 재료가 처음부터 플랫폼에 압출되지 않는 원인으로 옳지 않은 것은?

① 압출기 내부에 재료가 채워져 있지 않을 때
② 압출기 노즐과 플랫폼 사이의 거리가 너무 가까울 때
③ 필라멘트가 용융부 지역에서 용융될 때
④ 필라멘트 재료가 얇아졌을 때

🔲 **해설**

필라멘트가 용융부 이외의 지역에서 용융될 때

정답 ③

15 다음 중 도형의 중심을 표시할 때 사용하는 선은?

① 굵은 쇄선 ② 가는 1점 쇄선
③ 가는 2점 쇄선 ④ 가는 실선

② **중심선**(가는 1점 쇄선) : 도형의 중심을 표시하는 데 사용
① **외형선**(굵은 실선) : 대상물의 보이는 부분을 나타내는 데 사용
③ **가상선, 절단선**(가는 2점 쇄선) : 대상물에 필요한 참고 부분을 표시하는 데 사용
④ **치수선, 치수 보조선**(가는 실선) : 치수 기입 또는 지시선에 사용

정답 ②

16 물건이나 인물 등을 3D스캔한 스캔데이터를 저장하기 위해 설계된 포맷은 무엇인가?

① 3MF 포맷   ② OBJ 포맷   ③ STL 포맷   ④ PLY 포맷

PLY 포맷은 OBJ 포맷의 부족한 확장성으로 인한 성질과 요소에 개념을 종합하기 위해 고안되었으며, 스탠포드 삼각형 형식 또는 다각형 파일 형식이다. 3D스캐너를 이용해 물건, 인물 등을 3D 스캔한 스캔데이터를 저장하기 위해 설계되었다.

정답 ④

17 다음 중 3D프린터 출력을 위한 내용으로 옳지 않은 것은?

① SLA 방식은 FDM 방식에 비해 온도 조절 필요성이 덜한 편이다.
② FDM 방식은 필라멘트 재질에 따라 노즐 온도가 달라진다.
③ ABS, PVA 소재는 히팅베드 사용이 필수적이며 온도를 80℃ 이상으로 설정한다.
④ SLA 방식의 플랫폼 용기는 약 30℃ 정도로 일정 온도를 유지해야 한다.

PVA 소재는 히팅베드가 필요 없으며 사용 시 온도를 50℃ 이하로 설정한다.
① SLA 방식은 레이저를 이용하여 제품을 제작하므로 FDM 방식에 비해 온도 조절 필요성이 덜 하다.
② FDM 방식의 노즐 온도는 사용되는 필라멘트 재질에 따라 달라진다.
④ 광경화성 수지가 적정 온도를 유지해야 출력물의 품질이 좋아지므로 플랫폼 용기가 일정 온도를 유지하도록 해야 한다.

정답 ③

18 현재 헤드가 있는 위치를 기준으로 해당 축 방향으로의 이동하는 좌표 지령은?

① 대기 지령   ② 증분 지령
③ 지정 지령   ④ 절대 지령

증분 지령은 현재 헤드가 있는 위치를 기준으로 해당 축 방향으로의 이동량으로 위치를 나타내는 것이다.

정답 ②

19 다음 중 돌출 다음으로 많이 사용되는 명령으로 2D 스케치 단면과 작성한 중심축을 기준으로 회전하여 형상을 완성하는 명령은?

① Sweep   ② Chamfer   ③ Shell   ④ Revolve

해설

회전(Revolve) 명령은 축과 같이 전체가 회전 형태를 띠고 있는 객체를 주로 생성할 때 사용하며 작성된 2D 스케치의 단면과 작성한 중심축을 기준으로 회전시켜 형상을 완성한다.

정답 ④

20 다음 중 압출기 전원을 역방향으로 켜고 준비하는 기능의 M코드는?

① M101   ② M103   ③ M102   ④ M106

해설

③ M102 : 압출기 전원 ON(역), 압출기 전원을 켜고 준비(역방향)
① M101 : 압출기 전원 ON, 압출기 전원을 켜고 준비
② M103 : 압출기 전원 OFF, 후퇴, 압출기 전원을 끄고 후진
④ M106 : 냉각팬 ON, 냉각팬 전원을 ON시켜 동작

정답 ③

21 STL 포맷의 꼭짓점 수를 구하는 방법은?

① 꼭짓점 수 = (총 삼각형의 수 / 2) + 2   ② 꼭짓점 수 = (총 삼각형의 수 + 2) × 2
③ 꼭짓점 수 = (총 삼각형의 수 + 2) / 2   ④ 꼭짓점 수 = (총 삼각형의 수 / 2) × 2

해설

STL 포맷의 꼭짓점 수와 모서리 수를 구하는 방법
• 꼭짓점 수 = (총 삼각형의 수 / 2) + 2
• 모서리 수 = (꼭짓점 수 ×3) − 6

정답 ①

22 다음 중 옥수수 전분을 이용하여 만든 수지로 무독성 친환경 재료는?

① PVA   ② PLA   ③ HIPSS   ④ TPU

해설

② PLA(Poly Lactic Acid) : 친환경 수지, 옥수수 전분을 이용해 만든 재료로서 무독성 친환경 재료
① PVA(Polyvinyl Alcohol) : 고분자 화합물로 폴리아세트산비닐을 가수 분해하여 얻어지는 무색 가루
③ HIPS(High-Impact Polystyrene) : ABS와 PLA의 중간 정도의 강도를 지닌 소재
④ TPU(Thermoplastic polyurethane) : 열가소성 폴리우레탄 탄성체 수지로 내마모성이 우수한 고무와 플라스틱의 특징을 가져 탄성과 투과성이 우수하고 마모에 강함

정답 ②

23 3D프린터 소재 장착 방법 중 별도의 팩이나 용기를 직접 프린터에 꽂아서 사용하는 방식은?

① FDM 방식   ② SLA 방식   ③ SLS 방식   ④ MJ 방식

해설

프린터 소재 장착 방법
- MJ 방식 : 별도의 팩이나 용기를 직접 3D프린터에 꽂아서 사용
- FDM 방식 : 3D프린터 뒤 또는 옆에 위치 → 필라멘트의 선을 튜브에 삽입하여 장착
- SLA 방식 : 팩으로 포장된 재료를 프린터에 삽입
- SLS 방식 : 프린터 내에 별도의 분말 저장 공간 → 일정량을 부어 사용

정답 ④

24 작업 지시서 작성에서 제작 개요에 포함되어야 할 내용으로 옳지 않은 것은?

① 제작 물품명   ② 제작 방법
③ 제작 기간   ④ 제작 비용

해설

작업 지시서의 제작 개요에 포함되어야 할 내용은 제작 물품명, 제작 방법, 제작 기간, 제작 수량이다.

➕ **PLUS 해설**

작업 지시서 : 제품 제작 시에 반영해야 할 정보를 정리한 문서이다. 제작 개요, 디자인 요구 사항, 디자인 정보(전체 영역과 부분의 영역, 각 부분의 길이, 두께, 각도)를 포함하고 있다.

정답 ④

25 다음 중 G코드에 대한 설명이 잘못된 것은?

① G01 : 직선보간 명령   ② G00 : 급속이송 명령
③ G92 : 공작물좌표계 설정 명   ④ G04 : 원점복귀 명령

해설

G04는 대기 지령이며 원점복귀 명령은 G28이다.

정답 ④

26 다음 중 문제점 리스트를 작성할 때 가장 먼저 확인해야 하는 것은?

① 출력 모델의 오류   ② 출력 모델의 크기
③ 공차   ④ 서포트

해설

문제점 리스트를 크기, 공차, 서포트, 채우기 순으로 먼저 설정하면 나중에 오류가 생겼을 때 설정값을 제거하고 재설정해야 하는 경우가 생기므로 가장 먼저 출력 모델에 오류가 있는지 확인해야 한다.

정답 ①

27 다음과 같이 3차원 형상을 입체화하는 명령으로 돌출이나 회전으로 작성하기 힘든 자유 곡선이나 한 개 이상의 스케치 경로를 따라가는 형상을 모델링하는 기능은?

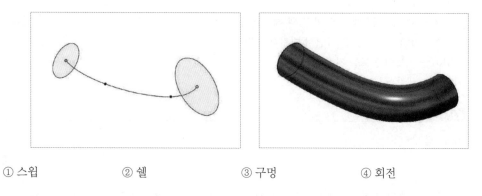

① 스윕 ② 쉘 ③ 구멍 ④ 회전

🖥️ 해설

스윕은 돌출이나 회전으로 작성하기 힘든 자유 곡선이나 한 개 이상의 스케치 경로를 따르는 형상을 모델링 하는 것이며, 경로 스케치와 별도로 단면 스케치를 각각 작성하여 형상을 완성한다.

정답 ①

28 3D 엔지니어링 프로그램에서 가장 많이 사용되는 명령이며, 2D 스케치의 단순 입체화가 가능한 명령어는?

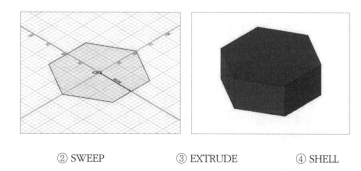

① REVOLVE ② SWEEP ③ EXTRUDE ④ SHELL

🖥️ 해설

돌출(Extrude) 명령
• 3D 엔지니어링 프로그램에서 가장 많이 사용되는 명령
• 2D 스케치의 단순 입체화 기능
• 2D 스케치 후 돌출을 이용하면 입체화된 도형이 나타나며 돌출 높이를 지정하여 형상을 완성시킴

정답 ③

29 다음 중 보조기능 M코드 명령에 대한 설명으로 옳지 않은 것은?

① M190 – 플랫폼 가열 기능
② M109 – ME 방식(소재 압출 방식)의 헤드에서 소재를 녹이는 열선의 온도를 지정, 해당조건에 도달할 때까지 가열 혹은 냉각을 하면서 대기하는 명령
③ M104 – 헤드의 온도를 지정하는 명령
④ M107 – 냉각팬 ON

📷 해설

M107 : 냉각팬 OFF

정답 ④

30 3D프린터용 슬라이서 프로그램이 인식할 수 있는 파일의 종류로 올바르게 나열된 것은?

① STL, OBJ, IGES
② DWG, STL, AMF
③ STL, OBJ, AMF
④ DWG, IGES, STL

📷 해설

STL 파일을 지원하지 않는 프로그램은 없으나 AMF, OBJ 또는 원하는 파일 포맷이 아닐 경우 많은 출력용 모델링 파일 포맷으로 변환을 지원한다.

정답 ③

31 다음 3D프린터 방식 중에서 사용소재가 다른 방식은?

① SLS 방식
② DLP 방식
③ MJ 방식
④ SLA 방식

📷 해설

액상 소재를 기반으로 한 SLA, DLP 방식과 분말 소재를 사용하는 것은 SLS 방식이다.
MJ 방식 3D프린터
• 정밀도가 매우 높아 많이 사용되는 방식으로 MJ 방식 또는 Polyjet 방식으로 불림
• 액체 상태의 광경화성 수지를 이용함

정답 ①

32 지지대 설정 방식에서 내부 채우기를 뜻하는 것은?

① Infill
② Raft
③ Base
④ Brim

📷 해설

Infill
• 내부 채우기 정도를 뜻함
• 0%~100%까지 채우기가 가능함
• 채우기 정도가 높아질수록 출력시간이 길어지고 출력물 무게가 무거워지는 단점이 있음

정답 ①

33 다음 히팅베드에 대한 설명으로 옳지 않은 것은?

① 노즐 수평이 히팅베드와 맞지 않으면 출력 오류가 발생한다.

② 노즐이 히팅베드에 너무 붙거나 떨어지면 뜨거나 끊긴 형태로 나오므로 적정 높이로 세팅한다.

③ 베드 높낮이 수평 조절은 사각 모서리 아래 필라멘트 유도 튜브를 조절한다.

④ 명함을 노즐 끝 부분과 베드 사이에 넣었다 뺄 때 약간 긁히는 느낌이 나는 정도로 세팅한다.

해설

베드 높낮이 수평 조절은 사각 모서리 아래 높낮이 조절 장치로 조절하면 된다.

정답 ③

34 다음 입체의 3각법 투상도 배치에서 배면도에 해당하는 것은?

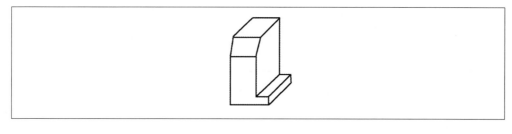

①
②
③
④

해설

제3각법에 의한 투상도 배치

A : 정면도, B : 평면도, C : 좌측면도, D : 우측면도, E : 저면도, F : 배면도

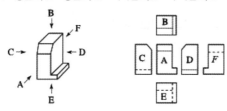

정답 ④

35 다음 중 UV 레진을 주로 사용하는 방식은 무엇인가?

① SLA 방식   ② SLS 방식
③ FDM(FFF) 방식   ④ MJ 방식

해설

① **SLA 방식** : 액체 상태의 광경화성 수지를 빛으로 경화시켜 출력물을 만드는 방식으로 주로 UV 레진을 사용한다.
② **SLS 방식** : 고체 분말을 재료로 제작하는 방식으로 플라스틱 분말, 세라믹 분말 등을 사용한다.
③ **FDM(FFF) 방식** : 고체 형식 필라멘트를 주로 사용한다.
④ **MJ 방식** : 광경화성 수지를 사용하므로 팩이나 용기를 직접 3D프린터에 꽂아 사용한다.

정답 ①

36 레이저가 잘 주사되지 않는 표면을 가진 대상물의 표면 처리 코팅제에 관한 설명으로 거리가 먼 것은?

① 주로 스프레이 방식으로 재료를 피측정물에 도포할 수 있다.
② 매우 미세한 유색 파우더가 포함된 분말 재료가 많다.
③ 파우더의 입자가 클 경우에는 측정 오차가 생길 수 있다.
④ 고정밀 측정용 코팅제는 마이크론 입자 사이즈를 가진다.

해설

표면 처리 코팅제는 매우 미세한 백색 파우더가 포함된 액체 재료가 많다.

정답 ②

37 슬라이싱 상태를 미리 파악할 수 있는 기능을 무엇이라고 하는가?

① 데이터 클리닝   ② 스캐너 보정
③ 가상 적층   ④ 렌더링 기능

해설

① 데이터 클리닝은 스캔 데이터 보정 기능이다.
② 스캐너 보정은 스캐닝 이전에 수행하는 과정이다.
④ 렌더링은 3D로 제작된 결과물을 출력하는 계산 과정이다.

정답 ③

38 다음 중 3D프린터 장비 상태 화면을 통해 알 수 있는 정보가 아닌 것은?

① 출력 진행률   ② 압출 노즐 온도
③ 냉각팬 회전 속도   ④ 서포트 타입

해설

압출 노즐 온도, 출력 진행률, 냉각팬 회전속도, 전체 출력 소요 시간 등은 알 수 있으나 서포트 타입은 확인할 수 없다.

정답 ④

39 다음은 어떤 명령인가?

> 일반적으로 돌출 또는 회전 명령으로 작업이 가능하며, 별도의 스케치를 작성하지 않고 생성된 3차원 형상에 직접 작업을 수행한다.

① 모깎기   ② 스윕
③ 구멍   ④ 셸

🖥 해설

구멍(Hole) 명령 : 규격에 따른 구멍 생성을 목적으로 하는 경우 이 명령을 이용하여 구멍을 작성한다.

> **정답 ③**

---

40 분말 방식 3D프린터 출력물의 회수 방법으로 옳은 것은?

> ㄱ. 보호 장구 착용
> ㄴ. 플랫폼에서 출력물 분리
> ㄷ. 출력물에 묻어 있는 분말 가루 제거
> ㄹ. 3D프린터 작동 중지
> ㅁ. 플랫폼에 남아 있는 분말 가루를 제거
> ㅂ. 3D프린터 문 열기

① ㄱ-ㄹ-ㅂ-ㅁ-ㄴ-ㄷ   ② ㄱ-ㅂ-ㄹ-ㄴ-ㅁ-ㄷ
③ ㄱ-ㄹ-ㅂ-ㄴ-ㅁ-ㄷ   ④ ㄱ-ㄹ-ㅂ-ㄴ-ㄷ-ㅁ

🖥 해설

분말 방식 3D프린터 출력물 회수 순서
보호 장구 착용 → 3D프린터 작동 중지 → 3D프린터 문 열기 → 플랫폼에서 출력물 분리 → 플랫폼에 남아 있는 분말 가루 제거 → 출력물에 묻어 있는 분말 가루 제거

> **정답 ③**

---

41 출력용 파일 중 AMF 포맷에 대한 설명으로 틀린 것은?

① 색상, 질감과 표면 윤곽이 반영된 면을 포함해 곡면을 잘 표현할 수 있다.
② 기존의 STL 파일을 간단히 변환할 수 있다.
③ 같은 모델을 STL과 AMF로 변환했을 때 AMF의 용량이 더 크다.
④ 각 재료 최적의 색과 메시의 각 삼각형 색상을 지정할 수 있다.

🖥 해설

같은 모델을 STL과 AMF로 변환했을 때 AMF의 용량이 매우 작다.

> **정답 ③**

42 오류 검출 프로그램에서 3D프린팅 출력용 파일의 오류가 아닌 것은?

① 반전면　　　　② 클로즈 메쉬　　　　③ 비매니폴드 형상　　　　④ 오픈 메쉬

> **해설**
>
> ① 반전면 : 반전면은 시각화 및 렌더링뿐 아니라 3D프린팅을 하는 경우 문제가 발생할 수 있다.
> ③ 비매니폴드 형상 : 안이 비워져 있지 않은 원을 출력용 파일로 변환시켰을 때, 오픈 메쉬가 없는 클로즈 메쉬 파일을 출력하면 그대로 출력되지만 구멍이 있는 메쉬는 오픈 메쉬가 되어 출력하는 데 오류가 발생할 수 있다.
> ④ 오픈 메쉬 : 메쉬의 삼각형 면의 한 모서리가 한 면에만 포함되는 경우 문제가 발생할 수 있다.

정답 ②

43 폴리곤 수정 시 지원되지 않는 기능은?

① 점 위치 이동　　　　　　　　② 선 분할
③ 선택 면 넓이 줄이기　　　　　④ 2D 도형 합치기

> **해설**
>
> 2D도형 합치기는 2D 도형 수정 기능에 속하는 기능이다.

정답 ④

44 매우 유연한 형식으로 필요한 데이터를 추가할 수 있으며, STL 포맷을 대체하기 위해 만들어진 포맷은 무엇인가?

① 3MF 포맷　　　　② OBJ 포맷　　　　③ AMF 포맷　　　　④ PLY 포맷

> **해설**
>
> STL 포맷은 3D프린팅 표준 포맷으로 단순하고 쉽지만 여러 가지 정보가 결여된 단점이 있어, 기술이 발전될수록 쓸 수 없는 포맷이 될 가능성이 많다. 반면에 3MF 포맷은 STL 포맷을 대체하기 위해 만든 포맷으로서 매우 유연한 형식이기 때문에 필요한 데이터를 추가할 수 있고 색상, 재질, 재료, 메쉬 등의 여러 정보를 한 파일에 담을 수 있다.

정답 ①

45 다음 중 파트 분할 출력에 대한 설명으로 옳지 않은 것은?

① 지지대를 제대로 제거할 수 없는 형상의 경우 분할하여 출력한다.
② 파트 분할 출력 시 표면을 깨끗하게 유지한 상태로 출력할 수 있다.
③ 모델링 내부 공간이 있고 그 공간에서 조립, 동작이 이루어질 때 분할 출력을 한다.
④ 특수 분할일 경우 기준 평면을 이용한다.

> **해설**
>
> 단순 분할인 경우 기준 평면(사용자 평면)을 이용하고, 특수 분할인 경우 서피스(곡면)를 생성하여 분할할 수 있다.

정답 ④

46 다음 중 방독마스크의 종류가 아닌 것은?

① 분리식 전면형 ② 분리식 반면형
③ 격리식 전면형 ④ 호스 마스크

> 📖 **해설**

방독마스크는 격리식 전면형, 격리식 반면형, 분리식 전면형, 분리식 반면형 등으로 나뉘며 호스 마스크는 송기 마스크이다.

정답 ④

47 압축된 금속 분말에 열에너지를 가해 입자들의 표면을 녹이고 금속 입자를 접합시켜 금속 구조물의 강도와 경도를 높이는 공정은?

① 분말 용접 ② 경화 ③ 소결 ④ 합금

> 📖 **해설**

소결은 압축된 금속 분말에 열에너지를 가해 입자들의 표면을 녹이고, 녹은 표면을 가진 금속 입자를 서로 접합시켜 금속 구조물의 강도와 경도를 높이는 공정이며, 분말 재료에 압력을 가해 밀도를 높인 후 에너지를 가해 분말 표면을 녹여 결합시키는 공정이다.

정답 ③

48 주요 G코드 명령에서 사용 단위를 밀리미터(mm)로 설정하는 명령어는?

① G20 ② G90 ③ G91 ④ G21

> 📖 **해설**

• G20, G21 : 'G20'은 단위를 인치(Inch)로, 'G21'은 단위를 밀리미터(mm)로 변환한다.
• G90 : 모든 좌표 값을 현재 좌표계의 원점에 대한 절대 좌표 값으로 설정한다.

정답 ④

49 다음 중 G코드에 대한 설명으로 옳지 않은 것은?

① G코드는 제어 장치의 기능을 동작하기 위한 준비를 한다.
② 1960년대 후반에 표준화된 공작 기계 제어용 코드이다.
③ 연속 유효 지령은 지시된 블록에서만 유효하다.
④ G코드와 M코드에서 nnn은 숫자를 의미한다.

> 📖 **해설**

③ 1회 유효 지령에 대한 설명이다.

정답 ③

50 다음 중 안전관리 수칙 중 같은 작업 진행 과정에서의 수칙이 아닌 것은?

① 장비사용법 및 안전수칙을 확인   ② 보호장갑 및 보안경을 착용
③ 필라멘트 투입 및 교체 시 화상 주의   ④ 사용소재에 따른 장비 가동 설정을 확인

🔍 해설

보호장갑 및 보안경을 착용하는 것은 후처리 작업 중 파편이 얼굴에 튀거나 날카로운 도구에 손을 베일 수 있으므로 착용해야 한다. ① · ③ · ④는 3D프린팅 작업 전 안전관리 수칙이다.

정답 ②

51 다음 중 3D프린터 사용자 안전 행동요령으로 옳지 않은 것은?

① 3D프린터 사용 중에는 창문과 환기 장치를 이용하여 환기
② 노즐온도는 3D프린터 및 소재별 권장 온도보다 조금 높게 설정
③ 3D프린터 사용 시 얼굴 부위를 노즐에서 멀리하기
④ 3D프린터 사용 공간 출입 시 개인보호장비 착용

🔍 해설

노즐온도가 높을수록 유해물질이 더 많이 나온다는 연구결과가 있으므로 노즐온도는 3D프린터 및 소재별 권장 온도보다 높게 설정하지 않는다.

정답 ②

52 다음 중 압출기 온도를 설정하고 해당 온도에 도달하기를 기다리는 M코드는 무엇인가?

① M0   ② M101   ③ M103   ④ M109

🔍 해설

① M0 : 프로그램 정지 기능으로 3D프린터의 동작을 정지시킨다.
② M101 : 압출기 전원 ON 기능으로 압출기의 전원을 켜고 준비한다.
③ M103 : 압출기 전원 OFF, 후퇴 기능으로 압출기 전원을 끄고 후진한다.

정답 ④

53 다음 중 안전 보호구에 대한 내용으로 옳은 것은?

① 보호구 관리 취급은 작업자가 주기적으로 돌아가며 담당한다.
② 보호구의 외관이나 디자인은 보호구 구비 요건에 해당하지 않는다.
③ 귀마개는 스펀지 재질보다 고무 재질이 비교적 좋다.
④ 공기 정화식 보호구는 수동식과 전동식이 있으며, 전동식은 높은 농도의 공기 오염 상태에서 사용이 가능하다.

해설

공기 정화식 보호구는 호흡을 위하여 착용자 본인의 폐력을 이용한 방식(수동식)과 전동기를 이용한 방식으로 구분하며, 전동식은 수동식보다 높은 농도의 공기 오염 상태에서도 사용이 가능하다.
① 보호구 관리 취급 책임자를 지정하도록 한다.
② 보호구가 가져야 할 구비요건
- 착용하여 작업하기 쉬울 것
- 유해 · 위험물로부터 보호 성능이 충분할 것
- 사용되는 재료는 작업자에게 해로운 영향을 주지 않을 것
- 마무리가 양호할 것
- 외관이나 디자인이 양호할 것
③ 귀마개는 불쾌감이나 통증이 적은 재료로 만든 것을 선정. 고무 재질보다는 스펀지 재질이 비교적 좋다.

정답 ④

54 출력 보조물인 지지대(Support)에 대한 효과로 볼 수 없는 것은?

① 출력 오차를 줄일 수 있다.
② 지지대를 많이 사용할 시 후가공 시간이 단축된다.
③ 지지대는 출력물의 수축에 의한 뒤틀림이나 변형을 방지할 수 있다.
④ 진동이나 충격이 가해졌을 때 출력물의 이동이나 붕괴를 방지할 수 있다.

해설

지지대(Support)를 과도하게 형성할 경우 조형물과의 충돌로 인하여 제품 품질이 하락하고, 가공 공정에 있어서 작업과정을 복잡하고 어렵게 만들기 때문에 시간이 늘어난다.

정답 ②

55 다음 중 안전점검의 종류가 다른 것은?

① 정기점검   ② 작동점검
③ 수시점검   ④ 임시점검

해설

'작동점검'은 안전장치나 누전 차단장치 등을 작동시켜 원활하게 운용되는지 확인하는 점검으로 '점검 방법에 의한 구분'이다. 나머지는 '점검주기에 의한 구분'이다.
점검 주기에 의한 안전점검의 종류
- **정기점검** : 일정 기간 정기적으로 실시하는 점검으로 법적 기준이나 사내 안전규정에 따라 책임자가 실시함
- **수시점검** : 매일 작업 전, 작업 중, 작업 후 일상적으로 실시하는 점검
- **특별점검** : 기구나 설비의 신설이나 변경, 중대재해 발생 직후, 고장 수리 등 비정기적인 특정 점검
- **임시점검** : 정기점검 후 다음 점검 이전에 임시로 실시하는 점검으로, 기구의 설치 이상 발견 시 임시로 점검하는 것을 포함

정답 ②

56 노즐에서 재료를 토출하면서 가로 100mm, 세로 200mm 위치로 이동하라는 G코드 명령어에 해당하는 것은?

① G1 X100 Y200

② G0 X100 Y200

③ G1 A100 B200

④ G2 X100 Y200

> **해설**
>
> 지정된 좌표로 직선 이동하며 지정된 길이만큼 압출 이동하는 명령은 'G1'이다. 따라서 노즐에서 재료를 토출하면서 가로 100mm, 세로 200mm 위치로 이동하라는 G코드 명령어는 'G1 X100 Y200'이다.
> - G0 : 공구의 급속 이송
> - G1 : 지정된 좌표로 직선 이동하며 지정 길이만큼 압출 이동
> - G2 : 시계 방향으로의 원호 가공

정답 ①

57 방진 마스크의 선정 기준과 가장 거리가 먼 것은?

① 안면 접촉 부위에 땀을 흡수할 수 있는 재질을 사용한 것

② 안면 밀착성이 좋아 기밀이 잘 유지되는 것

③ 마스크 내부에 호흡에 의한 습기가 발생하지 않는 것

④ 분진 포집 효율이 높고 흡기 · 배기 저항은 높은 것

> **해설**
>
> 분진 포집 효율이 높고 흡기 · 배기 저항은 낮아야 한다.

정답 ④

58 3D프린터에서 출력물 프린팅 시 실패하지 않기 위해 고려해야 할 사항이 아닌 것은?

① 출력물이 완성되는 시간

② 지지대 생성 유무

③ 소재에 따른 노즐 온도 파악

④ 출력 시 적층 높이

> **해설**
>
> 출력물이 완성되는 시간은 출력물 프린팅 시 결과물의 완성도를 좌우하는 사항이 아니다.

정답 ①

59 3D프린터가 인식할 수 있는 G코드로 변경해 주는 프로그램은 어느 것인가?

① 엔지니어링 프로그램

② 3D모델링 프로그램

③ 3D프린팅 프로그램

④ 슬라이서 프로그램

해설

3D프린터가 인식할 수 있는 G코드로 변경해 주는 프로그램은 슬라이서 프로그램이다.

정답 ④

60 전기용 안전 장갑의 구비 조건 및 사용 방법으로 틀린 것은?

① 연결 부위는 재료와 동등한 성능을 보유하도록 접착 등의 방법으로 보호할 것

② 작업 시 쉽게 파손되지 않도록 외측에 가죽 장갑을 착용할 것

③ 사용 전 필히 공기 테스트를 통하여 점검을 실시할 것

④ 고무는 열, 빛 등에 의해 쉽게 노화되므로 열 및 직사광선을 피하여 보관할 것

해설

화학용 보호복

• 보호복 재료는 화학 물질의 침투나 투과에 대한 충분한 보호 성능을 갖출 것

• 연결 부위는 재료와 동등한 성능을 보유하도록 접착 등의 방법으로 보호할 것

• 화학 물질에 따른 재료의 보호 성능이 다르므로 해당 작업 내용 및 취급 물질에 맞는 보호복을 선택할 것

정답 ①

01 3D프린터 사용 소재 선정 시 고려하여야 할 사항이 아닌 것은?

① 소재의 무게　　　　　　　　　　② 소재의 녹는점
③ 소재의 직경　　　　　　　　　　④ 소재의 유해성

해설

소재의 무게는 소재 선정 시 고려하여야 할 사항이 아니다.

정답 ①

02 다음 중 지지대 구조물에 대한 설명으로 옳은 것은?

① 광조형법으로 제작하는 경우 반드시 지지대가 필요하다.
② 베드와의 접착력을 높이기 위한 바닥 구조물을 스커트라고 한다.
③ 지지대를 많이 생성할수록 품질과 안정성이 향상된다.
④ 소재가 경화되면서 수축에 의해 뒤틀림이 발생하는 경우를 Sagging이라고 한다.

해설

액체 상태의 광경화성 수지를 사용하는 광조형법이나 녹인 재료를 주사하여 형상을 제작하는 경우, 조형물이 완성되어 분리될 때까지 조형물의 고정, 파손, 지붕 형상, 돌출 부분의 처짐 현상을 방지하기 위해 지지대가 반드시 필요하다.
② 베드와의 접착력을 높이기 위한 바닥 구조물은 Raft라고 한다.
③ 프린터 출력 후 후가공을 거쳐야 하므로 필요 이상의 지지대는 출력물 품질 향상에 도움이 되지 않는다.
④ 지지대 관련 성형 결함으로 제작 중 하중으로 인해 아래로 처지는 현상을 Sagging이라 하고 소재가 경화되면서 수축에 의해 뒤틀림이 발생하게 되는 현상을 Warping이라고 한다.

정답 ①

03 FDM 방식 3D프린터에서 출력 오류의 형태로 볼 수 없는 것은?

① 빛이 새어 나가면 경화를 원하지 않는 부분까지 경화되는 현상이 발생할 수 있다.
② 3D프린터를 동작시켰으나, 처음부터 재료가 압출되지 않는다.
③ 스풀에 더 이상 필라멘트가 없으면 재료가 압출되지 않는다.
④ 모터 드라이버가 과열되어 다시 냉각될 때까지 모터의 회전이 멈추기도 한다.

해설

빛이 새어 나가면 경화를 원하지 않는 부분까지 경화되는 현상이 발생할 수 있는 것은 SLA 방식 3D프린터에서 발생하는 출력 오류이다.

정답 ①

04 SLS 방식에서 제품에 분말을 추가하거나 분말이 담긴 표면을 매끄럽게 해 주는 장치는?

① 레벨링(회전) 롤러   ② 레이저 광원

③ 플랫폼   ④ X, Y 구동

해설

SLS 방식에서 제품에 분말을 추가하거나 분말이 담긴 표면을 매끄럽게 하는 장치는 레벨링(회전) 롤러이다.

정답 ①

05 FDM 방식 3D프린터로 출력하기 위해 확인해야 할 점검사항으로 볼 수 없는 것은?

① 장비 매뉴얼을 숙지한다.
② 테스트용 형상을 출력하여 프린터 성능을 점검한다.
③ 프린터의 베드(Bed) 레벨링 상태를 확인 및 조정한다.
④ 진동·충격을 방지하기 위해 프린터가 연질매트 위에 설치되었는지 확인한다.

해설

3D프린터는 진동과 충격에 약하므로 연질매트 위에 설치되면 진동이 더 심해진다. 따라서 연질매트 위가 아닌 실험용 스탠드에 설치하는 것이 좋다.

정답 ④

06 지지대 구조물인 라프트(Raft)에 대한 설명으로 틀린 것은?

① 새로 생성하는 층이 아래로 휘는 것을 잡아준다.
② 성형 중에는 플랫폼에 대한 접착력을 제공한다.
③ 성형 후에는 부품에 손상 없이 분리하기 위한 지지대의 일종이다.
④ 플랫폼에 처음으로 만들어지는 구조물이다.

해설

Raft : 성형 플랫폼에 처음으로 만들어지는 구조물로 성형 중에는 플랫폼에 대한 접착력을 제공하고 성형 후에는 부품에 손상 없이 분리하기 위한 지지대의 일종이다.

정답 ①

07 FDM 방식 3D프린팅을 위한 설정값 중 레이어(Layer) 두께에 대한 설명으로 틀린 것은?

① 레이어 두께는 프린팅 품질을 좌우하는 핵심적인 치수이다.
② 일반적으로 레이어 두께를 절반으로 줄이면 프린팅 시간은 2배로 늘어난다.
③ 레이어가 얇을수록 측면의 품질뿐만 아니라 사선부의 표면이나 둥근 부분의 품질도 좋아진다.
④ 맨 처음 적층되는 레이어는 베드에 잘 부착이 되도록 가능한 얇게 설정하는 것이 좋다.

해설

맨 처음 적층되는 레이어를 너무 얇게 설정하면 소재의 부족으로 인해 접지력이 약해질 수 있다. 또한 레이어의 두께가 너무 얇으면 출력되는 필라멘트가 히팅 베드에 달라붙지 않고 층층이 쌓이기 때문에 품질이 깔끔하지 못하다. 그러므로 맨 처음 적층되는 레이어는 베드에 잘 부착되도록 가능한 두껍게 설정하는 것이 좋다.

정답 ④

---

08 방진 마스크의 선정 기준과 가장 거리가 먼 것은?

① 안면 접촉 부위에 땀을 흡수할 수 있는 재질을 사용한 것
② 안면 밀착성이 좋아 기밀이 잘 유지되는 것
③ 마스크 내부에 호흡에 의한 습기가 발생하지 않는 것
④ 분진 포집 효율이 높고 흡기 · 배기 저항은 높은 것

해설

분진 포집 효율이 높고 흡기 · 배기 저항은 낮아야 한다.

정답 ④

---

09 다음이 설명하는 것은?

- 이음매가 없고 균질한 것일 것
- 사용 전 필히 공기 테스트를 통하여 점검을 실시할 것
- 고무는 열, 빛 등에 의해 쉽게 노화되므로 열 및 직사광선을 피하여 보관할 것
- 6개월마다 1회씩 규정된 방법으로 절연 성능을 점검하고 그 결과를 기록할 것

① 방열복　　　　　　　　② 화학용 보호복
③ 전기용 안전 장갑　　　　④ 방독 마스크

해설

제시된 내용은 전기용 안전 장갑에 대한 설명이다. 손은 작업 활동 시 감전 위험이 가장 높은 신체 부위이므로 감전 위험이 높을 경우 사용 전압에 맞는 안전 장갑을 사용해야 한다.

정답 ③

---

10 SLS 방식에서 금속 분말을 사용하여 출력 후 금속의 물성을 높이거나 표면 거칠기를 개선하기 위한 후처리 공정이 아닌 것은?

① 연마 가공　　　　　　　② 절삭 가공
③ 열처리　　　　　　　　④ 성형 가공

해설

SLS 방식에서는 서포트 제거 후 금속의 기계적 물성을 높이거나 표면 거칠기를 개선하기 위해 숏 피닝(Shot Peening), 연마 가공, 절삭 가공, 열처리 등의 후처리가 필요한 경우가 많다.

정답 ④

11 FDM 3D프린터 방식에서 필라멘트 재료를 노즐로부터 뒤로 빼주는 기능은?

① SUPPORT   ② RETRACTION   ③ SLICING   ④ BACKU

해설

기어 이빨이 필라멘트 재료를 뒤로 빼주는 기능은 리트렉션(retraction)이다.

정답 ②

12 3D프린터 슬라이싱 프로그램 방식에서 불러올 수 있는 파일 형식은 어느 것인가?

① STL 형식과 OBJ 형식   ② XYZ 형식과 IGES 형식

③ OBJ 형식과 IGES 형식   ④ STL 형식과 XYZ 형식

해설

3D프린터 슬라이싱 프로그램 방식에서 불러올 수 있는 파일은 STL 형식과 OBJ 형식으로 나눌 수 있다. STL 형식은 주로 3D CAD 프로그램에서 제공하며, OBJ 형식은 3D 그래픽 프로그램에서 많이 사용된다.

정답 ①

13 형상의 완성도를 결정하는 가장 중요한 부분으로 제작할 형상의 가장 기본적인 단면을 생성하기 위해 형상의 레이아웃을 작성하는 단계는?

① 모델링   ② 스케치

③ 슬라이싱   ④ 형상분석

해설

스케치 작성
형상의 완성도를 결정하는 가장 중요한 부분으로 제작할 형상의 가장 기본적인 프로파일(단면)을 생성하기 위해 스케치라는 영역에서 형상의 레이아웃을 작성하는 단계이다.
스케치의 구분
일반적으로 2차원 스케치를 통해서 프로파일을 작성한다.
- **2차원 스케치** : 평면을 기준으로, 선, 원, 호 등 작성 명령을 이용하여 형상을 표현하는 것
- **3차원 스케치** : 3차원 공간에서 직접적으로 선을 작성하는 기능

정답 ②

14 슬라이싱 소프트웨어를 통해 출력될 모델을 미리 볼 수 있는 가상 적층 기능에서 확인하지 않아도 되는 부분은?

① 3D프린터의 헤드가 움직이는 경로   ② 실제로 출력 시 소비되는 재료의 양

③ 서포트 종류와 모양   ④ 플랫폼을 통해 래프트와 브림 등의 모양

해설

가상 적층 시에는 경로, 서포트, 플랫폼을 확인해야 한다.

정답 ②

15 SLS 방식에서 금속 분말에 대한 설명으로 틀린 것은?

① 탄소 · 질소 등의 비금속 원소가 소량 첨가되는 경우가 있다.
② 3D프린터에서는 주로 알루미늄 · 티타늄 · 스테인리스 등의 금속 분말로 사용한다.
③ 철 · 알루미늄 · 구리 등 한 개 이상의 금속 원소로 구성된 재료의 조합이다.
④ SLS 방식에서 가장 흔히 사용되는 소재이다.

🔍 해설

SLS 방식에서 가장 흔히 사용되는 소재는 플라스틱 분말이다.

정답 ④

16 다음 그림 기호에 해당하는 투상도법은?

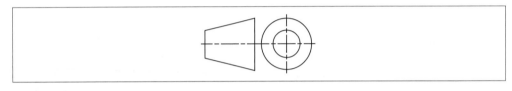

① 제1각법 　　　② 제2각법 　　　③ 제3각법 　　　④ 제4각법

🔍 해설

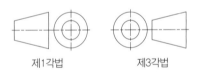

제1각법　　　제3각법

정답 ①

17 스캐닝 데이터 표준 포맷 중 IGES(Initial Graphics Exchanges Specification)에 대한 설명으로 틀린 것은?

① 최초의 표준 포맷이다.
② 형상 데이터를 나타내는 엔터티(entity)로 구성되어 있다.
③ CAD/CAM 소프트웨어에 3차원 모델의 모든 정보를 포함할 수 있다.
④ 스캔 데이터는 면으로 형성되어 엔터티 106으로 데이터가 저장된다.

🔍 해설

스캔 데이터는 점으로 형성되어 있어 엔터티 106 또는 116으로 데이터 저장된다.

정답 ④

18 서피스 모델링이라고도 하며, 형상의 표면 데이터만 존재하는 모델링 기법으로 주로 산업 디자인에 많이 사용하는 모델링은?

① 곡면 모델링
② 폴리곤 모델링
③ 솔리드 모델링
④ 평면 모델링

📖 해설

곡면 모델링
- 서피스 모델링이라고도 하며, 솔리드 모델링으로 표현하기 힘든 기하 곡면을 처리하는 기법
- 솔리드 모델링과는 달리 형상의 표면 데이터만 존재하는 모델링 기법
- 곡면 모델링 기법으로 표현된 3차원 형상을 솔리드 형상으로 변경해야 출력 가능
- 산업 디자인에 많이 사용

정답 ①

19 3D모델링 방식의 종류 중 넙스(NURBS) 방식에 대한 설명으로 옳은 것은?

① 삼각형을 기본 단위로 하여 모델링을 할 수 있는 방식이다.
② 폴리곤 방식에 비해 많은 계산이 필요하다.
③ 폴리곤 방식보다는 비교적 모델링 형상이 명확하지 않다.
④ 도형의 외곽선을 와이어프레임 만으로 나타낸 형상이다.

📖 해설

넙스(NURBS) 방식은 폴리곤 방식과 비교하였을 때 많은 계산이 필요하고, 정확한 모델링이 가능하여 부드러운 곡면을 설계할 때 효과적이어서 자동차나 비행기의 표면과 같은 부드러운 곡면을 설계할 때 자주 이용된다.
① 폴리곤 방식에 대한 설명이다. 폴리곤 방식은 삼각형을 기본 단위로 하여 모델링을 할 수 있는 방식으로, 크기가 작은 다각형을 많이 사용하여 형상을 구현할 때 표면이 부드럽게 표현되지만 렌더링 속도는 떨어지게 된다.
② 넙스 방식은 폴리곤 방식보다 비교적 모델링 형상이 명확하다.

정답 ②

20 스케치 요소 구속 조건에서 서로 크기가 다른 두 개의 원에 적용할 수 없는 구속 조건은?

① 동심
② 접선
③ 동일
④ 평행

📖 해설

평행 구속 조건은 두 개의 원에는 적용할 수 없다.

정답 ④

21 3D프린터에서 제품을 출력할 때 지지대의 안정적인 설정을 위해 가장 중요한 항목은?

① 지지대의 모양
② 지지대의 적용 각도
③ 지지대의 크기
④ 지지대의 적용 소재

각도에 따라 지지대의 적용 면적이 달라지므로 최적의 지지대 각도를 적용하여야 한다.

정답 ②

22 SLA(Stereolithography Apparatus) 방식에서 일정한 빛을 한 점에 집광시켜 구동기가 움직이며 구조물을 제작하는 방식은?

① 전사 방식　　　② 반사 방식　　　③ 주사 방식　　　④ 집사 방식

해설

주사 방식 : 일정한 빛을 한 점에 집광시켜 구동기가 움직이며 구조물을 제작하는 방식으로, 한 점이 움직이면서 구조물이 제작되기 때문에 가공이 쉬운 장점이 있으나, 가공 속도가 느린 것이 단점이다.

정답 ③

23 3D 엔지니어링 소프트웨어는 대부분 솔리드 모델링과 곡면 모델링을 같이 수행할 수 있는 기능을 제공하는데 이 기능은?

① 폴리곤 모델링　　　　　　　　② 하이브리드 모델링
③ 서피스 모델링　　　　　　　　④ 파라메트릭 모델링

해설

하이브리드 모델링에 대한 설명이며 하이브리드 모델링은 하나의 프로그램에서 CAM 기능 등을 통합하여 제공한다.

정답 ②

24 필라멘트 형태의 플라스틱 재료를 고온의 노즐에서 가열하여 재료를 적층시키는 프린팅 방식은?

① DLP 방식　　　② FDM 방식　　　③ SLA 방식　　　④ SLS 방식

해설

DLP, SLA(액체기반)은 광경화성 수지를 재료로 사용하고, SLS(파우더기반)은 압축된 금속 분말을 재료로 사용한다.

정답 ②

25 3D프린터 출력물의 출력 공차 적용 대상에 대한 설명으로 옳지 않은 것은?

① 부품 간 조립되는 부분에 출력 공차를 부여한다.
② 조립 부품은 두 모델링 지름이 작은 축과 구멍으로 조립이 되는 경우 구멍을 조금 더 키워 출력한다.
③ 구멍의 벽이 얇은 형태와 축의 경우는 축을 조금 줄이는 공차를 적용하는 것이 바람직하다.
④ 부품 중에서 양쪽 모두에 공차를 적용하는 것이 바람직하다.

해설

부품 중에서 하나에만 공차를 적용하는 것이 바람직하다.

출력 공차 적용 대상
- 부품 간 조립되는 부분에 출력 공차를 부여함
- 부품 간 유격이 발생한 경우 출력 공차 범위 내에 들어오는 조립 부품도 출력 공차를 적용하여 부품 파일을 수정해야 함
- 조립 부품은 두 모델링 지름이 작은 축과 구멍으로 조립이 되는 경우 구멍을 조금 더 키워 출력
- 구멍의 벽이 얇은 형태와 축의 경우는 축을 조금 줄이는 공차를 적용하는 것이 바람직함

정답 ④

26 다음 중 3D스캐너의 비접촉 3차원 스캐닝 방식이 아닌 것은?

① TOF 방식
② CMM 방식
③ 레이저 기반 삼각 측량 방식
④ 패턴 이미지 기반의 삼각 측량 방식

해설

CMM(Coordinate Measuring Machine) 방식은 접촉식의 대표적인 방법으로 터치 프로브(touch probe)가 직접 측정 대상물과의 접촉을 통해 좌표를 읽어내는 방식이다.

정답 ②

27 다음 중 삼각형 메쉬 생성 법칙을 위배하는 경우가 아닌 것은?

① 삼각형들의 꼭짓점을 공유하는 경우
② 공간상에서 삼각형이 서로 교차하는 경우
③ 삼각형들끼리 서로 겹치는 경우
④ 삼각형이 없는 부분, 즉 구멍이 생길 수 있는 부분

해설

삼각형 메쉬 생성 법칙은 점과 점 사이의 법칙(vertex –to–vertex rule)으로 삼각형들은 꼭짓점을 항상 공유해야 한다. 이 법칙을 위배하는 경우는 다음과 같다.
- 꼭짓점 연결이 안 되는 경우
- 공간상에서 삼각형이 서로 교차를 하는 경우
- 삼각형들끼리 서로 겹치는 경우
- 삼각형이 없는 부분, 즉 구멍이 생길 수 있는 부분

정답 ①

28 TOF 방식에서 레이저가 헤드를 출발해서 대상물을 맞히고 돌아오는 시간을 측정하여 외관을 스캔하는 계산식으로 맞는 것은?

① 거리 = 속도 × 각도
② 거리 = 각도 × 길이
③ 거리 = 길이 × 시간
④ 거리 = 속도 × 시간

해설

레이저 펄스의 시간 측정을 통해 거리를 계산하는 방식은 '거리 = 속도×시간'이다.

정답 ④

29 측정 대상물의 표면 처리 코팅재에 대한 설명 중 틀린 것은?

① 매우 미세한 백색 파우더가 포함된 액체 재료가 많다.
② 측정 정밀도와 상관없이 코팅재를 선택할 수 있다.
③ 주로 스프레이 방식으로 재료를 측정물에 도포할 수 있다.
④ 고정밀 측정용 코팅재는 마이크론 입자를 가진다.

🔍 해설

파우더의 입자가 클 경우 측정 오차가 생길 수 있으므로 요구되는 측정 정밀도를 바탕으로 코팅재를 선별한다.
① **코팅재** : 매우 미세한 백색 파우더가 포함된 액체 재료가 많으며, 주로 스프레이 방식으로 재료를 피측정물에 도포할 수 있다.
④ **고정밀 측정용 코팅재** : 최근 상용화된 코팅재로 마이크론 입자 사이즈를 가진다.

정답 ②

30 다음 중 스캔 데이터의 노이즈를 제거하는 방식으로 옳지 않은 것은?

① 자동 필터링 기능 사용
② 수동으로 필요 없는 점들을 제거
③ Crop 영역 설정을 사용
④ 적당한 영역을 설정하여 원 안의 모든 점들을 제거

🔍 해설

데이터 클리닝 방법으로는 소프트웨어에서 제공하는 자동 필터링 기능을 사용할 수도 있으며, 수동으로 필요 없는 점들을 제거할 수도 있다. Crop 영역을 설정한 것이다. 적당한 영역을 설정하여 원 밖의 모든 점들을 제거할 수 있다.

정답 ④

31 다음 중 3D모델링 방식의 종류가 아닌 것은?

① 폴리곤 방식   ② 넙스 방식
③ 렌더링 방식   ④ 솔리드 방식

🔍 해설

정답 ③

32 2D 라인을 이용하여 3D 형상을 제작하는 방법이 아닌 것은?

① 돌출 모델링   ② 스윕 모델링
③ 폴리곤 모델링   ④ 로프트 모델링

🔍 해설

2D 라인을 이용하여 3D 형상을 제작하는 방법에는 돌출 모델링, 스윕 모델링, 회전 모델링, 로프트 모델링이 있다. 2D 라인 없이 3D 형상을 만드는 방법에는 기본 도형을 이용한 모델링, 폴리곤 모델링, CSG 방식이 있다.

정답 ③

33 슬라이서 프로그램에서 3D프린팅이 가능하도록 데이터를 저장하는 과정에서 변경할 수 있는 설정이 아닌 것은?

① 출력물의 정밀도   ② 출력물의 내부 밀도

③ 출력 재료 설정   ④ 출력물의 분할

해설

슬라이서 프로그램은 3D프린팅이 가능하도록 데이터를 층별로 분류하여 저장해 준다. 또한 저장하는 과정에서 출력물의 정밀도나 내부 채움 방식, 속도와 온도 및 재료에 대한 설정도 가능하다.

정답 ④

34 FDM 방식 3D프린터 출력에서 출력 오류를 최소화하기 위해 점검해야 할 내용과 거리가 먼 것은?

① 노즐과 히팅베드의 수평 확인   ② 빛샘 현상(Light Bleeding) 확인

③ 스테핑 모터 압력 부족 확인   ④ 노즐 출력 두께 확인

해설

빛샘 현상은 SLA 방식 3D프린터에서 발생하는 출력 오류이다.

정답 ②

35 3차원 형상화 기능 명령에서 모델 면에 일정한 두께를 부여하여 속을 만드는 기능은?

① 구멍(Hole) 명령   ② 스윕(Sweep) 명령

③ 돌출(Extrude) 명령   ④ 쉘(Shell) 명령

해설

쉘은 생성된 3차원 객체의 면 일부분을 제거한 후, 남아 있는 면에 일정한 두께를 부여하여 속을 만드는 기능이다.

정답 ④

36 3D프린터 출력물 회수 방법으로 옳지 않은 것은?

① 3D프린터에서 출력물을 제거할 때는 마스크, 장갑 및 보안경을 착용한다.

② 분말 방식 3D프린터는 작업이 마무리되면 출력물을 바로 꺼내어 건조해야 한다.

③ 프린터가 출력을 종료한 것을 확인한 후 3D프린터의 문을 연다.

④ 전용 공구를 사용하여 플랫폼에서 출력물을 분리한다.

해설

분말 방식 3D프린터 중 분말 재료에 바인더를 분사하여 3차원 형상을 출력하는 3D프린터는 작업이 마무리되면 출력물을 바로 꺼내지 않고 3D프린터 내부에 둔 상태로 건조해야 한다. 출력물을 건조하지 않고 바로 3D프린터에서 제품을 꺼내면 출력물이 부서질 위험이 있기 때문이다.

정답 ②

37 3D프린터 출력 시 온도 조건은 매우 중요한 요소이다. 온도 조건에 대한 설명으로 틀린 것은?

① 노즐 온도는 사용되는 필라멘트 재질에 따라 달라진다.
② PLA 소재는 히팅베드를 사용하지 않고도 출력이 가능하다.
③ 히팅베드 온도는 소재별로 다르게 설정하지 않아도 된다.
④ 레이저 열원(CO 레이저)이 많이 사용된다.

■️ 해설

히팅베드 온도는 소재별로 다르게 설정해야 한다.
히팅베드 온도
• 베드 온도는 FDM 방식에만 해당됨
• 히팅베드 온도는 다르게 설정해야 함
• PLA 소재는 히팅베드를 사용하지 않고도 출력이 가능함
• ABS 소재는 온도에 따른 변형이 있어 히팅베드가 필수적임

정답 ③

38 아래에서 설명하는 후가공 공구는?

• 출력물의 표면을 다듬기 위해 사용한다.
• 거칠기마다 번호가 있으며 번호가 낮을수록 표면이 거칠고 높을수록 표면이 곱다.
• 사용 시에는 번호가 낮은 거친 것으로 시작해서 번호가 높은 고운 것으로 넘어간다.

① 아트 나이프   ② 조각도
③ 니퍼   ④ 사포

■️ 해설

사포에 대한 설명으로 사포는 주로 스펀지 사포, 천 사포, 종이 사포가 사용된다. 스펀지 사포는 부드러운 곡면을 다듬는 데 주로 사용되며 가격이 비싼 편이고, 천 사포는 질기기 때문에 오래 사용이 가능하며, 가장 많이 사용되는 종이 사포는 구겨지고 접히는 특성 때문에 물체 안쪽을 다듬을 때 좋다.

정답 ④

39 3D프린팅의 G코드로 G1 F250을 바르게 설명한 것은?

① 쿨링팬의 회전속도를 250rpm으로 설정   ② 이송 속도를 250mm/min으로 설정
③ 압출기의 온도를 250℃로 설정   ④ F 지점으로 빠르게 250mm 이동 설정

■️ 해설

• G1 : 현재 위치에서 지정된 위치까지 헤드나 플랫폼을 직선 이송한다.
• Fnnn : 이송 속도를 의미한다. 이때 nnn은 이송 속도(mm/min)이다.

정답 ②

40 3D프린터 출력을 위한 사전 준비에서 매우 중요한 요소로 출력 전에 필수로 살펴봐야 하는 조건은?

① 내・외부의 청결 상태　　　　　② 소재별 온도 조건 확인
③ 소재의 단가　　　　　　　　　④ 출력물의 형상

해설

3D프린터 출력을 위한 사전 준비
온도 조건 확인, 베드 확인, 장비 청결 상태 등을 확인하여 출력에 알맞은 상태로 맞춰 주는 작업이 필요하다.

정답 ②

41 금속 원소에 소량의 비금속 원소가 첨가되거나, 두 개 이상의 금속 원소에 의해 구성된 금속 물질을 무엇이라 하는가?

① 합금　　　　　　　　　　　　② 비철금속
③ 실리카　　　　　　　　　　　④ 폴리아미드

해설

합금(alloy) : 금속 원소에 소량의 비금속 원소가 첨가되거나, 두 개 이상의 금속 원소에 의해 구성된 금속 물질

정답 ①

42 기계 제도에서 직교하는 투상면의 공간을 4등분하여 투상각이라 하고 입화면, 측화면, 평화면(3개 화면) 중간에 물체를 놓고 도면을 그리는 투상도는?

① 사투상도　　　　　　　　　　② 등각 투상도
③ 정투상도　　　　　　　　　　④ 부등 투상도

해설

정투상법의 종류로는 1각법과 3각법이 있는데 보통 모델링할 때에는 3각법에 의해서 제작한다.

정답 ③

43 다음 중 출력물 품질을 좌우하는 옵션으로 거리가 가장 먼 것은?

① Layer height　　　　　　　　② Fill Density
③ Shell thickness　　　　　　　④ Enable retraction

해설

Fill Density
• 출력물 속을 채우는 기능
• 100%로 출력하면 단단하지만 출력 시간과 재료 소모가 커지고, 너무 채우지 않으면 출력물이 약해서 쉽게 파손됨

정답 ②

44 필라멘트 재료가 기어 이빨에 의해서 깎이게 되는 원인으로 볼 수 없는 것은?

① 리트렉션(retraction) 속도가 너무 빠를 때
② 압출 노즐의 온도가 너무 낮을 때
③ 필라멘트 재료를 너무 많이 뒤로 빼줄 때
④ 출력 속도가 너무 낮을 때

🔍 **해설**

– 기어 이빨이 필라멘트 재료를 뒤로 빼주는 리트렉션(retraction) 속도가 너무 빠르거나 혹은 필라멘트 재료를 너무 많이 뒤로 빼줄 때 발생한다.
– 압출 노즐의 온도가 너무 낮을 때 발생한다.
– 출력 속도가 너무 높을 때 발생한다.

정답 ④

45 3D프린팅에서 자주 사용되는 M코드에서 헤드의 온도를 지정하는 명령은?

① M109   ② M190   ③ M104   ④ M135

🔍 **해설**

M104 : 헤드의 온도를 지정하는 명령이며 어드레스로 온도 'S'와 헤드번호 'T'가 이용 가능하다.

정답 ③

46 다음 보기에서 지지대 구조물의 종류가 아닌 것은?

① Ceiling   ② Sagging   ③ Unstable   ④ Island

🔍 **해설**

Sagging : 제작 중 하중으로 인해 아래로 처지는 현상이다.

정답 ②

47 다음 중 3D프린팅의 장점에 대한 설명으로 거리가 가장 먼 것은?

① 복잡한 형상을 손쉽게 구현할 수 있다.
② 맞춤형 제품을 빠르고 쉽게 만들 수 있다.
③ 3차 산업혁명을 이끌 기술로 주목받고 있다.
④ 아이디어 기반의 맞춤형 제품 생산이 가능하다.

🔍 **해설**

대량 생산과 IT산업 및 자동화 공정 시대를 가져온 1, 2, 3차 산업혁명과 달리 3D프린팅 기술은 아이디어 기반의 맞춤형 제품 생산이 가능하여 4차 산업혁명을 이끌 기술로 주목받고 있다.

정답 ③

48 FDM 방식 3D프린터 출력 노즐의 직경이 0.4mm일 때 출력할 수 있는 최소 외벽 두께는?

① 최대 0.5mm 미만
② 최소 0.5mm 이상
③ 최대 1mm 미만
④ 최소 1mm 이상

[해설]

모델링 형상 외벽 두께가 노즐 크기보다 작으면 출력되지 않을 수 있으므로 부품 수정을 통해 외벽 두께를 최소 1mm 이상으로 변경해야 한다.

정답 ④

49 FDM 방식 3D프린터의 소재인 PLA의 노즐 온도는?

① 220~250℃
② 240~260℃
③ 180~230℃
④ 250~305℃

[해설]

- PLA 소재 : 180~230℃
- ABS 소재 : 220~250℃
- 나일론 소재 : 240~260℃
- PC 소재 : 250~305℃

정답 ③

50 공작물 좌표계 설정 명령이고 지정된 값이 현재 값이 되며, 3D프린터가 동작하지는 않는 G코드는 무엇인가?

① G28
② G90
③ G91
④ G92

[해설]

- G28 : 3D프린터의 각 축을 원점으로 이송시킨다.
- G90 : 모든 좌표값을 현재 좌표계의 원점에 대한 절대 좌표값으로 설정한다.
- G91 : 지정된 이후의 모든 좌표값은 현재 위치에 대한 상대 좌표값으로 설정된다.

정답 ④

51 슬라이스 프로그램에서 베드 고정 타입 옵션이 아닌 것은?

① Everywhere
② None
③ Brim
④ Raft

[해설]

Everywhere : 서포트가 필요한 모든 곳에 서포트를 생성하는 옵션이다.

정답 ①

52 좌표계의 설정이나 기계원점으로의 복귀 등 주로 기계 장치의 초기 설정에 관한 G코드가 아닌 것은?

① G26   ② G28
③ G30   ④ G92

🔍 해설

00번으로 분류된 명령들은 한 번만 유효한 원샷(one–shot) 명령으로 이후의 코드에 전혀 영향을 미치지 않는다. 그래서 좌표계의 설정이나 기계원점으로의 복귀 등 주로 기계 장치의 초기 설정에 관한 것이다.

정답 ①

---

53 CAD 시스템에서 3차원 좌표 공간 점 P = (x, y, z)에 대응하는 값 (r, θ, z)로 표현하는 좌표계는?

① 극 좌표계   ② 원통 좌표계   ③ 구면 좌표계   ④ 직교 좌표계

🔍 해설

원통 좌표계(cylindrical coordinate system) : 3차원 좌표 공간에서 점 P = (x, y, z)에 대응하는 값 (r, θ, z)로 표현하는 좌표계

정답 ②

---

54 다음 중 제약 조건에 대한 설명으로 옳지 않은 것은?

① 디자인 변경 및 수정 시 발생하는 문제를 최소화할 수 있다.
② 제약 조건이 많을수록 오류가 적다.
③ 부품과 부품의 위치 구속을 필요로 할 때 사용하는 기능이다.
④ 조건에 따라 제약 조건이 두 개 이상 적용될 수 있다.

🔍 해설

부품과 부품 사이에 제약 조건이 과도하게 걸리면 오류가 생길 수 있다.

정답 ②

---

55 다음 중 수직 방면 구멍 측정 방법으로 옳지 않은 것은?

① 3차원 모델 제작에서 원형 결합 부위나 나사를 결합할 때 치수가 맞지 않을 수 있으므로 출력물 구멍의 오차를 측정해야 한다.
② 수직 방면으로 뚫린 구멍과 수평 방면으로 뚫린 구멍의 오차는 다르므로 각각 실험하여 확인해야 한다.
③ 각 길이가 10mm인 정육면체 조각 10개를 출력한 다음 길이가 10mm 이상으로 측정되는 것을 확인한다.
④ 직육면체에 지름 2mm 크기의 구멍 10개를 뚫어 구멍별로 오차를 확인한다.

해설

수직 방면 구멍 측정
- 3차원 모델 제작 시 원형 결합 부위나 나사를 결합할 때 치수가 맞지 않을 수 있으므로 출력물 구멍의 오차를 측정함
- 수직 방면으로 뚫린 구멍과 수평 방면으로 뚫린 구멍의 오차는 다르므로 각각 실험하여 확인해야 함
- 직육면체에 지름 2mm 크기의 구멍 10개를 뚫어 구멍별로 오차를 확인하면 됨

정답 ③

56 다음 중 수동 오류 수정 방법에 대한 설명으로 옳지 않은 것은?

① 자동 오류 수정을 했지만 일부분 수정되지 않은 것은 수동 오류 수정이 가능하다.
② 정확한 치수를 줄 수는 없어도 비슷한 모양으로는 가능하기 때문에 결합이 가능하다.
③ 모델 자체에 오류가 있는 경우 모델링 프로그램에서 수정해야 한다.
④ 다른 출력물과 결합이 필요한 모델은 수동 오류 수정이 불가능하다.

해설

수동 오류 수정 불가능
- 다른 출력물과 결합이 필요한 모델은 수정이 불가능함
- 결합 부분이 자동 오류 수정으로 수정되지 않아서 수동으로 오류 수정을 할 경우 정확한 치수를 줄 수 없기 때문에, 비슷한 모양으로 가능해도 결합은 어려움

정답 ②

57 3D프린팅 공정별 출력에서 재료 분사 방식과 관련이 없는 것은?

① 출력물 재료와 지지대 재료는 모두 위에서 아래로 도포된다.
② 지지대는 출력물과 동일한 재료이며, 제거가 용이하도록 가늘게 만들어진다.
③ 액체 재료를 미세한 방울(droplet)로 만들고 이를 선택적으로 도포하는 것이다.
④ 플랫폼은 아래로 이송되면서 층이 성형되므로 출력물은 플랫폼 위에 만들어지게 된다.

해설

지지대는 출력물과 다른 재료가 사용된다.
재료 분사(Material Jetting)
- 액체 재료를 미세한 방울(droplet)로 만들고 이를 선택적으로 도포하는 것이다.
- 출력물 재료와 지지대 재료는 모두 위에서 아래로 도포된다.
- 플랫폼은 아래로 이송되면서 층이 성형되므로 출력물은 플랫폼 위에 만들어지게 된다.
- 지지대는 출력물과 다른 재료가 사용된다.
- 지지대는 물에 녹거나 가열하면 녹는 재료로 되어 있기 때문에 손쉬운 제거가 가능하다.

정답 ②

58 형상 분석에서 제품 출력 시 지지대 사용 없이 출력되기 어려운 부분을 찾는 기능에 해당하지 않는 것은?

① 형상물의 회전
② 확대 및 축소 기능
③ 내부 채움 기능
④ 이동 기능

🖥 해설

형상 분석은 형상의 확대, 축소, 회전, 이동을 통하여 지지대 사용 없이 성형되기 어려운 부분을 찾는 역할을 한다.

정답 ③

59 FDM 방식에서 주로 사용하는 ABS 소재 플라스틱에 대한 설명 중 틀린 것은?

① 강하고 오래 가면서 열에도 상대적으로 강한 편이다.
② 표면에 광택이 있고 히팅베드 없이도 출력이 가능하다.
③ 가격이 PLA 소재 플라스틱에 비해 저렴한 편이다.
④ 출력 시 휨 현상이 있어 사용 시 유의해야 한다.

🖥 해설

ABS 소재 플라스틱
- 유독 가스를 제거한 석유 추출물을 이용해 만든 재료
- 장점
  - 강하고 오래 가면서 열에도 상대적으로 강한 편
  - 일상적으로 사용하는 플라스틱의 소재로 가전제품, 자동차 부품, 장난감 등 사용 범위가 넓음
  - 가격이 PLA 소재 플라스틱에 비해 저렴한 편
- 단점
  - 출력 시 휨 현상이 있어 설계 시에는 유의해서 사용해야 함
  - 가열할 때 냄새가 나기 때문에 3D프린터 출력 시 환기가 필요함

정답 ②

60 분말 방식 3D프린터에서 출력물 분리 뒤에 플랫폼에 남아 있는 분말 가루 제거에 대한 내용으로 틀린 것은?

① 분말 방식의 경우 출력 과정에서 표면의 평탄화 공정이 필수적이다.
② 남은 분말 가루들을 진공 흡입기를 이용해 제거해야 한다.
③ 플랫폼 위에는 출력물의 성형에 사용되지 않은 분말 가루들이 남아 있다.
④ 진공 흡입기로 회수된 분말 가루들은 재사용이 불가능하다.

🖥 해설

플랫폼에서 출력물을 분리하고 나면 플랫폼 위에는 출력물의 성형에 사용되지 않은 분말 가루들이 남아 있다. 따라서 남은 분말 가루들을 진공 흡입기를 이용해 제거해야 한다. 이때 진공 흡입기로 회수된 분말 가루들은 재사용이 가능하다.

정답 ④

Part 8

3D프린터운용기능사 FINAL 실전모의고사

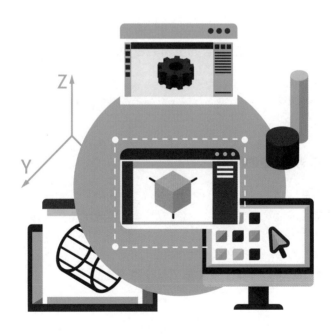

01 다음 중 아래의 내용과 모두 관련이 있는 것은?

- 재료를 연속적으로 한 층씩 쌓으면서 3차원 물체를 제조하는 기술이다.
- 컴퓨터로 제어하기 때문에 다양한 형태를 만들 수 있다.
- 적층 방식으로 입체물을 제작하는 방식이다.
- 4차 산업혁명을 이끌 기술로 주목받고 있다.

① 3D프린팅의 전망   ② 3D프린터 기술의 개념

③ 3D프린터의 장점 및 단점   ④ 3D프린터의 제작 기술

02 3D스캐닝의 원리에 대한 설명 중 빈칸 A, B에 들어갈 내용으로 적절한 것은?

3차원 스캐닝은 터치 프로브가 직접 측정 대상물과의 접촉을 통해서 (　A　)를 읽어내는 접촉식 방식과 (　B　)를 두고 측정하는 비접촉식 방식이 있다.

① A : 물체　B : 거리   ② A : 거리　B : 좌표

③ A : 좌표　B : 거리   ④ A : 형태　B : 물체

03 산업용 스캐너의 특징에 대한 설명 중 옳지 않은 것은?

① 우수한 정밀도를 가진다.   ② 매우 고가이다.

③ 측정 범위가 크다.   ④ 시제품 제작에 사용한다.

04 다음 중 SLS 방식과 관련이 있는 것은?

① 롤러 구동부   ② 압출기

③ 필라멘트   ④ XY축 구동부

05 백색광 방식 3D스캐너에 대한 설명 중 거리가 먼 것은?

① 한 번에 한 점씩 스캔한다.

② 측정 속도가 빠르다.

③ 3D 좌표를 한 번에 얻을 수 있다.

④ 수동 및 자동 애플리케이션 등에서 모두 사용 가능하다.

06 이동식 3D스캐너에 대한 설명으로 옳지 않은 것은?

① 스캐너의 광이 못 미치는 경우　　　② 스캐너를 설치하기 힘든 경우
③ 측정 대상물의 크기가 클 경우　　　④ 전체를 한 번에 측정할 경우

07 최적 스캐닝 방식을 선택하기 위해 유의해야 할 사항으로 거리가 먼 것은?

① 측정 대상물의 표면 재질　　　　　② 이용할 3차원 프린터의 크기
③ 측정 대상물의 크기　　　　　　　④ 이용할 3차원 프린터의 정밀도

08 다음 중 스캐닝 준비 단계에서 산업용 스캐너에 대한 설명으로 옳은 것은?

① 보통 일반적인 수준의 정밀도를 요한다.
② 산업용은 피측정물의 표면 코팅을 통해 난반사를 미리 제거할 수 있다.
③ 3차원 프린팅용으로 낮은 수준의 정밀도가 요구된다.
④ 난반사를 위한 코팅이 필요하지 않을 수 있다.

09 스캐닝 측정 범위 설정에서 측정 대상물이 클 경우 측정 영역을 미리 설정할 필요가 있다. 다음 중 이와 가장 관련이 있는 것은?

① 측정 후 최종적으로 정합 및 병합을 수행한다.
② 측정 시간을 단축할 수 있다.
③ 이동 속도를 고려하여 측정할 수 있다.
④ 측정 방향의 시작과 끝을 정할 수 있다.

10 표준 포맷에서 STEP에 대한 설명 중 가장 거리가 먼 것은?

① IGES 단점 극복
② 가장 최근에 개발된 표준 포맷
③ 대부분의 상용 CAD/CAM 소프트웨어에서 STEP 표준 파일을 지원
④ 3D스캐너에서도 모두 지원

11 정합용 툴을 이용하는 정합 방법에 대한 설명 중 가장 거리가 먼 것은?

① 정합 데이터를 새 파일로 저장하면서 자동으로 수행된다.
② 측정 대상물에 최소 3개 이상의 볼을 부착시킨다.
③ 피측정물과 모든 볼을 동시에 측정한다.
④ 측정 이후 정합 소프트웨어에서 데이터를 오픈하여 정합을 준비한다.

12 최종적으로 3차원 프린팅을 하기 위해 불필요한 점을 제거하고 삼각형 메쉬를 형성하는 과정은?

① 필터링　　　　　② 스무딩　　　　　③ 페어링　　　　　④ 스캐닝

13 3D 모델링을 하기 위한 작업 공간(Viewport)에서 기본 설정과 가장 거리가 먼 것은?

① Perspective view　　　　　② Front view
③ Bottom view　　　　　④ Right view

14 작업 지시서 작성에서 제작 개요에 포함되어야 할 내용으로 옳지 않은 것은?

① 제작 물품명　　　　　② 제작 방법
③ 제작 기간　　　　　④ 제작 비용

15 3D 모델링 방식의 종류가 아닌 것은?

① 폴리곤 방식　　　　　② 렌더링 방식
③ 넙스 방식　　　　　④ 솔리드 방식

16 3차원 기본 도형 모델링이 가지고 있는 정보와 가장 거리가 먼 것은?

① 길이　　　　　② 질량　　　　　③ 너비　　　　　④ 높이

17 폴리곤 모델링에서 3차원 객체를 구성하는 요소로 옳은 것은?

① 점, 선, 축　　　　② 점, 축, 면　　　　③ 점, 선, 면　　　　④ 축, 선, 면

18 2D 도면 작성 시 대상물의 보이지 않는 부분을 표시하는 선은?

① 해칭선　　　　　② 가상선　　　　　③ 절단선　　　　　④ 은선

19 제작용 도면을 만들 때의 표준 규격에 대한 설명으로 거리가 먼 것은?

① 한국산업표준(KS)이 정한 원칙에 따라 도면을 작성한다.
② 특정 단위 미터나 킬로미터는 사용할 수 없다.
③ 3D 모델링을 위한 스케치에 있어서는 KS 규격의 투상법, 단위에 대한 규격만 따른다.
④ 치수 단위는 mm(밀리미터)를 원칙으로 한다.

20 모델링 평면도에서 기준 평면과 가장 거리가 먼 것은?

① 밑면   ② 정면   ③ 윗면   ④ 우측면

21 다음은 어느 끼워 맞춤에 해당하는 그림인가?

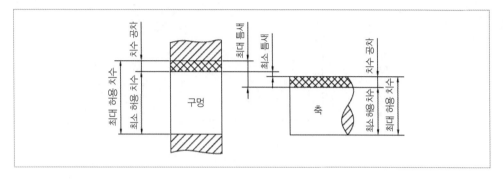

① 헐거운 끼워 맞춤   ② 중간 끼워 맞춤
③ 최대 끼워 맞춤   ④ 억지 끼워 맞춤

22 객체들 간의 자세를 흐트러짐 없이 잡아 두고, 차후 디자인 변경이나 수정 시 편리하고 직관적으로 업무를 수행하기 위해서 필요한 가장 중요한 스케치 요소는?

① 형상 조건   ② 치수 조건
③ 구속 조건   ④ 수정 조건

23 3D프린터운용기능사 실기 시험에서 제출 하여야 하는 파일 형식으로 옳은 것은?

① STEP, STP, STL, G-CODE 파일
② STEP, STP, DWG, G-CODE 파일
③ STEP, DWG, STL, G-CODE 파일
④ STEP, STP, STL, DWG 파일

24 도면의 척도 중 대상물보다 크게 확대하여 그릴 때 사용하는 표현으로 옳은 것은?

① 축척   ② 실척
③ 현척   ④ 배척

25 다음 도면의 치수 중 A 부분에 기입될 치수로 가장 정확한 것은?

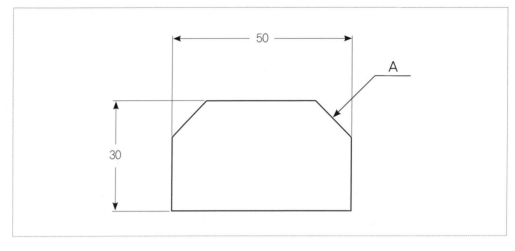

① C10   ② R10

③ 2-R10   ④ 2-C10

26 다음 그림을 스케치하기 위해 가장 필요로 하는 구속 조건은 무엇인가?

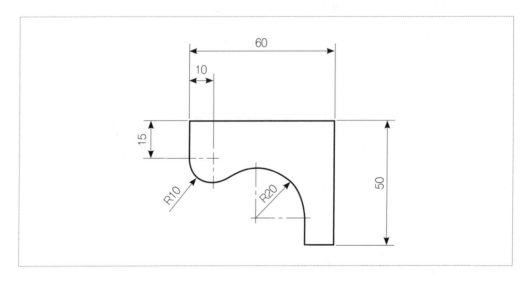

① 동심 구속 조건   ② 일치 구속 조건

③ 접선 구속 조건   ④ 수직 구속 조건

27 형상 구속 조건의 작성법과 관련된 내용으로 가장 거리가 먼 것은?

① 단축키 F8   ② 단축키 F9
③ DELETE 버튼   ④ ENTER 버튼

28 아래 그림에 대한 설명으로 옳지 않은 것은?

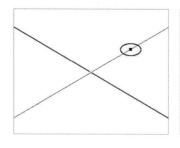 

① 경로 스케치와 별도로 단면을 작성하여 객체를 생성
② 주로 전체가 회전 형태인 객체를 생성
③ 2D 스케치 단면과 작성한 중심축을 기준으로 생성
④ 돌출 다음으로 많이 사용되는 명령

29 아래 그림은 3D VIEWPORT를 표현한 것이다. 다음 설명으로 옳지 않은 것은?

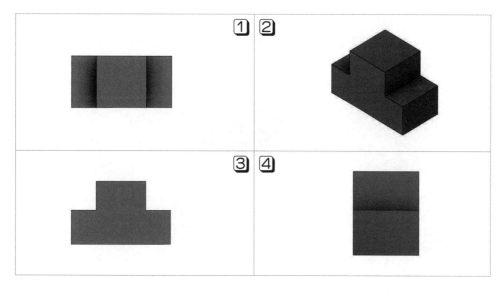

① TOP VIEW   ② PERSPECTIVE VIEW
③ FRONT VIEW   ④ BOTTOM VIEW

30 다음 중 SLA 방식에서 설명하는 대상이 다른 하나를 고르면?

① SLA 방식 3D프린터에서 가장 많이 사용되는 재료이다.
② 구조물을 제작할 때 별도의 암막 등이 있어야 제작이 원활하다.
③ 강도가 낮은 편이어서 시제품을 생산하는 데 주로 사용된다.
④ SLA 방식 중에서는 저렴하고 정밀도가 높은 편이다.

31 다음 중 비금속 분말 융접에 대한 설명으로 옳지 않은 것은?

① 대표적인 재료는 플라스틱이며 세라믹, 유리 등이 사용된다.
② 서포트는 성형 과정이 끝난 후 별도의 기계 가공에 의해 제거된다.
③ 복잡한 내부 형상을 갖는 제품의 제작이 가능하다.
④ 레이저 분말의 표면만을 녹여 소결시키는 공정 적용이 가능하다.

32 FDM 방식의 3D프린터 특성상 제대로 출력되지 않는 경우가 있는데 출력되지 않는 원인으로 알맞은 것은?

① 간격이 넓은 부품 요소 ② 모델링 형상 외벽 두께가 노즐 크기보다 작을 경우
③ 구멍이나 축의 지름이 2mm 이하인 경우 ④ 부품 중에서 하나에만 공차를 적용한 경우

33 지지대와 관련된 성형 결함으로 제작 중 하중으로 인해 아래로 처지는 현상을 무엇이라 하나?

① Sagging ② Overhang ③ Raft ④ Unstable

34 아래의 그림을 파트 분할할 경우 가장 옳은 모양은? (분할 후 나머지 형상도 감안할 것, 아랫면이 베드에 부착되는 면이다)

①

②

③

④

35 지지대와 관련된 성형 결함으로 소재가 경화하면서 수축에 의해 뒤틀림이 발생하는 현상을 무엇이라 하나?

① Island   ② Warping   ③ Ceiling   ④ Base

36 제품의 형상 분석에 대한 설명으로 가장 거리가 먼 것은?

① 형상물의 회전 기능을 사용한다.   ② 확대 및 축소 기능을 사용한다.
③ 이동 기능을 사용한다.   ④ 복사 및 대칭 기능을 사용한다.

37 G코드 명령과 기능의 설명으로 서로 맞지 않는 것은?

① G00 = 위치 결정   ② G01 = 직선 보간
③ G04 = 원호 보간   ④ G28 = 원점 복귀

38 다음 설명에 해당하는 명령은 무엇인가?

- 현 위치에서 좌표어를 통해 목표 위치까지 이송하는 것을 목표로 한다.
- 여러 축이 동시에 이동할 경우, 설정 또는 장치에 따라 직선으로 이동할 수 있지만 각 축별로 최대 이송 속도로 축별 이송 거리만큼 이동하여 직선이 아닌 여러 마디의 굽은 선으로 이송될 수 있다.
- 최대 속도로 첨가 가공 없이 헤드를 이동시키는 명령이다.

① G00 명령   ② G01 명령
③ G04 명령   ④ G28 명령

39 3D프린팅에서 자주 사용되는 M코드 중 조형을 하는 플랫폼을 가열하는 코드는?

① M135   ② M190
③ M109   ④ M104

40 아래에 설명하는 좌표계 설정 명령은?

'G92 X10 Z0'라는 블록이 있다면 현재 헤드가 위치한 장소의 좌표 X는 10, Z는 0이 되도록 원점을 이동시키며, 언급되지 않은 Y나 E 등의 방향으로는 원점의 위치가 이동하지 않는다.

① G90 공작물 좌표계   ② G91 공작물 좌표계
③ G92 공작물 좌표계   ④ G93 공작물 좌표계

41 다음 중 도면 작성 시 대상물에 필요한 참고 부분을 표시하는 데 사용하는 선은?

① 외형선(굵은 실선)　　　　　　　　　② 중심선(가는 1점 쇄선)
③ 가상선, 절단선(가는 2점 쇄선)　　　　④ 해칭선(가는 실선)

42 다음 3D프린터 방식 중에서 사용소재가 다른 방식은?

① SLS 방식　　　　② DLP 방식　　　　③ MJ 방식　　　　④ SLA 방식

43 SLS 방식의 3D프린터에서 세라믹 분말에 대한 특징으로 거리가 먼 것은?

① 금속과 비금속 원소의 조합으로 이루어져 있다.
② 점토, 시멘트, 유리 등도 세라믹이다.
③ 알루미나, 실리카 등이 대표적이다.
④ SLS 방식에서 가장 흔히 사용되는 소재이다.

44 3D프린터 소재 장착 방법 중 별도의 팩이나 용기를 직접 프린터에 꽂아서 사용하는 방식은?

① FDM 방식　　　　② SLA 방식　　　　③ SLS 방식　　　　④ MJ 방식

45 SLA 방식 3D프린터에서 빛샘 현상(Light Bleeding)에 대한 설명으로 옳지 않은 것은?

① 광경화성 수지가 어느 정도의 투명도를 가지면 발생한다.
② 경화 부분이 타거나 열을 받아 열 변형을 일으켜 출력물에 뒤틀림 현상이 발생한다.
③ 빛샘 현상을 줄이기 위해서는 레진 구성 요소와 경화 시간을 적절히 맞춰야 한다.
④ 빛이 새면 경화를 원하지 않는 부분까지 경화되는 현상이 발생할 수 있다.

46 FDM 방식 3D프린터에서 구현되지 않는 G코드는?

① G19　　　　② G10　　　　③ G90　　　　④ G17

47 다음 중 G코드 종류에 해당하는 설명을 고르면?

① 압출기 온도를 설정하고 해당 온도에 도달하기를 기다림
② 압출기 온도를 지정된 온도로 설정
③ 지정된 좌표로 직선 이동하며 지정된 길이만큼 압출이동
④ 스테핑 모터 비활성화

48 3D 모델링을 다음 그림과 같이 배치하여 출력할 때 안정적인 출력을 위해 가장 필요한 지지대의 형상은? (단, FDM 방식 3D프린터에서 출력하는 경우이다.)

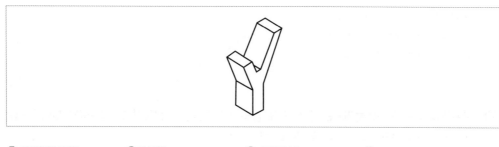

① OVERHANG   ② RAFT   ③ CEILING   ④ ISLAND

49 3D 모델링에서 스케치된 프로파일을 아래 그림처럼 부품 작성 시 가장 유용한 기능은?

① 돌출(Extrude)   ② 회전(Revolve)   ③ 구멍(Hole)   ④ 스윕(Sweep)

50 G 코드 중에서 공작물 좌표계(workpiece coordinate) 설정 명령은?

① G04   ② G28   ③ G01   ④ G92

51 플랫폼의 이송 방향에 따라서 출력물이 성형되는 방향이 위쪽 또는 아래쪽인 경우의 3D프린팅 공정은?

① 수조 광경화(Vat Photopolymerization)
② 재료 분사(Material Jetting)
③ 재료 압출(Material Extrusion)
④ 접착제 분사(Binder Jetting)

52 다음에서 출력물과 지지대의 재료가 서로 다른 3D프린팅 공정은?

① 수조 광경화(Vat Photopolymerization)
② 접착제 분사(Binder Jetting)
③ 분말 용접(Powder bed fusion)
④ 재료 분사(Material Jetting)

53 3D프린터의 제품이 만들어지는 공간 안에 임의의 기준점을 설정하여 그 기준점을 새로운 원점으로 가공 위치를 설정하는 좌표계를 무엇이라 하는가?

① 기계 좌표계   ② 공작물 좌표계
③ 로컬 좌표계   ④ 증분 좌표계

54 현재의 좌표 값이 (X20, Y45)이고, 이동할 좌표 값이 (X120, Y90)일 때 증분 좌표 값으로 옳은 값은?

① X6.0, Y2.0   ② X120, Y90
③ X100, Y45   ④ X140, Y135

55 다음 중 공기 정화식 호흡 보호구에 대한 설명으로 옳지 않은 것은?

① 오염 공기가 여과재 또는 정화통을 통과한 뒤 호흡기로 흡입되기 전에 오염물질을 제거하는 방식이다.
② 가격이 저렴하고 사용이 간편하며 널리 사용된다.
③ 단기간 30분 정도 노출되었을 때 사망 또는 회복 불가능한 상태를 초래할 수 있는 농도 이상에서는 사용할 수 없다.
④ 산소 농도가 18% 미만인 장소나 유해비가 높은 경우 사용이 권장된다.

56 스케치의 값을 정하여 크기를 맞추는 구속은?

① 접선 구속   ② 동심 구속
③ 일치 구속   ④ 치수 구속

57 출력물 출력 도중에 단면이 밀려서 성형되는 원인으로 거리가 먼 것은?

① 적절한 전류가 모터로 전달되지 않는 경우
② 프린터 헤드의 속도가 너무 빠르게 움직일 때
③ 타이밍 풀리가 스테핑 모터의 회전축에 느슨하게 고정되는 경우
④ 모터가 과열되어 회전이 빨라질 경우

58 아래 그림처럼 재료가 조금씩 흘러나와 얇은 선이 발생할 때 슬라이서 소프트웨어에서 조절해야 하는 설정은?

① Infill

② Retraction

③ Support

④ Number of shells

59 (G1 F500) G코드에 대한 해석으로 올바른 것은?

① 이송 거리를 500mm으로 설정

② 압출 거리를 500mm으로 설정

③ 이송 속도를 500mm/min으로 설정

④ 압출 속도를 500mm/min으로 설정

60 3D프린터의 동작을 담당하는 모든 스테핑모터에 전원을 공급하는 M 명령어는?

① M17

② M1

③ M18

④ M104

실전모의고사

01	02	03	04	05	06	07	08	09	10
②	③	④	①	①	④	②	②	②	④
11	12	13	14	15	16	17	18	19	20
①	③	③	④	②	②	③	④	②	①
21	22	23	24	25	26	27	28	29	30
①	③	①	④	④	③	④	①	④	③
31	32	33	34	35	36	37	38	39	40
②	②	①	②	②	④	③	①	②	③
41	42	43	44	45	46	47	48	49	50
③	①	④	④	④	①	③	②	②	④
51	52	53	54	55	56	57	58	59	60
①	④	②	③	④	④	①	②	③	①

01 정답 ②

3D프린팅은 2차원의 물질들을 층층이 쌓아서3차원 입체로 만들어내는 적층제조(Additive –Manufacturing) 기술의 하나로써 물체의 설계도나 디지털 이미지 정보로부터 직접 3차원 입체를 제작할 수 있는 기술을 말한다. 대량 생산과 IT산업 및 자동화 공정 시대를 가져온 1, 2, 3차 산업혁명과 달리 3D프린팅 기술은 아이디어 기반의 맞춤형 제품 생산이 가능하여 4차 산업혁명을 이끌 기술로 주목받고 있다.

02 정답 ③

3차원 스캐닝은 터치 프로브(touch probe)가 직접 측정 대상물과의 접촉을 통해서 (A) **좌표**를 읽어내는 접촉식 방식과 (B) **거리**를 두고 측정하는 비접촉식 방식이 있다.

03 정답 ④
산업용 스캐너의 특징
- 매우 고가임
- 우수한 정밀도를 가짐
- 측정 범위가 큼
- 머시닝을 통해서 얻어진 가공품의 검사 용도로 많이 사용됨

04 정답 ①

롤러 구동부는 SLS 방식과 관련이 있다.

➕ PLUS 해설

SLS 방식

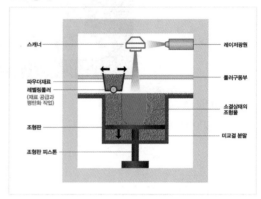

FDM 방식

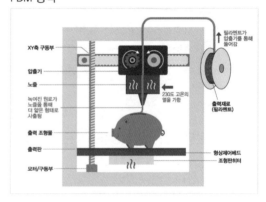

05 정답 ①

백색광 방식 스캐너의 최대 장점은 측정 속도에 있다. 한 번에 한 점씩 스캔하는 게 아니라, 전체 촬영 영역(Field of View ; FOV) 전반에 걸려있는 모든 피사체의 3D 좌표를 한 번에 얻어 낼 수 있다.

➕ PLUS 해설
백색광 방식 3D스캐너
- 특정 패턴을 물체에 투영시키고, 그 패턴의 변형 형태를 파악 · 분석하여 3D 정보를 얻음
- 장점 : 측정 속도가 빠름
- 촬상영역 전반에 걸려 있는 모든 피사체의 3D 좌표를 한 번에 얻을 수 있으므로, 모션장치에 의한 진동으로부터 오는 측정 정확도의 손실을 크게 줄일 수 있음
- 수동 및 자동 애플리케이션 등에서 모두 사용 가능하

여 활용도가 높음
- 광범위한 치수 정보를 수집할 수 있음

06 　정답　④
이동식 3D스캐너는 측정 도중 움직이면서 측정할 수 있는 스캐너로 스캐너의 광이 못 미치거나 스캐너를 설치하기 힘든 경우에 매우 유용하다. 또한 측정 대상물의 크기가 클 경우 혹은 특정 부위만 측정해야 할 경우에 스캐너를 이동하면서 측정 데이터를 획득할 수 있으나, 이동식이기 때문에 통상적으로 정밀도는 고정식에 미치지 못한다.

07 　정답　②
최적 스캐닝 방식을 선택하기 위해 유의해야 할 사항
- 최적의 스캐닝 방식은 측정 대상물 및 적용 분야에 따라 달라짐
- 측정 대상물의 표면 재질, 특성, 복잡도, 크기에 따라 접촉식 혹은 비접촉식으로 선택
- 필요한 데이터의 정밀도, 이용할 3차원 프린터의 정밀도

08 　정답　②
스캐너는 적용 분야에 따라 측정 데이터에 요구되는 정밀도가 다르므로 각 분야에 적합한 스캐너 선정과 준비 과정이 필요하다.

➕ PLUS 해설
산업용 스캐너
- 매우 높은 수준의 정밀도를 요함
- 피측정물의 표면 코팅을 통해 난반사를 미리 제거할 수 있음

일반용 스캐너
- 3차원 프린팅용으로 비교적 낮은 수준의 정밀도가 요구됨
- 난반사를 위한 코팅이 필요하지 않을 수 있음

09 　정답　②
스캐닝 측정 범위 설정
- 측정 대상물이 클 경우 측정 영역을 미리 설정할 필요가 있음 → 측정 시간 단축
- 측정 대상물에 큰 단차가 있을 경우 카메라의 초점이 심도 밖에 위치 → 측정 방향을 시작과 끝점, 레이저 광 진행 방향으로 초점 심도를 고려
- 저가형 스캐너의 경우 턴테이블을 사용하여 자동으로 전면 측정이 이뤄짐 → 턴테이블의 회전축 방향으로 여러 영역을 구분시켜 각 영역에서 360도 방향으로 측정 후 최종적으로 정합 및 병합을 수행

- 이동식 3D스캐너의 경우 별다른 측정 영역이 필요 없음 → 원하는 영역을 이동 속도를 고려하여 측정할 수 있음

10 　정답　④
3D스캐너에서는 선택적으로 지원된다.

➕ PLUS 해설
STEP(Standard for Exchange of Product Data)
- IGES 단점 극복
- 제품 설계부터 생산에 이르는 모든 데이터를 포함하기 위해 가장 최근에 개발된 표준
- 대부분의 상용 CAD/CAM 소프트웨어에서 STEP 표준 파일을 지원
- 3D스캐너에서는 선택적으로 지원

11 　정답　①
정합은 전체 데이터를 회전 이송시켜서 같은 좌표계로 통일하는 과정이다. 정합 데이터를 새 파일로 저장하면서 자동 병합이 수행되는 것은 병합(Merging)이다.

➕ PLUS 해설
정합
- 전체 데이터를 회전 이송시켜서 같은 좌표계로 통일하는 과정
- 측정 대상물에 최소 3개 이상의 볼을 부착시키고 피측정물과 모든 볼을 동시에 측정함
- 측정 이후 정합 소프트웨어에서 데이터를 오픈하여 정합을 준비
- 최종적으로 3개의 볼을 모두 매칭시키고 난 후 볼에 대한 점 데이터를 제거함으로써 최종적으로 정합 데이터를 얻을 수 있음

병합(Merging)
- 정합을 통해서 중복되는 부분을 서로 합치는 과정
- 소프트웨어에서는 병합 과정이 별도로 존재하지 않는 경우가 많음
- 정합 데이터를 새 파일로 저장하면서 자동 병합이 수행됨

12 　정답　③
스캔 데이터 페어링(fairing)이란 최종적으로 3차원 프린팅을 하기 위해 불필요한 점을 제거하고 삼각형 메쉬(trianglar mesh)를 형성하는 과정을 말한다.

13 　정답　③
3D 형상을 모델링하기 위한 3D 작업 공간을 Viewport라고 하며, 대개 4가지 화면으로 작업을 진행한다. 기본 설정은 Top, Front, Right, Perspective로 설정되어 있다.

14 정답 ④

작업 지시서의 제작 개요에 포함되어야 할 내용은 제작 물품명, 제작 방법, 제작 기간, 제작 수량이다.

➕ **PLUS 해설**

작업 지시서 : 제품 제작 시에 반영해야 할 정보를 정리한 문서이다. 제작 개요, 디자인 요구 사항, 디자인 정보(전체 영역과 부분의 영역, 각 부분의 길이, 두께, 각도)를 포함하고 있다.

15 정답 ②

3D모델링 방식의 종류는 크게 폴리곤 방식과 넙스 방식, 솔리드 방식이 있다.

16 정답 ②

3차원 도형은 길이, 너비, 높이 정보를 갖는다.

➕ **PLUS 해설**

3D 기본 도형 모델링
- 3D 기본 도형은 가장 기본이 되는 간단한 도형(박스, 콘, 구, 실린더, 튜브 등)을 의미함
- 3차원 도형은 길이, 너비, 높이 정보를 가짐
- **제공하는 3D 도형의 종류** : Box, Cone, Sphere, Cylinder, Tube, Pyramid 등

17 정답 ③

폴리곤 모델링은 삼각형을 기본 면으로 3D 객체를 모델링하는 방법이며, 3차원 객체를 구성하는 점, 선, 면을 편집하여 형성한다.

18 정답 ④

대상물의 보이지 않는 부분을 표시할 때 사용하는 선은 은선, 숨은선(은선, 파선)이다.

➕ **PLUS 해설**
- **외형선(굵은 실선)** : 대상물의 보이는 부분을 나타내는 데 사용한다.
- **중심선(가는 1점 쇄선)** : 도형의 중심을 표시하는 데 사용한다.
- **은선, 숨은선(은선, 파선)** : 대상물의 보이지 않는 부분을 표시할 때 사용한다.
- **치수선, 치수 보조선(가는 실선)** : 치수 기입 또는 지시선에 사용한다.
- **가상선, 절단선(가는 2점 쇄선)** : 대상물에 필요한 참고 부분을 표시하는 데 사용한다.
- **해칭선(가는 실선)** : 단면도의 절단면을 45° 가는 실선으로 표시하는 데 사용한다.

19 정답 ②

미터(m)나 킬로미터(km) 등 특정 단위 사용 시, 치수 뒤에 단위를 표기할 수 있다.

➕ **PLUS 해설**

제작용 도면을 만들 때의 표준 규격
- 3D엔지니어링 프로그램에서는 3D모델링 데이터를 도면화시키기 위해 한국산업표준이 정한 원칙을 따라야 함
- 3D모델링을 위한 스케치에 있어서는 KS규격의 투상법, 단위(Units)에 대한 규격만 따름
- 치수 단위는 mm(밀리미터)를 원칙으로 하며 도면에 단위를 표시하지는 않음
- 미터(m)나 킬로미터(km) 등 특정 단위 사용 시, 치수 뒤에 단위를 표기할 수 있음

20 정답 ①

모델링 평면도에서 기준 평면은 정면, 윗면, 우측면 3개의 기준 평면을 제공한다.

D 엔지니어링 프로그램에서의 평면은 스케치 드로잉을 시작하기 전 기준을 설정하는 것이며, 사용자는 정투상 도법에 준하는 위치를 선택한 후 2D 스케치 영역으로 접근해야 한다.

21 정답 ①

제시된 그림은 헐거운 끼워 맞춤에 해당한다. 구멍과 축이 결합될 때 구멍 지름보다 축 지름이 작으면 틈새가 생겨서 헐겁게 끼워 맞추어진다. 제품의 기능상 구멍과 축이 결합된 상태에서 헐겁게 결합되는 것을 헐거운 끼워 맞춤이라 한다.

② **중간 끼워 맞춤** : 구멍과 축의 주어진 공차에 따라 틈새가 생길 수도 있고, 죔새가 생길 수도 있도록 구멍과 축에 공차를 준 것을 말한다.

④ **억지 끼워 맞춤** : 구멍과 축이 주어진 허용 한계 치수 범위 내에서 구멍이 최소, 축이 최대일 때도 죔새가 생기고, 구멍이 최대, 축이 최소일 때도 죔새가 생기는 끼워 맞춤이다.

22 정답 ③

구속 조건이란 객체들 간의 자세를 흐트러짐 없이 잡아두고, 차후 디자인 변경이나 수정 시 편리하고 직관적으로 업무를 수행하기 위해서 필요한 가장 중요한 스케치 요소이다.

23 정답 ①

실기 시험 시 제출 파일
- 모델링–모델링 프로그램(인벤터, 퓨전360 등) 확장자 파일

- 모델링–STEP, STP 파일
- 어셈블리–모델링 프로그램(인벤터, 퓨전360 등) 확장자 파일
- 어셈블리–STEP, STP 파일
- 어셈블리–STL 파일(슬라이서 프로그램 용도)
- 어셈블리–G코드 파일 또는 makerbot파일(3D프린터 출력 용도)

24 정답 ④

도면에 도형을 그릴 때 대상물과 같은 크기로 그리거나 확대 또는 축소하여 그릴 수 있다.

➕ PLUS 해설

척도의 종류
- **축척** : 실물보다 작게 축소하여 그리는 것
- **배척** : 실물보다 크게 확대하여 그리는 것
- **현척(실척)** : 실물과 같은 크기로 그리는 것

25 정답 ④

2–C10 (45° 모따기를 양쪽 두 곳에 10mm로 한다)

➕ PLUS 해설

치수 보조 기호
- Ø : 원의 지름
- SØ : 구의 지름
- ロ : 정사각형의 변
- ⌒ : 원호의 길이
- ( ) : 참고 치수
- R : 원의 반지름
- SR : 구의 반지름
- t : 판의 두께
- C : 45° 모따기

26 정답 ③

접선 구속 조건 원호와 선 또는 원호와 원호를 서로 접하게 만들기 위해서는 접선 구속 조건이 필요하다.

➕ PLUS 해설

① 동심 구속 조건 : 두 개의 원의 중심을 같게 만듦
② 일치 구속 조건 : 점과 선을 일치시킴
④ 수직 구속 조건 : 수직선이 아닌 선을 수직으로 만듦

27 정답 ④

① 화면 빈 곳에 마우스 우클릭 또는 단축키 F8 명령으로 구속 조건 마크가 표시됨
② 화면 빈 곳에 마우스 우클릭 또는 단축키 F9 명령으로 구속 조건 마크가 사라짐
③ 해당 구속 조건 마크를 선택 후 Delete 버튼을 누르면 삭제됨

28 정답 ①

제시된 그림과 관련된 명령은 회전 명령이며, 경로 스

케치와 별도로 단면을 작성하여 객체를 생성하는 것은 스윕 명령이다.

➕ PLUS 해설

회전(Revolve) 명령
- 돌출 다음으로 많이 사용되는 명령
- 2D 스케치 단면과 작성한 중심축을 기준으로 회전하여 형상을 완성함
- 주로 전체가 회전 형태인 객체를 생성함

29 정답 ④

④는 형상을 오른쪽에서 바라본 Right View이다.

➕ PLUS 해설

① Top View : 형상을 위에서 바라본 장면
② Perspective View : 원근감 있는 입체적 장면
③ Front View : 형상을 정면에서 바라본 장면

30 정답 ②

구조물을 제작할 때 별도의 암막이나 빛 차단 장치가 있어야 제작이 원활한 것은 가시광선 레진이다. 나머지는 모두 UV 레진에 대한 설명으로, UV 레진은 약 355~365nm의 빛의 파장대의 UV 광선에 경화되는 재료이다.

31 정답 ②

서포트가 필요한 것은 금속 분말 융접이며, 비금속 분말 융접은 열에 의한 변형을 크게 고려하지 않아도 되어 별도의 서포트가 만들어지지 않는다.

32 정답 ②

- FDM 방식의 3D프린터 특성상 아주 작은 구멍이나 간격이 좁은 부품은 제대로 출력되지 않는 경우가 발생함
- 구멍이 지름 1mm 이하면 출력되지 않을 수 있으며 축은 지름 1mm 이하에서 출력되지 않음
- 모델링 형상 외벽 두께가 노즐 크기보다 작으면 출력되지 않을 수 있음

33 정답 ①

지지대와 관련된 성형 결함으로 제작 중 하중으로 인해 아래로 처지는 현상은 'Sagging'이다.

34 정답 ②

모델링 형상을 분할하여 출력하는 경우
- 적층 방식의 3D프린터는 제대로 된 형상 출력을 위해 지지대를 생성하며 이 지지대를 제대로 제거할 수 없는 형상의 경우에 파트를 분할하여 출력함

- 하나의 파트를 그대로 출력했을 때 지지대 생성을 최소화할 수 있음
- 지지대의 제거가 쉬워짐
- 출력 형상의 표면을 깨끗하게 유지한 상태로 출력할 수 있음

35 [정답] ②

소재가 경화하면서 수축에 의해 뒤틀림이 발생하는 현상은 'Warping'이다.

36 [정답] ④

형상 분석은 형상의 확대, 축소, 회전, 이동을 통하여 지지대 사용 없이 성형되기 어려운 부분을 찾는 역할을 한다.

37 [정답] ③

G04는 대기 지령이다.
- 아무 변화 없이 특정 시간 동안 기계가 기다려야 할 경우 사용할 수 있는 명령
- 대기 지령은 같은 블록에 X나 P로 대기 시간을 지정해야 하며, X는 소수점이 있는 실수로 초 단위로 정지 시간을 지령함
- P는 소수점이 없는 정수로 밀리초(millisecond) 단위로 정지 시간을 지령함

38 [정답] ①

제시된 내용은 G00 명령-급속이송에 대한 설명이다. ②는 직선보간, ③은 대기 지령, ④는 원점복귀를 위한 명령이다.

39 [정답] ②

① M135 : 헤드의 온도 조작을 위한 PID 제어의 온도 측정 및 출력 값 설정 시간 간격을 지정하는 명령
② M109 : ME 방식(소재 압출 방식)의 헤드에서 소재를 녹이는 열선의 온도를 지정, 해당 조건에 도달할 때까지 가열 혹은 냉각을 하면서 대기하는 명령
④ M104 : 헤드의 온도를 지정하는 명령

40 [정답] ③

G92 공작물 좌표계(workpiece coordinate)의 설정 명령은 해당 블록에 존재하는 좌표어의 좌표를 주어진 데이터로 설정한다.

41 [정답] ③

① 외형선(굵은 실선) : 대상물의 보이는 부분을 표시

② 중심선(가는 1점 쇄선) : 도형의 중심을 표시
④ 해칭선(가는 실선) : 단면도의 절단면을 45° 가는 실선으로 표시

42 [정답] ①

액상 소재를 기반으로 한 SLA, DLP 방식과 분말 소재를 사용하는 것은 SLS 방식이다.

⊕ PLUS 해설
MJ 방식 3D프린터
- 정밀도가 매우 높아 많이 사용되는 방식으로 MJ 방식 또는 Polyjet 방식으로 불림
- 액체 상태의 광경화성 수지를 이용함

43 [정답] ④

SLS 방식에서 가장 흔히 사용되는 소재는 플라스틱 분말이다.

⊕ PLUS 해설
세라믹 분말
- 금속과 비금속 원소의 조합으로 이루어져 있음
- 보통 산소와 금속이 결합된 산화물, 질소와 금속이 결합된 질화물, 탄화물 등이 있음
- 알루미나(AlO), 실리카(SiO) 등이 대표적
- 점토, 시멘트, 유리 등도 세라믹
- 플라스틱에 비해 강도가 높으며, 내열성이나 내화성이 탁월함
- 세라믹을 용융시키기 위해서는 고온의 열이 필요하다는 단점이 있음

44 [정답] ④

프린터 소재 장착 방법
- MJ 방식 : 별도의 팩이나 용기를 직접 3D프린터에 꽂아서 사용
- FDM 방식 : 3D프린터 뒤 또는 옆에 위치 → 필라멘트의 선을 튜브에 삽입하여 장착
- SLA 방식 : 팩으로 포장된 재료를 프린터에 삽입
- SLS 방식 : 프린터 내에 별도의 분말 저장 공간 → 일정량을 부어 사용

45 [정답] ②

경화 부분이 타거나 열을 받아 열 변형을 일으켜 출력물에 뒤틀림 현상이 발생하는 것은 빛 조절에 대한 설명이다. 빛 조절은 빛 경화가 지나치면 과경화 현상이 일어나게 되며, 이를 방지하기 위해서는 빛의 세기를 적절히 조절해야 한다.

⊕ PLUS 해설
빛샘 현상(Light Bleeding)